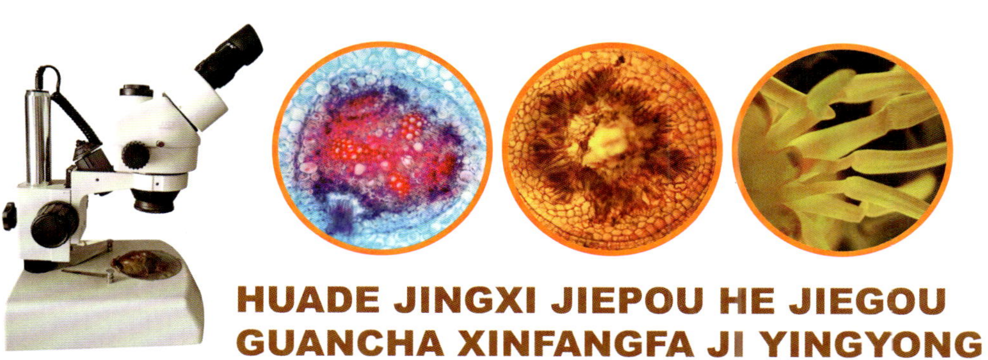

HUADE JINGXI JIEPOU HE JIEGOU GUANCHA XINFANGFA JI YINGYONG

花的精细解剖和结构观察新方法及应用

洪亚平 ◎ 著

中国林业出版社
China Forestry Publishing House

图书在版编目（CIP）数据

花的精细解剖和结构观察新方法及应用 / 洪亚平著.
-- 北京 : 中国林业出版社, 2017.10（2020.4重印）
ISBN 978-7-5038-9328-5

Ⅰ. ①花… Ⅱ. ①洪… Ⅲ. ①花卉－植物解剖学 Ⅳ. ①S680.1

中国版本图书馆CIP数据核字(2017)第260116号

中国林业出版社·自然保护分社（国家公园分社）
责任编辑：肖　静　何游云

出　版　中国林业出版社
　　　　（100009 北京西城区德内大街刘海胡同 7 号）
发　行　中国林业出版社
电　话　010-83143577
印　刷　固安县京平诚乾印刷有限公司
版　次　2017 年 11 月第 1 版
印　次　2020 年 4 月第 2 次
开　本　787mm × 1092mm　1/16
印　张　23
字　数　520 千字
定　价　89.00 元

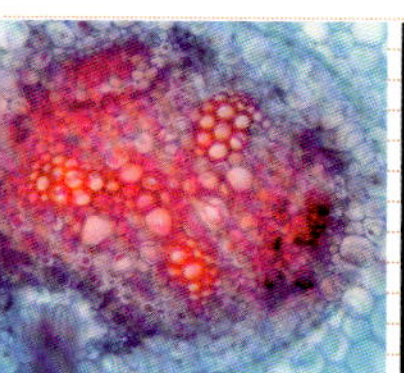
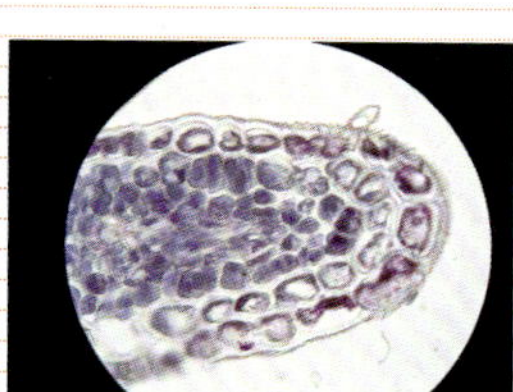
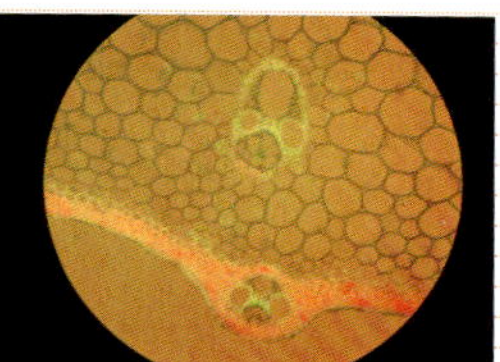

前　言

Preface

本书主要介绍利用胶块对花进行固定、精细解剖和结构观察的新方法。与传统的花的精细解剖和结构观察方法相比，利用胶块辅助花的结构观察具有操作简单、效果好和成本低的优点，几乎能从任意角度对花进行固定、观察和照相，并可用于花的精细解剖和花内微小结构的分离操作。这种方法可广泛地应用于植物形态学、植物分类学、植物解剖学和花的三维重建等多学科的教学与科研工作中，并可为植物学爱好者们提供一套易学、易操作的花的精细解剖和结构观察方法。笔者从事花的精细解剖操作研究已9年，在这期间，胶块法经历了由不成熟到较成熟、由简单到较复杂等一系列的改进，使得花的精细解剖和结构观察方法呈现多样化。例如，早期使用的胶块主要是刚洗出不久的新胶块（软胶块），后期使用的胶块一般是放置了一段时间的旧胶块，而且早期的胶块形状简单，后期的胶块在满足暗视野观察需要的基础上被随意捏成各种形状，甚至采用了一些更为特殊的方法来固定花，这使得对花的固定方式具有了多样性；同时，花的精细解剖方法和操作程序也能做到因花而异、因需要而异、因人而异，同样具有多样性的特点。笔者相信，随着操作仪器和观察方法的多样化发展，胶块法将在未来的实践中得到不断的丰富与完善，拥有一个美好的未来。

花的形态与结构复杂，想凭一张或少数几张照片来全面反映花的形态与结构特征显然是不可能做到的，这使得花的形态和结构观察成为一种既耗时又费力的工作，加之每种花又有多种解剖和观察方法，因此要出色地完成对某一种花的形态与结构观察，获得理想的观察结果照片，

就需要做大量的实验工作。笔者在对本书所述及的植物进行花的精细解剖与结构观察时，耗费了大量的时间和精力，工作极其艰辛，而且无项目、无经费支持。以远志科的远志为例，笔者曾于 2008 年和 2009 年对远志花进行了精细解剖。由于当时的实验结果不理想，又于 2016 年对远志花进行了第三次精细解剖。由于时间和精力有限，第三次仅解剖了 2 朵远志花，照了约 1200 张照片，但在整理成文时仅从中挑选了 104 张照片。从远志花的采集到精细解剖、标本鉴定、实验结果初步整理、重做实验，再到最终整理成文，花费了大量的时间和精力。其他花的研究也经历着同样或相似的过程，有些花照片数量更多。花的精细解剖工作量之大和艰辛程度可想而知！希望本书的出版，能让更多的专业和非专业人士了解和掌握胶块法，并重视和参与花的精细解剖研究。

本书第一章的主要内容，曾先后发表在《安徽农业科学》《Agricultural Science & Technology》《林业科学》《安徽农学通报》《生物学通报》《中国农学通报》等杂志和《植物花形态观察新方法》专著中，其中一些方法还获得了国家发明专利，在此对这些杂志社、河南科学技术出版社和国家知识产权局等单位表示衷心的感谢。

本书在编写和修改过程中，得到了中国林业出版社张锴博士、肖静副编审和何游云编辑的鼎力相助，使本书能够早日出版。感谢我的导师复旦大学钟扬教授，是他带我进入植物学研究领域。同时，感谢所有给予帮助的朋友们、同事们和学生们。河南科技大学学科提升振兴 A 计划项目（13660001）为本书提供了约四分之一的出版资助，笔者在此也表示感谢。

由于笔者的业务水平有限，在对花的精细解剖和结构观察照片进行标注时，很多花内的形态结构标注无现成的文献可供参考，只能根据自己的理解来标注，并使用了一些自拟名。另外，由于出版经费有限，绝大多数花照片未能充分放大显示，在对实验结果照片整理成文时，仅挑选了部分照片。为了给初学者一个花精细解剖的顺序概念，照片基本上是按照观察和精细解剖的顺序进行排列的，部分照片在编辑时，根据观看需要转动了 90° 或 180°，但未能一一指出。因此，本书还存在着很多不足和错误之处，敬请植物学专业工作者和植物学爱好者谅解，并给予批评指正。

河南科技大学农学院　**洪亚平**

2017 年 2 月

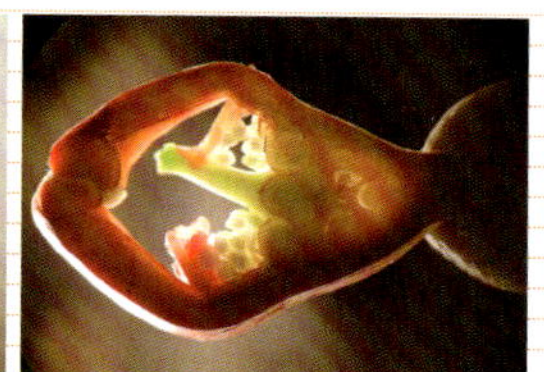

目录 Contents

第二章　花的精细解剖和结构观察新方法的应用

第一章

花的精细解剖和结构观察新方法

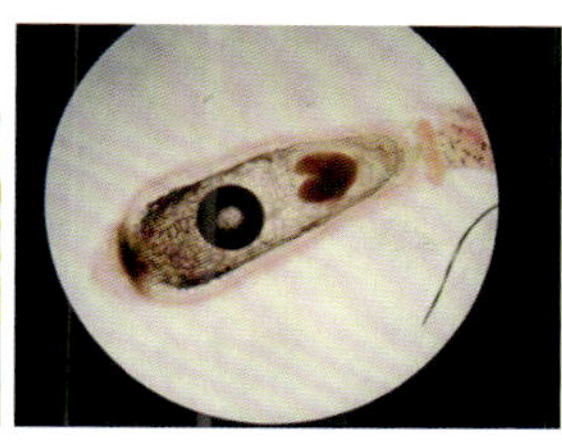

第一节　实验的器材和用品

在进行花的精细解剖和结构观察时，需要使用的器材和用品主要有：解剖镜、显微镜、解剖刀、尖镊、解剖针、解剖剪、磨石、胶块和照相设备等。

一、解剖镜

花的精细解剖和结构观察通常要先使用解剖镜对花材料放大后再进行操作，解剖镜又称“实体显微镜”或“体视显微镜”（图 1-1）。使用解剖镜所获得的物像，不仅具有立体感，而且物体和物像的移动方向一致，这种特性与人的习惯一致，即不需要通过仪器或软件来改变物像的方向就能进行显微操作。由于受解剖镜的视野大小和放大倍数所限，较大的花无法在解剖镜的视野中完全显示，只能进行局部显示或操作（必

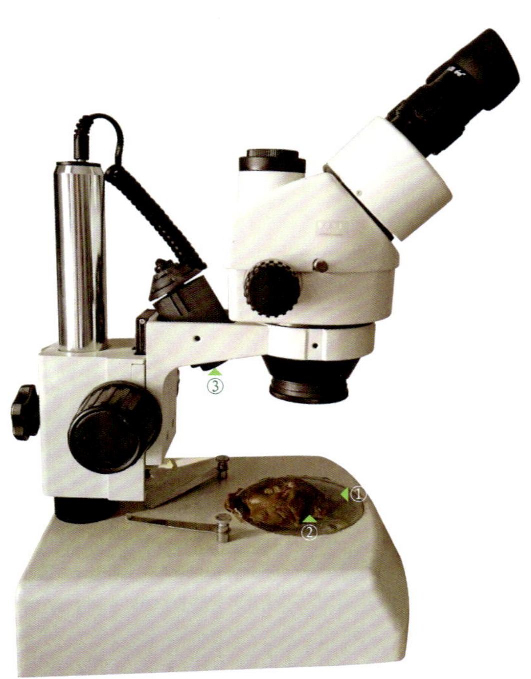

图 1-1　可用于花的精细解剖和结构观察的一种解剖镜（XZT-DT 型，SOIF）

这种解剖镜可利用 3 种照明光源。①反射光照明光源：光源位于解剖镜的镜臂支架上，能从前上方倾斜照亮解剖镜的视野及胶块。②透射光照明光源：光源位于解剖镜的工作台下方，能透过嵌入工作台凹槽内的玻璃盘，从下方照亮所观察的材料。当玻璃盘上有胶块（或其他物体）时，胶块下方的照明光就被遮挡，可由此构建暗视野照明环境。③镜外照明光源（即自然光或其他镜外光源）：依靠白天的自然光或其他镜外光源作为照明光源。

①透射光照明光源(位于玻璃盘下面)
②解剖镜视野中的胶块
③反射光照明光源

要时可利用计算机技术将局部物像拼接成完整物像），而较小的花一般都适于使用解剖镜进行整花的放大显示或操作，但是花内过于微小的结构（如珠心、胚囊和卵细胞等）经解剖镜放大后，图像仍然很小，辨认和进行显微操作都比较困难，目前还无法利用解剖镜对花内极微小的结构进行精细解剖和细致观察。

如果解剖镜（或显微镜）有照相或录像装置，就能在电脑等显示屏上实时显示解剖镜的观察结果，并可随时照相或录像，或者看着显示屏进行显微操作。但是，这种装置通常很贵。如果无条件购置，可用手机或数码相机等照相设备直接对着解剖镜的目镜进行观察结果的照相[①]。

二、显微镜

在进行花的形态和结构观察时，普通光学显微镜通常用于子房横切片或纵切片、微小的花或花内微小结构的观察。使用显微镜（即复式显微镜、正置显微镜）观察时，物体的移动方向与物像的移动方向相反，即通过显微镜成像后，所形成的物像是一个倒立、放大的虚像。这种特性与人的习惯相反，使得人们无法直接利用普通光学显微镜进行显微操作。

若需要进行放大倍数更高的显微操作，例如，胚囊和卵细胞等的分离以及卵细胞的人工受精等，解剖镜就无能为力了，这时只能使用倒置显微镜进行操作。使用倒置显微镜观察时，物体的移动方向与物像的移动方向相同，这种特性和使用解剖镜一样，可以很方便地对花内微小结构进行显微操作。但是，由于倒置显微镜比较贵，购置不易，因此使用的机会很少。如果需要的话，可以利用普通（正置）光学显微镜自制一台放大倍数稍低一些的倒置显微镜。

利用普通显微镜自制一台倒置显微镜的方法极其简单，只需要使用电脑摄像头等装置和合适的软件即可实现，具体方法为：通过摄像头将显微镜观察到的物像实时传输、显示在电脑显示屏或投影仪上，然后利用软件功能将图像上下颠倒；或将获取显微镜物像的摄像头旋转180°，使物体的移动方向与显微镜视野中物像的移动方向一致，这样

① 现代照相设备（如手机、数码相机）兼有照相和录像功能，因此本书中所讲的照相方法同样适用于录像，读者可根据具体要求和兴趣选择照相或录像，或先照相，之后再进行录像。

就可以在普通显微镜下进行一些显微操作，如同使用倒置显微镜或解剖镜一样。但是，这种显微操作只能在低倍物镜下进行，因为高倍物镜只有贴近载玻片上的物体时才能成像，这使得物镜和物体之间无足够的显微操作空间。

三、解剖刀

一般用单面刀片（图 1-2 ①）或小号裁纸刀（图 1-2 ②）作为解剖刀使用，主要用于花和子房的横切或纵切制片。若要自制更加细小的锋利解剖刀，可将双面刀片的一段剪下，用火烤废弃的水笔替芯的塑料笔管（作为刀柄），趁塑料熔化将剪下的小刀片插入笔管内，待其冷却后即可将小刀片固定在塑料笔管上。

通常，新的小号裁纸刀的刀片或单面刀片比较锋利，可满足绝大多数花的精细解剖研究需要。若是在更加精细的显微操作中，可用刺血针代替解剖刀，但是无法利用刺血针进行切片操作。

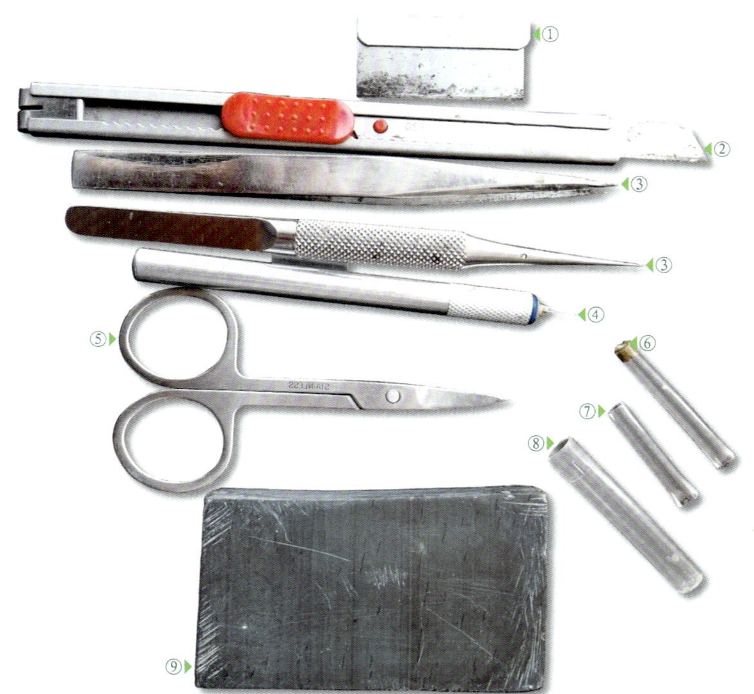

图 1-2　花精细解剖研究需要用的工具

解剖针管帽的左侧开口用少量胶块封堵住，当解剖针插入管帽的胶块中之后，能防止管帽滑脱。

①单面刀片　②(小号)裁纸刀
③尖镊　④解剖针
⑤解剖剪　⑥解剖针的管帽
⑦尖镊的管帽　⑧解剖剪的管帽
⑨细磨石

四、尖 镊

使用尖镊可以很方便地摘下、转移、固定和解剖花材料。市售的尖镊有多种，选购时尽可能购买镊尖尖锐的尖镊（图 1-2 ③），如镊尖宽度 1mm 的尖镊。如果镊尖较粗大，无法进行精细解剖，可使用细磨石（图 1-2 ⑨）将镊尖磨尖。但是，由于受到制造材料的影响，绝大多数尖镊在镊尖磨尖后，会变得柔软、易弯、易断，因此镊尖不宜磨得太尖，这使得很多尖镊都无法用于十分精细的显微操作，此时只能用刺血针（作为解剖针）来替代尖镊。

如果能使用特殊的金属、合金、非金属材料或金属和非金属的混合材料生产镊尖极尖且硬的尖镊，将会使显微操作更加方便。

五、解剖针

在生物学研究中，通常使用缝衣针作为解剖针。但是，在花的精细解剖和显微操作的实践中，笔者发现可用医院化验用的刺血针或一次性的 1ml 皮试针代替解剖针使用，因为刺血针或皮试针三棱形的锐利针尖要比缝衣针的圆锥形针尖更好用，而且显微操作的效率更高。首选的解剖针替代物是化验血糖用的刺血针，使用时先用小刀将其从塑料底座内剥出，然后装入厨师用雕刻刀的可拆卸刀柄内固定（图 1-2 ④）。这种刺血针能很方便地划破花萼、花冠和子房壁等结构，有时无意中微碰弯的针尖在显微操作时，反倒更容易割断或刮掉花萼或花冠。当刺血针的针尖用钝后，可用新的刺血针替换。在没有显微操作用的解剖剪时，也可用刺血针代替解剖剪使用。

如果没有刺血针，可用医院用的一次性 1ml 皮试针代替解剖针使用，其针尖也是锐利的三棱形，虽然比刺血针稍粗大一些，但元需打磨。当针尖用钝后，可更换新的皮试针。

在制取植物的叶表皮时，用皮试针代替解剖针可极大地提高工作效率。微碰弯的针尖，在进行显微操作时，有时更便于刮、割等操作。

六、解剖剪

目前能买到的用于显微操作的解剖剪是医院眼科用的小剪刀。但是，在进行显微操作时，这种小剪刀经解剖镜放大后显得比较粗大，无法用于花的精细解剖和显微操作。如果没有解剖剪，可用锐利的刺血针和尖镊替代，或者自制一把解剖剪。市售的指甲剪套盒内，一般都有一把小尖剪，可选购剪尖较尖锐、质地较硬的小尖剪，用细磨石将其剪尖磨细、磨尖后，就能作为显微操作用的解剖剪（图 1-2 ⑤）。在解剖镜下，可用解剖剪对花部进行剪切，特别是对萼筒或花冠筒进行剪口，要比解剖针更方便。

如果读者能发明一种显微解剖用的微小解剖剪，将会使显微解剖操作更加方便。

七、塑料管帽

用一段塑料管作为管帽，将尖镊的镊尖、解剖针的针尖和解剖剪的剪尖罩住（图 1-2 ⑥～⑧），可有效地保护解剖工具的锐利尖端部分。通常可以选用软硬适宜、稍厚点的塑料管来制作管帽，如果找不到合适的材料也可用普通的塑料吸管来制作管帽。在制作解剖针的针尖管帽时，要在塑料管的一侧开口塞入一些胶块将其堵住，然后将解剖针的针尖插入胶块，就能防止管帽脱落并有效地保护针尖。

八、磨　石

在对解剖剪的剪尖进行打磨时，应选用细磨石(图 1-2 ⑨)细心打磨。由于通常不具备机械打磨的条件，一般使用手工打磨，但是能否将剪尖打磨尖锐，不仅与打磨技术有关，还与解剖剪的材料有关。

刺血针和皮试针的针尖是锐利的三棱形，用钝后无需打磨，直接更换新的刺血针或皮试针。如果能发明镊尖、针尖、剪尖的专用打磨机器或工具，将会极大地提高显微操作的精细程度。

九、胶　块

1. 新胶块（软胶块）

用自来水或温水将口香糖中的糖分等物质洗去，就能低成本地获得花的精细解剖操作用的胶块。新洗出的胶块软而色白，有水时丧失黏性，无水时黏性较大。这种胶块被解剖镜底座内（即玻璃盘下）的灯光照射后，会很快升温、变软、变黏，使操作难于进行。但是，若使用解剖镜的反射光照明，由于胶块离光源较远，即使长时间、持续性的照射也不会使胶块显著升温。一般来说，新制的胶块黏性较大，适用于反射光照明时的观察和显微操作，可用于花内的胚珠和珠心等微小结构的显微解剖和分离。由于新胶块的颜色较白，照片中的花材料与胶块背景间的反差较小。

2. 旧胶块（硬胶块）

新胶块经较长时间使用后，或洗出后放置数月甚至更久之后，由于混入杂质和氧化，胶块会逐渐变黑、变硬，黏性逐渐变小。因此，可利用放置时间长短的差异，制得一系列黏性不同、颜色有差异的旧胶块。和新胶块一样，当旧胶块被解剖镜底座内（即玻璃盘下）的灯光近距离照射后，也会很快升温、变软、变黏，但是此过程要比新胶块来得稍慢一些。一般来说，硬胶块适用于花的形态观察、切片和精细解剖。

制旧胶块时，先将洗出的新胶块放置在冰箱中冷冻数天（或一段时间），然后将其取出放入一个三边裁开的塑料袋（如糖袋）内存放。放置一段时间后，可将胶块撕扯、揉捏至胶体颜色和质地均匀，然后继续放置。当胶块达到所需硬度后，可将其装入一个塑料袋内，置于冰箱冷冻室内保存。可依此方法制作一系列不同硬度和黏性的新、旧胶块。

3. 胶块的保存方法

若想保持新、旧胶块的黏性不变并防止霉菌生长，可将新、旧胶块装入塑料袋内，然后放到冰箱的冷冻室内长期保存。使用时，将胶块取出，待其解冻后，撕扯、揉捏至胶体均匀即可。

十、照相设备

通常，可用显微镜或解剖镜专用的照相设备对观察结果进行拍照。但是，这样的设备通常很贵，如果没有条件购买，可用手机或数码相机等照相设备直接对着解剖镜或显微镜等助视仪器的目镜镜头进行照相（图 1-3）。

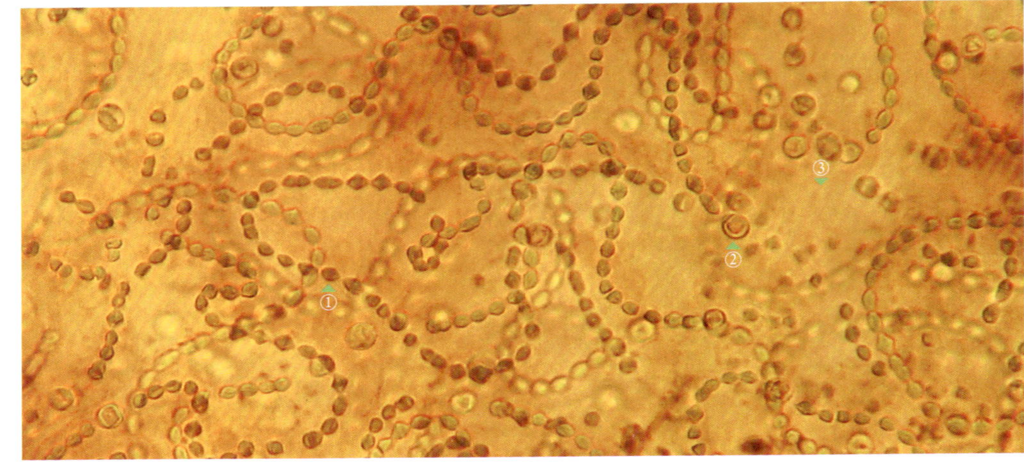

图 1-3　用数码相机对着显微镜视野拍摄到的普通念珠藻（地木耳 *Nostoc commune* Vauch.，蓝藻门 Cyanophyta）临时水装片的观察结果（2006 年 3 月 21 日，SONY 卡片式数码相机拍摄）

普通念珠藻的细胞呈串珠状排列。很多这样的普通念珠藻（即群体）生于片状的胶质体（即公共胶质鞘）中，外形似木耳，故称"地木耳"。图中，细胞外的透明区域是公共胶质鞘的胶质。本照片是笔者于 2007 年初发表在《生物学通报》第一期"光镜下新鲜植物花粉的简易制片和摄像方法"论文里的照片，用以说明手持数码相机直接对显微镜或解剖镜的观察结果进行照相的可行性。由于原论文是黑白版印刷并且图片较小，无法看清原照片的真实色彩和拍摄效果，故在此剪辑放大后重新发表。

①近球形细胞排列成串珠状
②异形胞
③公共胶质鞘的胶质

十一、标　尺

解剖镜下的标尺可以标示花材料及其花内微小结构的大小，能让人在观看花照片时产生一种长度概念。通常，可使用无色透明的塑料尺作为标尺。使用前，先将塑料尺剪成 1 ~ 3cm 长的小段，再将空白的地方剪去一部分，以减少其重量。使用时，将塑料尺粘在花材料旁的胶块上，并使其适当倾斜，让发亮的边缘照亮刻度线（图 1-4 ~图 1-5）。也可用黑色塑料板小块（或其他颜色）在解剖镜下裁剪出一个 1 ~ 2 mm 长的小标尺，最好固定使用一个尺寸（如 2mm 长，图 1-6）。自制标尺越小，难度就越大。

图 1-4　标尺的放置方法

图 1-5　标尺的放置方法（暗视野）

图 1-6　自制 2mm 长的小标尺

第二节 花的精细解剖方法

一、对胶块的操作

1. 胶块的形状

用于花的精细解剖和结构观察的胶块，形状可以多样。在对花进行精细解剖时，一般使用三种照明方法，即反射光照明、混合光照明和暗视野照明，胶块的形状要能同时满足这三种照明需要。并不是所有的胶块形状都能满足暗视野照明观察的需要，但是能满足暗视野照明观察需要的胶块却能同时满足反射光照明和混合光照明观察的需要。在本书中，将能满足反射光照明、混合光照明和暗视野照明观察需要的胶块称为“暗视野观察胶块”。

暗视野观察胶块通常可手捏成下宽上窄的馒头状、草帽状或其他形状（图 1-7，图 1-8）。将暗视野观察胶块放入解剖镜的视野中之后，便可依次对其顶端固定的花进行三种照明观察。当然，也可以根据实际需要将暗视野观察胶块手捏成或用尖镊局部调整成其他特殊的形状，例如，将草帽状胶块的帽头捏成竖板状。虽然胶块的形状发生了一些改变，但仍然能满足三种照明观察的需要。

图 1-7　馒头状的硬胶块（未使用解剖镜）

图 1-8　草帽状的硬胶块，也可以将帽头部分捏成竖板状（未使用解剖镜）

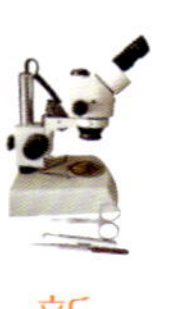

2. 花在胶块上的固定方法

用手或尖镊将花（或花序等）摘下，粘在解剖镜视野内具有一定形状的胶块上，（根据需要）用手或尖镊局部挤压、挑起胶块，通过改变胶块的形状、花的位置，或同时改变胶块形状和花的位置，以调整观察、解剖或照相的角度。如果花较大，无法在解剖镜的视野中对其进行整体观察，可将其先固定在胶块上，然后直接用手机或数码相机等照相设备对其进行照相。之后，使用解剖镜对其局部进行放大观察或照相，或进行精细解剖。

3. 花在胶块上的移动方法

固定在胶块上的花，在完成了特定角度的观察、照相等操作之后，可利用两手同时捏挤花下的胶块，使胶块部分改变形状，以便将固定在胶块上的花快速地移、转到合适的角度或位置。若需要精细调整观察的角度和位置，可用尖镊挤压、拨动、拉扯、挑起或旋转花下的部分胶块，使胶块上的花产生微小的移动。在通过改变花下胶块形状对花进行移动的过程中，要保证花材料，特别是展开花的各部分形态和各部分的位置不被扰动或扭曲。这种移动方法可总结为：用两手捏挤、转动花下胶块进行“粗调”，用尖镊进行“细调”。

4. 增大（照片中）花材料与背景反差的方法

胶块在使用或放置的过程中，由于掺入杂质和自身物质的氧化，使胶块的颜色逐渐变黑，质地变硬，黏度变小，成为深色或黑色的旧胶块（硬胶块）。在旧胶块上对花材料进行精细解剖时，胶块本身就可以增大花材料与背景之间的反差，使花材料的特征更加鲜明、清晰。但是，旧胶块增大背景反差的效果通常有限，这里再介绍三种进一步增大花材料与背景反差的基本方法。在进行花的精细解剖操作时，可根据具体情况，灵活使用不同的方法。

⑴将花材料移到下宽上窄胶块的上端边缘（背光侧），并增大花与花下胶块的距离

胶块法在建立的初期，只是将花材料移到胶块的边缘，以玻璃工作盘作为背景来增大花材料与背景的反差，这种方法只能进行反射光照明

观察和透射光照明观察（图 1-9 ～图 1-12）。

现在，使用暗视野观察胶块，并利用花下的胶块底座就可以很容易地达到增大花材料与背景反差的效果，具体方法为：将胶块捏成馒头状或草帽状（图 1-13，图 1-14），或再将帽头捏成竖板状，所捏成的胶块

图 1-9 将野燕麦（*Avena fatua* L.，禾本科 Gramineae 或 Poaceae）小花的外稃和内稃外折并粘在胶块顶端的边缘后，小花的侧面观[②]

①花药 ②子房表面着生的长硬毛 ③浆片 ④小穗轴节间上的硬毛 ⑤粘在胶块上的内稃

图 1-10 图 1-9 野燕麦小花的不同角度观察。小花的下方为解剖镜底座上的玻璃盘，小花与玻璃盘背景的反差较小

①子房 ②浆片 ③硬毛

图 1-11 除去小花内的雌蕊和雄蕊后，示固定在胶块顶端边缘上的 1 对浆片。浆片与玻璃盘背景的反差较小

图 1-12 图 1-11 1 个浆片的外面观

② 图注中未标注出助视仪器的，均为使用解剖镜拍摄的照片。

形状只要能满足下宽上窄、能进行暗视野观察就行。然后，将花固定在胶块上端，背向反射光照明光源一侧的边缘，并使花与花下方的胶块底座之间的距离稍大一些。受解剖镜的景深所限，花下的胶块位于花的聚焦面之外，被虚化，无法清晰成像，在花照片中就起到了增大背景反差的作用。同时，由于花被固定在远离反射光照明的一侧，花下方的胶块底座受到胶块遮挡，因而无法被反射光照亮，这就使花照片的背景成为深色或黑色，更加增大了花材料与背景之间的反差。如果在花下方的胶块底座上放置一个黑色小纸板，那么花照片的背景就会变成黑色。

图 1-13　花被固定在草帽状胶块顶端的边缘，呈“悬挂”状，并与胶块底座间的距离较远，这样就可以增大照片中的花材料与背景间的反差效果（未使用解剖镜）

最好将花固定在面向操作者的一侧，这样能使花下方的胶块底座较暗，即使不放置黑色小纸板，也能形成较暗或黑色的背景。

①背向反射光照明光源的一侧(面向操作者)
②朝向反射光照明光源的一侧
③草帽状的胶块
④未被反射光照亮的胶块底座
⑤照相侧

图 1-14　木犀 [桂花，*Osmanthus fragrans* (Thunb.) Lour.，木犀科 Oleaceae] 的花被“悬挂”在暗视野观察胶块上，照片中的花材料与背景间的反差较大（暗视野观察）

①花柄　②花萼　③花冠裂片

如果花被固定在胶块顶端朝光一侧的边缘，或既不朝光也不背光（位于朝光面和背光面之间），可在花前方的胶块底座上放置一个朝着花倾斜的小黑纸板，将照向花下方胶块底座上的反射光遮挡掉，但不遮挡照向花的照明光，就能在花照片中制造出深色或黑色背景。

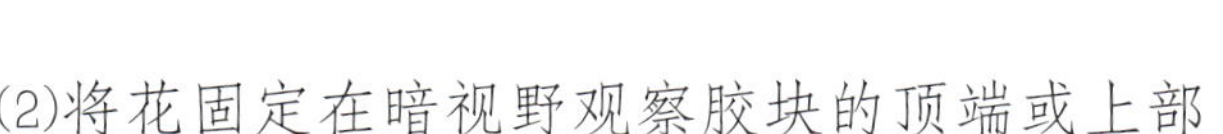

⑵将花固定在暗视野观察胶块的顶端或上部

将花固定在暗视野观察胶块的顶端，然后在暗视野照明下对花进行观察和照相，就可使花照片中的背景成为深色或黑色（图 1-15）。

若在暗视野观察胶块的上端插入一段牙签，牙签的顶端粘上小胶块，将花固定在牙签顶端的小胶块上，就可以虚化背景，增大照片中花材料与背景间的反差。

⑶在花下的暗视野观察胶块上加上黑色（背景）纸板

在暗视野观察胶块上的花材料下方或花的前下方（即背向操作者的向光面），倾斜放置一个黑色小纸板（或其他黑色物品），纸板后用 1 ～ 2 根插入胶块中的牙签（适当长度）顶住，就可使花照片中的背景全部或部分成为黑色（图 1-16）。

黑色小纸板可用新服装佩挂的黑色小标牌来制作。制作时，将黑色小标牌的无字部分剪成合适大小的方形或长方形的小纸板，使用时粘在花下的胶块上。若要将黑纸板套在花梗或花下牙签上，可在小纸板一侧的中间位置用剪刀向内剪至中央位置，或再用锥子或钉子等物在纸板的中央处戳出 1 个小圆孔，使用时将黑色纸板的圆孔套在花梗或花下牙签等支持物上。

图 1-15　馒头状胶块顶端固定的金叶莸（*Caryopteris*× *clandonensis* 'Worcester Gold'，马鞭草科 Verbenaceae）花的暗视野照明观察

由于花及其周围的透射光被胶块遮挡住，所以在进行暗视野观察时，花材料的周围就可形成深色或黑色背景。

图 1-16　梧桐 [*Firmiana simplex* (L.) W. Wight，梧桐科 Sterculiaceae] 雄花的反射光照明观察

由于在花下放置了黑色小纸板（可见其边缘），因而使花照片中的背景呈黑色。

二、花在胶块上的精细解剖方法

1. 一般方法

以酸枣 [*Ziziphus jujuba* Mill. var. *spinosa* (Bunge) Hu ex H. F. Chow，鼠李科 Rhamnaceae] 和枫杨 (*Pterocarya stenoptera* C. DC.，胡桃科 Juglandaceae) 的花为例，将花（或花蕾）粘在胶块上之后，根据观察和照相需要，采用不同的解剖方法，从外向内逐层剥离和解剖花内的各个部分，并依次进行观察和照相。在完成了对雌蕊的形态观察之后，还要对子房进行解剖和横切制片，以观察子房室的数目、胚珠的数量和着生情况以及胎座的类型等性状。此外，还可对花和子房等进行横切或纵切制片观察。

在对花及花内各部进行观察、解剖或变换操作时，注意记好笔记，也可直接将操作或变换内容以及想法等写在纸上，并按照顺序拍照。用顺序照片代替实验记录，也便于事后跟踪研究。

(1)酸枣花的精细解剖

酸枣花的顺序照片如图 1-17 ～图 1-42 所示。

图 1-17　枝上的花（室外照片，未使用解剖镜），可见花萼 5 裂，花瓣 5 片，较小，与雄蕊对生，雄蕊和雌蕊之间生有花盘，子房埋于花盘内，上位

①花盘　②雄蕊　③花瓣　④萼裂片

图 1-18　在解剖镜视野中将酸枣花摘下后固定在胶块上，可见其花瓣与雄蕊对生，与花萼裂片互生，雌蕊的柱头为 3 个（常为 2 个）

①柱头　②花盘　③花瓣　④花药　⑤花丝

图 1-19　花的下面观。花梗未在聚焦面上，因而模糊

①花梗　②花瓣　③萼裂片

图 1-20　切去花柱及柱头后的花

①花瓣　②萼裂片　③雄蕊

图 1-21　对图 1-20 的子房和花盘做 1 个横切片后，剩余部分的上面观。在红圈内有 3 个子房室

①胚珠　②花盘　③萼裂片

图 1-22　在图 1-21 子房横切面上滴上水液，可见红圈内有 3 个子房室，每个子房室内有 1 个胚珠（横切面）

①胚珠　②花盘

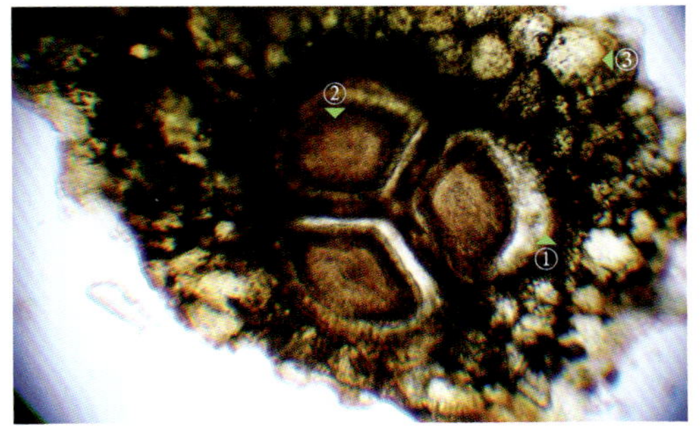

图 1-23　子房和花盘的横切片，可见子房 3 室，每室内生有 1 个胚珠（显微镜观察照片）

①子房室　②胚珠(横切面)　③花盘

图 1-24　花蕾的近侧面观（混合光），可见花萼裂片彼此相接，呈镊合状排列

①萼裂片间呈镊合状排列(腹缝线)
②萼裂片(背缝线)

图 1-25　花蕾不同角度的观察

图 1-26　花蕾的下面观

图 1-27　将花蕾的部分花萼裂片相互分开，可见花萼裂片间为镊合状排列

图 1-28　将花蕾的花萼裂片在旧胶块上展开后，可见花萼 5 裂，花瓣 5 片，壳状，包被雄蕊，花盘近黄色

①萼裂片　②花瓣　③花盘

图 1-29　图 1-28 的花不同角度的观察

①柱头　②花盘

图 1-30　萼裂片和花冠展开后的花

①花瓣　②萼裂片　③花盘　④花丝　⑤花药

图 1-31　将图 1-30 花的雄蕊用胶块拉出的胶条粘在胶块上

①花瓣　②花盘　③花丝　④花药

图 1-32　除去部分花盘后，暴露出子房的侧壁。可见子房未与花盘合生在一起，即子房上位，非下位。从图像上看，花盘的内缘生有缘毛

①花盘　②缘毛　③柱头　④子房

图 1-33　将子房纵剖后，示一个子房室内的胚珠

①花瓣　②花药　③花柱　④胚珠

图 1-34　从另一个花蕾的子房内剖出的 1 个胚珠

图 1-35　另一个更幼嫩的花蕾，萼裂片间的镊合状排列缝隙（腹缝线，共 5 条）清晰可见

图 1-36　将图 1-35 的花蕾的萼裂片展开并固定，可见 5 片绿色的花瓣，在花瓣下面有 5 个雄蕊

图 1-37　将图 1-36 的花冠和雄蕊展开，雄蕊与花瓣上下叠生，称为“对生”，花盘绿色

①花药　②花盘

图 1-38　图 1-37 的暗视野观察。花下方的胶块被抬升，胶块的颜色较浅，是黏性稍大的旧胶块

图 1-39　图 1-38 的花不同角度的观察。柱头为 2 个

图 1-40　图 1-39 的花不同角度的部分放大观察。花柱 2 半裂，柱头 2 个

①柱头2个　②花药　③花丝　④花盘

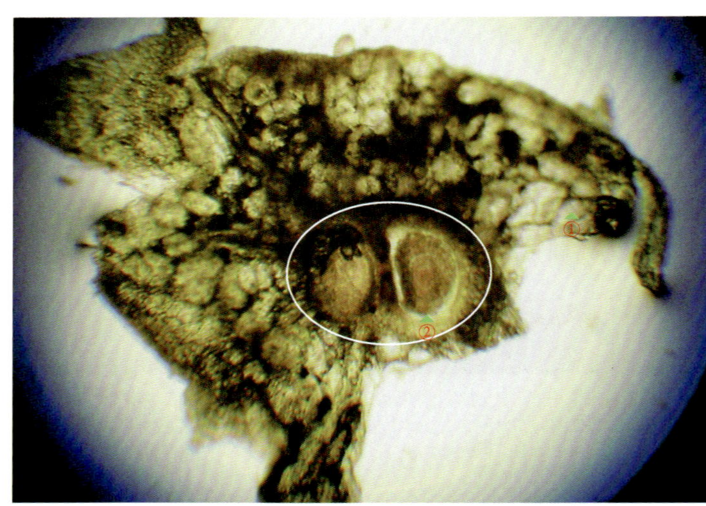

图 1-41　图 1-40 的雌蕊的子房及其周围花盘的 1 个横切片。白圈内有 2 个子房室，每室内有 1 个胚珠（横切面，显微镜观察）

①花盘　②子房室

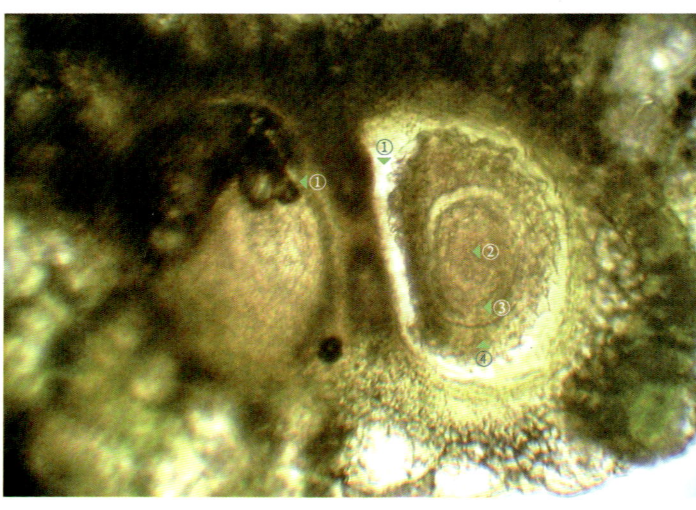

图 1-42　图 1-41 的切片的部分放大。从右侧胚珠看，胚珠有内、外两层珠被

①子房室　②珠心
③内珠被　④外珠被

(2)枫杨花的精细解剖

枫杨花的顺序照片如图 1-43 ～图 1-62 所示。

图 1-43 枫杨花枝上的雄柔荑花序（1 个）和雌柔荑花序（2 个）。雌、雄花序着生在同一个枝上（雌雄同株，未使用解剖镜）

①雄柔荑花序 ②雌柔荑花序

图 1-44 雄柔荑花序的一部分

①花序轴 ②雄花

图 1-45 雌柔荑花序的一部分

①花序轴 ②雌花

图 1-46 从雄柔荑花序上分离出的 3 朵雄花。固定花的胶块为颜色较深的硬胶块

①雄花 ②花序轴

图 1-47 雄花的上面观。雄花由 1 片苞片、2 片小苞片和 12 个离生的雄蕊组成，雄花内无退化雌蕊

①苞片 ②小苞片
③雄蕊的花药 ④花序轴

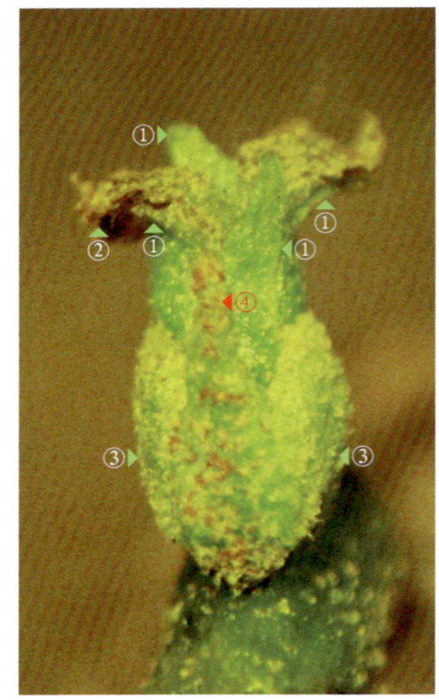

图 1-48　分离出的雌花。雌花具有 1 片苞片（外面观）、2 片小苞片、4 片花被片和 1 个雌蕊（柱头已有些干枯，2 个）组成

①花被片　②柱头
③小苞片　④苞片

图 1-49　图 1-48 的雌花的暗视野观察

①柱头　②苞片　③小苞片

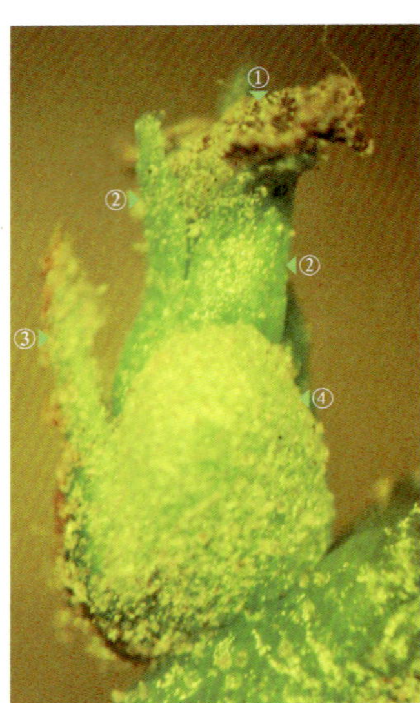

图 1-50　雌花的侧面观

①柱头　②花被片
③苞片　④小苞片

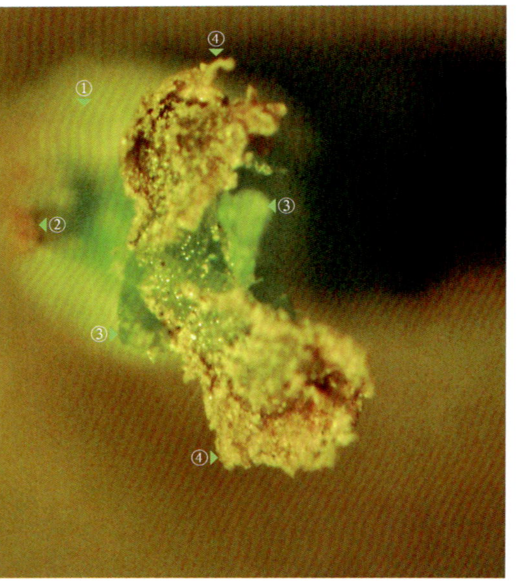

图 1-51　柱头的上面观

①小苞片　②苞片　③花被片
④柱头

图 1-52　摘下苞片、小苞片和 1 片花被片后的雌花（照片未转动）。花被片的上端游离，下端与下位子房贴生，下位子房外的部分称为“花托”

①从此处摘下的花被片　②摘下的花被片　③花被片　④柱头
⑤下位子房外的花托

图 1-53　雌花的分解，示雌花的 4 片花被片和 1 个雌蕊（照片转动 180°）

①柱头　②花被片　③下位子房外的花托
④花柱

图 1-54　将花托和子房合生的壁纵剖并除去一部分后，露出子房室内的 1 个直生胚珠

①花柱　②花托和子房的壁　③胚珠

图 1-55　图 1-54 的直生胚珠的放大。花期时的胚珠（柱头已干枯），珠柄的顶端似正在形成的外珠被，胎座有些凸出，位置稍高

①珠柄　②胚珠　③胎座

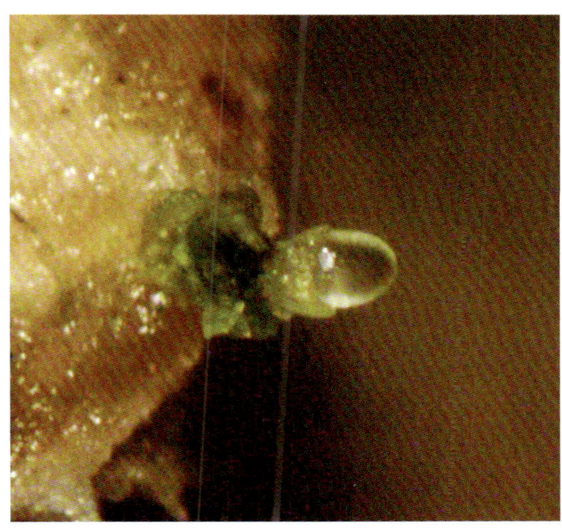

图 1-56　在暗视野观察硬胶块上分离出的胚珠

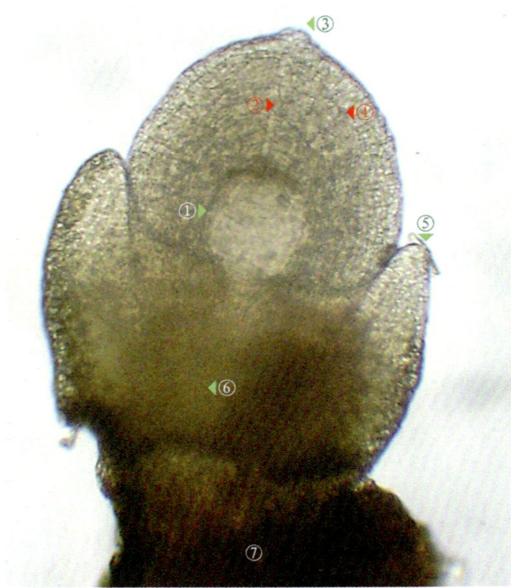

图 1-57　胚珠临时水装片的显微镜观察结果

制作胚珠临时水装片的方法：将分离出的胚珠粘在载玻片上的小胶块（或小胶条）上，在胚珠上滴水以防止其干缩，然后不盖盖玻片就可用显微镜的低倍物镜进行观察。从形态上看，枫杨胚珠的珠柄顶端似外珠被，珠被似珠心。由于未查到相关的文献记载，这里仅依据形态观察照片进行描述，供进一步研究时参考。

①珠心（其内有胚囊）　②管状结构
③珠孔端　④珠被
⑤珠柄顶端的似“外珠被”结构
⑥胚珠的合点端　⑦载玻片上的小胶块

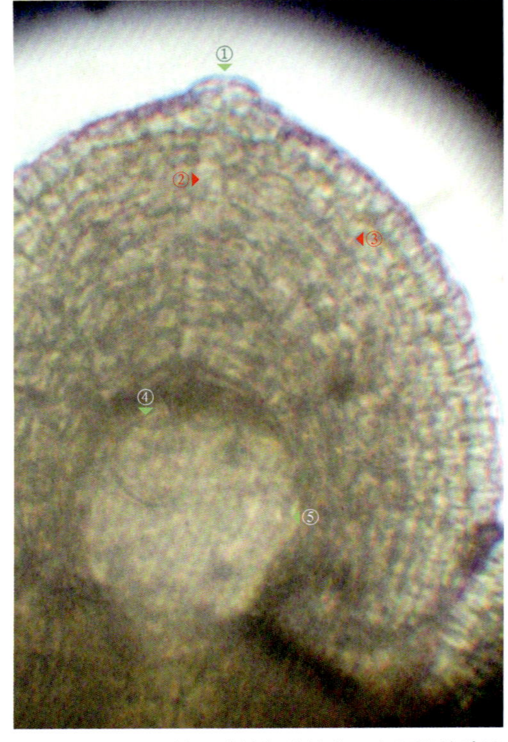

图 1-58　图 1-58 的胚珠的部分放大。在胚囊的珠孔端隐约可见 2 ~ 3 个细胞的形态，但未能分辨出卵细胞和助细胞，这里以“卵器”（由 1 个卵细胞和 2 个助细胞组成的生殖结构）称之

①珠孔　②管状结构　③珠被　④卵器
⑤胚囊

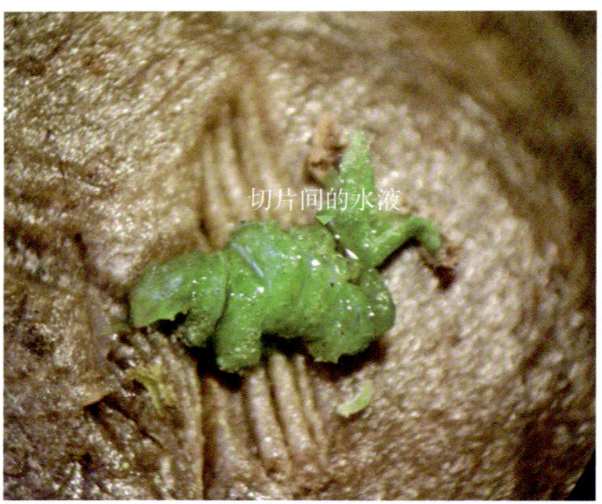

图 1-59　在解剖镜视野中用单面刀片在硬胶块上对雌蕊的下位子房进行横切制片。切片完成后，用尖镊转移（或用移液管滴加）微量水至切片间，以防止切片干缩变形。然后，用尖镊将切片转移至载玻片上，制成临时水装片

图 1-60　子房靠上部的 1 个横切片。子房室中有 1 个胚珠（横切面，显微镜观察）

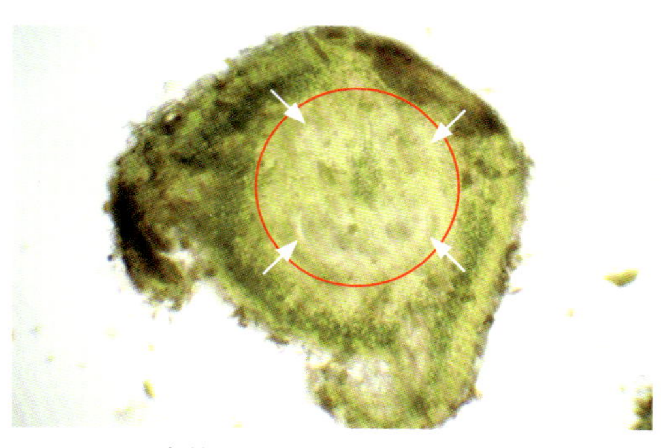

图 1-61　子房的另一个横切片。红圈内的白箭头指示 4 个子房室的位置（显微镜观察）

枫杨的复雌蕊由 2 个心皮合生而成，子房起初为 1 室，后来在子房室的基部产生了 2 个不完全隔膜，将子房基部分隔为 4 室（但上部仍为 1 室），这种子房室被称为“不完全 4 室”。

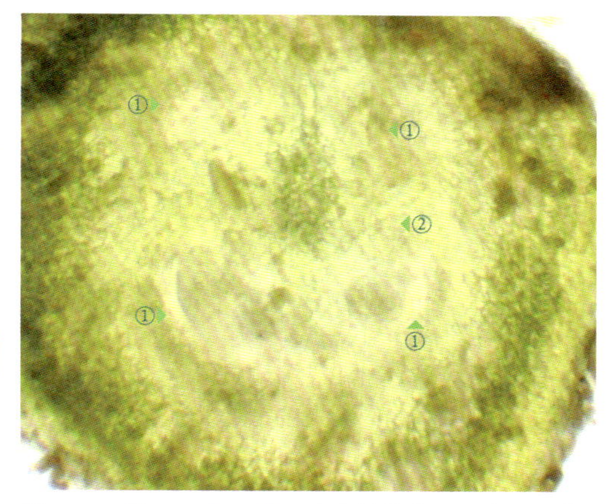

图 1-62　图 1-61 的 4 个子房室的放大（显微镜观察）

①子房室　②子房底部的不完全隔膜

2. 花的原位精细解剖方法

一朵花在胶块上可以有多种不同的固定、解剖和展开方法，在进行花的原位精细解剖时，应尽可能地选用那些对花及花内结构扰动小的解剖方法。

以通泉草 [*Mazus pumilus* (N. L. Burman) Steenis，玄参科 (Scrophulariaceae)] 为例，通泉草的花属于合瓣花，花冠内的雄蕊数目和生长位置等特征只有将花冠纵剖、展开后才能看到。在胶块上对通泉草的花冠进行纵剖和展开的方法有多种，选用不影响、不扰动花冠内的雄蕊和雌蕊正常位置的精细解剖方法，不仅能了解花内各部分的真实形态、结构特征和位置关系，还能更好地理解花与传粉媒介之间的协同进化关系（图 1-63 ～图 1-88）。

图 1-63　通泉草花期的植株（未使用解剖镜）

图 1-64　花梗基部的苞片及腺毛

①花梗　②苞片

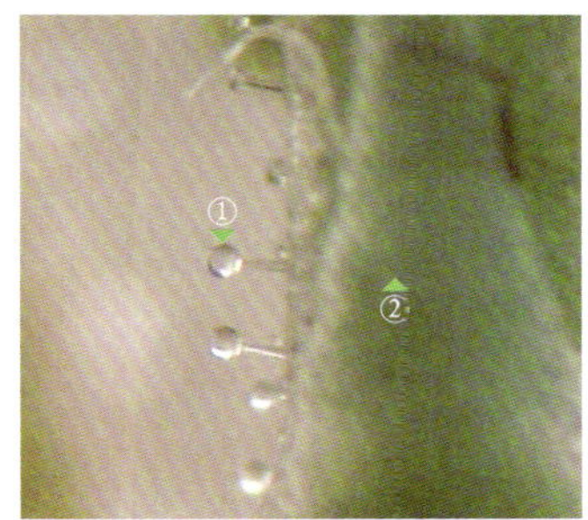

图 1-65　图 1-64 花梗上腺毛的放大

①腺毛　②苞片

图 1-66　除去花冠后的花萼，花萼 5 裂

①萼裂片　②萼筒

图 1-67　花萼纵剖、展开后，可见雌蕊的子房上位

①花柱　②萼裂片　③子房

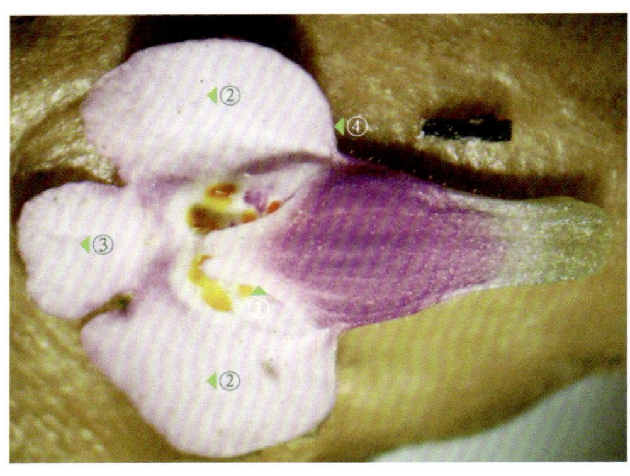

图 1-68　花冠的上面观（近轴面）。花冠二唇形

①上唇　②侧裂片　③中裂片　④下唇

图 1-69　花冠上唇的暗视野观察。上唇 2 浅裂（外面观）

图 1-70　花的近下面观（远轴面）。花冠的下唇及其下方的花冠喉表面有 2 条纵向凹沟，它们在花冠内面形成 2 条纵向褶襞

①花冠下唇　②凹沟
③萼裂片　④萼筒

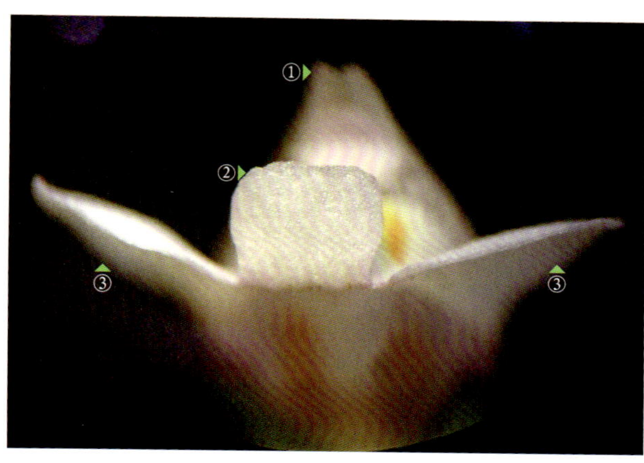

图 1-71 花冠下唇的中裂片

①上唇2浅裂 ②下唇的中裂片 ③下唇的侧裂片

图 1-72 花的前面观。下唇褶襞上生有棒状毛（照片左转 90°）

①中裂片 ②侧裂片 ③褶襞
④上唇 ⑤柱头 ⑥萼裂片
⑦下唇

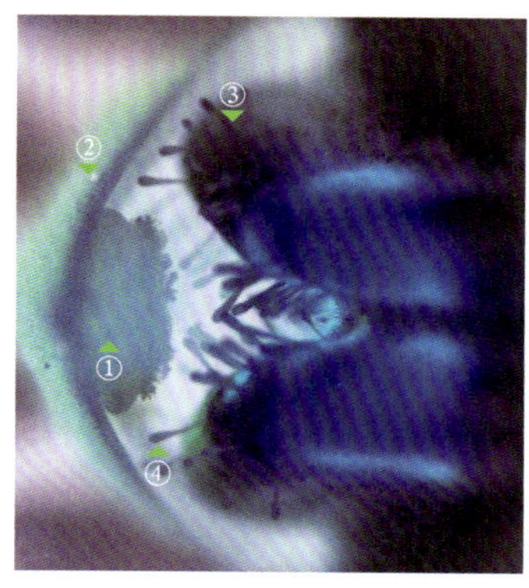

图 1-73 图 1-72 经光学信息解析处理后的照片（部分放大）。下唇褶襞上的棒状毛形态较清晰

①柱头 ②花冠的上唇
③褶襞 ④棒状毛

图 1-74 纵剖、展开后的花冠内面观。花冠的内面有 4 个与其部分贴生的雄蕊，其中 2 个雄蕊的花丝较长，2 个雄蕊的花丝较短，这样的雄蕊称为“二强雄蕊”

①中裂片 ②侧裂片 ③上唇 ④短雄蕊 ⑤长雄蕊
⑥色斑 ⑦下唇

图 1-75 图 1-74 花冠内面的光学信息解析处理照片。花冠远轴面的内面具有 2 列色斑

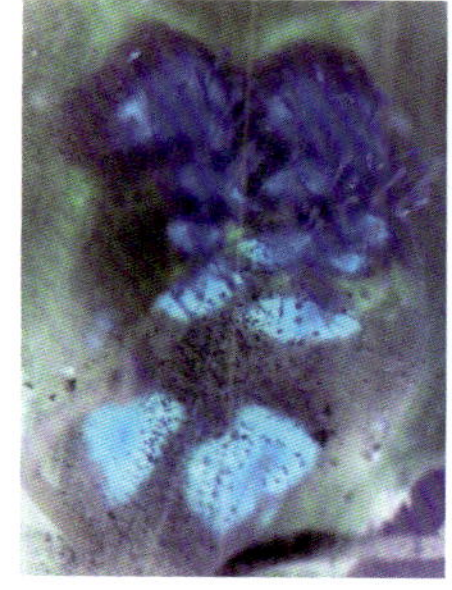

图 1-76 另一朵花的色斑群（经光学信息解析处理）

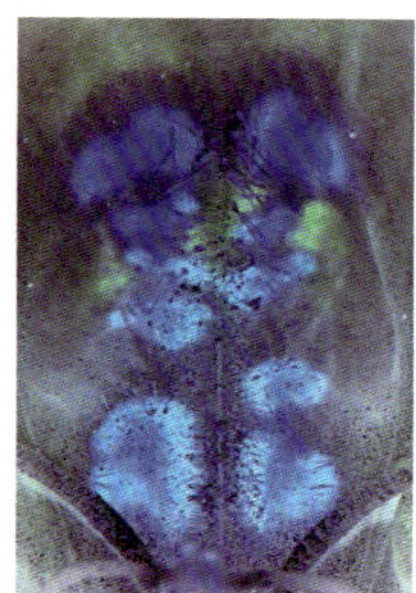

图 1-77 其他花的色斑群（经光学信息解析处理）

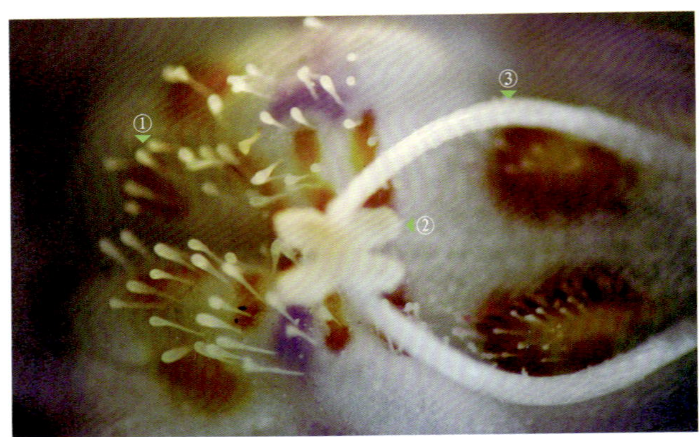

图 1-78　色斑群处的表皮毛。长雄蕊前方色斑处的棒状毛较大，其后方色斑处的棒状毛较小

①棒状毛
②花药
③长雄蕊的花丝

图 1-79　1 对短雄蕊在色斑群处的位置。短雄蕊处的棒状毛较小

①长雄蕊　②短雄蕊

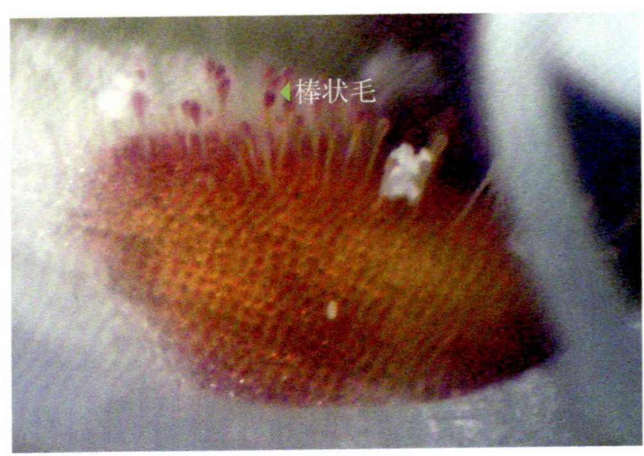

图 1-80　短雄蕊处的 1 个大色斑，其棒状毛顶端的色彩与色斑的色彩近相同

图 1-81　沿着花冠上唇中央进行纵剖、展开的花，示花冠内面的雄蕊群和雌蕊之间的位置关系。雌蕊在花冠内靠近近轴面，而雄蕊群靠近远轴面和侧面，长雄蕊的 1 对花药位于色斑群的上部，而短雄蕊的 1 对花药则位于色斑群后部的大色斑处

①中裂片　②侧裂片　③柱头　④剖开的上唇
⑤短雄蕊　⑥萼裂片　⑦子房　⑧花柱
⑨长雄蕊

图 1-82　图 1-81 的柱头和 1 对长雄蕊之间的位置关系

①1对长雄蕊的花丝　②柱头　③花柱　④花药

①柱头　②花柱
③褶襞　④中裂片
⑤侧裂片　⑥长雄蕊
⑦短雄蕊　⑧上唇
⑨子房

图 1-83　图 1-81 展开花的侧面观。此时的 2 对雄蕊已与花柱由紧贴状态分开

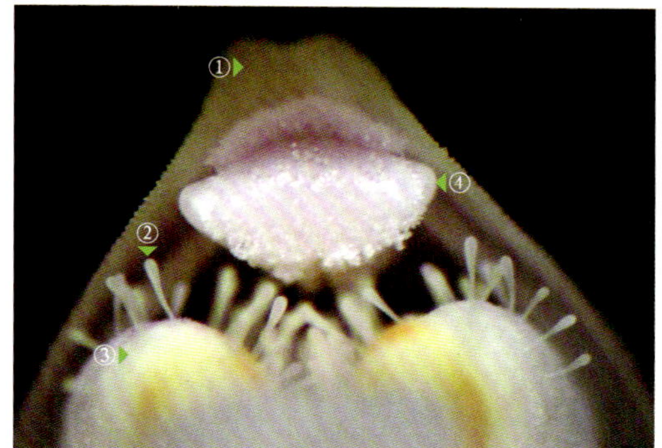

图 1-84　从花冠前端观察到的柱头和棒状毛。柱头二片状

①花冠的上唇　②棒状毛　③褶襞　④柱头

图 1-85　柱头内面的乳突

图 1-86　柱头的外面观

①柱头　②花柱

图 1-87　雌蕊子房的近上面观。子房扁球形，其表面的背缝线和腹缝线可辨。由于花柱未在聚焦面内，因此图像模糊

①花柱　②腹缝线　③背缝线

图 1-88　子房的横切面，示 2 个心皮组成的复雌蕊，子房 2 室，胚珠较小，多数，中轴胎座内侵，凸入 2 个子房室中，子房室内的胎座（淡绿色部分）较大，增大了胚珠的着生面积和数量

①胎座　②背缝线　③胚珠
④子房室间隔膜　⑤腹缝线

3. 较大花的观察和精细解剖方法

对于较大的花，虽然无法在解剖镜视野中对它进行整体观察和照相，但是其观察方法与较小花的观察方法基本相同，两者的差异在于对固定好的较大花进行照相时，先不使用解剖镜，而是使用手机或数码相机等照相设备直接对着花进行照相，然后再使用解剖镜对花及花内各部的不同部分进行全面的、多角度观察、解剖和照相。实验完成之后，如果需要将花及各部的多张局部照片合成为一张或多张完整的照片，可利用图像处理软件进行拼接合成，将来还可依据一系列的照片合成出一个完整的、三维立体的花。

下面，以桃（*Amygdalus persica* L.，蔷薇科 Rosaceae）花为例，说明较大花的精细解剖方法（图 1-89 ~ 图 1-94），本书的第二章还有一些其他实例。

图 1-89　在解剖镜的玻璃盘中央粘上一块较大的旧胶块，将桃花固定在胶块上，并用手和尖镊通过改变胶块的形状和花的位置调整好观察和照相（未使用解剖镜）的角度

①花瓣　②雄蕊(群)　③雌蕊(柱头处)

图 1-90　在解剖镜下对花进行局部的放大观察和照相

桃花的雄蕊群是由很多离生的雄蕊组成，在雄蕊群中可见 1 个单雌蕊（由 1 个心皮组成）的花柱及柱头（淡绿色）。桃花的萼片、花瓣和雄蕊群着生在萼筒（即花托）的顶端，此萼筒（或花托）在马炜梁先生主编的《植物学》（第 2 版，P241）教材中被称为“被丝托”，意即花被和花丝的基部与花托延伸部分合生而成的碟状、杯状至坛状的结构，在蔷薇科、八角枫科、茜草科和桔梗科等植物的花中都有这样的结构。

①雄蕊(群)　②雌蕊　③花瓣　④萼片

图 1-91　除去花瓣后，花的上面观

①花药　②花丝
③柱头　④花柱　⑤萼片

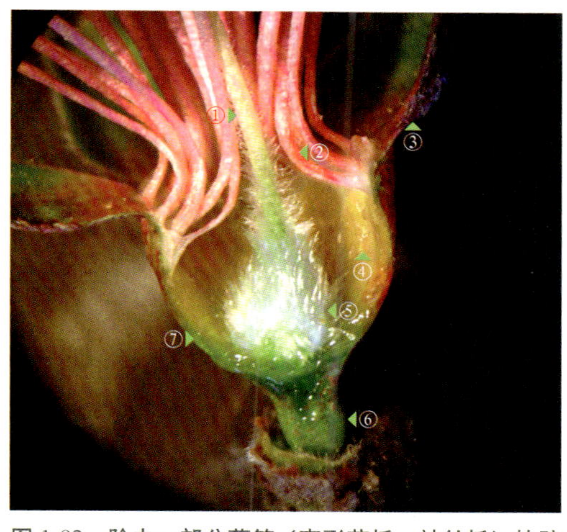

图 1-92　除去一部分萼筒（壶形花托、被丝托）的壁后，可见萼片、花瓣和雄蕊群都着生在萼筒顶端，萼筒内的子房上位，表面密生柔毛，萼筒内面的橙黄色部位是花蜜腺，萼筒下有花梗（或称“花柄”）

在《中国植物志》中，称萼片下的花托为“萼筒”，萼筒顶端的裂片为“萼片”，有些书将萼片称为“裂片”，马炜梁先生的《植物学》（第 2 版）中称萼筒为“被丝托”。

①花柱　②花丝　③萼片
④花蜜腺　⑤子房　⑥花梗
⑦萼筒(内面的橙黄色部位是花蜜腺)

图 1-93　纵剖除去一部分子房壁后，可见子房 1 室，子房室内生有 1 个悬垂的倒生胚珠，边缘胎座，珠孔朝上。根据《中国植物志》记载，桃属植物的子房 1 室，具 2 胚珠（第 38 卷，P8 ~ 9）

①子房壁　②胚珠

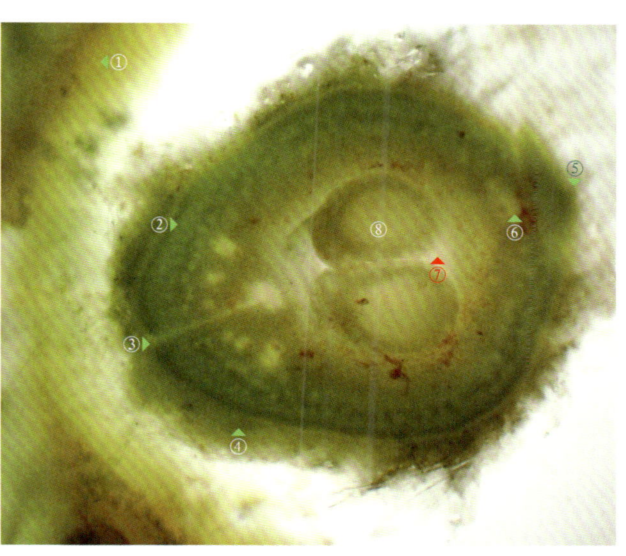

图 1-94　子房的横切片。子房室内有 2 个胚珠（横切面）

①萼筒壁　②子房壁　③腹缝线
④子房表面着生的柔毛　⑤背缝线　⑥背束
⑦子房室　⑧胚珠

4. 子房的横切和纵切制片以及精细解剖方法

⑴子房的横切制片

在解剖镜下将子房外的花萼、花冠和雄蕊群依次除去后，将子房粘在胶块上，用锋利的单面刀片（或小号裁纸刀）对子房进行横切制片（图 1-59）。合拢尖镊的镊尖，将其插入水中，镊尖及其上方的狭窄缝隙就会自动吸取一些水（虹吸现象），将镊尖移出水液在子房切片表面张开镊尖，镊尖间的水会自动流向子房切片，并沿切片表面扩散至其他切片的缝隙间。子房切片表面的水液能防止切片干缩，并使胶块粘着切片的黏性减小，这有助于转移切片。必要时可多转移一些水至切片上，或滴 1 至数滴水。用尖镊将切片依次从胶块上分离下来，并转移到滴有水的载玻片上，不用封片即可在解剖镜或显微镜的低倍物镜下进行观察和照相。

如果子房很软，难以横切或纵切制片，可将子房粘在胶块上，然后放入冰箱中冷冻。待子房冻结变硬后取出，在解剖镜下趁子房未解冻对其进行快速横切或纵切制片。切片后，按照上述方法将切片转移到滴有水的载玻片上即可进行观察。如果子房外长满表皮毛而难以横切或纵切制片时，可用尖镊将子房外的大部分表皮毛拔去，然后将粘着子房的胶块放入冰箱冷冻，冷冻变硬后进行快速横切或纵切制片。

在解剖镜下观察子房切片的临时水装片（不盖盖玻片）时，可依次采用反射光照明、混合光照明和暗视野照明进行观察、照相。在显微镜下观察子房切片的临时水装片（不盖盖玻片）时，直接在低倍物镜下进行观察、照相。若需使用高倍物镜放大观察，则要补充适量的水后盖上盖玻片，才能进行观察。

⑵子房的纵切制片

子房的纵切制片和子房的横切制片方法相同，两者之间的差异在于用刀切割子房时的方向不同。如果子房上的花柱和柱头很长，要在胶块上切一个三部分俱全的雌蕊纵切片比较困难，但是若只做子房的纵切片，难度相对较小。通常，通过子房的横切制片和子房的精细解剖就可以了解子房的结构、胚珠的数量和着生情况，但是由于子房和花的纵切制片能一目了然地了解子房和花的结构，特别是能准确地判断出子房的位置是半下位还是下位（例如，第二章的石榴花蕾的纵切制片），所以子房和花的纵切制片具有一定的意义。如果时间和精力允许，可以做一些子房和花的纵切制片用于观察（图 1-95 ～图 1-99）。

图 1-95　朴树（*Celtis sinensis* Pers.，榆科 Ulmaceae）已开败的花

图 1-96　图 1-95 花的放大。在子房下端的花托上有干枯的雄蕊和花被片。有些文献将朴树的花被称为“花萼”（无花冠）

①柱头　②花柱　③花药　④子房
⑤花被片　⑥花托　⑦花梗

图 1-97　在胶块上纵切雌蕊的子房后，获得的 1 个纵切片。可见其子房上位，1 室，子房室内只有 1 个胚珠，顶生胎座

①柱头　②花柱　③胚珠
④子房室　⑤子房壁
⑥花托　⑦花梗

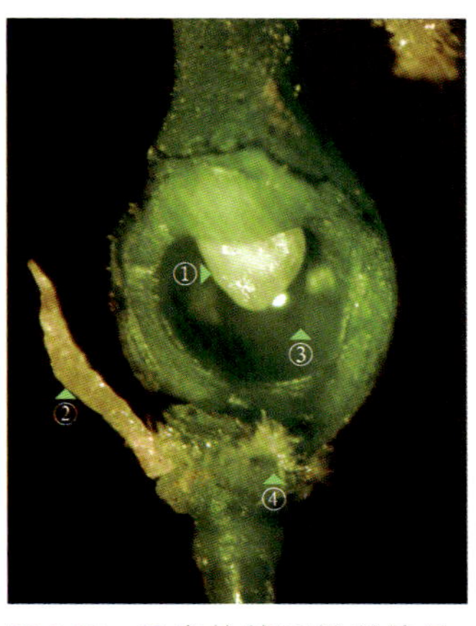

图 1-98　子房的精细解剖结果。和子房的纵切片一样，能看出子房室数、胚珠的数目和着生情况以及胎座的类型

①胚珠　②花被片
③子房室　④花托

图 1-99　图 1-98 的雌蕊的暗视野观察

(3)子房的精细解剖方法

将花（图 1-100 ～图 1-105）中分离出的雌蕊（图 1-106 ～图 1-107）粘在胶块上，用解剖针在子房的一侧由上至下（或根据需要选择其他方向）划破子房壁，沿着切口将子房壁向两侧展开，并除去一部分子房壁，逐步露出子房室内的胚珠。观察、照相后，再进一步除去子房壁，使子房室内的胚珠及其着生情况等完全暴露出来（图 1-108）。转动子房下部的胶块，使胚珠位于合适的位置，或从子房室内摘下 1 至数个胚珠，粘在暗视野观察胶块上端的边缘，进行观察、照相（图 1-109）。如果胚珠较小，可将其粘在载玻片上的小胶块上，制成临时水装片，用显微镜观察、照相（图 1-57）。

图 1-100　朝天委陵菜（*Potentilla supine* L.，蔷薇科 Rosaceae）花的上面观

朝天委陵菜的花为 5 基数，副萼（《中国植物志》中称为“副萼片”）5 片，萼片（有些植物志称为“萼裂片”）5 片，花瓣 5 片（与萼片互生，与副萼对生），雄蕊群由多数离生的雄蕊组成，雌蕊群为离生雌蕊，由多数离生的单心皮雌蕊组成，生于头状花托上。

①萼片　②副萼　③花瓣

图 1-101　图 1-100 的花的雄蕊群和雌蕊群的放大

①柱头　②花药

图 1-102　图 101 的花的暗视野观察

①花瓣　②萼片　③副萼　④花药

图 1-103　图 1-102 的花的下面观（暗视野观察）。副萼叠生在花瓣下，与花瓣对生，与萼片互生。图中的花瓣因被副萼遮挡而未能显现

①萼片　②副萼　③萼筒　④花梗

图 1-104　离生雌蕊的纵剖，示头状花托上的离生单雌蕊（照片转动 180°）

①离生雌蕊　②花托

图 1-105　部分头状花托上的雌蕊（照片转动 180°）

①花托　②1个雌蕊

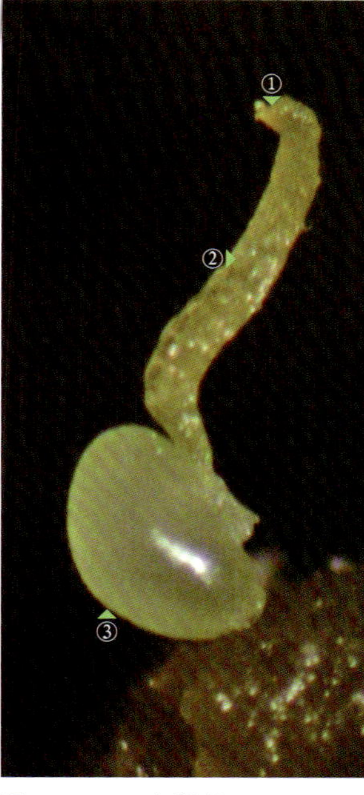

图 1-106　1 个雌蕊（照片右转 90°）。花柱侧生

①柱头　②花柱
③子房

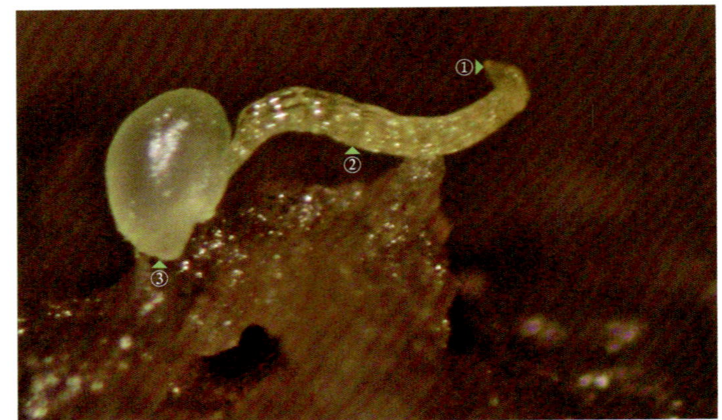

图 1-107　分离出的 1 个雌蕊。花柱侧生

①柱头　②花柱　③子房

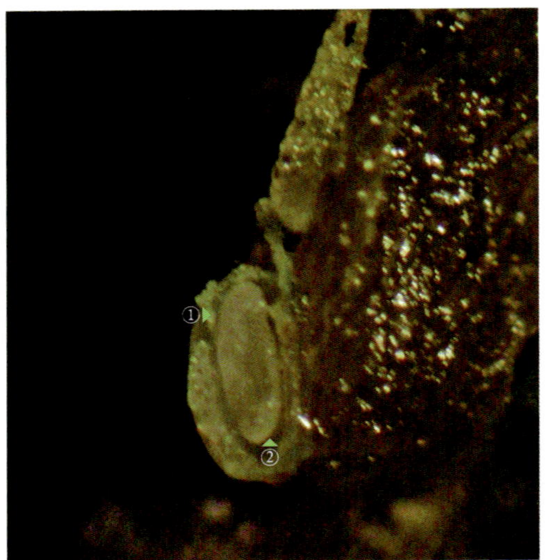

图 1-108　将雌蕊的子房壁纵剖并除去一部分后，示子房室内着生的 1 个胚珠（照片右转 90°）

①子房壁　②胚珠

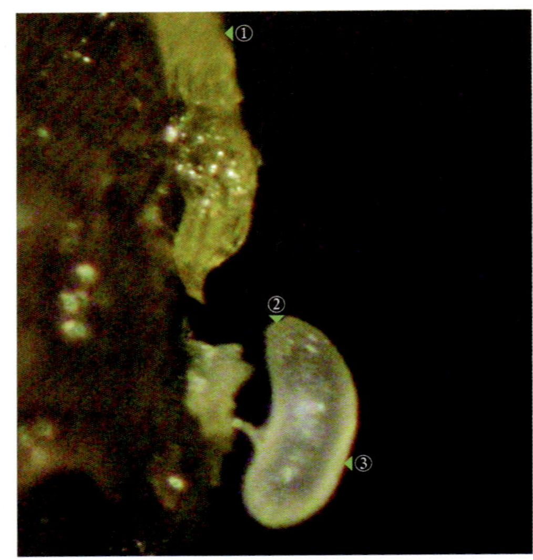

图 1-109　从子房室内分离出的 1 个胚珠

①花柱　②珠孔端　③胚珠

5. 胚珠和珠心的分离及精细解剖方法

分离不同植物的胚珠，并对它们进行精细解剖时，可以使用多样化的方法。笔者在已发表的论文、专著和发明专利中，曾介绍过毛白杨（*Populus tomentosa* Carrière，杨柳科 Salicaceae）的胚珠和珠心，荠[*Capsella bursa-pastoris* (L.) Medic.，十字花科 Cruciferae] 的胚珠和幼胚，牡丹（*Paeonia suffruticosa* Andrews，毛茛科 Ranunculaceae 或芍药科 Paeoniaceae）的胚珠和珠心等的分离及其精细解剖方法。由于发表时的

图片过小，很多细节未能充分显示。在这里，对已发表过的图片和内容进行重新整理，供感兴趣的读者参考。

⑴毛白杨胚珠与珠心的非酶法分离

毛白杨胚珠与珠心的非酶法分离如图 1-110 ～图 1-123 所示。

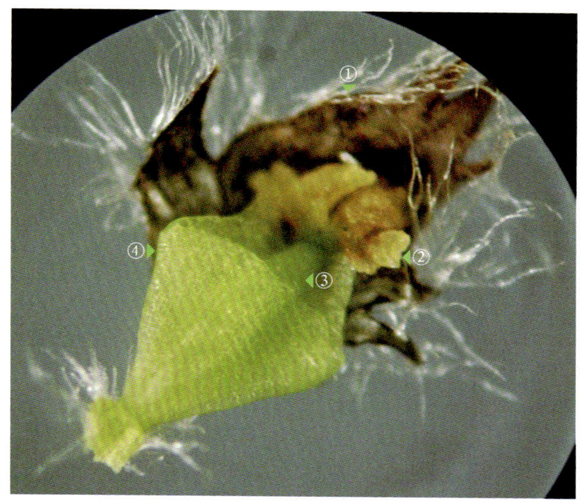

图 1-110　毛白杨为雌雄异株植物，雌、雄花小，分别组成雌柔荑花序和雄柔荑花序。雌花下生有 1 片苞片，苞片腋内有 1 个扁斜杯状的花盘（由花被退化而成），在花盘内生有 1 个雌蕊（复雌蕊，由 2 个心皮合生而成，子房上位，1 室），花内无雄蕊

①苞片　②柱头　③雌蕊　④花盘

图 1-111　将子房纵剖后展开，示子房室内的 2 个胚珠和粗壮的珠柄

①柱头　②花柱　③子房壁　④胚珠　⑤珠柄

图 1-112　在软胶块上，除去雌花的苞片后，将花盘和子房壁纵剖展开，并除去一侧子房壁，示子房室内的 2 个胚珠和珠柄，珠柄表面无表皮毛着生

①柱头　②花柱　③子房壁　④胚珠　⑤珠柄　⑥花盘

图 1-113　在软胶块上沿着子房壁上的 2 条背缝线将子房纵剖为两半，然后将子房壁展开，可见 2 个倒生胚珠及珠柄在心皮上的着生情况

①子房壁　②珠柄　③胚珠

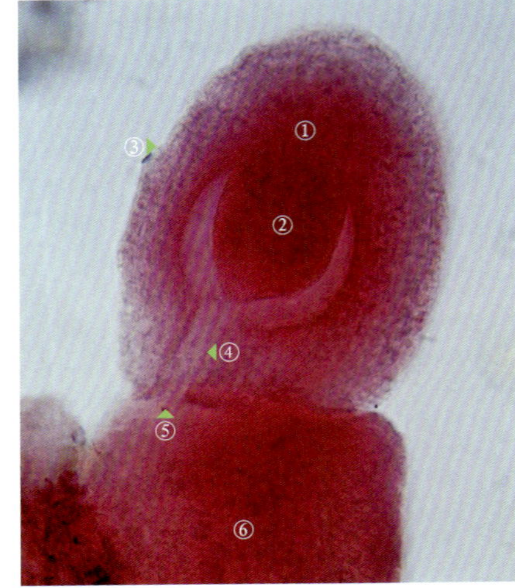

图 1-114 分离出的胚珠经整体染色、使用干缩液（1/2 无水乙醇＋ 1/2 二甲苯，见后述）整体透明、过夜保存和制片后，在倒生胚珠的珠被与珠心间出现较大的间隙，这意味着可通过显微解剖方法将珠心分离出来（显微镜观察）

毛白杨胚珠的珠被较厚，用干缩液处理后，在珠被中出现了 1 个与珠孔相连的孔道，在这里称其为“珠孔道”（另见图 1-155）。在文献中，将胚珠顶端珠被未愈合的小孔称为“珠孔”（见胡适宜《被子植物生殖生物学》,P96），将胚珠的珠被、珠心和珠柄愈合的位置称为合点，但这里的合点是指珠被和珠心愈合的位置。

①合点 ②珠心 ③珠被 ④珠孔道 ⑤珠孔 ⑥珠柄

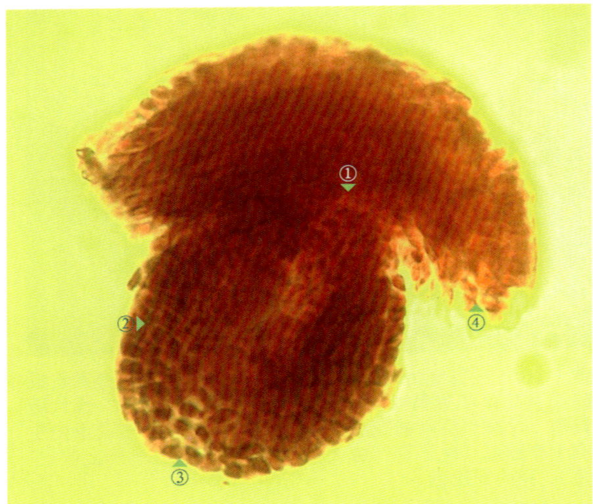

图 1-115 在软胶块上将胚珠的大部分珠被除去，分离出带有残留珠被的珠心（已染色，显微镜观察）

①合点 ②珠心
③珠孔端 ④残留的珠被

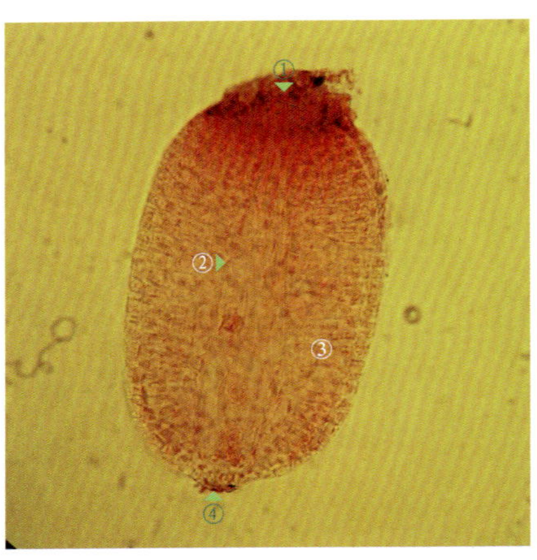

图 1-116 在软胶块上除去残余珠被后的珠心。结合上面的观察可知：毛白杨的胚珠为倒生胚珠，珠被单层，厚珠心（显微镜观察）

①合点端 ②胚囊 ③珠心 ④珠孔端

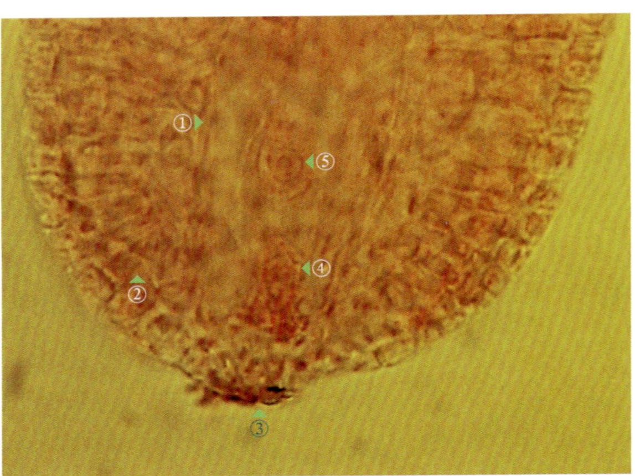

图 1-117 珠心珠孔端的放大，示胚囊中中央细胞的次生核和卵细胞（显微镜观察）

①胚囊 ②珠心 ③珠孔端 ④卵细胞
⑤中央细胞的次生核

图 1-118　雌花开花后，将雌枝水培数天，然后将幼嫩的果实（由花期的子房发育而成）剖开，可见幼嫩的种柄表面（和胎座周围）逐渐生出密集的丝状长毛，在植物志文献中对此无记载

①(幼嫩)种子　②种柄上的丝状长毛

图 1-119　将幼嫩种子（由花期的胚珠受精后发育而成）和种柄（由珠柄发育而成）从果室（花期时的子房室）中分离出来后，在载玻片上制成临时水装片，可见种柄表面密生细长的丝状长毛，但幼嫩种子的表面光滑，无丝状长毛生长

①(幼嫩)种子　②种柄上的丝状长毛
③种柄

图 1-120　用尖镊将种柄上的部分丝状长毛摘去，示未成熟的种子及种柄

①种子　②种柄

图 1-121　在果室内将种柄上的丝状长毛摘去一部分后，示珠柄上方未成熟的种子

①种子　②种柄

图 1-122　在胶块上将进一步生长的幼嫩果实纵剖、展开之后，可见果室内具有丝光的丝状长毛已将未成熟的种子遮挡住

①果皮　②丝状长毛　③果柄

图 1-123　从未成熟果实的果室内分离出的 1 个幼嫩种子（绿色），种柄（花期时称为“珠柄”）上的丝状长毛已展开。当雌株上的果实和种子成熟后，这些丝状长毛在果实开裂后能够展开，并带着小而轻的种子在空气中随风到处飘扬，形成“杨絮”。毛白杨的雄株不产生果实，因而不产生杨絮

①种柄上的丝状长毛　②种子　③种柄

(2)荠幼胚的非酶法分离

荠幼胚的非酶法分离如图 1-124 ～图 1-132 所示。

图 1-124　荠花的上面观

荠花为双被花，萼片和花瓣均为 4 片，离生，花瓣排列成“十”字形；雄蕊群由 6 个离生的雄蕊组成，其中 4 个长 2 个短，称为“四强雄蕊”，图中左右两侧的 2 个雄蕊较短，与其他雄蕊不在一个聚焦面上。

①柱头　②短雄蕊　③长雄蕊　④花瓣

图 1-125　花的侧面观。花柄较长，萼片 4 片，离生，与花瓣互生

①花瓣　②萼片　③花柄

图 1-126　将萼片和花瓣在软胶块上展开后，可见雌蕊由柱头、花柱和子房三部分组成

①雌蕊　②雄蕊　③花瓣　④萼片

图 1-127　图 1-126 的花蕊的放大

荠花的（复）雌蕊由 2 个心皮合生而成（心皮是具有生殖作用的变态叶，是构成雌蕊的基本单位），每个心皮沿中脉呈对折状，其对折处的外缘为“背缝线”，2 个心皮的边缘结合处为“腹缝线”，在腹缝线内侧的子房室中有侧膜胎座和胚珠着生。荠花的子房室内共有 2 个侧膜胎座，这两个侧膜胎座之间有 1 个假隔膜相连，并因此将子房室分为 2 室（又称“假二室”）。图中，短雄蕊与背缝线贴近，腹缝线则位于 2 个长雄蕊之间

①柱头　②花柱　③短雄蕊的花丝
④长雄蕊的花丝　⑤腹缝线　⑥背缝线
⑦子房　⑧短雄蕊的花药

图 1-128　荠的幼嫩果实，称为“短角果”

①宿存的柱头　②宿存的花柱
③背缝线　④腹缝线　⑤花瓣
⑥萼片　⑦果柄

图 1-129　沿着 2 个心皮的背缝线将未成熟果实的果皮纵剖开来，并除去一侧的果皮（2 个心皮各除去一半），可见果室（花期时的子房室）被假隔膜分为 2 室，侧膜胎座，幼嫩的种子多数

①种柄　②果室　③假隔膜　④种子　⑤背缝线处的果皮

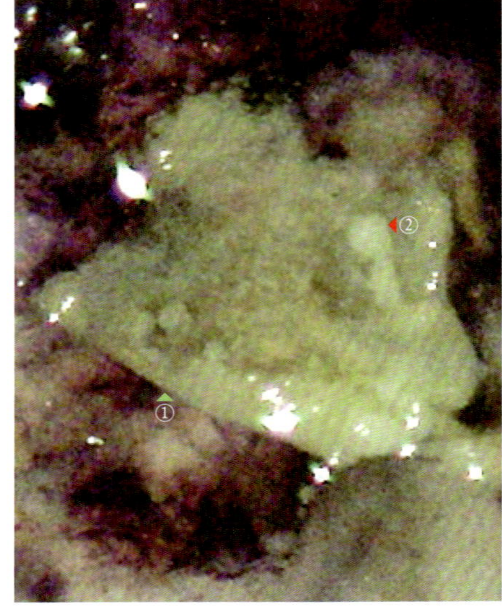

图 1-130　将幼嫩种子摘下后粘在沾染了染液颜色的软胶块上。在解剖镜下将幼嫩种子的种皮纵剖、展开后，在种子的珠孔端附近可找到幼胚，图中的幼胚为球形胚

①种皮　②幼胚

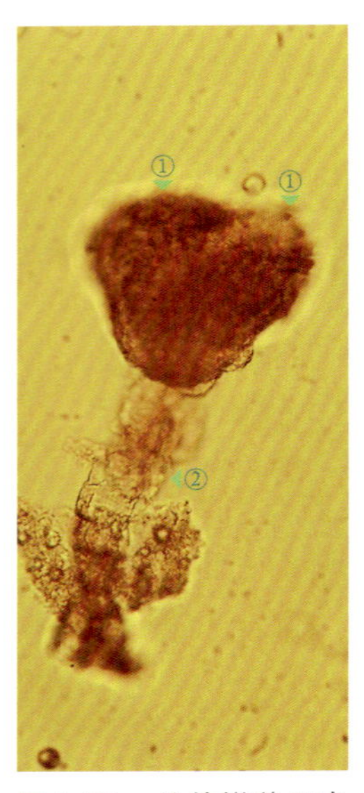

图 1-131　从幼嫩种子中分离出心形胚（显微镜观察照片，临时水装片），在胚的顶端两侧出现了 2 个凸起，称为“子叶原基”

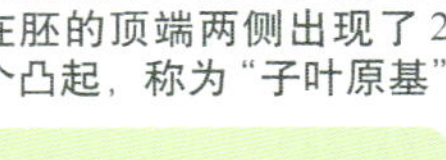

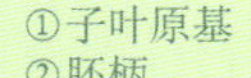

①子叶原基
②胚柄

图 1-132　从幼嫩种子中分离出的心形胚

幼胚经过整体染色、透明和制片后，使用显微镜观察并照相，照片经过光学信息解析处理。晚心形胚的顶端有 2 个二叉状的子叶原基。从分离角度看，种子越成熟，胚越大，识别和分离的难度越小。

①子叶原基
②心形胚　③胚柄

(3)牡丹胚珠的结构观察与珠心的非酶法分离

牡丹胚珠的结构观察与珠心的非酶法分离如图 1-133 ～图 1-156 所示。

图 1-133　除去一部分雄蕊和花盘后，示牡丹的雌蕊群（室内照片，未使用解剖镜）。牡丹的雄蕊群是由多数离生的雄蕊组成，雌蕊群常由 5 个离生的单心皮雌蕊组成，称“离生雌蕊”

①柱头　②子房　③花盘　④花药

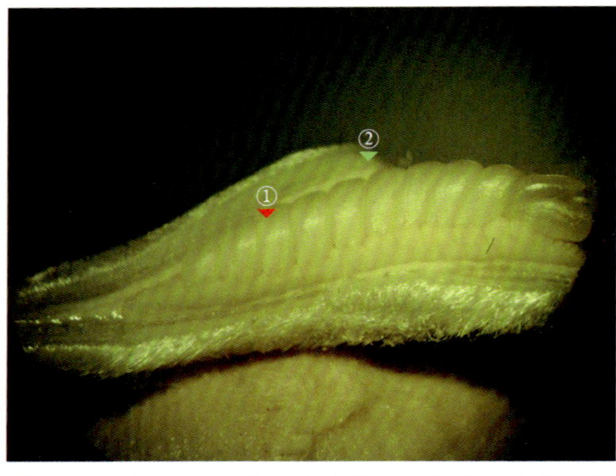

图 1-134　从离生雌蕊中分离的 1 个雌蕊，除去一部分子房壁后，示子房室内的胚珠

①胚珠　②子房壁

图 1-135　分离出的 1 个胚珠

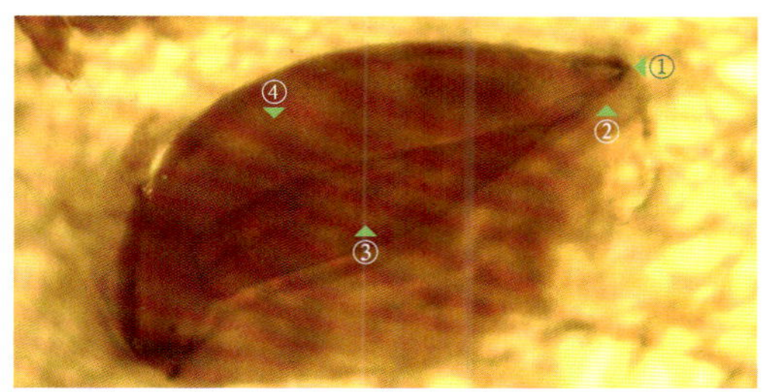

图 1-136　经 84 消毒液整体透明后的胚珠（临时水装片，胚珠下衬有擦镜纸），外珠被很厚，内珠被及珠心较小（显微镜观察）

①珠孔　②外珠孔道　③内珠被及珠心
④外珠被

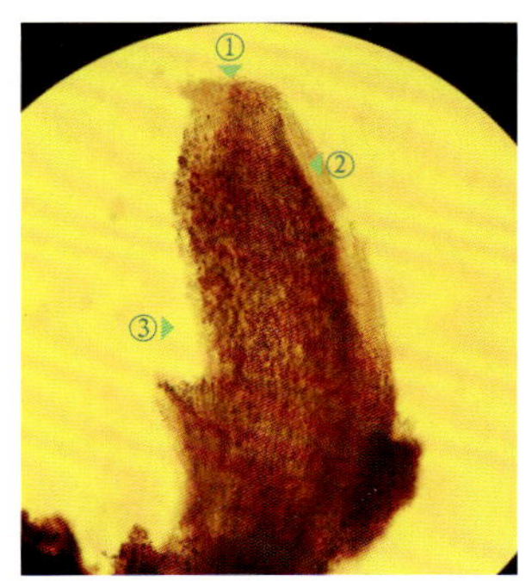

图 1-137　经整体透明并除去外珠被后的牡丹胚珠。胚珠的左侧在解剖时留下了 1 个缺口（显微镜观察）

①珠孔端　②内珠被
③缺口

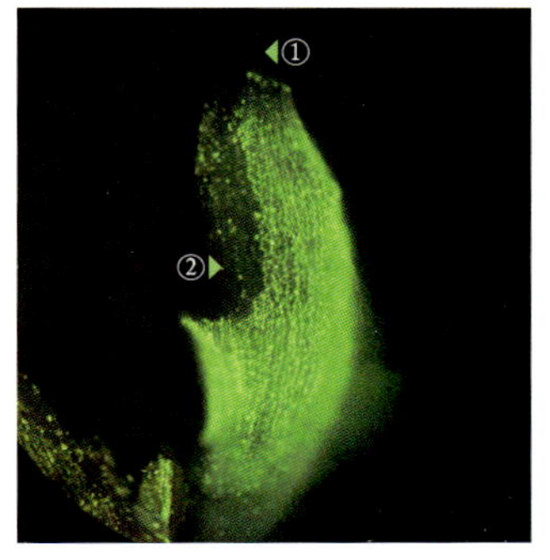

图 1-138　图 1-137 的胚珠的荧光显微镜观察结果，示内珠被内层的珠被绒毡层内壁产生的荧光图像（显微镜观察）

①珠孔端　②缺口

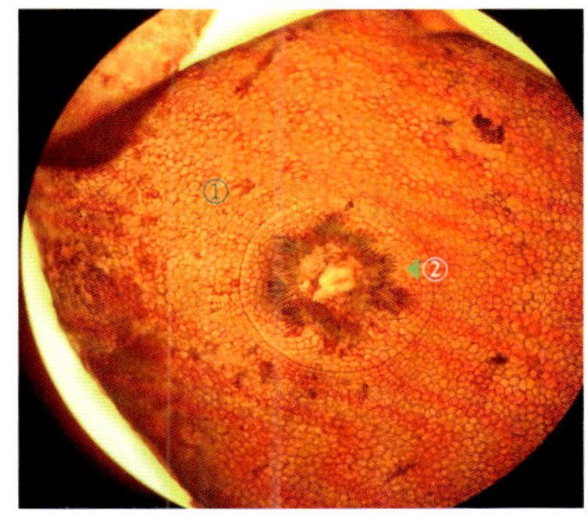

图 1-139　牡丹胚珠的 1 个横切片（已染色）。胚珠的外珠被很厚，而内珠被很薄，在 2 层珠被之间有明显的界限（即间隙）。内珠被之内为珠心，在珠心中有 1 个囊状的结构，为胚囊（显微镜观察）

①外珠被　②内珠被

图 1-140　图 1-139 的切片的部分放大，可见内珠被较薄并且厚薄不一，最薄处约有 3 ~ 4 层细胞，最内层的细胞径向增厚显著，为珠被绒毡层。珠被绒毡层的内壁染色后色深，呈波状褶皱。珠心表面与珠被绒毡层凸凹相嵌（显微镜观察）

①珠被绒毡层
②胚囊
③内珠被
④两层珠被间的界限
⑤珠心
⑥外珠被

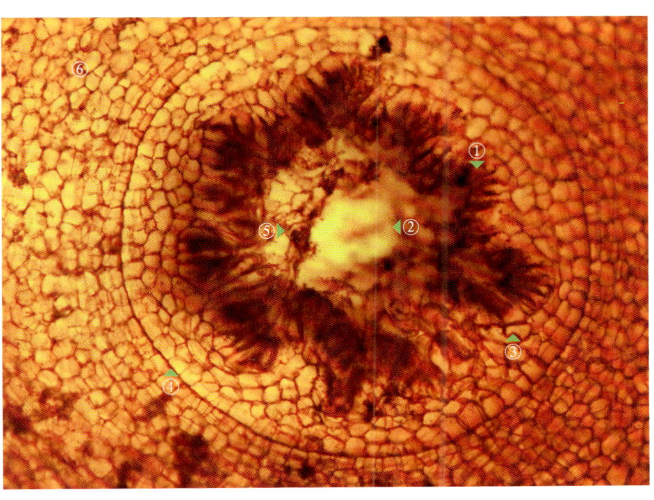

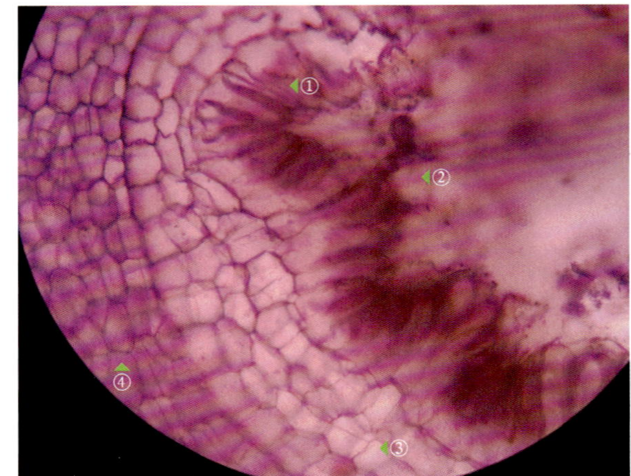

图 1-141　内珠被及珠心的部分放大（显微镜观察）

①珠被绒毡层
②珠心
③内珠被
④外珠被

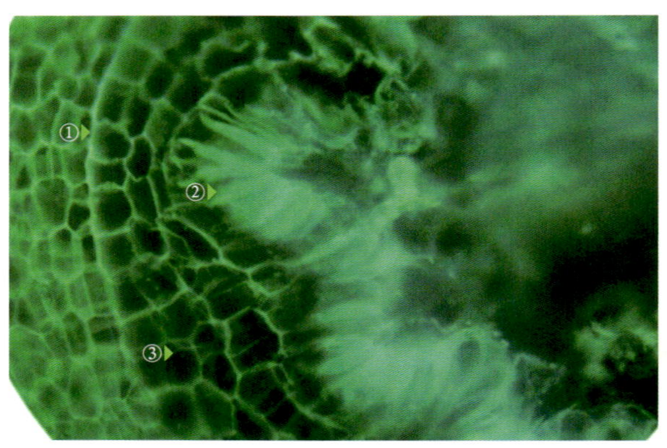

图 1-142　图 1-141 经光学信息解析处理并放大后的照片。内珠被和珠被绒毡层的特征更加明显（显微镜观察）

①两层珠被间的界限　②珠被绒毡层
③内珠被

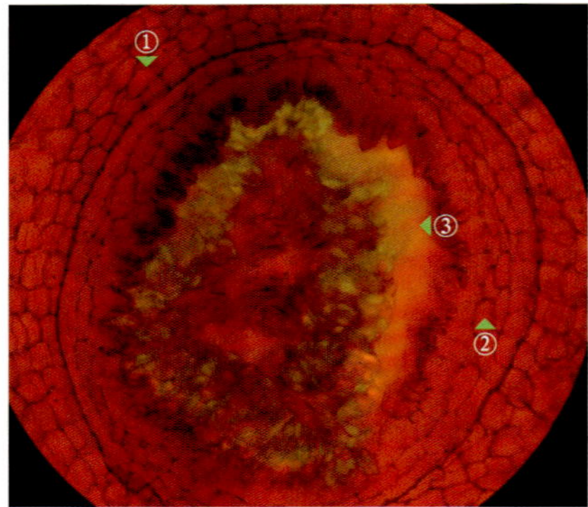

①外珠被
②内珠被
③珠被绒毡层内壁脱离内珠被后形成的间隙

图 1-143　胚珠横切片在紫外光和（微弱的）普通光混合照明时，可见珠被绒毡层的内壁和其内的珠心细胞能发出较强烈的荧光。图中还可以看出，珠被绒毡层的内壁易脱离内珠被，两者间的间隙预示着可用显微解剖的方法将珠被绒毡层的内壁（连同其内的珠心）分离出来（显微镜观察）

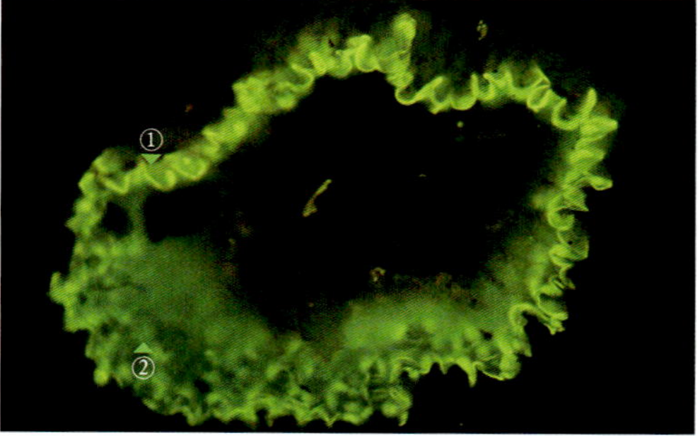

图 1-144　分离出的珠被绒毡层内壁及珠心的荧光观察（显微镜观察）

①珠被绒毡层内壁(剥离面)　②珠心

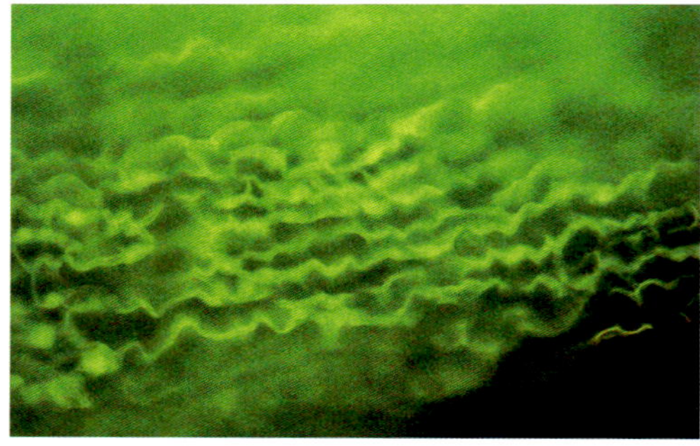

图 1-145　珠被绒毡层内壁的剥离面（外面观，即朝向珠被绒毡层细胞的一面）的荧光观察（显微镜观察）

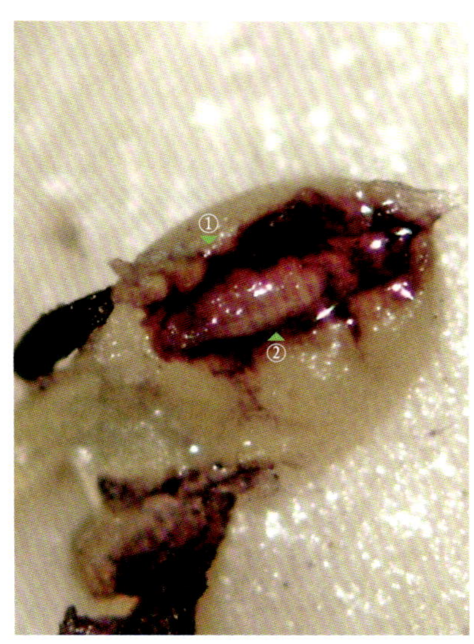

图 1-146　在解剖镜下将胚珠的外珠被剖开后，露出了内珠被。为了增大反差，在内珠被外滴上了染液

①外珠被　②内珠被表面

图 1-147　除去外珠被后的胚珠（已在软胶块上染色），其外层为内珠被的表面

①珠孔端　②内珠被表面

图 1-148　除去外珠被后的胚珠（未染色）

①珠孔端　②内珠被表面

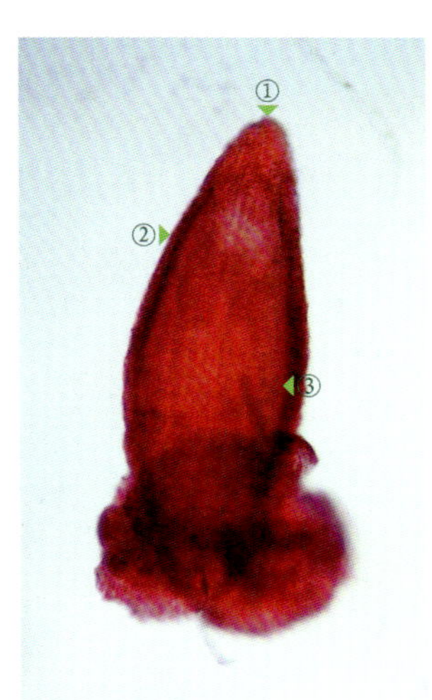

图 1-149　除去外珠被后，胚珠的内珠被及其珠心经过整体染色后的制片观察（显微镜观察照片）。除去外珠被后的胚珠有 2 层结构，外层为内珠被，内层为珠心

①珠孔端　②内珠被
③珠心

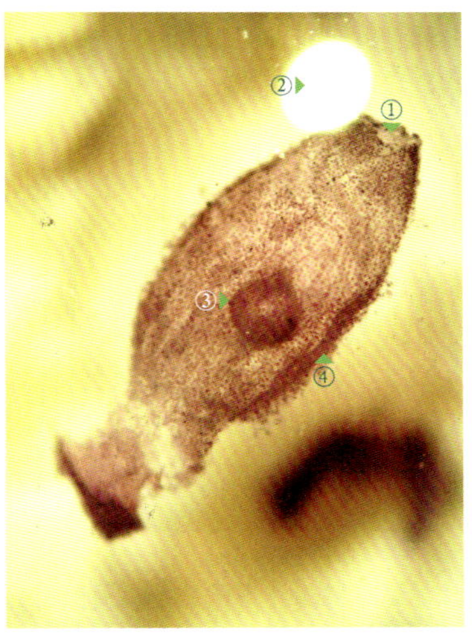

图 1-150　将珠被绒毡层内壁及珠心在软胶块上分离出来后，将其转移到软胶块表面捣出的凹窝（盛有染液）内进行染色。漂洗后，可见漂浮在凹窝水液中的珠被绒毡层内壁的剥离面粗糙，似“毛边”。在珠孔端的左侧，可见凹窝水液的反光亮斑

①珠孔端　②反光亮斑
③胚囊内的气泡
④珠被绒毡层内壁

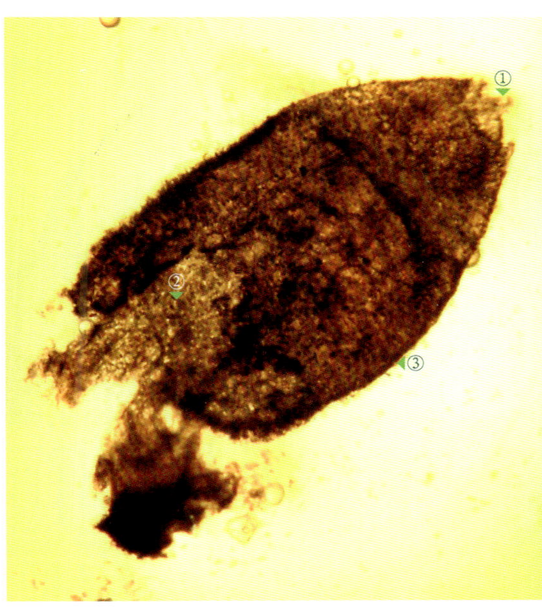

图 1-151　对分离出的珠被绒毡层和珠心进行制片后，由于受盖玻片挤压，分离出的结构失去了原有形态成扁平状，并呈现出 2 层结构，外层为珠被绒毡层内壁，内层为珠心（显微镜观察照片）

①珠孔端　②珠心　③珠被绒毡层内壁

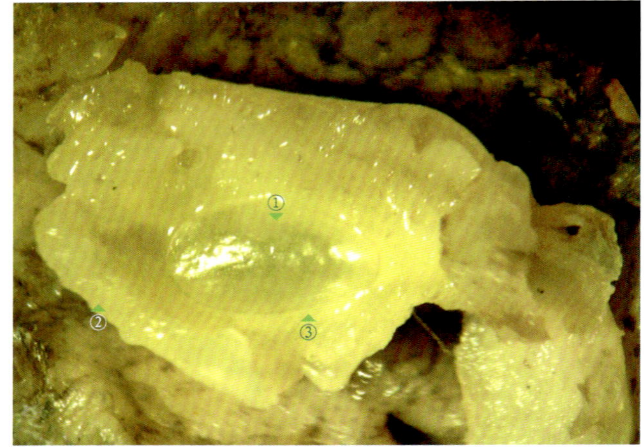

图 1-152 在胶块上剖开并除去部分外珠被、内珠被及珠被绒毡层内壁后，露出光滑的牡丹珠心表面

①珠心表面 ②外珠被 ③内珠被

图 1-153 分离出的牡丹珠心，被转移到胶块表面凹窝内的水液中后，悬浮于其中

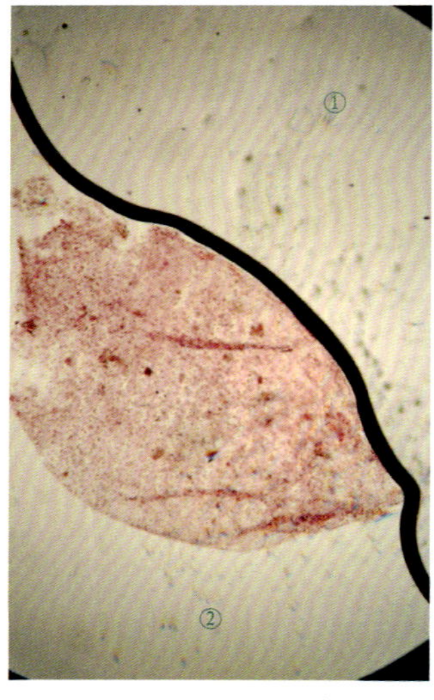

图 1-154 将分离出的珠心制片后，由于失去水液悬浮和受到盖玻片挤压，珠心便失去原有形态成扁平状，其表面光滑。照片中的粗黑线是制片液和空气的分界线，其左侧有制片液，右侧无液体、充满空气，粗黑线就如同是 1 个大气泡的黑色边缘（显微镜观察照片）

①载玻片和盖玻片间充满空气的一端
②载玻片和盖玻片间充满制片液的一端

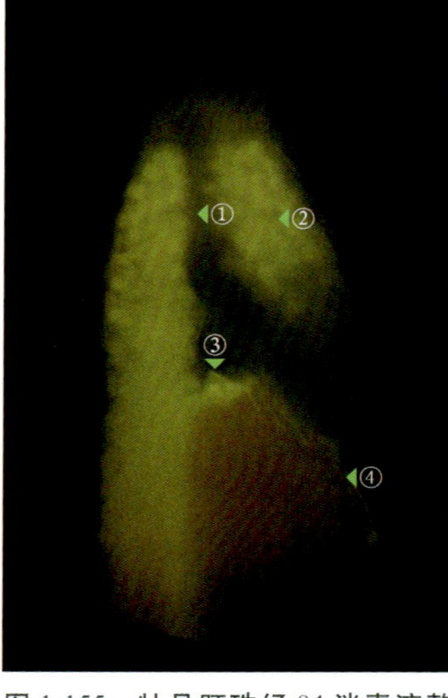

图 1-155 牡丹胚珠经 84 消毒液整体透明并除去外珠被后，用荧光显微镜观察胚珠发出的荧光时，可见珠心的珠孔端有 1 个小凸尖。在内珠被顶端，有 1 个与外珠被及珠孔相连的通道

在这里，将外珠被在珠孔端形成的孔道称为“外珠孔道”（自拟名，见图 1-136），将内珠被形成的孔道称为“内珠孔道”（自拟名）。

①内珠孔道 ②内珠被
③小凸尖(珠孔端) ④珠心

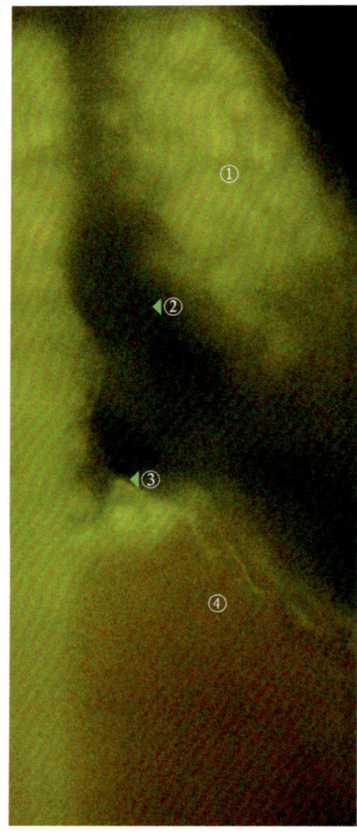

图 1-156 图 1-155 的珠心小凸尖的放大

①内珠被 ②内珠孔道
③小凸尖(珠孔端) ④珠心

第三节　花和其他器官的结构观察方法

一、整体透明方法

1. 利用冰箱冷藏时产生的冷凝水对花材料进行整体透明

网上曾有关于日本山荷叶（*Diphylleia grayi*，小檗科 Berberidaceae）花朵遇到雨水后变透明的报道和图片。日本山荷叶的花被雨水浸透后，如同纸张浸油（或涂油）后透光性显著增强一样，花看起来更加晶莹剔透，惹人喜爱。中国虽没有像日本山荷叶这样的植物种类，但是若将采后的一些花材料装入塑料袋后扎口密封，然后放入冰箱冷藏室内保存，数天后也能产生水浸透明的效果（图 1-157 ～图 1-159）。

图 1-157　将野外采集的一些花材料（2013 年 8 月 4 日）装入塑料袋后，扎口密封存放。回到家（8 月 8 日）后，将其置于冰箱的冷藏室内保存。在冷藏室内，花材料被塑料袋内的冷凝水气浸润数天后，取出时便发现花已被水浸渍，花冠变得透明（8 月 22 日）

图 1-158　花的暗视野观察。花冠内的维管束变得清晰可见，在花冠喉部可见柱状表皮毛（白箭头处）

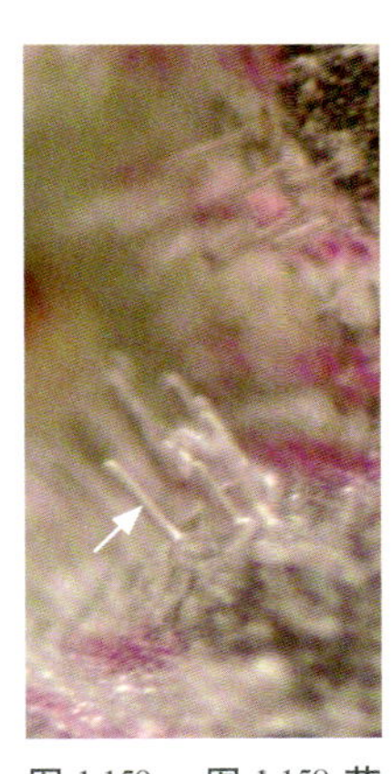

图 1-159　图 1-158 花冠喉部柱状表皮毛（白箭头处）的放大

2. 用无水乙醇+二甲苯的混合液或纯二甲苯溶剂对花材料进行整体透明

用无水乙醇＋二甲苯的混合液或纯二甲苯试剂浸泡新鲜的花材料，可使处理后的新鲜花材料发生干缩并能达到整体透明的效果。在这里，根据作用效果将无水乙醇＋二甲苯的混合液称为“干缩液”（自拟名），

将纯二甲苯试剂称为“干缩剂”（自拟名）。由于新鲜花内的各部分成分、结构和干缩效果不同，用干缩液（或干缩剂）处理后，花的各层次之间便由紧贴状态分离开来，形成显微镜可辨的间隙，使花材料的结构和层次分明（图 1-160，图 1-161）。在对花内微小结构分离前，最好先使用干缩液研究一下其结构和层次特征，做到心中有数。

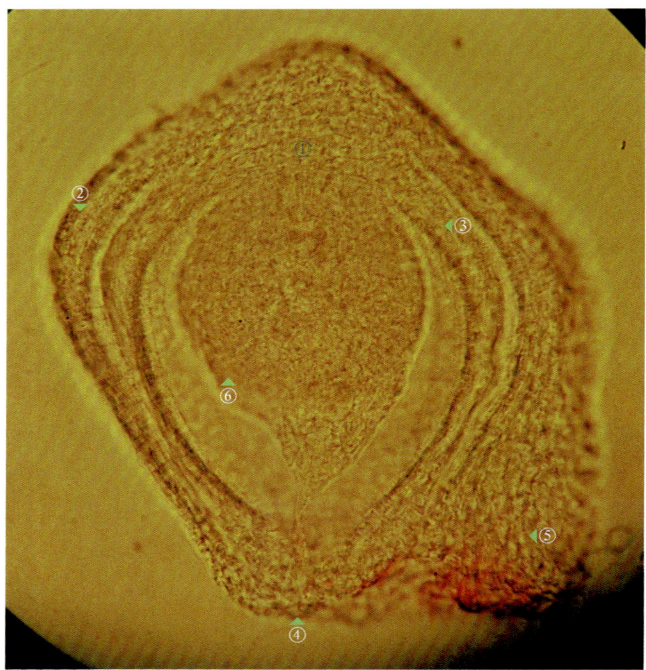

图 1-160 用干缩剂处理后的紫花地丁（*Viola philippica* Cav.，堇菜科 Violaceae）胚珠。倒生胚珠有 2 层珠被，厚珠心，珠柄与右侧的外珠被合生在一起。照片中，在两层珠被之间、珠被与珠心之间均有较大的间隙。由于珠心与珠被仅在合点端合生在一起，因此可通过显微解剖的方法将珠心分离出来

①合点 ②外珠被 ③内珠被
④珠孔 ⑤珠柄 ⑥珠心

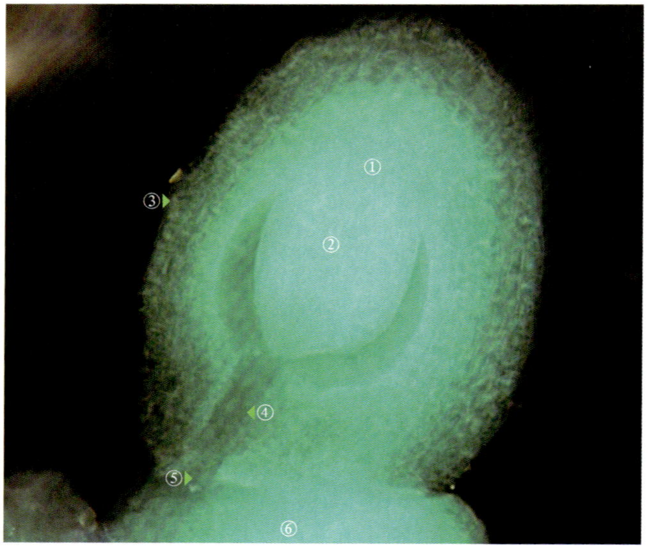

图 1-161 毛白杨胚珠经高浓度的干缩液浸泡并过夜后，珠被与珠心之间出现较大的间隙，同时在珠被中出现明显的珠孔道（照片经光学信息解析处理）

①合点 ②珠心 ③珠被
④珠孔道 ⑤珠孔 ⑥珠柄

在对材料进行干缩处理时，先使用干缩液进行脱水、干缩处理，然后再过渡到使用干缩剂进行干缩处理。干缩液中的无水乙醇和二甲苯的配比可根据需要进行调整，其中二甲苯的浓度越高，花材料的干缩程度越大，如果延长处理时间（例如，过夜处理），胚珠内各部分的收缩将更加强烈，胚珠内的间隙会更大。在对花材料等进行干缩处理前，若先对花材料进行整体染色，就可使花材料在处理后的结构和层次更加清晰。

进行干缩处理时，需注意的是：①由于干缩液和干缩剂遇水后会形成乳浊液，使材料由无色（或其他颜色）转变成不透明的白色，影响观察。但是，用干缩液对新鲜花材料进行处理时，一般不会形成明显的乳浊液。当花材料表面有明显的水液时，可用无水乙醇浸泡、清洗 1 至数次就可以除去多余的水分，或用吸水纸将花材料表面的水液吸去，待其干燥后再用干缩液处理。②由于干缩液和干缩剂含有二甲苯，而二甲苯是一种较强的有机溶剂，有一定的毒性，使用时要在通风橱中进行操作。

在传统的石蜡制片过程中，无水乙醇和二甲苯主要被用于切片材料的脱水、整体透明、浸蜡、脱蜡和封片，通常无人去关注其干缩效果。由于无水乙醇和二甲苯能使花材料脱水并收缩，因此在观察利用石蜡制片法以及使用无水乙醇和二甲苯制成的制片时，要注意切片会在制片过程中产生一些结构假象。

3. 用油镜油对花粉进行整体透明

⑴用普通光学显微镜观察

用于普通光学显微镜油镜观察的油镜油（如香柏油等），可用于花粉的整体透明或覆膜后的观察。用油镜油处理后的花粉，可以保持花粉的原生形态，并可用于花粉的滚动观察（立体形态观察）（图 1-162，图 1-163）。

制片时，先将新鲜花粉粒撒在载玻片上，盖上盖玻片，用橡皮头（或其他柔软物品）在盖玻片上轻敲数次，使花粉粒分散开来。然后，在载玻片上的盖玻片一侧滴上一滴油镜油，油镜油便沿着载玻片与盖玻片之间的缝隙向内扩散。当油镜油扩散至近 1/3 盖玻片面积时，用吸水纸将多余、未扩散的油镜油擦去，再放置 2 ～ 3min 即可观察。制片后，可用记号笔在载玻片的空白处写上编号、制片时间、植物种类等，更详细的信息可记载在实验记录本上，然后对它们进行照相以便实验后对花粉进行研究。

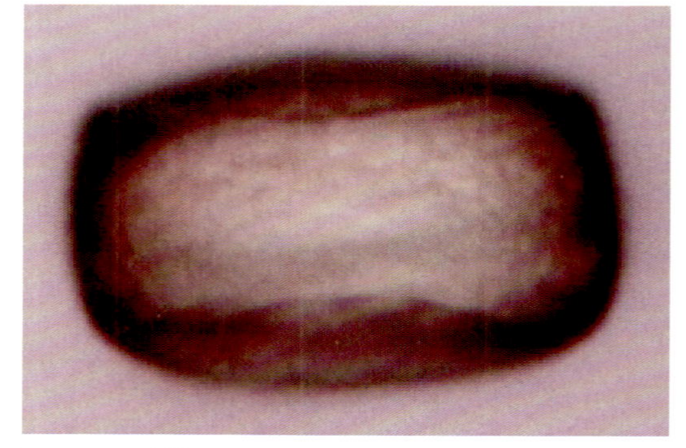

图 1-162　刺槐（*Robinia pseudoacacia* L.，豆科 Leguminosae）新鲜花粉粒的表面形态（油镜油覆膜）。花粉照片均在光学显微镜下拍摄［物镜为 100×（油浸物镜），目镜为 10×］

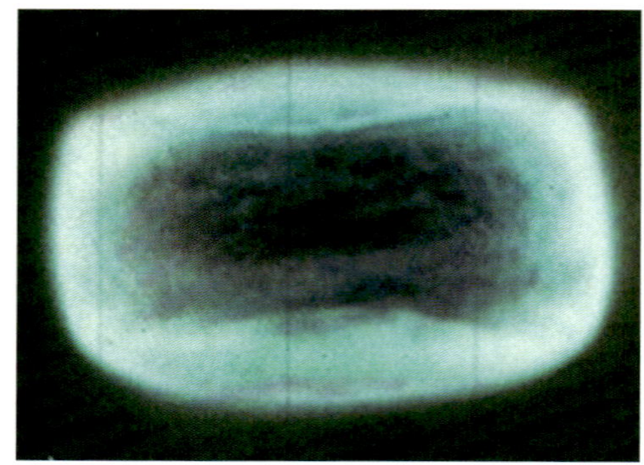

图 1-163　图 1-162 经光学信息解析处理后的照片

经过油镜油处理后，在一张花粉制片中可出现 3 种处理结果，即被油镜油覆膜的花粉粒（图 1-164，图 1-165）、浸入油镜油中的花粉粒（图 1-166）、未接触油镜油的花粉粒。观察时，先使用显微镜的低倍物镜找到油镜油的扩散边缘，在其附近可观察到一些虽未浸入油中，但表面被一层油膜包裹、覆盖的花粉粒。换高倍物镜，并经适当的调焦和调光操作，就可看到花粉粒清晰的立体形态和表面的纹饰（图 1-167）。若要观察花粉壁的层次和结构（图 1-168），则选取被油镜油浸没的花粉粒。浸油后的花粉粒，透光性增强并变得透明（已被整体透明）。此时，在适当的放大倍数下，配合光镜的调焦和调光，便可观察到花粉粒的层次结构。未接触油镜油的花粉粒，整体灰暗，失去观察价值。制片时，勿使花粉粒接触水液或含水染液，否则花粉粒可能会因吸水而导致其形态发生改变（图 1-169）。

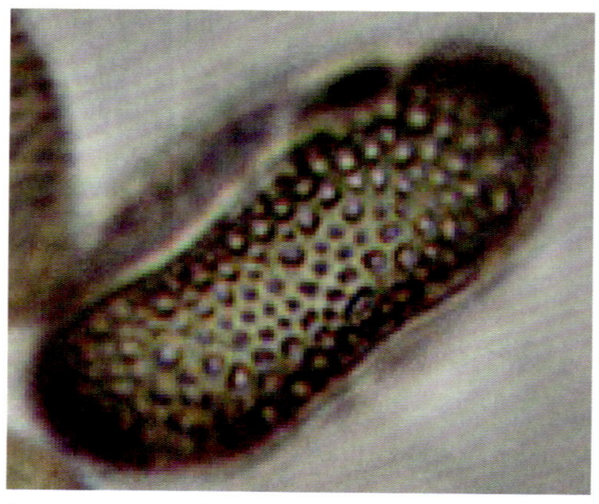

图 1-164　兰考泡桐（*Paulownia elongata* S. Y. Hu，玄参科 Scrophulariaceae）的新鲜花粉粒（油镜油覆膜）

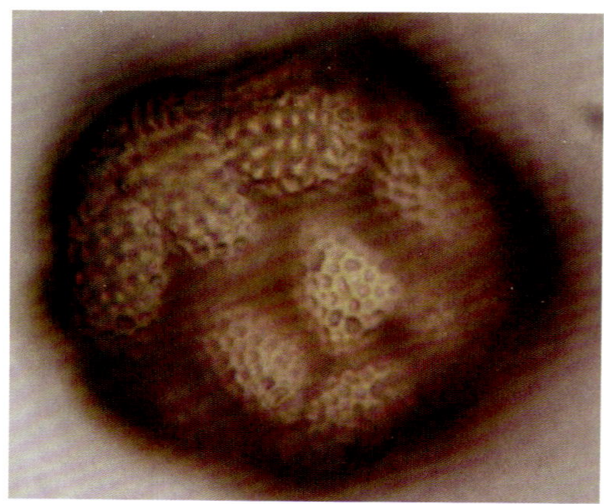

图 1-165　楸（*Catalpa bungei* C. A. Mey.，紫葳科 Bignoniaceae）的新鲜花粉粒（四合花粉，油镜油覆膜）

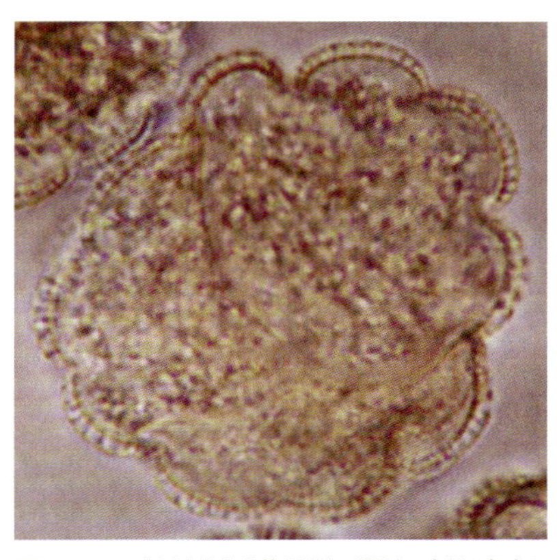

图 1-166　楸的新鲜花粉粒（浸入油镜油中）

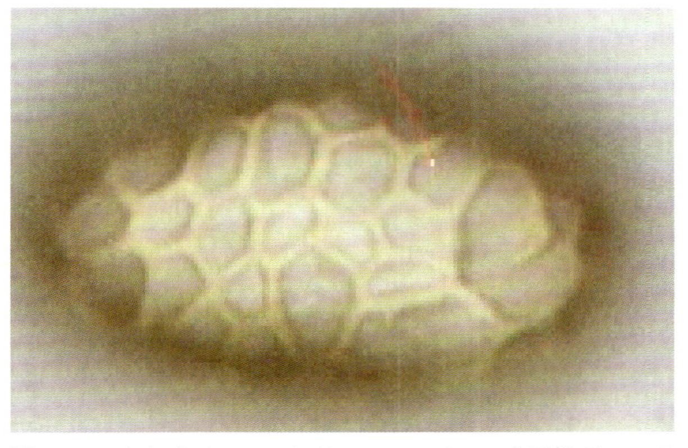

图 1-167　女贞（*Ligustrum lucidum* W. T. Aiton，木犀科 Oleaceae）新鲜花粉粒的表面纹饰（油镜油覆膜）

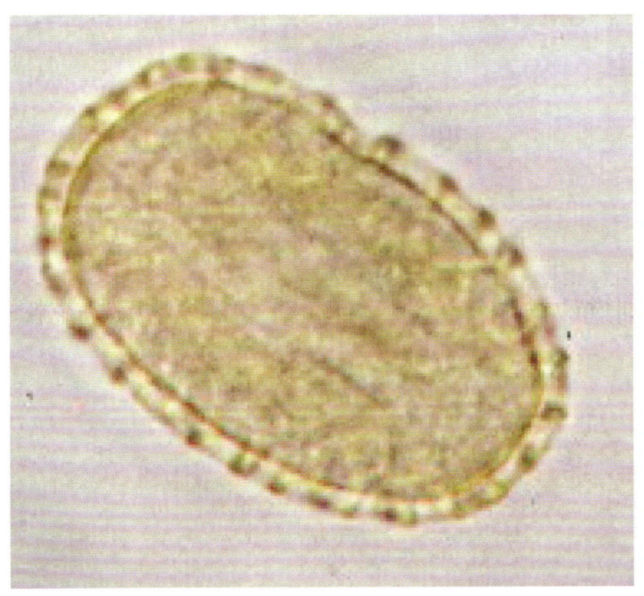

图 1-168　女贞的新鲜花粉粒（浸入油镜油中），示花粉壁的层次结构

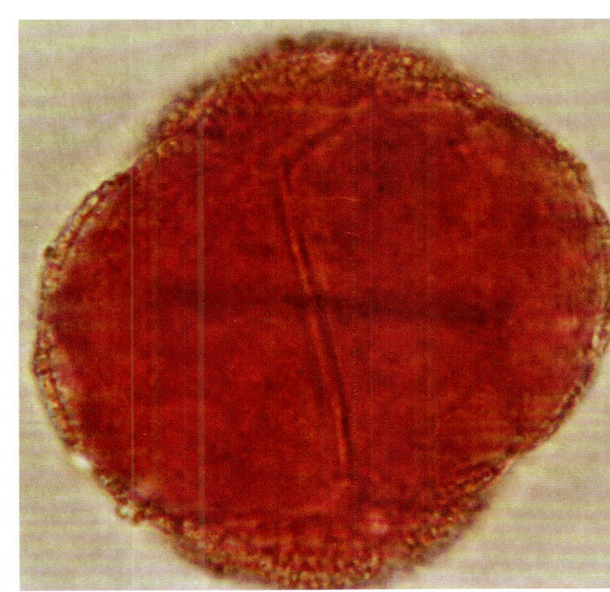

图 1-169　楸的新鲜花粉粒，经醋酸洋红染液（染液含有水）染色后，花粉粒的形态发生一些改变

花粉的油镜油制片在观察后，若放置一段时间（例如，数月后），油镜油便会由液态凝固成为固体。这时，之前浸入油镜油中的花粉粒会变得不再透明，看不到内部结构，只能看到花粉粒的表面形态。在对放置一段时间之后的花粉制片再次进行观察时，发现其花粉粒的立体感增强了（图 1-170，图 1-171）。

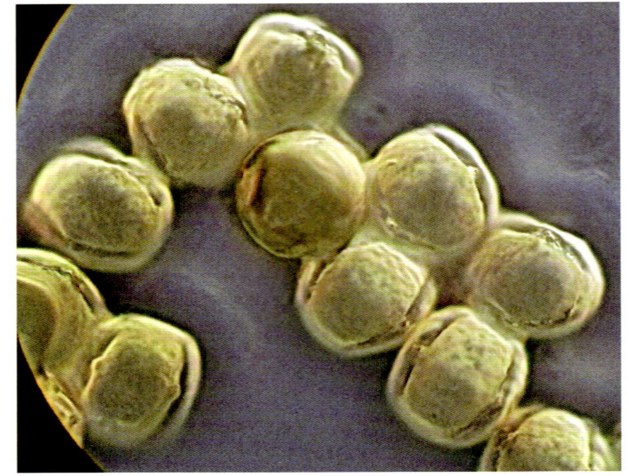

图 1-170　放置一段时间之后的花粉制片。由于油镜油凝固，浸入油镜油中的花粉粒透明性消失，但是立体感却增强了

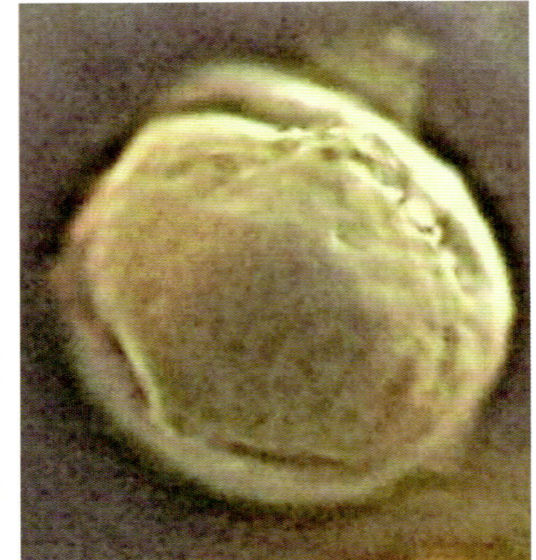

图 1-171　1 个花粉粒的放大

⑵用自制的暗视野（暗场）显微镜进行暗视野观察

普通光学显微镜可以很方便地改制成暗视野显微镜，以便进行暗视野观察。改制方法如下：在孔径光阑下，用 1 个小于孔径光阑直径的不透明圆片（例如，1 角硬币等），将孔径光阑的中央遮挡住。如果显微镜的孔径光阑下装有滤光片，可直接将遮光圆片用双面胶（或适量旧胶块）粘在滤光片中央，遮光圆片的直径可根据实际需要进行适当调整。遮光圆片固定好后，上移显微镜的聚光镜，让视野变得明亮，然后按照普通光学显微镜的使用方法便可观察到暗视野中的花粉粒（图 1-172，图 1-173）。

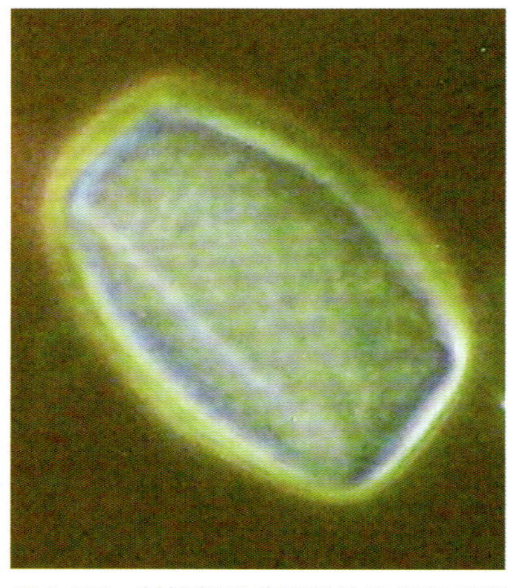

图 1-172　刺槐新鲜花粉粒的暗视野观察（赤道面观）

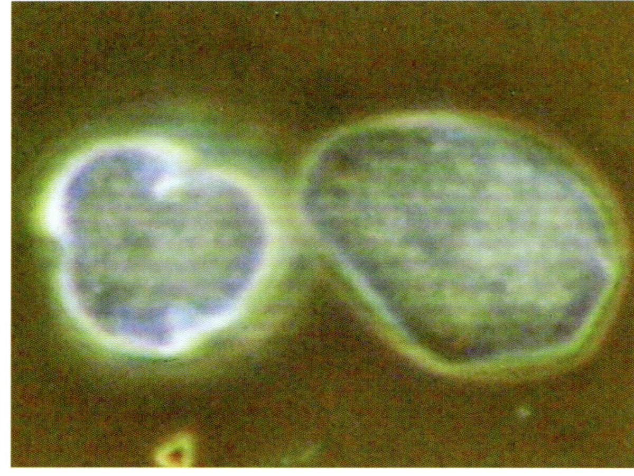

图 1-173　刺槐新鲜花粉粒的暗视野观察（极面观和赤道面观）

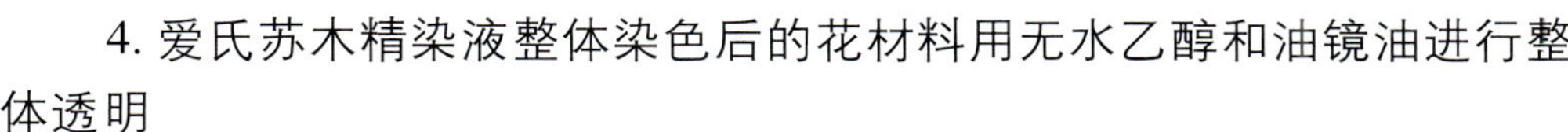

4. 爱氏苏木精染液整体染色后的花材料用无水乙醇和油镜油进行整体透明

以垂柳（*Salix babylonica* L.，杨柳科 Salicaceae）的幼嫩果实为例，将从果序上摘下的一个幼嫩果实粘放在胶块上，然后剖开果皮取出幼嫩的种子，放入稀释后的爱氏苏木精染液（或其他染液）中染色 2 ～ 5min 后再用水冲洗。冲洗后，将胚珠转入凹玻片的凹槽内，加上 1 ～ 3 滴无水乙醇与油镜油的混合液进行脱水，并将扩散到周围的白色液体（乳浊液）用吸水纸吸去，待乙醇挥发至胚珠周围几乎无液体时，再次滴加无水乙醇与油镜油的混合液，重复 3 ～ 5 次。然后，在凹槽内滴上数滴油镜油对幼嫩种子进行整体透明，放置一会或不经放置，盖上盖玻片即完成制片并进行观察（图 1-174 ～图 1-186）。

无水乙醇与油镜油混合液采用 5 ～ 8 份无水乙醇与 1 份油镜油混合而成。爱氏苏木精原液在稀释时，采用 1 份原液、1 份 45% 醋酸和 1 份 50% 乙醇溶液混合。由于爱氏苏木精染液配制比较麻烦，可用其他染液或自制植物天然染液代替。

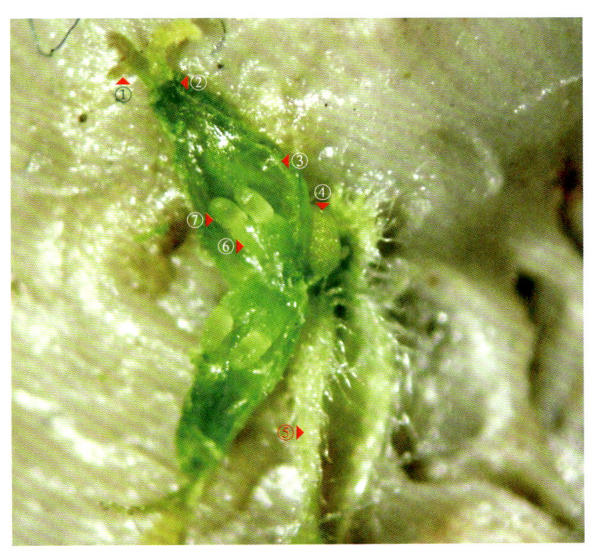

图 1-174　将垂柳的雌花粘在解剖镜视野中的软胶块上，将子房纵剖为两半并展开，可见雌花下有 1 片苞片，苞片腋内有 1 个腺体，花内无雄蕊，雌蕊为复雌蕊，由 2 个心皮合生而成，子房上位，1 室，4 个胚珠着生在 2 个侧膜胎座上

①柱头　②花柱　③子房壁　④腺体　⑤苞片
⑥珠柄　⑦胚珠

图 1-175　将 1 个幼嫩果实纵剖并展开，可见果室内有 3 个种子较大，1 个种子较小（可能是不育的种子）

①长柔毛　②种子　③较小的种子

图 1-176　另一个幼嫩果实的纵剖面。果室内 2 个种子较大，2 个种子较小，种子下方的种柄上和胎座周围已经长出了丝状长柔毛

①果壁　②较小的种子　③长柔毛　④较大的种子

图 1-177　第 3 个幼嫩果实的解剖。果室内 1 个种子较大，其余 3 个种子较小，种子表面无丝状长柔毛生长

①长柔毛　②较小的种子　③较大的种子

图 1-178　幼嫩的种子在软胶块表面的凹窝内经爱氏苏木精染液染色和漂洗后，悬浮在凹窝内的水液中。在种子内隐约可见 1 个黄色囊状结构（应是胚囊），其内缘和合点端有黄色沉积物（可能是胚乳），在珠孔端可见 1 个鱼雷形胚

①合点端　②胚囊
③鱼雷形胚　④种孔端

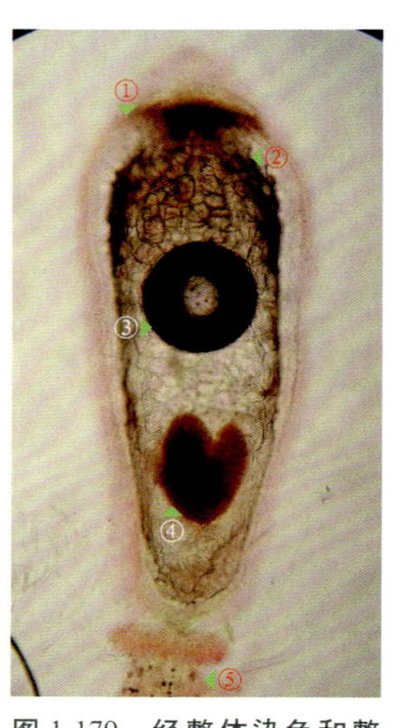

图 1-179　经整体染色和整体透明处理后，幼嫩种子的制片观察。种子内的黄色胚囊变成 1 个黑色胚囊，其内有 1 个黑边极厚的气泡（与其成分和折光性有关）

①种子　②胚囊
③气泡　④鱼雷形胚
⑤种柄

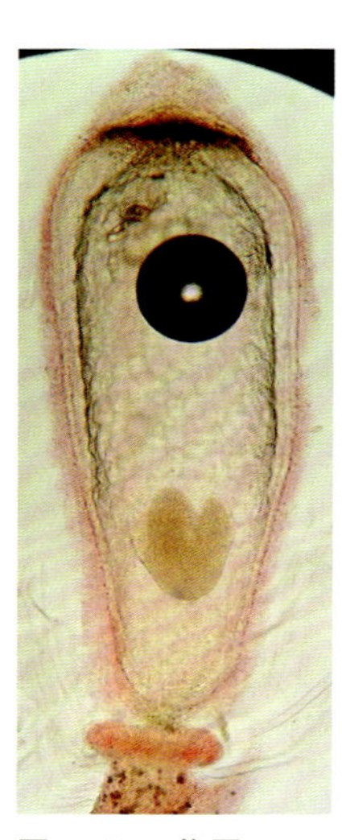

图 1-180　将图 1-179 的制片放置半小时或更长时间之后再观察。幼嫩种子内的胚囊逐渐变得透明，同时气泡逐渐移向胚囊的合点端，并且体积变小，最终消失。胚囊内的幼胚具有 3 片子叶

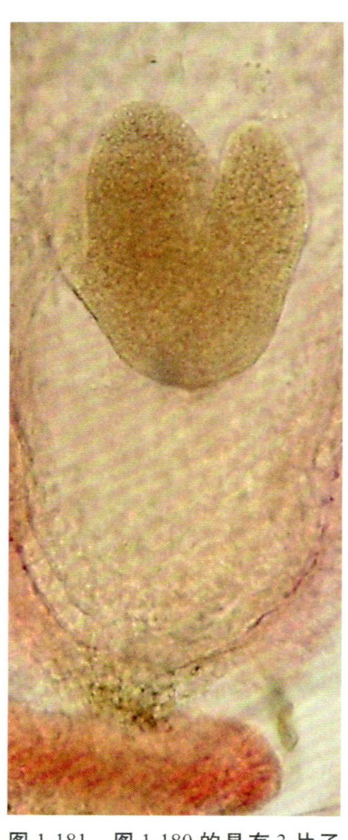

图 1-181　图 1-180 的具有 3 片子叶的鱼雷形胚的放大

图 1-182 在非光轴上（见后述）对制片进行观察，图像具有立体感。鱼雷形胚的 3 片子叶清晰可见，在胚囊的合点端，即反足细胞端，可见一些特殊细胞组成了一个盖状结构

①胚囊合点端的盖状结构
②胚有3片子叶

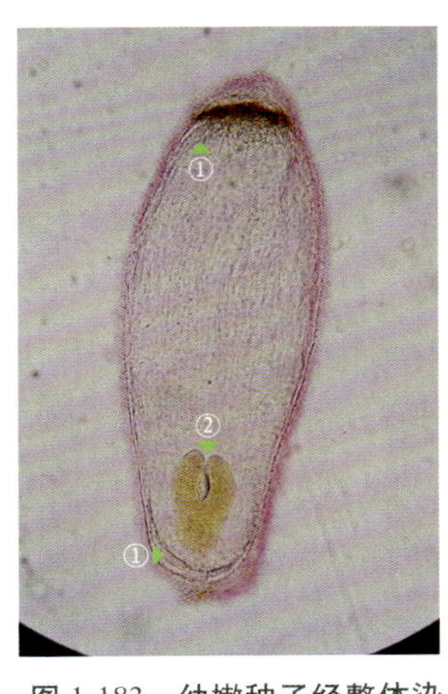

图 1-183 幼嫩种子经整体染色和整体透明后的观察结果。幼胚有 2 片子叶。胚囊的种孔端和近种孔处，以及合点端，沿着胚囊的内壁沉积了少量胚乳细胞，此特征与《中国植物志》记载的杨柳科的种子无胚乳或有少量胚乳一致

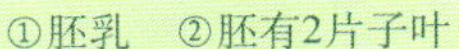

①胚乳 ②胚有2片子叶

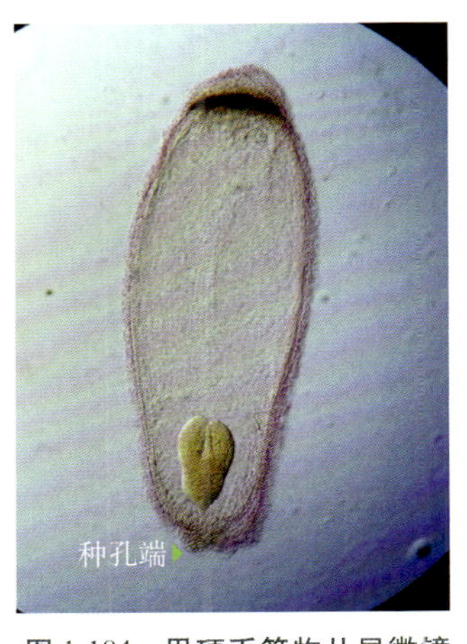

图 1-184 用硬币等物从显微镜照明光源的一侧将照明光遮挡掉一部分，幼胚的结构具有了立体感

图 1-185 种子的种孔端和具有 2 片子叶的幼胚的放大。在 2 片子叶之间，幼胚的胚芽尚未形成，属于鱼雷形胚，胚的周围可见 1 个被胚囊液填充的腔（似空腔），在这里称其为“胚囊腔”（自拟名）

需指出的是，鱼雷形胚的 2 片彼此贴近、扁而厚的子叶（由子叶原基发育而来），无论形态、排列方式和流体力学特性等都与鱼雷的雷尾完全不同。

①子叶
②胚囊腔
③鱼雷形胚
④种孔端

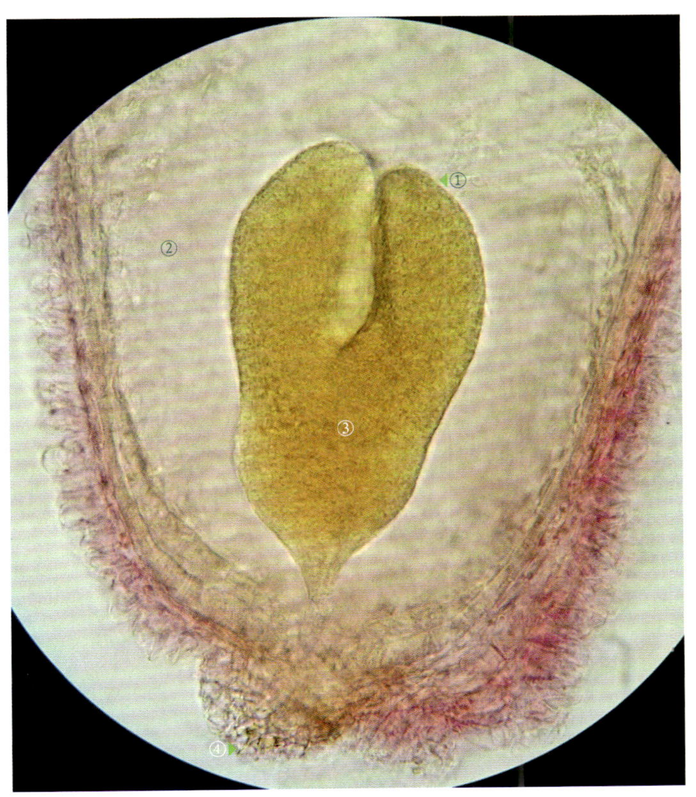

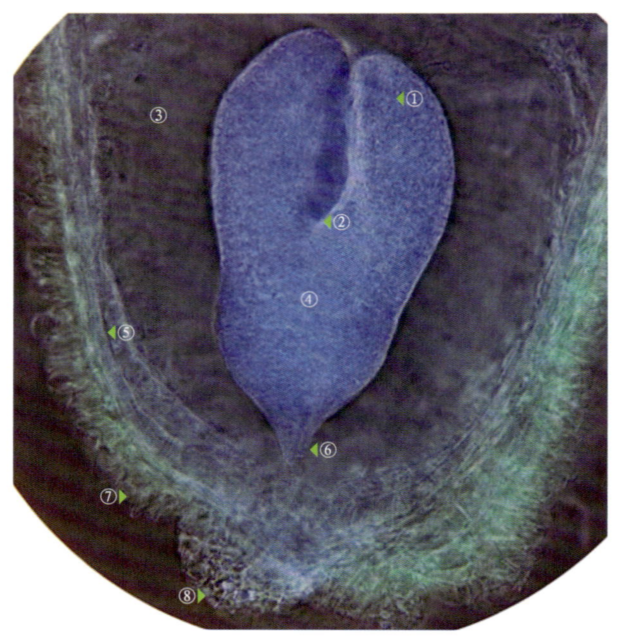

图 1-186　图 1-185 照片经光学信息解析处理后的放大照片。幼嫩种子在种孔端形成乳突，胚柄的基部与种子的种孔端似乎有结构相连，在鱼雷形胚的周围可见似空腔的胚囊腔，腔内的物质在此整体透明制片中未能显示

从图中左侧种子壁的层次来看，种子的壁可分为 4 层，外侧 2 层是种皮（约 2 层细胞组成），第 3 层是珠心的细胞（约 1 层细胞组成），在第 3 层和第 4 层之间有间隙，第 4 层是胚囊内沉积的胚乳层（厚薄不均匀，约 0 ～ 2 层），在胚囊的近种孔端和合点端沉积的胚乳稍明显。

①子叶
②胚芽未形成
③胚囊腔
④鱼雷形胚
⑤间隙
⑥胚柄
⑦种皮
⑧种孔端

垂柳和毛白杨等杨柳科植物一样，当雌树上的果实成熟后，种子靠种柄及胎座上产生的丝状长毛随风飘扬，形成似杨絮的“柳絮”。由于这方面的文献很难找到，这里补充几张照片（图 1-187 ～图 1-193），用以说明柳絮的形成过程。

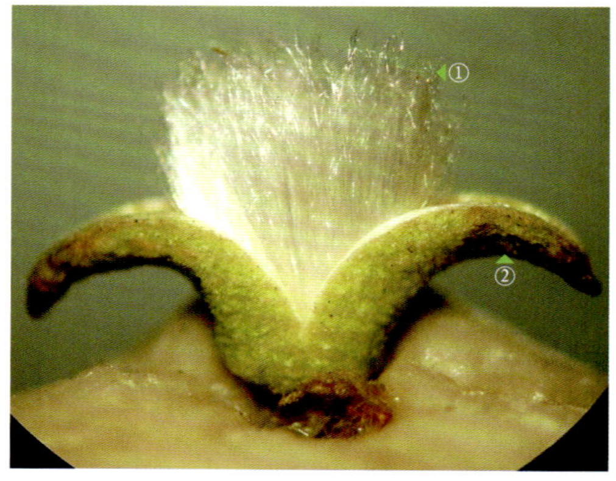

图 1-187　垂柳的果实为蒴果。果实在成熟开裂时，果皮裂成 2 瓣，露出种柄及胎座上生出的具有丝光的白色丝状长毛。查阅《中国植物志》和手头的各类文献，均未描述垂柳的蒴果是沿着背缝线开裂，还是沿着腹缝线开裂的

①丝状长毛　②果皮

图 1-188　蒴果内的丝状长毛受扰动后自行展开。图中果实内的丝状长毛很密，但是果实中却只有 4 个种子

图 1-189 果皮张开后，果室内的丝状长毛在受扰动后，很容易与果室脱离，并急剧地膨胀体积约数十倍，向外展开

若有风，便可随风飘荡，形成柳絮。图中，种柄上的丝状长毛和胎座周围产生的丝状长毛相互吸附着脱离果室，并自行展开。在实验时，图 1-188 的果室内的丝状长毛很快便超出了胶块边缘，为了不扰动它，未挪动胶块，使用解剖镜的透射光照明进行照相。

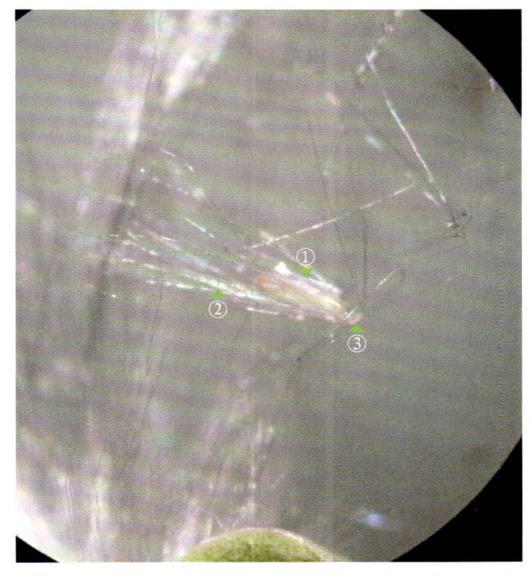

图 1-190 柳絮中的种子。在种子的下方有 1 小段种柄（为种柄的上段，由花期时的珠柄发育而成），种柄上有丝状长毛夹着种子

在此种子的右侧上方，可见无固着物的丝状长毛，它是由留在果室内的种柄下段或胎座周围产生的丝状长毛。在种子随丝状长毛扬出果室时，种柄断成两段，种柄的上段连同表面着生的丝状长毛以及种柄上的种子一同脱离果室，而种柄下段则留在果室内的胎座上（即留置在原处），但是种柄下段及胎座周围产生的丝状长毛则从生长位置脱落，并与种柄上段的丝状长毛吸附在一起，借助风等产生的扰动一同扩张并扬出果室，形成柳絮，借此随风向远处散播种子。

①种子 ②丝状长毛
③随种子离开果室的种柄上段

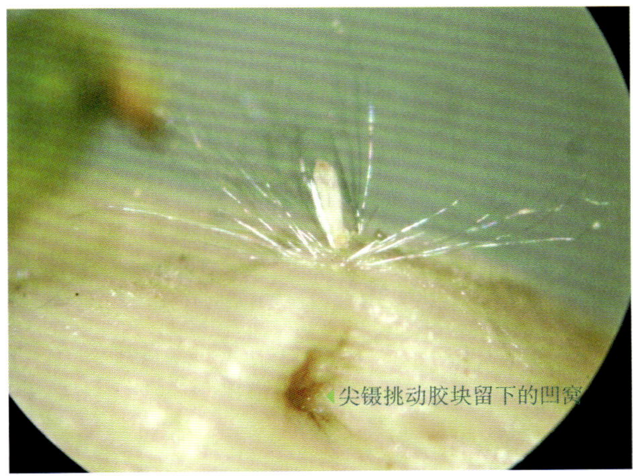

图 1-191 将种子下的种柄上段粘在胶块上后，示种子下的丝状长毛。种子下方胶块上的凹窝是用尖镊挑动胶块，以便改变胶块形状，调整种子的位置及观察角度而留下的

图 1-192 柳絮扬出后，果室内留有一些残余的丝状长毛，示果室基部胎座周围着生的丝状长毛（照片右转 90°）

图 1-193　柳絮扬出后的果实。果室内有 4 个小梗，是留置在侧膜胎座上的种柄下段

①果皮沿着背缝线开裂
②留在果室内的种柄下段
③果皮内面的腹缝线位置

种子成熟后，种柄断裂成上、下两段，上段随着柳絮扬出果室，下段则留在原位。从长度上看，种柄断裂时未平均分成 2 段，留在果室内的下段稍长一些。从照片上看，柳树的蒴果在开裂时，是沿着 2 条背缝线裂成 2 瓣，在每一瓣果皮内，可见 1 条内凸的纵线，此线即果皮内面的腹缝线位置，它是柳树果实（花时为子房）2 个心皮边缘合生的位置。在本照片中，左右两条腹缝线之上的果皮是由同一个心皮发育而成的，而左右两条腹缝线之下的果皮则是由另一个心皮形成。在每个心皮内面的两侧基部各生 1 个种子（由花时的胚珠发育而成），2 个心皮共生 4 个种子。

5. 用 84 消毒液对花材料进行整体透明

本种整体透明剂为购自药店的 84 消毒液，有效氯含量 4.5 ～ 5.5w/v。使用前，先将适量的 84 消毒液原液倒入小称量瓶（25 mm × 25 mm）或其他大小合适的透明容器中，盖上盖子备用。也可根据需要在 84 消毒液原液中加入蒸馏水进行适当稀释，稀释后对花材料的处理时间需适当延长。

实验时，将植物的花、果实或种子等放入盛有 84 消毒液的小称量瓶中，盖上盖子进行浸泡。当植物材料浸泡 20 ～ 30min 后，其颜色由深变浅、由不透明变得较透明时，即可完成透明处理。浸泡时间，依 84 消毒液的浓度、不同材料的发育时期、处理温度和透明效果而定，也可适当延长处理时间，必要时可放入冰箱的冷藏室内过夜或放置 1 ～ 2d。

酒精溶液浸泡保存的果实及经 84 消毒液处理后的观察结果照片如图 1-194 ～图 1-198 所示。

图 1-194 在野外采集千金藤（*Stephania* sp., 防己科 Menispermaceae）的幼嫩果实浸泡于 60% ~ 75% 的酒精溶液中保存

实验时，取出 1 粒果实将其放在解剖镜下的胶块上，然后在解剖镜下除去果实一侧的果壁，可见果室内有 1 粒色深、弯曲的幼嫩种子，将种子取出后，放入 84 消毒液内进行整体透明。

①种子 ②果皮 ③种柄

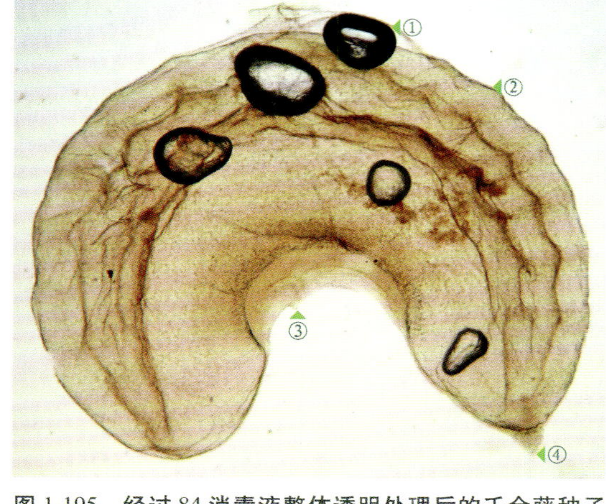

图 1-195 经过 84 消毒液整体透明处理后的千金藤种子（显微镜观察照片）

①气泡 ②种子 ③种柄断离处 ④种孔端

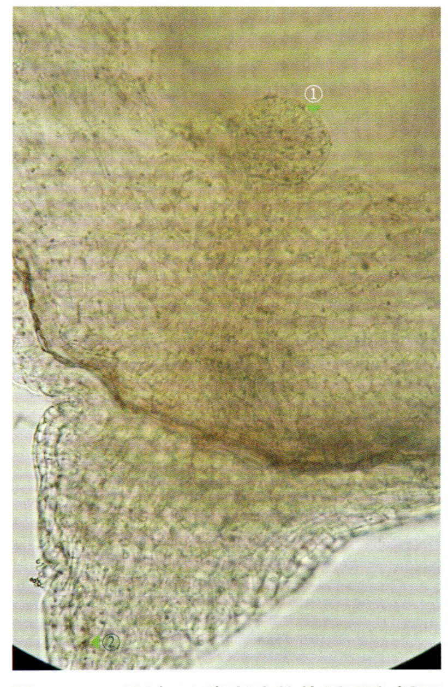

图 1-196 经过 84 消毒液整体透明和栀子色素染液整体染色后，可在幼嫩种子种孔端的胚囊中观察到 1 个球形胚

①球形胚 ②种孔端

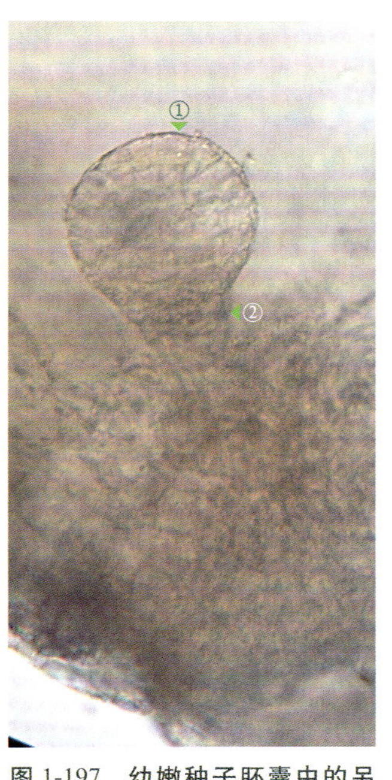

图 1-197 幼嫩种子胚囊中的另一个球形胚的放大

①球形胚 ②胚柄

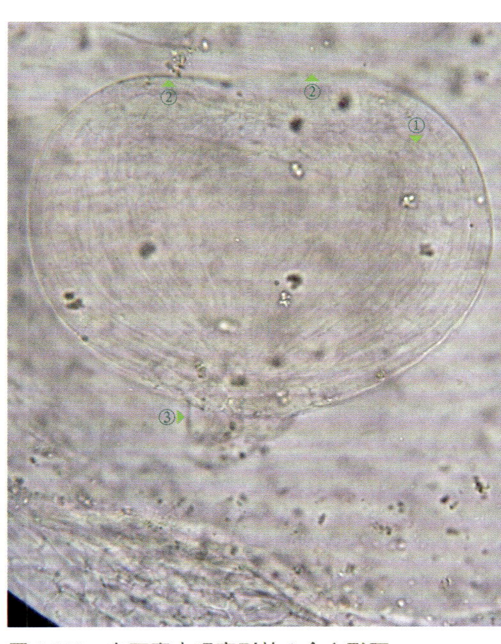

图 1-198 在胚囊中观察到的 1 个心形胚，在其顶端两侧出现了 2 个子叶原基

①心形胚 ②子叶原基 ③胚柄

经 84 消毒液透明处理后的材料，可以按照下列三种方法之一进行制片。

方法一：在凹玻片的凹槽内先滴上 1 至数滴蒸馏水或自来水，将材料取出放入凹槽内，在材料表面再滴上 1 至数滴蒸馏水或自来水，盖上盖玻片即可进行观察。

方法二：将材料取出，放入盛有自来水（或蒸馏水）的小称量瓶中浸泡、漂洗数分钟，然后重新换上干净的自来水（或蒸馏水）进行浸泡、漂洗，也可根据需要延长漂洗时间和漂洗次数。重复漂洗数次后，将幼嫩的种子放入盛有栀子色素溶液（自制，或其他染液）的小称量瓶中浸泡染色。当幼嫩种子被染上较深颜色时，将其取出放在凹玻片的凹槽内，滴上数滴自来水或蒸馏水，或栀子色素溶液等染液，盖上盖玻片后即可进行观察。

方法三：将材料取出放在凹玻片的凹槽内，在材料表面滴上 1 至数滴无水乙醇和油镜油的混合液（约 100∶1），并将扩散到周围的白色液体（乳浊液）用吸水纸吸去，待混合液挥发将尽，材料完全暴露在空气中时，再次滴上数滴无水乙醇和油镜油的混合液。重复 2 ～ 4 次后，再滴上数滴上述混合液，盖上盖玻片后即可进行观察。若要制成半永久制片，则在混合液挥发将尽时，在植物材料上滴上数滴油镜油，盖上盖玻片封片。观察后，制片可保存一段时间。

新鲜花材料的精细解剖及经 84 消毒液处理后的观察结果照片如图 1-199 ～图 1-205 所示。

图 1-199　从高粱小花中分离出的雌蕊

①花药　②柱头　③花柱　④花丝　⑤子房

图 1-200　从高粱雌蕊的子房中分离出的胚珠

①子房壁　②胚珠　③珠柄

图 1-201 从高粱胚珠中分离出珠心，左侧红色部分为珠被

①珠被 ②珠心

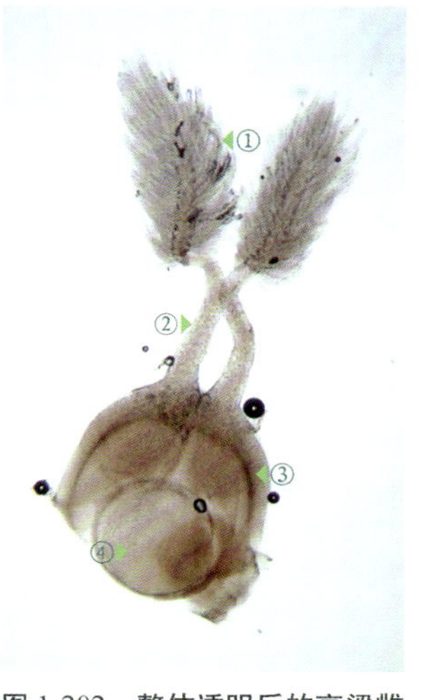

图 1-202 整体透明后的高粱雌蕊，子房室内有胚珠（显微镜观察）

①柱头 ②花柱
③子房 ④胚珠

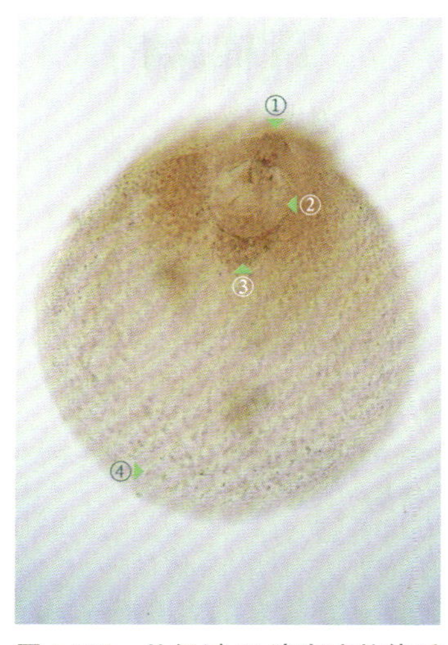

图 1-203 从经过 84 消毒液整体透明处理后的胚珠中分离出的高粱珠心（显微镜观察）

①珠孔端 ②胚囊 ③承珠盘
④珠心

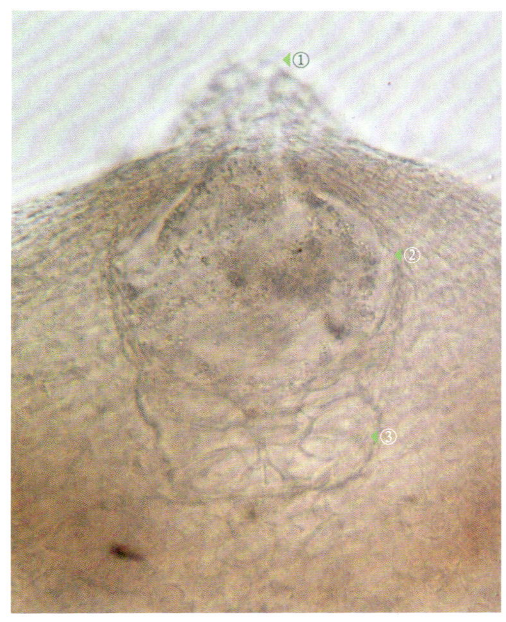

图 1-204 在显微镜下对珠心的珠孔端进行观察时，可见其珠孔端产生凸起，称为“珠心喙”，在胚囊下方有一些体积较大、排列方式特殊的细胞，称为“承珠盘”（显微镜观察）

①珠心喙 ②胚囊 ③承珠盘

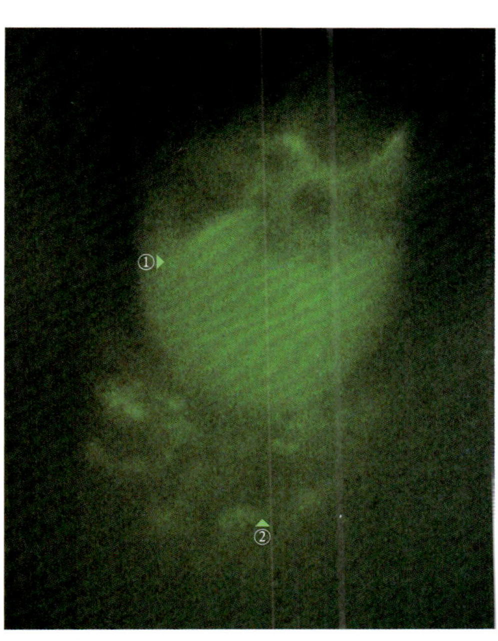

图 1-205 使用荧光显微镜，用紫外光照射经过 84 消毒液整体透明、漂洗和制片后的珠心时，可见珠心和胚囊的珠孔端未发出荧光，而胚囊内的珠孔端下方和承珠盘的细胞能发出较强的荧光（显微镜观察）

①胚囊内的荧光图像 ②承珠盘的荧光图像

二、植物解剖学切片的荧光显微镜观察

在荧光显微镜下利用紫外光照射植物的根、茎、叶等器官的切片时，具有显著次生壁增厚的植物细胞（如导管分子等）能发出强烈的荧光，而荧光微弱或未发出荧光的细胞和细胞间的界限则在黑色或较暗的背景中难以被观察到或者不清晰（图 1-206 ～图 1-209）。

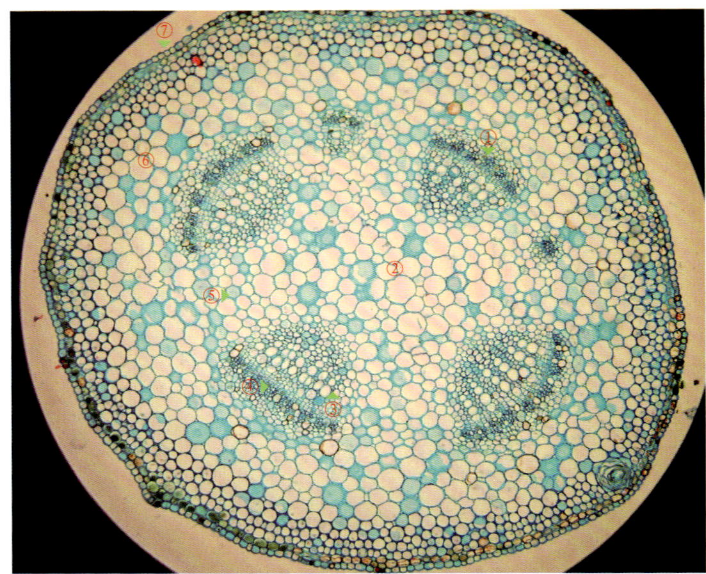

图 1-206 棉花幼茎的横切片（普通光照明）

棉花幼茎的初生结构由表皮、皮层和维管柱 3 个部分组成，维管柱是由维管束、髓射线和髓 3 个部分组成，而维管束是由初生韧皮部、束中形成层和初生木质部 3 个部分组成。

①维管束
②髓
③初生木质部
④初生韧皮部
⑤髓射线
⑥皮层
⑦表皮

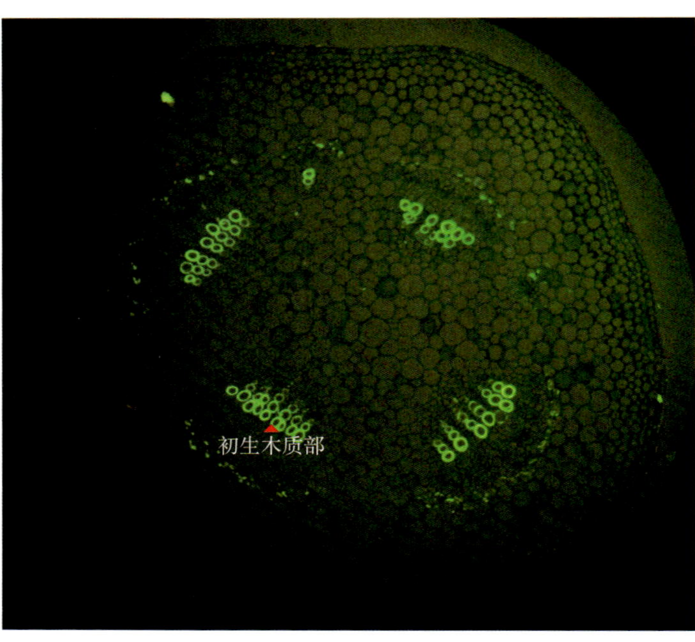

图 1-207 图 1-206 切片的荧光观察（紫外光照射）。初生木质部的导管能发出强烈的荧光

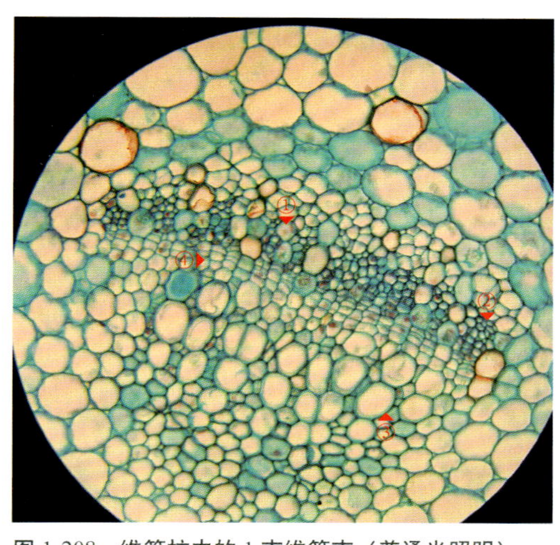

图 1-208　维管柱中的 1 束维管束（普通光照明）

①初生韧皮部　②韧皮纤维
③初生木质部　④束中形成层

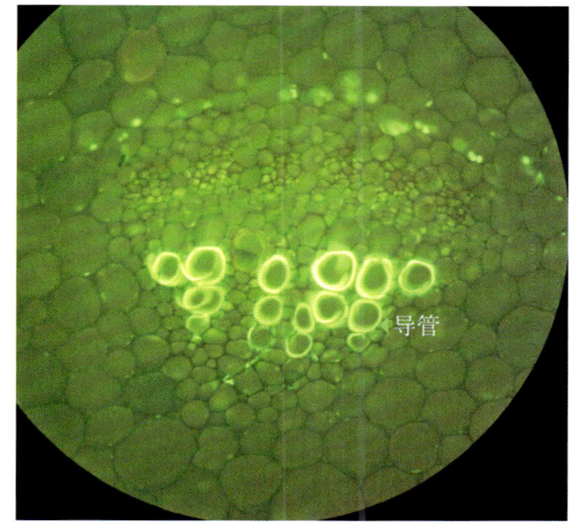

图 1-209　1 束维管束的荧光观察（紫外光照射）。维管束内除初生木质部能发出强烈的荧光之外，束中形成层和韧皮纤维等细胞也能发出荧光，但强度较弱。除了发出强烈荧光的初生木质部的导管之外，其他细胞的界限和位置关系有些不清晰

在用紫外光照射切片观察荧光的同时，将普通照明光（或其他光）也微弱打开，就可以进行紫外光和普通照明光的混合光照明观察（图 1-210）。利用混合光照明，不仅能够看到发出荧光的细胞及轮廓，还能看到未发出荧光或发出微弱荧光的细胞轮廓，相当于不用计算机软件就实现了将两种照片直接叠加的效果。

在使用混合光观察时，普通照明光不要开得太亮，否则会看不清荧光，影响和干扰对发出荧光细胞的观察。在进行混合光观察时，只要能将未发出荧光的细胞稍微照亮，使细胞界限能被分辨和观察到即可。

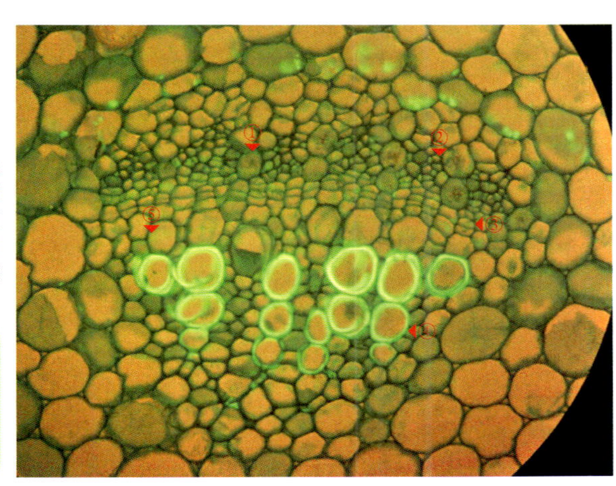

图 1-210　图 1-209 维管束的紫外光 + 普通光的混合光照明观察，能很容易地将初生木质部中产生强烈荧光的导管与其周围的细胞区分开来。虽然初生韧皮部的韧皮纤维未发出强烈荧光，但由于其壁颜色稍深，所以也能与其他细胞区分开来

①筛管　②韧皮纤维
③束中形成层　④导管
⑤新近产生的后生木质部导管（未发出强烈荧光）

水稻茎和棉花根的普通光照明、混合光照明和紫外光照射的观察结果如图 1-211 ～图 1-220 所示。

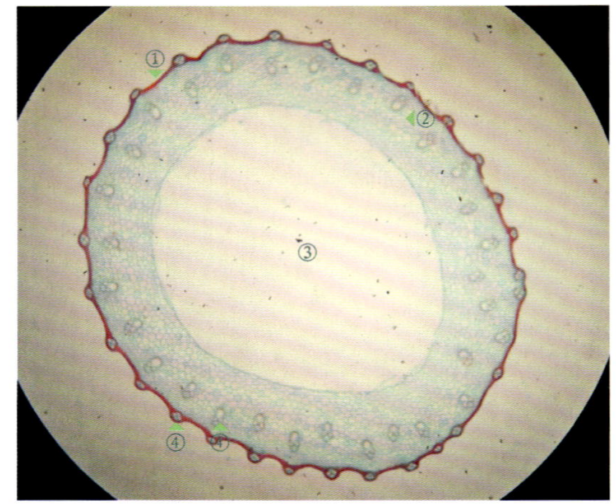

图 1-211　水稻茎的横切片（普通光照明）。其初生结构由表皮、基本组织和维管束 3 个部分组成，维管束排列成内外 2 环

①表皮　②基本组织　③髓腔
④维管束(排列成2环)

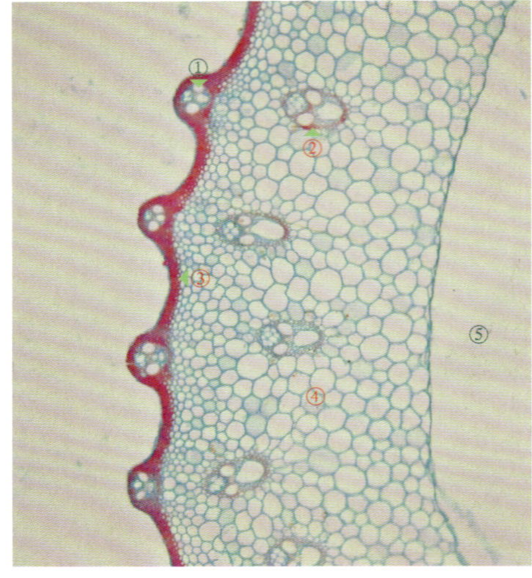

图 1-212　图 1-211 切片的部分放大(普通光照明)

①外环的维管束　②内环的维管束
③机械组织　④基本组织　⑤髓腔

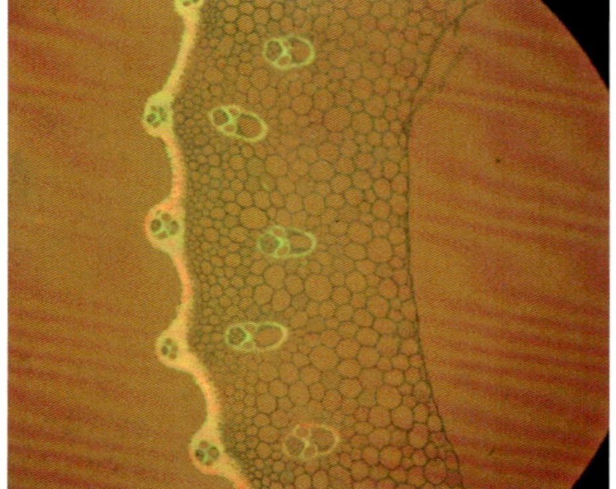

图 1-213　图 1-212 切片的紫外光 + 普通光的混合光照明观察

外环的维管束和其周围的机械组织（在图 1-212 中被染成红色），以及内环的维管束都能发出强烈的荧光，维管束的结构和维管束内外的细胞界限十分清晰。水稻茎内的维管束属于外韧有限维管束，韧皮部位于维管束的外侧（远轴方），木质部位于维管束的内侧（近轴方），两者间无形成层。维管束的外围是由厚壁组织组成的维管束鞘（发出强烈荧光），维管束鞘内的外方是不发出强烈荧光的韧皮部。韧皮部由原生韧皮部和后生韧皮部组成，前者在生长过程中被挤毁（位于后生韧皮部的外侧和维管束鞘之间），后者由筛管和伴胞组成。木质部由原生木质部和后生木质部组成，只有后者能发出强烈的荧光。后生木质部位于木质部的外方，紧挨着后生韧皮部，由孔纹导管和管胞组成。原生木质部仅由木薄壁细胞组成，在其气腔中（有些书称其为“气隙”或“胞间道”），未见环纹或螺纹导管被破坏后留下的痕迹。

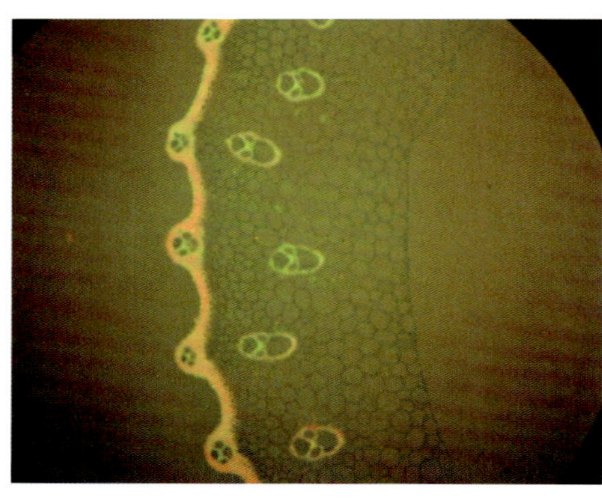

图 1-214　图 1-213 切片的荧光观察（紫外光照射）。细胞间的界限不清晰

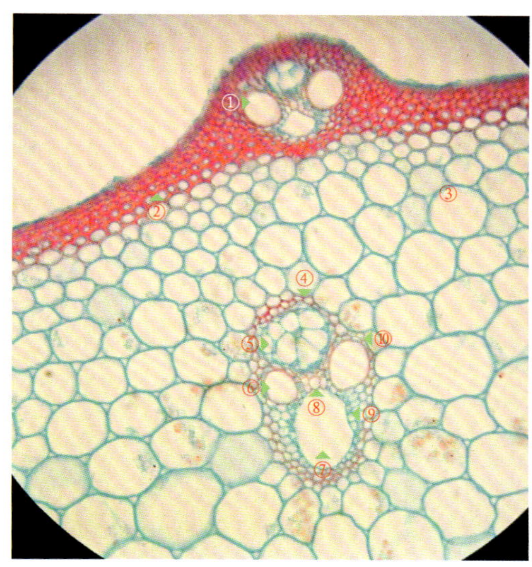

图 1-215　图 1-214 切片的 2 个维管束的放大（普通光照明）

①外环的维管束　②机械组织　③基本组织
④维管束鞘　⑤韧皮部
⑥孔纹导管(后生木质部)　⑦气腔
⑧管胞(后生木质部)
⑨木薄壁细胞(原生木质部)
⑩内环的维管束

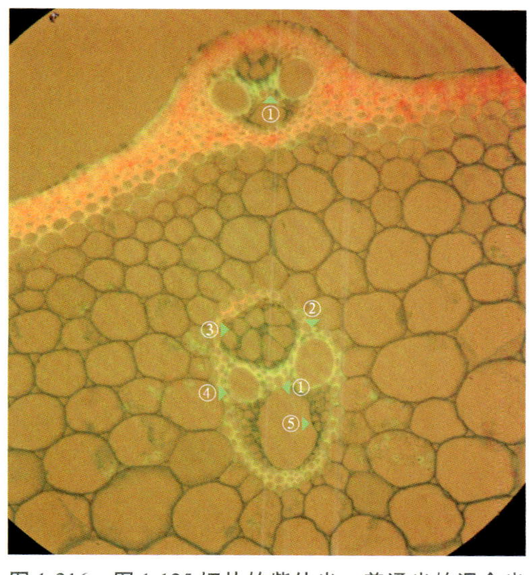

图 1-216　图 1-125 切片的紫外光＋普通光的混合光照明观察。机械组织、维管束鞘和后生木质部的细胞壁都能发出强烈的荧光，它们的细胞与未发出强烈荧光的韧皮部和原生木质部的细胞界限清晰

有的书在介绍后生木质部 2 个孔纹导管之间的细胞时，说它们或为木薄壁细胞，或为管胞，但是从本图上看，这些细胞能发出强烈的荧光，是管胞，非木薄壁细胞，而其下方气腔两侧的木薄壁细胞无强烈荧光。

①管胞(后生木质部)　②维管束鞘　③韧皮部
④孔纹导管(后生木质部)
⑤木薄壁细胞(原生木质部)

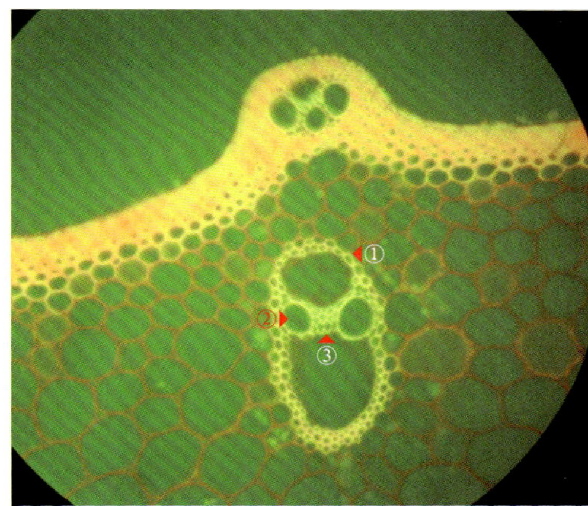

图 1-217　若只使用紫外光照射观察切片的荧光，那么不发出强烈荧光的细胞就难以观察清楚

①维管束鞘　②孔纹导管(后生木质部)
③管胞

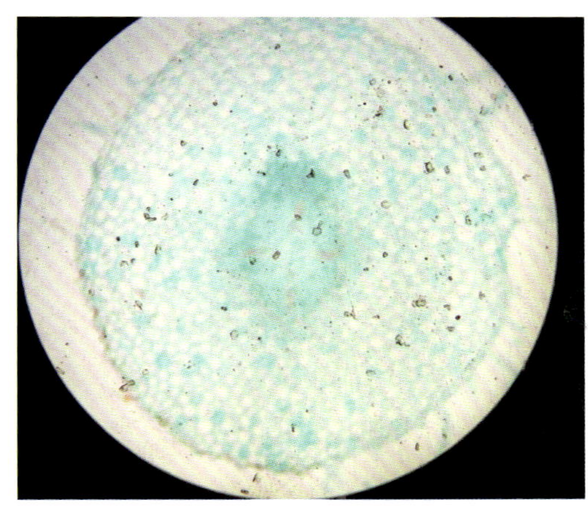

图 1-218　棉花幼根的横切片观察（普通光照明）

照片模糊的原因是由于人眼和数码相机（或其他照相设备）的聚焦不同步引起，即眼睛虽能看清楚，但照不出清晰的物像，反之亦然。因此，当眼睛看清物像后，手持数码相机照相时，要看着显示屏并对物像进行精细聚焦，才能照出清晰的照片。若是使用智能手机照相，可通过触屏进行精细聚焦。

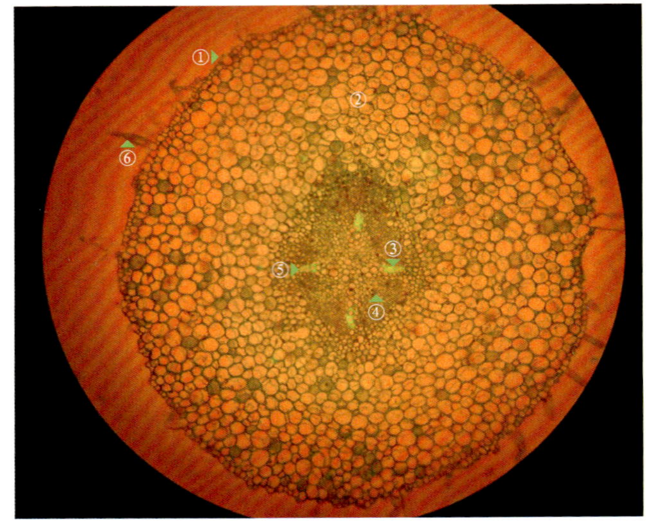

图 1-219　图 1-218 切片的紫外光＋普通光的混合光照明观察

根的初生结构由表皮、皮层和维管柱 3 个部分组成。在维管柱中，发出强烈荧光的 4 束初生木质部在切片中的位置和细胞间的界限比较清楚。

①表皮　②皮层
③初生木质部　④初生韧皮部
⑤维管柱(大致位置，需根据内皮层位置确定)
⑥根毛

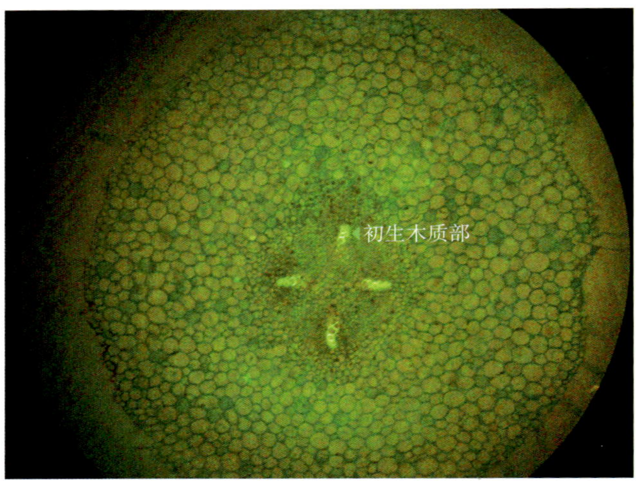

图 1-220　图 1-219 切片的荧光观察（紫外光照射）。4 束发出强烈荧光的初生木质部虽然清晰，但它们在切片中的位置和大多数细胞之间的界限却不清晰

三、植物解剖学数码照片的光学信息解析

植物解剖学数码照片是利用显微镜对具有一定厚度的切片进行照相获得。这些数码照片是由二维投影式的平面图像构成，图像中似乎无法显示切片的厚度、组织和细胞的三维立体结构以及物质成分等信息。但是，在将这些数码照片复制到 Word 文档（2003 版）中后，用鼠标选中这些数码照片时，这些照片就会呈现“负片”效果，并会显示一些通常无法看到的组织和细胞的三维立体结构信息。为了保留这种处理后的负片图像，按一下键盘上的“PreSc”（即 PrintScreen，打印屏幕）键，然后按 Ctrl+V 键，就可将屏幕显示的图像粘贴到 Word 文档中光标所在的

位置，经剪裁后就可获得植物解剖学数码照片的光学信息解析照片。

植物切片的数码照片和经光学信息解析处理后的照片如图 1-221 ~图 1-226 所示。

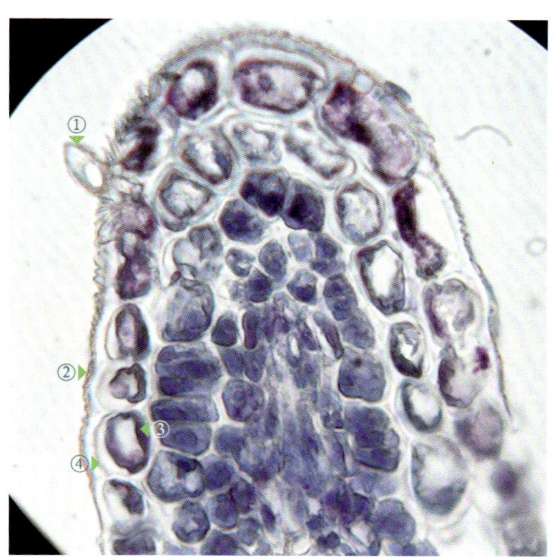

图 1-221　龙爪柳叶横切片（叶缘部分）的数码照片。角质层和表皮细胞外壁似乎是同一层较厚的结构，细胞膜的立体感也不强

①表皮毛　②角质层　③细胞膜
④表皮细胞外壁

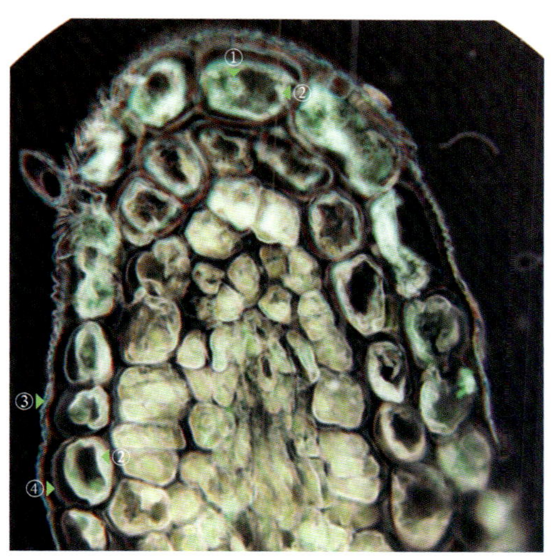

图 1-222　图 1-221 叶横切片的数码照片经过光学信息解析处理后的照片。照片中的细胞有了三维立体效果，表皮细胞外的角质层和表皮细胞的外壁能够被清晰地区分开来，细胞膜的三维立体效果较明显，细胞核能很容易地被分辨出来

①细胞核　②细胞膜　③角质层
④表皮细胞外壁

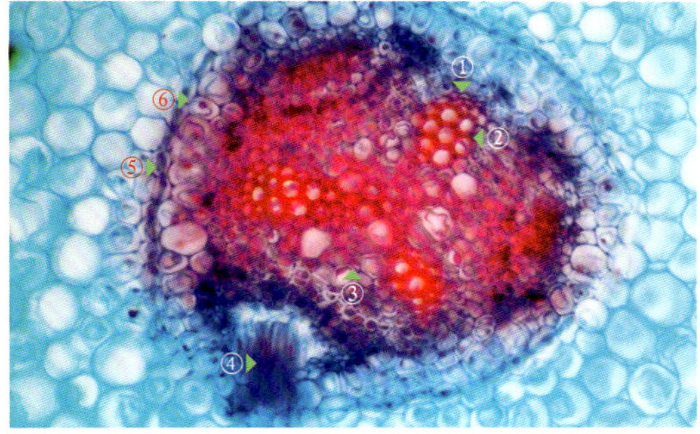

图 1-223　小扁豆（*Polygala tatarinowii* Regel，远志科 Polygalaceae）幼苗根横切片的部分放大。在内皮层细胞上可见一条深蓝色的染色带，此即通常所说的凯氏带。在切片上还可以看到发生于中柱鞘（维管柱的最外层，紧贴内皮层）的侧根，侧根对着初生韧皮部发生

①原生木质部　②后生木质部　③初生韧皮部
④侧根　⑤凯氏带　⑥中柱鞘

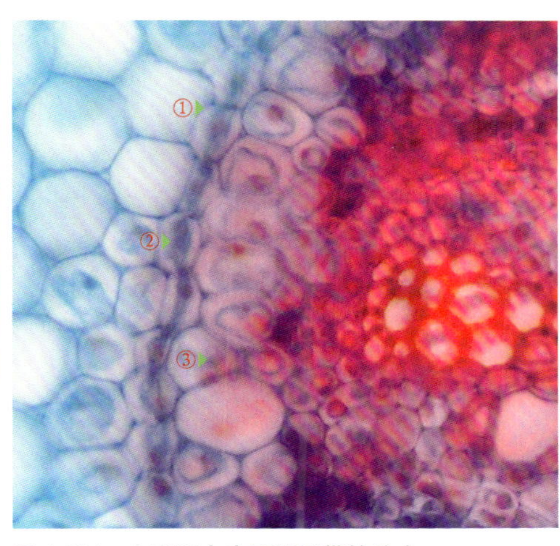

图 1-224　小扁豆内皮层凯氏带的放大

①内皮层细胞　②凯氏带　③中柱鞘细胞

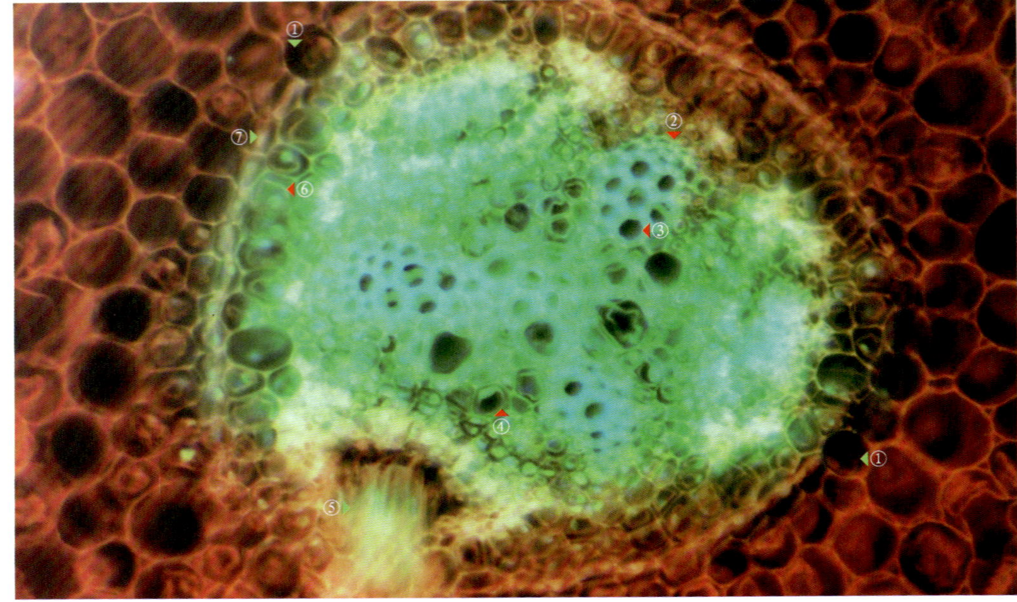

图 1-225　小扁豆幼根的内皮层和凯氏带照片经过光学信息解析处理后的放大照片

处理后的细胞都有了三维立体感，初生木质部外侧的原生木质部和内侧的后生木质部、后生木质部的导管、初生韧皮部的筛管和中柱鞘以及内皮层的界限都比较清楚，辨认起来更加容易。少部分靠近初生韧皮部的内皮层细胞，原生质体未收缩成厚板状，并出现质壁分离现象，为通道细胞。这里的通道细胞与文献上的描述（正对着原生木质部；通道细胞出现时，大部分内皮层细胞的壁都有了五面或六面增厚）不符。

①通道细胞　②原生木质部　③后生木质部　④初生韧皮部(筛管)　⑤侧根　⑥中柱鞘　⑦所谓的“凯氏带”

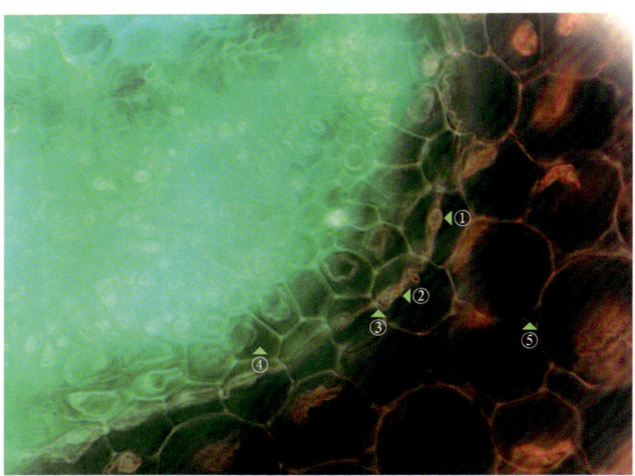

①内皮层细胞的细胞核
②所谓的“凯氏带”
③凯氏点
④中柱鞘细胞
⑤皮层薄壁细胞间的细胞间隙

图 1-226　另一张内皮层和凯氏带光学信息解析处理照片的放大

图中可清楚地观察到：内皮层细胞上的凯氏带，实际上就是内皮层细胞在制片时，原生质体脱水收缩而形成的一个厚度不均匀的厚板状结构，在一些内皮层细胞的原生质体中甚至能看到细胞核的位置。从切片上看，收缩后的原生质体在细胞的两侧（非两点，实为厚板状原生质体四周的全部周缘）与细胞壁紧密相连，即使原生质体脱水收缩也不分开，图中所看到的原生质体与细胞壁的接触点即“凯氏点”。凯氏点实际上是侧壁上的条带状结构，是侧壁上真正的凯氏带，它非点状结构。

在 Word 文档中，照片经旋转操作后就无法再变成负片，这时可保存该文档并退出。用 WPS 软件打开该文档，不做任何操作，保存该文档后退出。再用 Word 软件打开经 WPS 保存的文档，这时选中文档中任一张图片都能将其变成所需的负片。

综上所述，植物解剖学数码照片其实是一个三维立体图像的照片，在照片中蕴含着很多诸如深度、位置、结构和成分等一系列信息。这些信息被透过切片成像的全部透过光给掩饰了，使照片看起来是一个没有厚度的二维平面式的投影图像。若通过不同的光学信息解析处理，就能将二维平面式的投影图像中所蕴含的一系列信息显示出来。但是，目前尚无专门的软件用于植物解剖学数码照片的光学信息解析处理，只能借助 Word 文档对其进行初步的光学信息解析处理。如果能针对成像光设计出专门的解析方法和软件，将可以获得更为丰富的、包含有成像物体的物质成分、结构和空间位置等一系列信息的数码照片，照片的立体感将更加逼近扫描电镜照片。这种方法也可以应用于非植物解剖学照片的光学信息解析处理。

第四节　解剖镜的照明方法

解剖镜通常有反射光照明、透射光照明和镜外光源照明三种照明方法，但是通过胶块遮挡透射光，就可以将解剖镜的照明方法改造为反射光照明、透射光照明、暗视野照明、混合光照明和镜外光源照明等五种照明方法。

为了叙述方便，这里将五种照明条件下所获得的数码照片分别简称为“反射光观察照片”、“透射光观察照片”、“暗视野观察照片”、“混合光观察照片”和“镜外照明观察照片”。若是自然光照明，简称为“自然光观察照片”。

一、反射光照明

图 1-227　除去稃片后，高粱小花的反射光观察照片

①柱头　②花丝　③花柱　④子房　⑤浆片

通常，在解剖镜物镜后方的镜臂支架上，安装有一个照明灯，其灯光可以倾斜地照向解剖镜的工作台（即照亮视野），这种照明属于反射光照明。在这种照明条件下，由于胶块离反射光照明光源较远，即使长时间的照射也不会使胶块温度升高，适合长时间对胶块及花材料进行照明。

由于花材料的反光性较强，在反射光照明条件下所获得的数码照片（即反射光观察照片）有时会出现反射光亮点（或亮斑）。反射光观察照片既没有暗视野观察照片的透明特性，也没有混合光观察照片明亮，在色彩上也与暗视野观察照片和混合光观察照片存在着一些差异（图 1-227）。

二、透射光照明

通常，在解剖镜的工作台下方安装有照明光源，灯光可透过嵌入工作台凹槽内的玻璃盘，从下至上透过或从下方照亮所观察的材料。在进行花的透射光照明观察时，光线会直接进入眼内或照相机的镜头内，这就像用眼睛直接看着太阳（或强光），或用相机直接对着太阳（或强光）进行观察和拍照一样，是逆光的观察和照相，无法看清楚、照清楚花材料的形态与结构特征。若是降低透射光的亮度或进行各种形式的遮光，然后再进行观察或照相，花材料会因光照强度减弱而变暗，同样也看不清、照不清花材料的形态与结构。所以，在花形态观察时，一般不直接使用透射光进行观察，而是利用特殊形状的胶块（即暗视野观察胶块）将透射光照明观察转变为暗视野照明观察。

透射光观察照片与其他照明观察所获得的照片明显不同，照片中的花因为不透明而变黑或变暗，表面特征无法看清楚，但是花周围的背景比较明亮（图 1-228）。

图 1-228　图 1-227 高粱小花的透射光观察照片

三、暗视野照明

这种照明方式是利用透射光照射下宽上窄的胶块后获得。当透射光透过玻璃工作盘从下宽上窄的暗视野观察胶块的下部向上照射时，直射胶块的透射光被胶块遮挡，无法对固定在胶块上的花材料进行透射照明，但是胶块周围的透射光却能对胶块上具有一定高度的花材料进行非直射的透射光照明，从而由透射光照明营造出一种暗视野照明观察环境。

利用透射光和下宽上窄的、特殊形状胶块营造出的暗视野照明观察环境，可以是严格意义上的暗视野照明观察环境，也可以是类似于暗视野照明观察的环境，这依胶块的大小和形状而定。在进行暗视野照明观

察（或类似观察）时，由于胶块离透射光照明光源很近，而照明光源通常是发热光源，强烈的灯光烘烤会使胶块很快升高温度，变软、变黏，使花的精细解剖操作无法进行下去。因此，在进行暗视野照明观察时，要尽可能减少暗视野照明观察或照相的时间，并将调整花的位置、调焦和花的精细解剖等显微操作放在反射光照明环境下完成。

暗视野观察照片与反射光观察照片和混合光观察照片明显不同，照片中的花材料常变得比较透明，色彩也有变化（图 1-229，图 1-230），而反射光观察照片中的花材料不具备透明特性，混合光观察照片中的花材料较明亮，并有微弱的透明特性。

图 1-229　从一种禾本科杂草的小花中分离出的浆片和雌蕊（暗视野观察照片）

①柱头　②花柱　③子房　④花丝　⑤浆片

图 1-230　将图 1-229 小花的雌蕊除去后，示 1 对浆片（暗视野观察照片）

四、混合光照明

混合光照明是反射光照明和暗视野照明同时进行的一种照明方法。在使用时，先打开反射光照明光源，将花材料粘在暗视野观察胶块上，在调整好位置和精细调焦后进行观察、解剖或照相，然后再打开营造暗视野照明的透射光光源，同时进行反射光照明和暗视野照明的观察或照

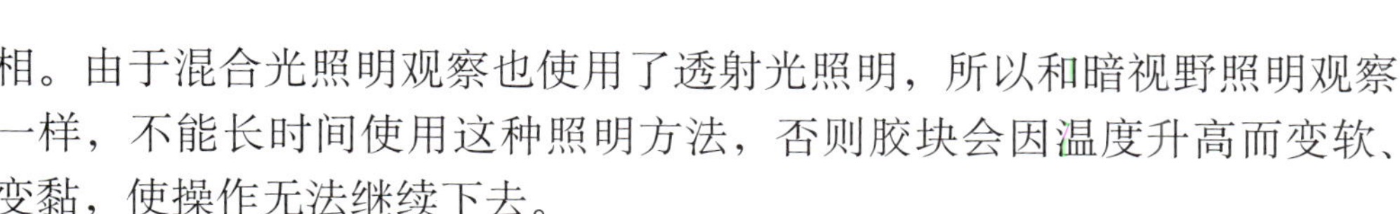

相。由于混合光照明观察也使用了透射光照明，所以和暗视野照明观察一样，不能长时间使用这种照明方法，否则胶块会因温度升高而变软、变黏，使操作无法继续下去。

混合光观察照片与反射光观察照片和暗视野观察照片明显不同，色彩也有变化。由于混合光观察照片中，花的反射光特征和透明特性等介于反射光观察照片和暗视野观察照片之间，所以一般能够较容易地将混合光观察照片与反射光观察照片和暗视野观察照片区分开来（图1-231～图1-236）。但是，由于智能手机可以触屏聚焦并自动调节亮度，这使得混合光观察照片和反射光观察照片有时较难区分。

图 1-231　冬青卫矛（*Euonymus japonicus* Thunb.，卫矛科 Celastraceae）4 基数花的反射光观察照片

①雄蕊　②花瓣　③花盘　④花柱

图 1-232　图 1-231 花的混合光观察照片。花药为基着药

①花药　②花丝　③花瓣

图 1-233　图 1-231 花的暗视野观察照片

图 1-234　图 1-231 花的近侧面观（暗视野观察照片）

①柱头　②花柱　③花盘　④花梗

图 1-235　除去花瓣后的花（反射光观察照片）

①花药(纵裂)　②花丝　③花柱(未在聚焦面上)
④花盘　⑤萼片

图 1-236　子房的横切面（反射光观察照片），可见子房 4 室，每室有 2 个胚珠（横切面）

①子房室　②胚珠　③子房室间隔膜

五、镜外光源照明

将解剖镜的照明光源关闭，依靠自然光或其他镜外光源照亮解剖镜视野中的花材料，这种照明方法通常很少使用。利用自然光照明所获得的花的观察照片与反射光观察照片相比，亮度稍暗，色彩也有一些差异。

总之，在进行花形态观察、精细解剖和照相时，依次使用反射光照明、混合光照明和暗视野照明即可满足需要。要在反射光照明条件下，完成花材料的固定和位置调整、物像调焦、花的精细解剖、照相等操作。在混合光照明和暗视野照明条件下，主要进行照相操作，并且要尽可能地减少在这两种照明条件下的工作时间。在夏季，还要打开空调，以降低工作场所的温度。

第五节　对解剖镜或显微镜等助视仪器观察结果照相的方法

一、手持手机或数码相机等照相设备的照相方法

笔者曾于2007年初在《生物学通报》第1期发表了《光镜下新鲜植物花粉的简易制片和摄像方法》一文，文中介绍了花粉的油镜油制片方法和手持数码相机对解剖镜或显微镜的观察结果进行照相的方法（图1-3）。论文发表后，笔者便开始教学生如何使用数码相机对解剖镜或显微镜的观察结果进行照相。起初学生们无数码相机，只能给他们演示，后来学生们都有了能照相的手机，就让学生们用手机代替数码相机进行照相。令人欣慰的是，数码相机的照相方法论文发表整十年时，这种方法已经被推广开来。现在，网络上已经有了多种显微镜手机支架在售。这些显微镜手机支架可将手机（镜头）直接固定在解剖镜或显微镜等助视仪器的目镜前，能很方便地对各类助视仪器的观察结果进行照相或实时监控，这极大地降低了利用手机对各类助视仪器观察结果进行照相的难度，并促使这种方法在更大范围内更快地传播。今后，若能将手机或数码相机等照相设备获得的解剖镜或显微镜等助视仪器的观察结果图像实时传输到电脑显示屏等大屏幕上，并能通过电脑显示屏等的触屏操作实现图像的精细调焦，或将改造后的"自拍神器"与解剖针合二为一，可以一边进行着显微操作，一边控制着图像的聚焦和照相，或同时由第三人控制照相，就会使精细解剖操作时的照相技术更加完善。

然而，客观地讲，手持手机或数码相机等照相设备对助视仪器的观察结果直接拍照虽然难度有些大，但是用手持而非固定的相机拍照仍然有一些好处。因为操作熟练后，这种方法不仅能轻松记录解剖镜或显微镜等助视仪器的观察结果，还能发现很多特殊的现象，这些现象能够促使人们去思考并去解决更多的问题。例如，在使用手机或数码相机等照相设备进行照相时，适当倾斜照相设备，可以获得有三维立体感的数码照片；抬高（即拉大）手机或数码相机等照相设备与助视仪器目镜间的距离后，仍然可以对助视仪器的观察结果进行照相。可是若将照相设备固定在助视仪器的目镜前进行照相，就观察不到这些现象。

1. 手持照相设备对助视仪器观察结果照相需要改进的地方

⑴数码相机

利用数码相机对助视仪器的观察结果进行照相时，需将数码相机的拍摄模式设置为近距离拍摄，并关闭闪光灯。虽然数码相机的闪光灯关闭后照出的数码照片没有打开闪光灯时照出的照片清晰，但是若将闪光灯打开，照相时的闪光会在目镜镜头上形成强烈的反光，在照片中产生亮斑。因此，最好的方法是除去数码相机的闪光功能，但是保留数码相机在闪光瞬间快速捕捉物像的功能（此功能还有防抖动的效果），也就是既保留闪光功能又不让闪光灯亮。

因为反射光照明、混合光照明和暗视野照明方式不同，且花材料的反射、吸收和透光性也存在差异，所以在不同的照明条件下，使用普通数码相机拍出的助视仪器观察结果照片会出现色彩差异。

若在同一种照明条件下，前后相连的两张（或多张）照片出现较大的色彩变化，就属于一种不正常现象（图 1-237 ～图 1-240）。这种现象的产生，可能是由多方面的原因造成的，例如：①数码相机的色彩还

图 1-237　除去日本晚樱花的萼筒（被丝托）、萼片、花瓣和雄蕊群后，示 2 个离生心皮组成的离生雌蕊（侧面观，反射光照明），左侧为正常雌蕊（可育），右侧为一个叶状雌蕊（不育）

①正常雌蕊的花柱　②子房　③叶状雌蕊

图 1-238　除去图 1-237 左侧雌蕊的部分子房壁后，示子房室内一大一小的 2 个胚珠，体积很小的胚珠是 1 个败育的胚珠（反射光照明）。与图 1-237 照片相比，相同的照明光和相同的拍照条件，但两张照片的色彩却不同

①正常雌蕊　②叶状雌蕊
③退化胚珠　④正常胚珠
⑤花梗

图 1-239　图 1-238 离生雌蕊的暗视野照明观察

①叶状雌蕊　②退化胚珠　③正常胚珠

图 1-240　图 1-239 照片的后一张照片（暗视野照明）。相同的拍照条件，但前后相连的 2 张照片却出现了色彩变化

①叶状雌蕊　②退化胚珠　③正常胚珠

原误差大小有差异；②数码相机供电电源不稳定，导致电路内的电流和电压等出现变化，影响了数码相机的性能稳定性和对物像色彩的还原程度；③解剖镜或显微镜等助视仪器的照明电源不稳定，导致电路内的电流和电压等出现变化，使照明光的光质发生变化；④解剖镜或显微镜等助视仪器的照明光源不稳定，发光后引起温度和照明光质发生改变；⑤数码相机、解剖镜或显微镜等镜头的材质和吸光特性不同。

(2)手　机

智能手机在拍摄解剖镜或显微镜等助视仪器的观察结果时，不用专门设置拍摄模式，而且可以很方便地用触屏方式对物像进行精细聚焦或放大等操作。尽管手机照相具有很多优点，但是目前手机在对助视仪器的观察结果进行拍照时，仍有很多方面需要改进。最突出的方面是，在用手机对助视仪器的观察结果物像进行聚焦时，不能分块聚焦，只能进行整体聚焦，其结果是物像中的某一块清晰了，但是其他部分却变模糊了。如果手机的照相具有分块聚焦的功能，那么就可以直接照出一个高清晰物像的照片。

2. 手持照相设备的镜头与助视仪器目镜镜头的位置关系

在用手持照相设备对助视仪器的观察结果（物像）进行正常拍照时，要使照相设备镜头与助视仪器目镜镜头的中轴线重合（即两者的光轴在一条直线上）或接近重合（即两者的光轴在目镜上方的夹角较小）。

笔者在实践中偶然发现，如果刻意地让数码相机或其他照相设备的镜头与显微镜或其他助视仪器目镜镜头的光轴在目镜上方有一个稍大的夹角，即适当增大两个镜头间的倾斜角度，仍然可以拍摄到助视仪器目镜中所看到的物像（非光轴上的观察或照相）。但是从照片效果上看，这种非光轴上照相所获得的数码照片，一侧完全是黑色，而另一侧则比较明亮，两者之间的画面呈现出两个极端的逐渐过渡，而且照片中越靠近黑色一侧的图像越具有浮雕感，即具有三维立体效果，但是图像的浮雕感离黑色边缘越远则越弱。在图像的浮雕感由强变弱的过程中，图像的亮度却经历着由弱变弨的变化过程（图 1-241 ～图 1-248）。

这种现象表明，照相设备可以从多角度对解剖镜或显微镜等助视仪器的观察结果进行观察或照相，这也意味着照相设备获得助视仪器观察结果的位置不是唯一的，即照相设备可以在多个位置接收助视仪器的观察结果，而非只能在一个固定位置接收。

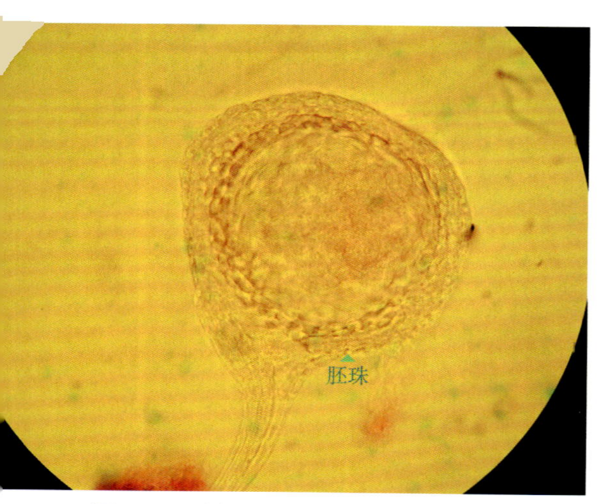

图 1-241　让数码相机镜头和显微镜目镜镜头的光轴重合或接近重合时，拍摄到的附地菜 [*Trigonotis peduncularis* (Triranus) Bentham ex Baker & S. Moore，紫草科 Boraginaceae] 胚珠照片（光轴上照相），照片的三维立体感不强

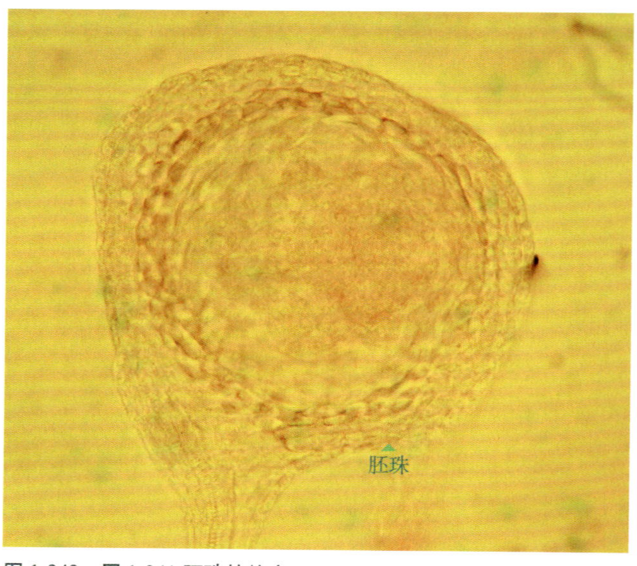

图 1-242　图 1-241 胚珠的放大

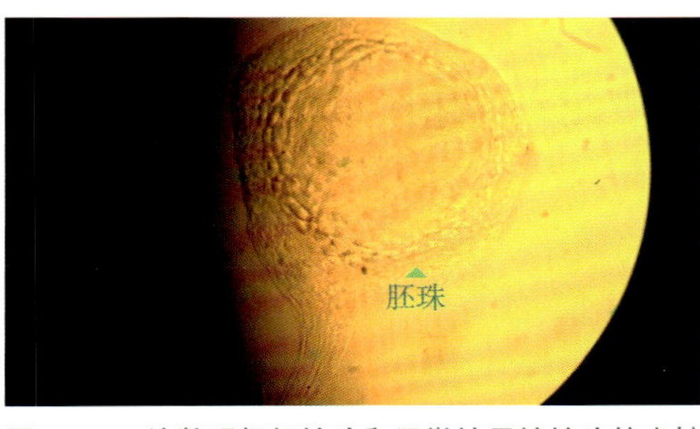

图 1-243 让数码相机镜头和显微镜目镜镜头的光轴在目镜上方的夹角稍大时，拍摄到的胚珠照片（非光轴上照相），物像有了三维立体效果

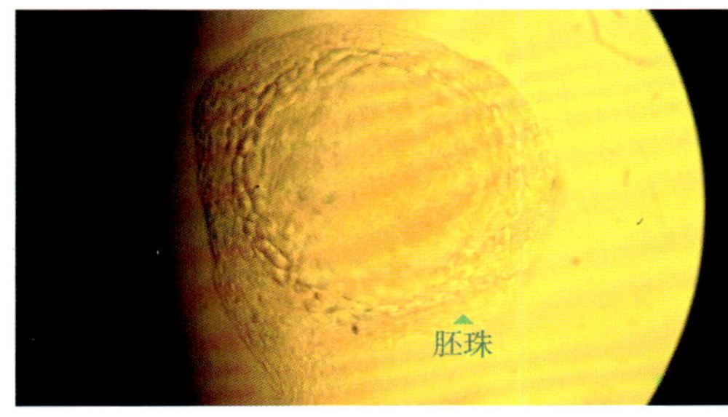

图 1-244 图 1-243 胚珠的放大，立体感由左至右逐渐降低

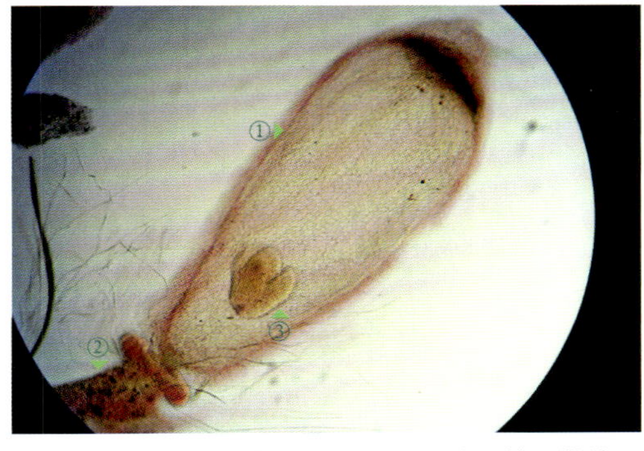

图 1-245 手持数码相机对垂柳幼嫩种子的显微镜观察结果进行照相（光轴上的照相）。照相前，种子已经过整体染色与透明处理

①种子 ②种柄 ③鱼雷形胚

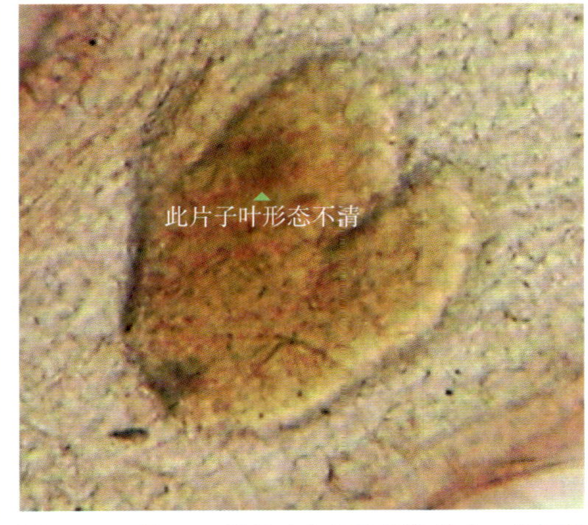

图 1-246 图 1-245 种子中鱼雷形胚的放大。幼胚看起来似乎有 4 片子叶，但难以确定

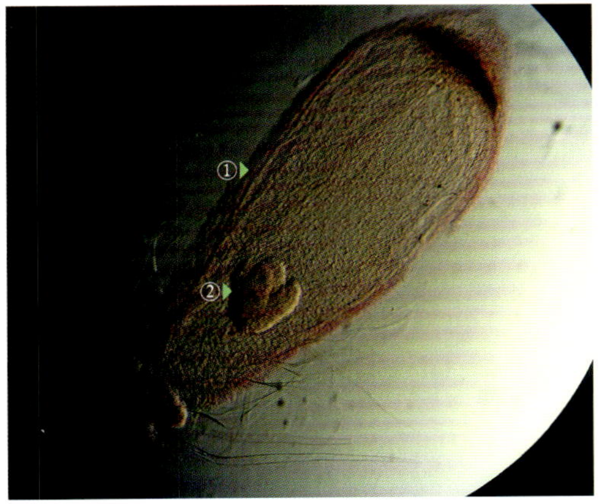

图 1-247 手持数码相机在非光轴上对图 1-245 种子进行照相，照片有了三维立体效果。物像的三维立体效果和亮度由一侧逐渐向另一侧过渡

①种子 ②鱼雷形胚

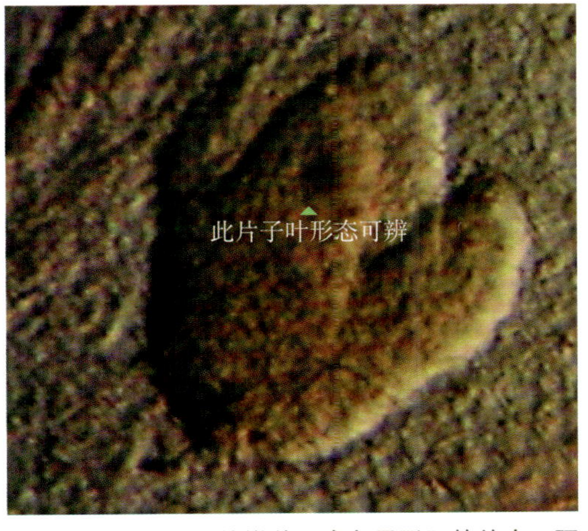

图 1-248 图 1-247 幼嫩种子中鱼雷形胚的放大，胚的 4 片子叶变得可辨

可以使用 Word 文档中的图片工具，对照片进行“增加对比度”和“增加亮度”处理，处理后的照片在视觉效果上会更好一些。

商品化的解剖镜或显微镜照相装置，将照相设备固定在解剖镜或显微镜等助视仪器上，就无法进行多角度拍摄。解剖镜或显微镜手机支架，虽然方便了手机对助视仪器观察结果的照相，但也无法实现多角度拍摄。

另外，在显微镜底座的（照明光源）聚光镜上方，用硬币或其他物品部分地遮挡聚光镜，即部分地遮挡住显微镜的照明光，则也可以拍摄出具有三维立体效果的图像。

3. 照相设备镜头与助视仪器目镜镜头之间的距离关系

手持手机或其他照相设备对解剖镜或显微镜等助视仪器的观察结果进行照相时，相机镜头与解剖镜目镜镜头之间的距离不是固定的，两个镜头距离较近时可以照出清晰的物像，但两个镜头相距稍远时，仍然可以照出较清晰的物像（图 1-249 ~ 图 1-252）。这说明两个镜头之间的距离不是只有一种选择，而是有多种选择，即在助视仪器目镜的光轴上，手持照相设备对助视仪器视野中的物像进行观察或照相的位置不是唯一的。

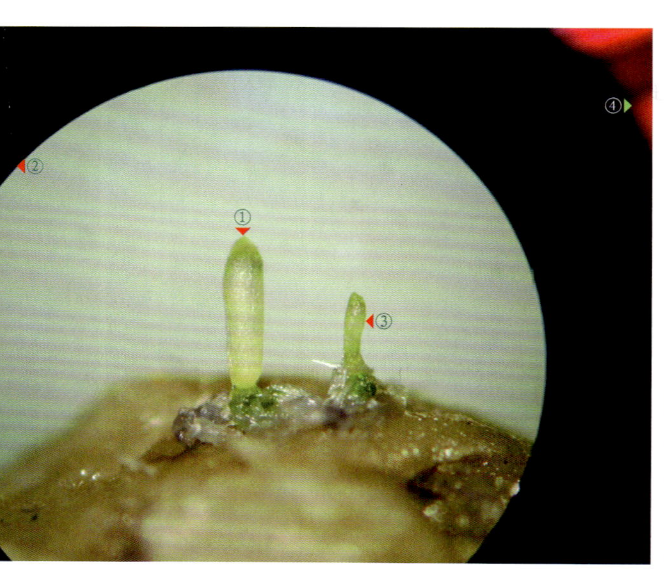

图 1-249　手持数码相机在距离解剖镜的目镜镜头较近处拍到的垂柳幼嫩种子的物像。在照片的右上角可模糊地看到目镜镜头边缘外的部分物品

①较大的种子　②视野框　③较小的种子　④目镜缘

图 1-250　图 1-249 照片中物像的放大。可见照相设备距离助视仪器较近时拍出的观察结果照片图像比较清晰

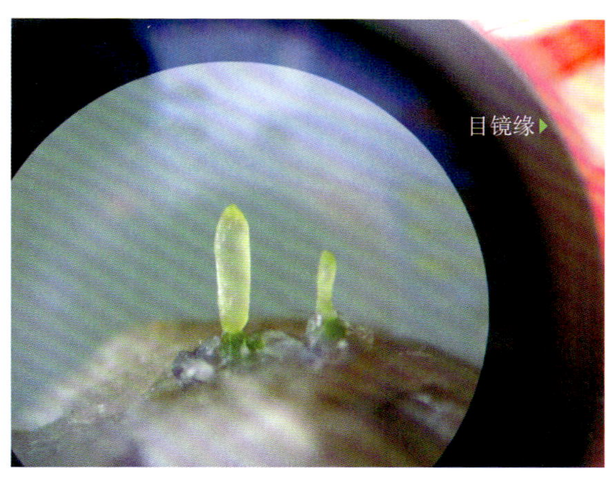

图 1-251　手持数码相机在距离解剖镜的目镜镜头稍远处拍到的垂柳幼嫩种子物像。照片中的物像变得有些透明，这与数码相机距离目镜镜头较近时拍到的物像质地有差异，在照片的右上角能稍清楚地看到目镜镜头边缘外、远处的物品。由于未对数码相机和目镜镜头间的照相环境进行密封遮光，因此照片中的目镜镜头表面出现了反光影像

图 1-252　图 1-251 照片中物像的放大。种子虽然变得较透明，但是清晰度有些降低。这可能与镜头间的距离较大有关，或与关闭闪光灯后，相机对手的微小抖动比较敏感有关

4. 人眼与手持的照相设备在聚焦性能上存在的差异

手持手机或其他照相设备对解剖镜或显微镜等助视仪器中的观察结果进行照相前，先要用人眼监视着助视仪器的视野，并对视野中的物像进行调焦。当人眼看到助视仪器中的物像清晰后，若手持照相设备直接对着助视仪器视野中的物像进行拍摄，那么拍出的照片一般都或多或少有些模糊（由于手抖动引起的照相设备晃动，也能导致照片模糊，但在这里不考虑此原因），即眼睛看清楚了，但却照不清楚，反之亦然（图 1-218，图 1-253）。原装的解剖镜或显微镜照相设备同样存在着这种现象。这是由于人眼和照相设备的聚焦性能不一致，而导致的一种观察结果不同步现象，这无疑增大了手持手机或数码相机等照相设备对解剖镜或显微镜等助视仪器观察结果进行清晰照相的难度。但是与人眼相比，照相设备也有很多优势，取长补短将会使未来的照相设备功能更加强大。

在实际照相时，当人眼看到助视仪器内的物像清晰后，不要手持照相设备不经调焦就直接进行照相。照相前，要先调整好照相设备在助视仪器目镜镜头前的照相位置，然后通过触屏对显示屏上的物像进行精细聚焦。必要时可旋转解剖镜的调焦螺旋进行精确调焦（若是显微镜则用细调焦螺旋进行调焦，不要用粗调焦螺旋），然后再经触屏聚焦，使物

图 1-253　高粱小花的 1 个浆片和 1 个雄蕊的部分放大

本图及图 1-218 的图像模糊主要是由于人眼和照相设备的聚焦性能不一致引起的。有些照片不经放大或尺寸较小时看似比较清晰，但是放大后，会发现照片比较模糊。

①浆片　②花丝
③花药

像清晰。当显示屏中的物像全部或所需的部分变得比较清晰后，就可以进行照相。

5. 物像的放大

物像的放大有三种方法，这些方法各有优势，在进行花的精细解剖和结构观察时，可将助视仪器（例如，解剖镜等）的放大功能与照相设备（例如，手机等）的放大功能结合起来使用。这三种方法只能在一定范围内对物像进行放大，不能无限放大物像，同时助视仪器和照相设备也不能无限缩小物像。

需注意的是，在用手机或数码相机等照相设备放大物像时，具有标尺功能的视野框会随着物像的放大而消失。因此，在放大物像前，先注意拍摄 1 张（或几张）最低（或最高）放大倍数的、带有视野框的数码照片，或在视野中的花材料旁加上小标尺，以便事后根据照片中的视野框或小标尺来研究花材料的大小和标注图片的尺寸。

⑴数码照片的放大功能

通常，可在文字编辑软件（例如，Word 软件）中对花的精细解剖数码照片进行放大或缩小等操作（图 1-254）。在放大或缩小数码照片时，要先点中图片的 1 个角，然后沿着对角线方向进行放大或缩小操作。若点中非角端便对数码照片进行放大或缩小操作，照片及物像的长宽比例会被人为地改变，导致图像变形，形成假象。例如，在对长方形或正方形的数码照片进行放大时，先用鼠标选中图片，然后点中照片的左上角或其他角，沿着对角线向左上方拉照片至合适大小；在缩小照片时，点中照片的左上角后，沿着对角线向右下方拉照片至合适大小。不要在照片四个边的某一个边的中部或近中部的位置点中照片，并拉缩照片。

花的精细解剖等数码照片在放大或缩小后，色彩和明暗度不会发生明显的变化，但是不能对其无限放大。同时，也不要过分缩小照片尺寸，否则会导致一些细节丢失，并使各部分之间的反差变小，识别率降低。

通过对数码照片的放大或剪辑，可以很容易地将数码照片中的视野框除去。

⑵助视仪器的放大功能

利用解剖镜或显微镜等助视仪器对物像进行放大，放大后的物像亮度变暗，色彩也会发生一些变化（图 1-255）。此时，可根据需要对物体补光（例如，将照明光调亮，或增加镜外光源照射），以增大照片中的物像亮度。但是，当光线过于明亮时，会引起物体的整体或某些局部的反光性增强，照片中的图像容易出现较大面积的白色亮斑。

通过助视仪器对观察结果物像进行放大时，无法将数码照片中的视野框除去。

图 1-254 **酸枣花的花盘（上面观），示花盘与雄蕊花丝的位置关系**

在某些书中，常将鼠李科花图式中的花盘与雄蕊的花丝画成彼此分离状，并且部分花丝与花盘边缘的小凸起对生。

①花盘 ②花丝

图 1-255 **图 1-254 花盘利用解剖镜进行放大的效果**

⑶照相设备的放大功能

手机的相机或其他照相设备可通过触屏等操作，将助视仪器中所形成的物像进行放大，同时可对物像进行整体聚焦和明暗度调整，但是目前还做不到对物像或所显示的视野进行分块聚焦。普通数码相机的使用和放大功能都不如手机方便，老的数码相机仍需要非触屏方式进行放大操作，但新型号也在不断地跟进。

通过照相设备对观察结果物像进行放大时，能很容易地将数码照片中的视野框除去。

二、数码照片中视野框的标尺功能和除去方法

1. 视野框的标尺功能和绝对长度的测量方法

用手机或数码相机等照相设备对解剖镜或显微镜等助视仪器中的观察结果进行照相时，所获得的数码照片中常带有黑色的视野框。有的朋友认为，这是用手机或数码相机对助视仪器观察结果直接照相方法的一个弊病。其实不然，照片中的视野框是一个圆形，其直径就相当于在视野中放了一个标尺，具有标尺功能。

以非连续变倍的显微镜为例，视野框直径绝对长度的测量方法如下。

⑴选取目镜和物镜组合

选取适当的目镜和物镜组合（例如，目镜 10×，物镜 4×）后，显微镜的放大倍数等于目镜的放大倍数和物镜的放大倍数的乘积。

需要强调的是：①同一台显微镜在不同的放大倍数下，视野框直径的绝对长度不同，并随着显微镜放大倍数的增大而减小。②不同型号的显微镜，同样放大倍数的物镜和目镜组合，视野框直径的绝对长度可能不同，不要混用。③同一台显微镜，更换不同型号的物镜或目镜后，视野框直径的绝对长度也可能不同，不要混用。

⑵照　相

将物镜测微尺（又称“镜台测微尺”）或自制小标尺放在显微镜的载物台上，打开照明光源并调焦，当测微尺物像清晰后，用手机或数码相机等照相设备对其照相。

测微尺全长为 1mm，分为 10 大格（格值 =0.1mm），每个大格分为 2 个中格（格值 =0.05mm），每个中格又分为 5 个小格（格值 =0.01mm，即 10 μm），即每个测微尺共有 100 个小格(格值 =0.01mm，图 1-256 ～图 1-259)。

⑶横向放大率的 3 个比例式

在使用测微尺（或小标尺）测量视野框大小时，长度单位为 mm，可列出下列 3 个比例式。

1 个刻度单位经放大后的长度（a）÷1 个刻度单位的格值长度（b）= 横向放大率（V）（式 1）

视野框直径经放大后的长度（c）÷ 视野框直径的绝对长度（d）= 横向放大率（V）（式 2）

花材料经放大后的长度（e）÷ 花材料的绝对长度（f）= 横向放大率（V）（式 3）

可将式 1 ～式 3 简写为：

$$a \div b = V \quad （式 4）$$

$$c \div d = V \quad （式 5）$$

$$e \div f = V \quad （式 6）$$

⑷求视野框直径的绝对长度

将显微镜在某一放大倍数下的测微尺数码照片在纸上打印出来（或再用复印机放大），然后用格值为 0.5mm 的厘米尺（或格值更小的尺子）分别测量出 a 和 c 的长度，并查出所用刻度单位 b 的格值，将它们代入式 4 和式 5 中，求出 d 值，即可知道显微镜在这种放大倍数下的视野框直径的绝对长度。

⑸选择合适的测微尺刻度单位

当显微镜的放大倍数较小时（例如，显微镜目镜为 10×，物镜为 4× 时）时，测微尺的小格看不清楚，可将测微尺的大格或中格作为测微尺的刻度单位，即 b=0.1mm 或 0.05mm（图 1-256，图 1-257）。当显微镜的放大倍数较大时，可用小格作为测微尺的刻度单位，即 b=0.01mm（图 1-258，图 1-259）。

按照上述 (4) 中的方法，可测算出显微镜在某种放大倍数下花材料的

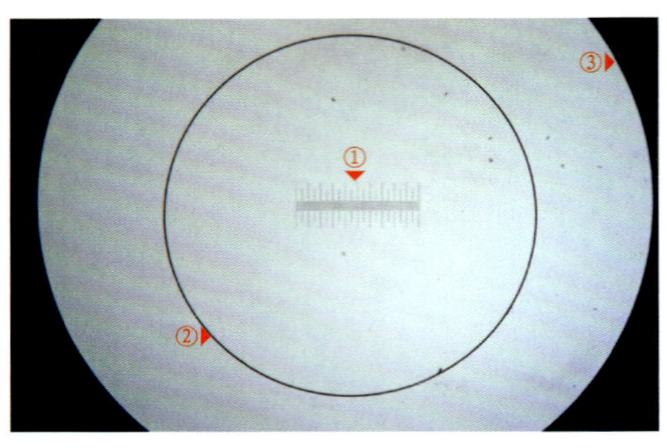

图 1-256 显微镜放大倍数为 40（目镜为 10×、物镜为 4×）时，以测微尺的大格作为测量的刻度单位（b=0.1 mm）

①测微尺 ②圆形盖玻片的边缘 ③视野框

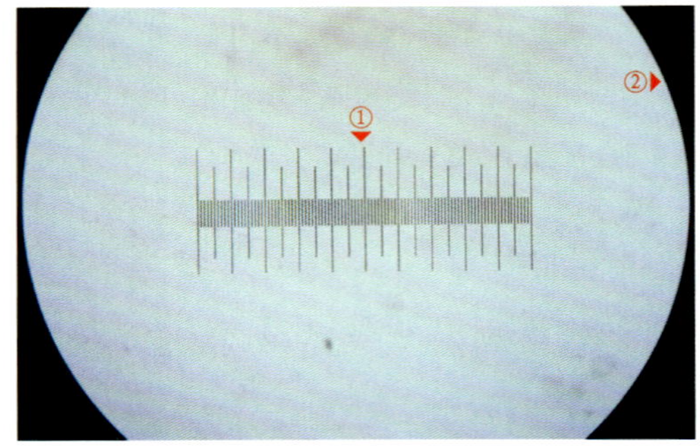

图 1-257 显微镜放大倍数为 100（目镜为 10×、物镜为 10×）时，以测微尺的中格作为测量的刻度单位（b=0.05 mm）

①测微尺 ②视野框

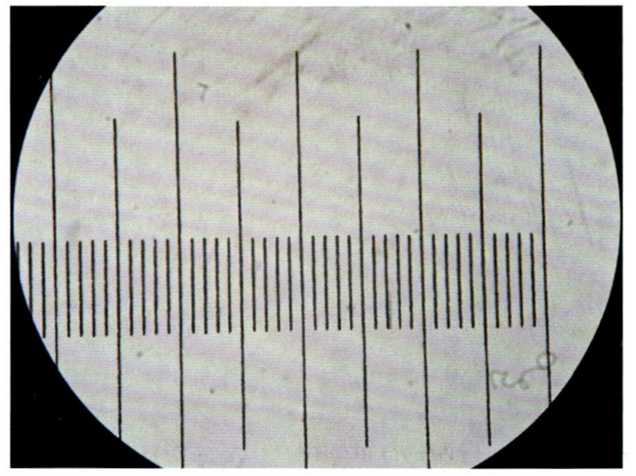
图 1-258 显微镜放大倍数为 400（目镜为 10×、物镜为 40×）时，以测微尺的小格作为测量的刻度单位（b=0.01 mm）

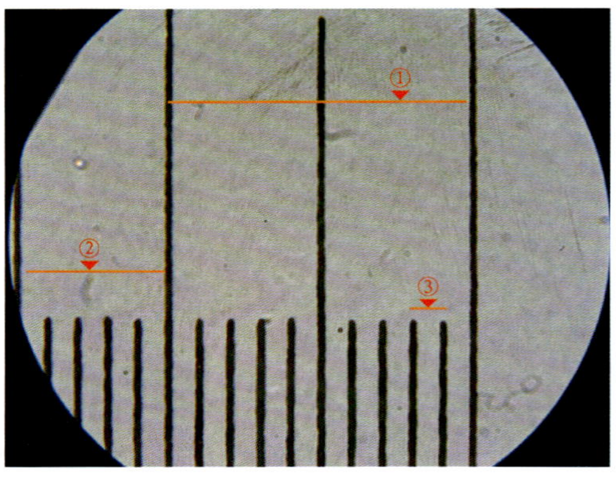

图 1-259 显微镜的放大倍数为 1000[目镜为 10×、物镜（油镜）为 100×] 时，以测微尺的小格作为测量的刻度单位（b=0.01 mm）

①1大格=0.1 mm ②1中格=0.05 mm
③1小格=0.01 mm

绝对长度。这样，即使除去视野框，也可以知道花材料的长度，而且随着放大倍数的增大，花材料的长度越来越大，但是其绝对长度却是不变的。

对于非连续变换放大倍数的解剖镜来说，可像显微镜一样，能测算出在每一个放大倍数下视野框直径的绝对长度，但是对于连续变换放大倍数的解剖镜来说，只需测量最小和最大放大倍数时视野框直径的绝对长度。若是想测算最小放大倍数和最大放大倍数之间的某一放大倍数的视野框直径的绝对长度，则需要用记号笔在放大倍数转换旋钮和镜筒上同时画线，并标记上 M 等符号，然后将算出的视野框直径的绝对长度标

在镜筒上或记在笔记本上。以后当放大倍数转换旋钮转至 M 位置时，便可知道此时视野框直径的绝对长度。但是，在实际操作时，要注意将每张照片的放大倍数记入笔记或写在纸上，然后依序照相，或对放大倍数旋钮的位置依序照相，这样就可避免事后研究时发生混乱。

2. 视野框的除去方法

要除去解剖镜或显微镜等助视仪器观察结果数码照片中的黑色视野框，有两种方法：

⑴放大后照相

用手机（或其他照相设备）对显示屏中的物像进行放大操作。当物像被放大到一定程度之后，视野框便在手机的显示屏中消失。然后，触屏调焦，待物像全部或局部重要区域清晰后，即可进行照相，在所拍出的数码照片中便看不到视野框的踪迹。

⑵照片剪辑

对带有视野框的数码照片直接或放大后进行剪辑，也可以很容易地将数码照片中的黑色视野框除去。

需要注意的是：①通过解剖镜或显微镜等助视仪器对观察结果物像进行放大或缩小操作，均不能除去数码照片中的视野框。②可以在花材料旁的胶块上粘上（自制的）小标尺，这样就可以直接依据小标尺的绝对长度来测算花材料的绝对长度，而不考虑视野框的问题。③照相（或录像）时，先照 1 至数张在最小或最大放大倍数时具有黑色视野框的照片。黑色视野框具有相对标尺功能，若在视野内放入小标尺，就可以测量出视野框及物像在不同放大倍数下的绝对长度（见前述）。

三、问题探讨

1. 关于显微镜成像原理的再思考

目前，在大学用的植物学、植物生物学、细胞生物学的实验教材或显微技术指导书籍中，关于显微镜的成像原理大致有两种表述方法：①一种说法认为，被检物体在物镜后方形成一个倒立的放大实像，这个实像通过目镜后形成一个放大的虚像，此虚像在视网膜形成一个倒立的像，但未具体指出是实像还是虚像（见金银根主编的《植物学实验与技术》，科学出版社，2007 年，P153）。②另一种说法则认为，通过物镜形成的中间实像，经过目镜放大后，形成放大的虚像，经人眼处理后，在视网膜上形成一个正立的像，或在目镜上方的照相底片上形成一个实像（见李素文主编的《细胞生物学实验指导》，高等教育出版社，2001 年，P3）。此说法虽然肯定了在照相机的照相底片上形成的是一个实像，但是却回避了视网膜上的物像是实像还是虚像的问题。

根据笔者使用手机和数码相机对助视仪器观察结果直接照相的实践，对相关问题讨论如下。

⑴使用手机或数码相机等照相设备对助视仪器观察结果照相的可行性

虽然手机或数码相机等照相设备在成像原理和聚焦性能等多方面都与人眼存在着较大的差异，但是它们仍然类似于人眼，凡是人眼通过解剖镜或显微镜等助视仪器能看到的物像，都可以用手机或数码相机等照相设备进行照相。这一结论很重要，而且也很实用，曾不为大多数人所知。笔者就是在无显微镜照相设备，但又特别需要对显微镜的观察结果进行照相记录的情况下，尝试着使用数码相机直接对着显微镜中的观察结果进行照相时，才偶然发现其可行性。笔者 2007 年在《生物学通报》第一期上所发表的数码相机照相方法的论文，其实也是在讲这个问题。

⑵关于视网膜上的成像问题

在发现可以用数码相机对解剖镜或显微镜的观察结果直接进行照相时，笔者也曾经想到普通显微镜所形成的物像是一个放大的、倒立的虚像，但是这个虚像却能在数码相机或老式胶片相机中清晰成像，说明显微镜所成虚像被相机中的光学系统转变成了一个实像。由于相机和人眼在成像上有一定的相似性，那么显微镜所成虚像在眼内视网膜上应该是形成了一个清晰的物像，而且是实像，非虚像。当上下、左右移动（正置）显微镜载玻片上的物体时，会发现眼内物像的移动方向与物体的移动方向恰好是相反的，这说明这个物像在视网膜上所成的像是一个倒立的实像。使用老式相机拍照时，物像是倒立的实像，但是在使用数码相机时，物像却是直立的，这应该是通过电子技术和软件技术将物像进行了倒置。在这里需要特别指出的是，在使用解剖镜或倒置显微镜进行观察时，上下、左右移动载玻片上的物体，物体的移动方向则与物像的移动方向相同，即使用解剖镜或倒置显微镜时，在视网膜或相机的接收装置上形成的是一个正立的实像。

⑶人眼与照相设备在成像和成像结果上的差异

手机或数码相机等照相设备拍出的照片是一个二维平面图像，通常缺乏立体感，而人眼获得的视觉图像则具有三维立体感，它比二维平面图像具有更多的三维信息。人眼与照相设备在成像和成像结果上的差异，除了与双眼视觉有关以外，还与人眼的光学系统可灵活调节以及成像面是一个曲面等有关。曲面的不同位置接受的成像光信息应该存在着差异，而且在成像光里包含有位置等信息。

⑷关于照相角度、位置的问题

在对解剖镜或显微镜等助视仪器所形成的物像进行观察或照相时，观察或照相的位置不是唯一的，可在多个角度、多个位置对物像进行观察或照相，即在助视仪器目镜的光轴上、非光轴上都可获得物像，但在不同位置上所获得的物像会有一些差异。通常，由于解剖镜或显微镜的镜筒长度固定和人们习惯于将眼贴近目镜进行观察，人们常误以为只能在解剖镜或显微镜等助视仪器目镜光轴上的某一个特定位置才能对物像进行观察或照相。但是实际上，当手持手机或数码相机等照相设备沿着目镜镜头的光轴逐渐远离目镜时，会发现在目镜光轴上的很多位置都能用手机观察到或拍到较清晰的物像。只是由于现在的手机还不具备“望远镜”的功能，这使得手机离目镜越远，照片中的物像和视野框会越小（但可通过手机的放大功能和调焦来改善，见图 1-249 ～图 1-252）。同样，在解剖镜或显微镜等助视仪器目镜镜头的光轴附近，在很多非光轴位置上也能观察到或拍摄到显微镜等助视仪器所形成的物像，但是这种非光轴上的观察和拍照结果与光轴上的观察和拍照结果存在着一定的差异（图 1-241 ～图 1-248）。

⑸如何获得花的高清晰度图像或照片

解剖镜或显微镜等助视仪器所形成的物像都是三维的立体图像，而非二维的平面图像。例如，将青葙（*Celosia argentea* L.，苋科 Amaranthaceae）的花固定在能进行暗视野观察的旧胶块上后，在照相时会发现：无法在一张数码照片上（即在一个二维平面内）让不在同一

个水平面上的两种结构——花被片和花药同时清晰成像（图 1-260，图 1-261）。这意味着，照相设备在助视仪器的目镜光轴上或非光轴上所拍摄到的青葙花的图像不是一个二维的平面图像，而是一个三维的立体图像。若要想使花的三维立体图像的各个部分在一张二维平面图像或二维平面照片上同时清晰显示，即获得一张花的高清晰度图像或照片，可通过由上至下或由下至上先获取不同水平面上各个部分的清晰图像，然后再通过计算机技术（实时或事后）拼接、合成出一张高清晰度图像或照片。若从多角度对花进行旋转并照相，将来可以利用计算机技术拼接、合成出一个三维立体的花。

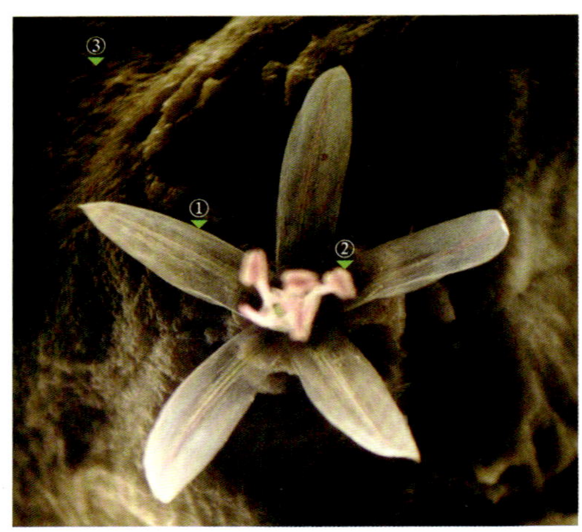

图 1-260　在草帽状胶块顶端将青葙花的花被片展开并固定后，花的上面观（暗视野观察）。由于图像的聚焦面在花被片上，因此花被片之上的雄蕊群的花药图像模糊

①花被片　②雄蕊的花药　③草帽状的胶块

图 1-261　图 1-260 不同聚焦面的观察（暗视野观察）。图像的聚焦面在雄蕊群的花药上，因此花药之下的花被片模糊

2. 提高解剖镜或显微镜等助视仪器透镜的有效放大倍数和分辨率的可能途径

⑴增大微透镜相对于微小物体的曲度，并将透镜或镜头微型化

笔者曾发现球形液滴能提高解剖镜的放大倍数，从图 1-262 和图 1-263 中确实能看到胶块上的子房横切片在滴上球形液滴后，图像变得较清晰，观察效果得到改善。

虽然球形液滴的放大效果有限，但由此可以看出具有曲度的液体或

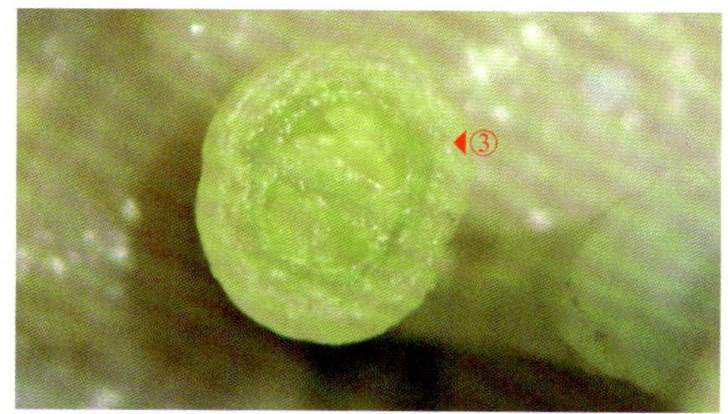

图 1-262　上图：在硬胶块固定的花材料上滴上水液，可形成（半）球形的液滴。下图：子房横切面的解剖镜观察结果

①(半)球形的液滴　②花材料
③子房横切面

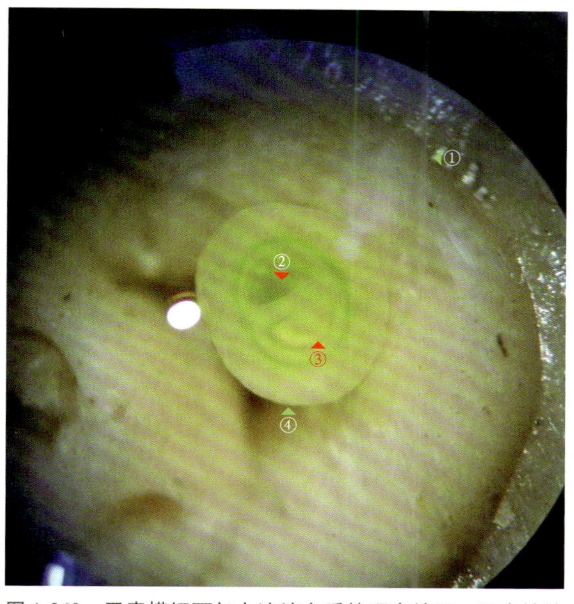

图 1-263　子房横切面加上液滴之后的观察结果，子房的结构（子房 2 室）和胚珠的横切面等都变得比较清晰

①(半)球形的液滴　②子房室　③胚珠　④子房横切面

透镜能够增大光的折射，提高解剖镜或显微镜的放大倍数和分辨力。从解剖镜或显微镜等助视仪器的透镜或镜头的形状来看，透镜的曲度越大，其折光性越强，对两个相近物点成像光的分光性（或分辨率）越大。但是，透镜的曲度与透镜下要观察的极其微小的物体或结构，两者的大小相差极其巨大，这使得透镜的曲度对微小物体或结构来说就如同平面一样，用“宏观尺寸”的、近似平面的透镜自然无法实现对极其微小物体的分辨和观察。因此，要想提高解剖镜或显微镜等助视仪器的放大倍数和分辨率，必须缩小透镜的物理尺寸并增大透镜或镜头相对于微小物体及微小结构的曲度，才能提高透镜的分光性能。

物理学理论认为：光学显微镜的分辨率有一个极限，这个极限很难突破，但是这一理论是依据人眼视觉和较大尺寸的透镜进行实验和观测所获得的结论，在未来的实践中并不一定就是正确的。可以设想，随着科学技术的不断进步，透镜或镜头等会越做越小，甚至纳米化。当透镜或镜头等的物理尺寸极度缩小，甚至达到纳米尺寸之后，便可大幅度地提高透镜或镜头等对微小物体及结构的曲度和分光性，这样就能够提高

解剖镜或显微镜等助视仪器的放大和分辨能力。当然，当透镜或镜头等的物理尺寸被极度缩小之后，透镜或镜头等的成像结果将不再具有人眼和人脑的直接可读性，而且人眼也将无法直接观察到这种微小透镜或利用微小透镜制成的微小解剖镜或显微镜等助视仪器所形成的微图像，这种微图像只能通过某种或某些传感器来记录。利用传感器和计算机技术对微小透镜或镜头等所形成的一个个有关微小物体的局部微图像进行处理，便可拼接、合成出一个或多个有关这个微小物体的、人类能够理解的视觉图像。

⑵改变手机或数码相机等照相设备的成像面结构，增加单位（投影）面积上的像素数量

要提高解剖镜或显微镜的有效放大倍数和分辨率，还可以通过另外一条途径来实现，即改变手机或数码相机等照相设备的成像面结构。例如，由平面结构改变为曲面结构，以增加成像面在（二维）单位面积上的像素数量。通常，手机所带相机或数码相机等照相设备的图像接收屏，单位面积上的像素数量越多，图像的清晰度就越高，并且有效放大倍数增大，但是平面式的图像接收屏在单位面积上的像素数量在理论和实践上都不可能无限增大。换一个角度来看，如果能将平面式的图像接收屏改变为（似或不似视网膜的）曲面式的图像接收屏，例如，在一定大小的（实心或空心的、球形的或半球形的）石英球的表面制作曲面的接收屏，就可以显著扩大接收屏单位面积上的像素数量。如果将球形的接收屏称为第一级接收屏，将其接收到的物像称为一级物像，那么就可以在第一级接收屏处，用一个或一些极微小的微透镜和曲面的接收屏（甚至微相机）制成第二级微接收屏，将一次性同时接收整个物像改为分若干次、分若干块扫描接收物像的不同部分，而接收屏所接收的物像光学信息不具有直接可读性，需要利用计算机技术进行处理。如果有可能，可在第二级微接收屏上再设置第三级微接收屏结构。通过球形接收屏结构或多级微接收屏装置以及计算机技术，或许就能提高显微镜的有效放大倍数和分辨率。

第二章

花的精细解剖和结构观察新方法的应用

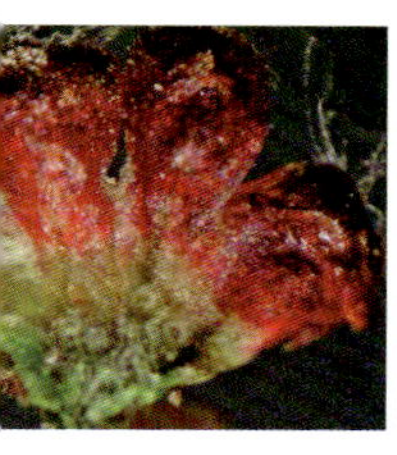

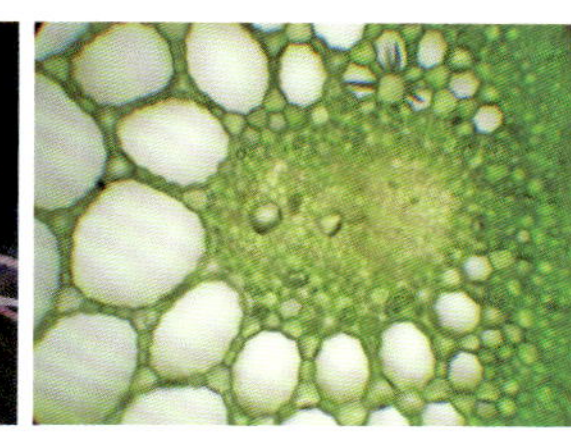

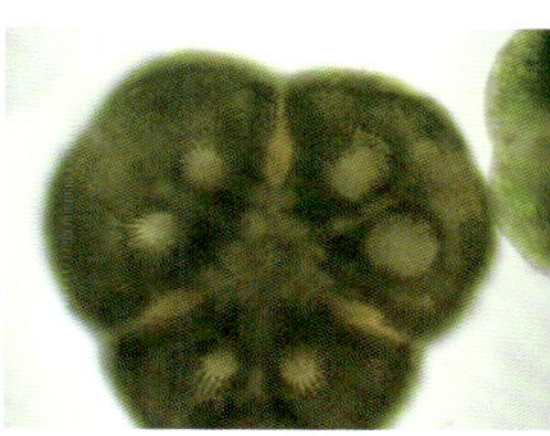

第一节　在未知植物鉴定上的应用

2009 年 7 月，笔者在张家界采集到一种未知的植物，采集后将其浸泡于盛有约 50% 乙醇溶液的矿泉水瓶中保存。后来，对其进行了鉴定，鉴定的过程如下。

一、研究植物的分类学性状

经过形态观察和解剖研究，发现这种植物有如下特征：草本；茎四棱形；单叶，（近）对生，网状脉序，叶缘有锯齿；花序穗状，较长；合生萼，萼筒外有棱，顶端有 5 齿，其中 3 齿较长，2 齿很短；花冠合生，顶端 5 裂；雄蕊 4 个，贴生于花冠筒内壁上，2 个较长，2 个较短，为二强雄蕊；子房上位，1 室，1 个胚珠（图 2-1 ～图 2-9）。

图 2-1　植株上部的花序（未使用解剖镜）

图 2-2　茎四棱形，单叶对生，叶片的脉序为网状脉序

①网状脉序，叶缘有锯齿　②茎四棱形，叶(近)对生

图 2-3　花萼顶端的 3 个长萼齿显著凸出

①萼齿　②花萼

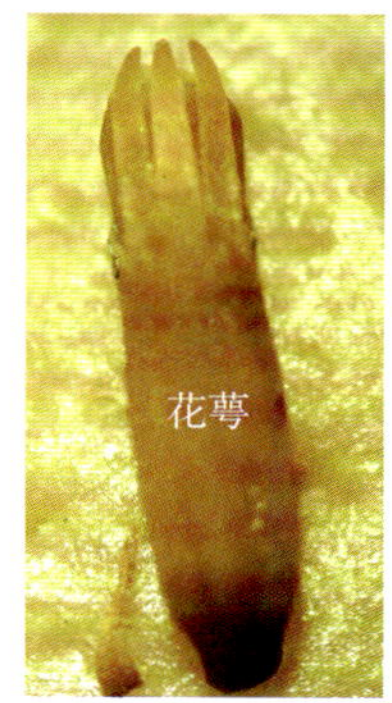

图 2-4 花蕾的形态。花萼顶端有 3 个长萼齿

图 2-5 将花萼纵剖并展开后，可见 5 个萼齿，3 个很长，2 个很短，差异极显著

①长萼齿 ②短萼齿

图 2-6 除去花萼后，示花冠

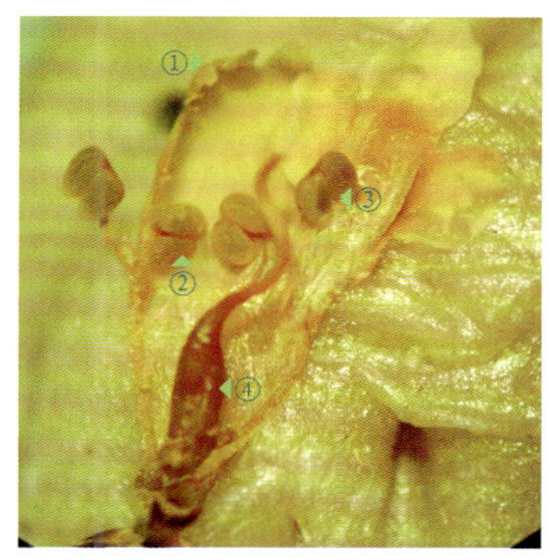

图 2-7 纵剖后展开的花冠，可见花冠裂片 5 个，不整齐，花冠内的雄蕊为二强雄蕊，子房上位，花柱不分枝

①花冠5裂 ②短雄蕊
③长雄蕊
④上位子房

图 2-8 花内雌蕊的放大，花柱很长

①子房 ②花柱 ③柱头

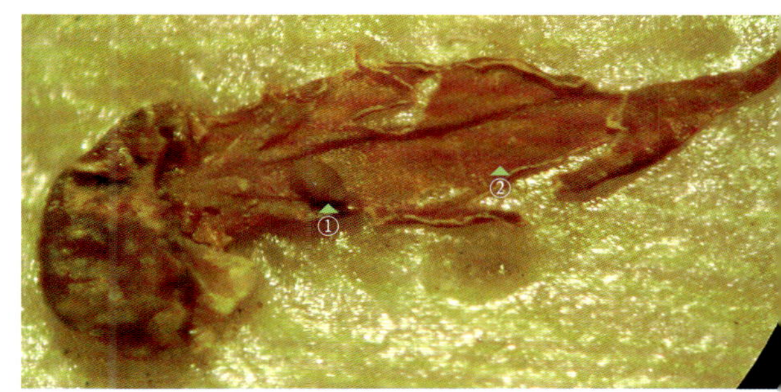

图 2-9 将子房纵剖后展开，示子房 1 室，胚珠 1 个

①胚珠 ②子房室

二、根据植物的性状特征确定其名称

根据植物的上述特征，分别使用被子植物的分科、分属、分种检索表查找其科、属和种名，其检索过程如下。

1. 确定植物的科名

对花进行精细解剖，了解了花的性状特征之后，使用“被子植物分科检索表”就能很容易地确定所要鉴定植物的科名。这里以《河南植物

志》第一卷的“被子植物分科检索表”为例，介绍科名的检索过程（最好使用《湖南植物志》或《中国植物志》的分科检索表）。

为便于阅读和减少篇幅，检索表中省略了未用的性状分支，并在性状分支的数字后加上 a 或 b，表示是第 1 个还是第 2 个检索性状分支。检索的过程如下。

1a. 子叶 2 个，叶脉网状

2b. 花具花萼也具花冠

109b. 花冠为多少有些连合的花瓣所组成

259b. 成熟雄蕊并不多于花冠裂片

270b. 雄蕊和花冠裂片同数且互生，或雄蕊数较花冠裂片为少

274b. 子房上位

288b. 子房完整

290b. 雄蕊的花丝单纯

291a. 花冠不整齐，常多少有些呈二唇形

292b. 成熟雄蕊 2 或 4 个

294a. 每子房室内仅含 1 或 2 个胚珠

295a. 叶对生或轮生，雄蕊 4 个

296b. 子房 1 室，仅含 1 胚珠……（一六二）透骨草科（透骨草属）

2. 确定植物的属名和种名

查找《中国植物志》“透骨草科（Phrymataceae）”，可知该科有 1 属 1 种 2 亚种，我国仅有 1 亚种，即透骨草 *Phryma leptostachya* L. ssp. *asiatica* (Hara) Kitamura。显然，这种要鉴定的植物就是透骨草。

3. 核对植物的性状与植物志的描述是否一致

对照《中国植物志》等文献资料对透骨草的描述，检查了所鉴定植物的各类性状，未发现有与植物志的描述不一致的地方，说明对该种植物的鉴定是正确的。

4. 根据植物图像库中的彩色照片核对鉴定结果

由于没有标本馆，无法查阅透骨草的腊叶标本，只能利用网上的图

像库来核对鉴定结果。在中国科学院植物研究所和中国科学院昆明植物研究所的官网上，有“中国植物图像库”、“中国在线植物志”和“iFlora智能植物志”等资源，将图像库打开后输入“透骨草”，便可查阅透骨草的彩色照片。挑一些特征明显的照片打开，看一下所鉴定的植物是否与之相符。如果两者不是同一种植物，说明鉴定有误，需要重新检索。

其实，透骨草最为特殊的性状是花萼顶端的 3 个长齿，但是在纸质版的植物志中，尚未有根据一两个或少数几个性状即能一步到位地对植物进行鉴定的系统。现在，利用计算机技术、人工智能技术和网络技术，人们已经能够利用新鲜的枝叶和花的照片对植物进行快速、准确地自动鉴定。在“中国植物图像库”的界面上就有这样的软件，称为“花伴侣”。打开该软件，上传要鉴定的植物照片或拍照后上传照片，就能够对新鲜的植物进行快速地自动识别。

第二节　在一些常见植物花的精细解剖和结构观察上的应用

一、槐叶苹科（Salviniaceae）

槐叶苹 [*Salvinia natans* (L.)All.]

槐叶苹属（*Salvinia*）。水生漂浮蕨类植物；茎细长、横走，具有数节，每节上有 3 叶轮生，其中 2 叶漂浮于水面，似槐叶，1 叶细裂成线状并被有细毛，似须根（沉水叶，又称假根）；漂浮叶蓬松，叶的上面具有乳头状凸起，凸起顶端生有数个多节的表皮毛，叶内下层生有 1 层气室，在叶的下面生有棕色绒毛；秋季，沉水叶的基部产生数个孢子果，孢子果的表面生有短毛；大孢子果的体积较大，内生多个具短柄的大孢子囊，每个大孢子囊内产生 1 个大孢子；小孢子果的体积较小，内生很多具柄的小孢子囊。

根据《中国植物志》[6(2)：340] 记载，中国仅有 1 种槐叶苹科植物，其“大孢子果体形较小”，“小孢子果体形大”。但是，根据笔者 10 月初的精细解剖观察结果，槐叶苹大孢子果的体积大于小孢子果，而且大孢子果中的大孢子囊数量多于植物志文献记载的 8 ～ 10 个。查看《中国植物志》中槐叶苹的插图，也存在错误，一是仅以 1 张似大孢子果的“孢子果”黑白图来代替大、小孢子果，二是孢子果的壁被画成二层壁的结构，未画出孢子果壁（自拟名）内的气室结构。

槐叶苹材料于 2015 年 10 月 4 日采自河南省洛阳市洛浦公园内的洛河河面。采用胶块法对其精细解剖和结构观察的结果如图 2-10 ～图 2-47 所示。

图 2-10　放入培养皿中的槐叶苹（未使用解剖镜）

图 2-11　茎的一个节上着生的 2 片漂浮叶

图 2-12　图 2-11 的暗视野观察。漂浮叶的上表面不光滑，密生乳头状凸起（乳突），乳突顶端生有数个多节的表皮毛，叶内未见明显的叶脉

图 2-13　漂浮叶上表面的部分放大，示乳头状凸起（标尺的每一格为 1mm）

图 2-14　一片向上对折的幼嫩漂浮叶（上面观），乳突上的多节表皮毛清晰可见

图 2-15　漂浮叶的横切片，其对折处的中央类似于被子植物叶片的中脉位置，但未见叶脉。在漂浮叶的下层生有 1 层彼此平行的气室，似船的水密仓结构，它能使叶和植株漂浮在水面

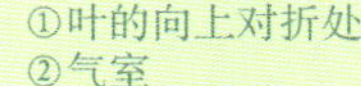

①叶的向上对折处
②气室

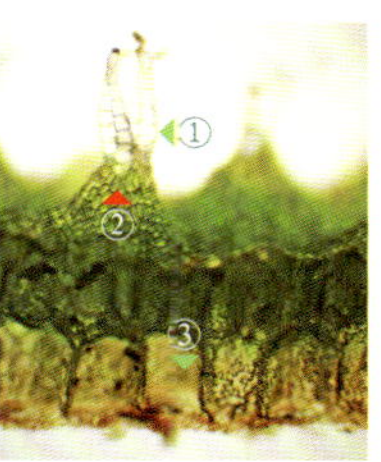

图 2-16　叶的横切面观。上表面的乳突上生有数个多节的表皮毛

①表皮毛
②乳突
③气室

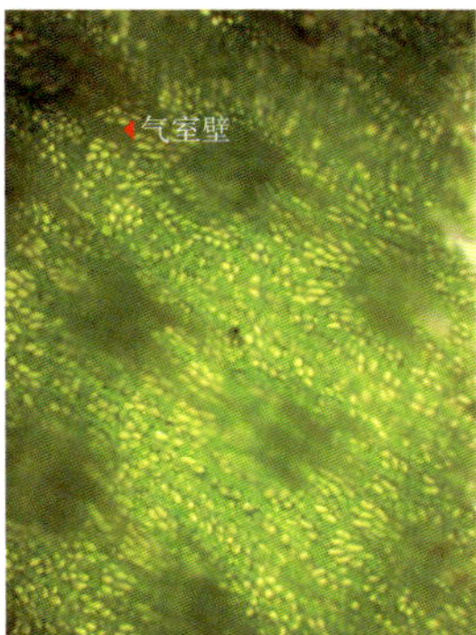

图 2-17　漂浮叶部分上表面的放大（暗视野观察）。叶片中的长方形阴影是由叶内的气室壁形成

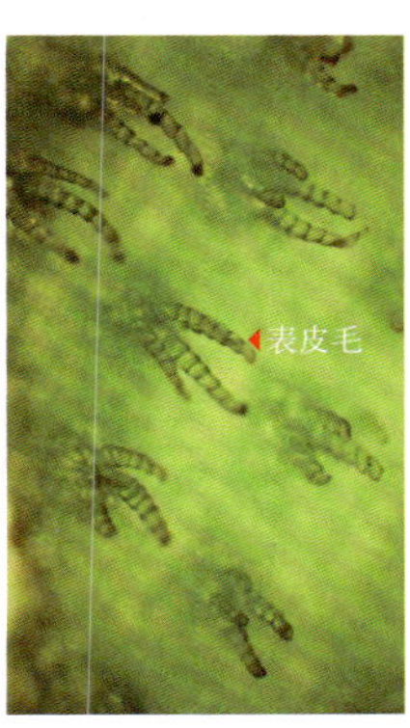

图 2-18　图 2-17 不同聚焦面的观察，示乳突上的表皮毛

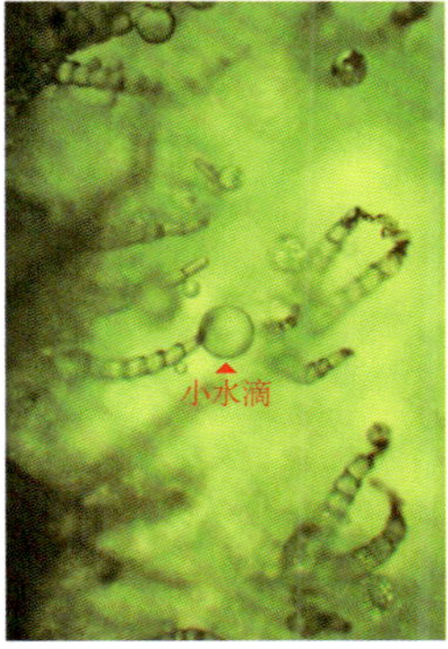

图 2-19　人为地将漂浮叶上表面朝下接触水面，然后将其翻起。上表面离开水面后，在乳突的表皮毛顶端和其他一些地方，可以看见一些被吸附的球状小水滴，可见叶片未被水“浸湿”，即叶面具有疏水特性

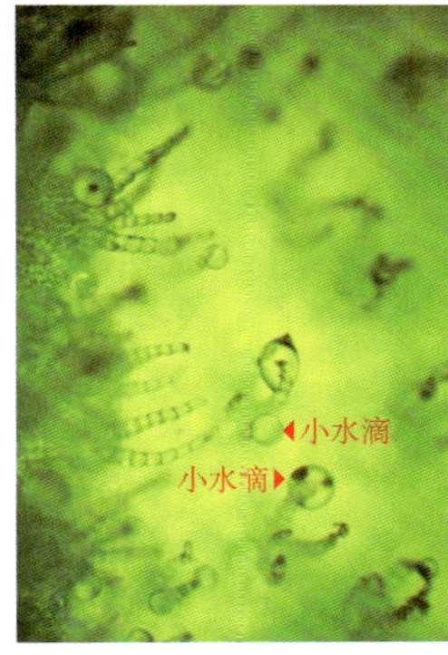

图 2-20　图 2-19 漂浮叶不同位置的小水滴（红箭头处）

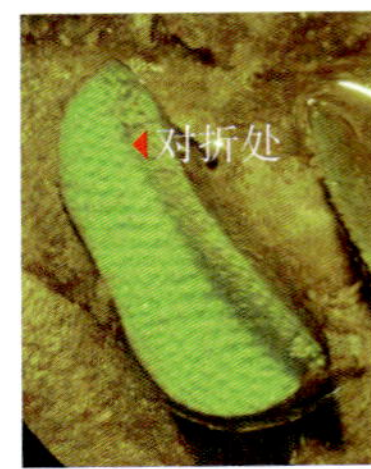

图 2-21　幼嫩的漂浮叶在类似被子植物叶片的中脉处向上对折

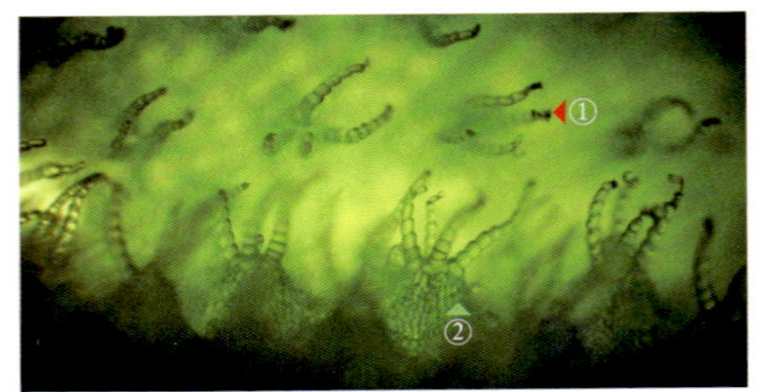

图 2-22　在图 2-21 漂浮叶的一侧观察，可从两个角度观察乳突，即乳突的侧面观和乳突的上面观，后者能观察到乳突上端的表皮毛

①乳突上的表皮毛　②乳突侧面观

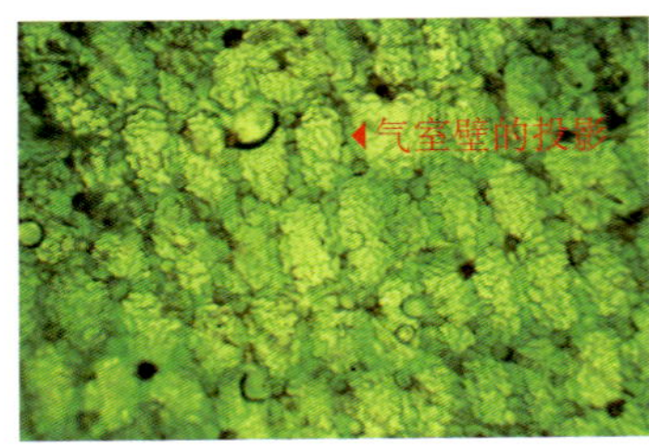

图 2-23　漂浮叶的下表面，隐约可见近长方形的网格，网格内即气室的投影，网格线即气室壁的投影

图 2-24　植株的下面观。10 月初在沉水叶的基部出现了大、小孢子果（未使用解剖镜）

图 2-25　沉水叶基部着生的大、小孢子果。大孢子果的体积较大，小孢子果的体积较小

①茎　②大孢子果
③小孢子果　④沉水叶
⑤漂浮叶

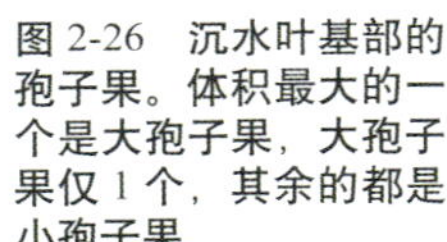

图 2-26　沉水叶基部的孢子果。体积最大的一个是大孢子果，大孢子果仅 1 个，其余的都是小孢子果

①茎
②大孢子果
③小孢子果
④沉水叶

图 2-27　沉水叶的前端部分（暗视野观察）

图 2-28　沉水叶前端部分的放大

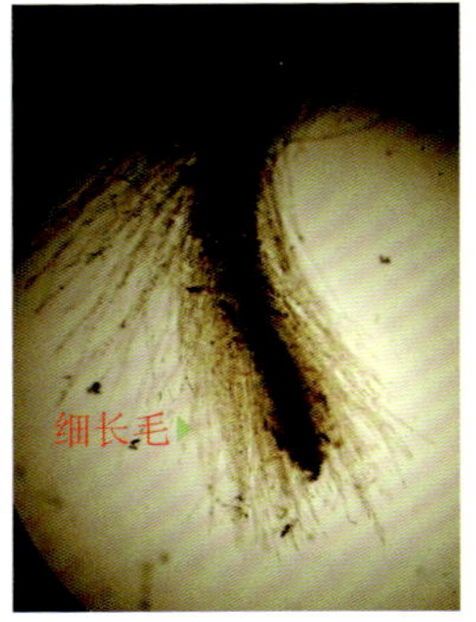

图 2-29　沉水叶前端部分的显微镜观察。线状的沉水叶表面生有细长毛（《中国植物志》称为“细毛”）

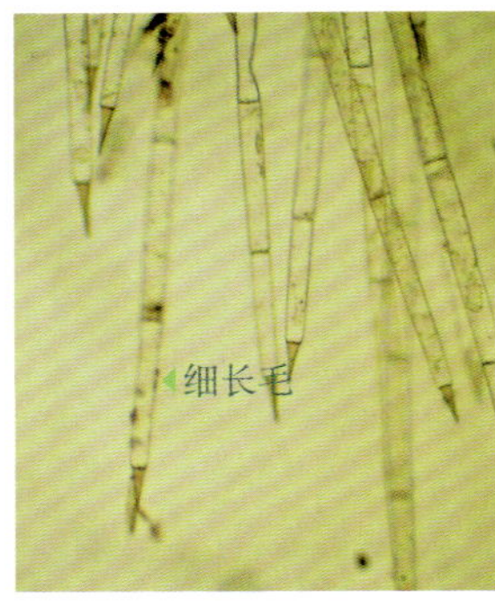

图 2-30　图 2-29 的显微镜观察结果的放大

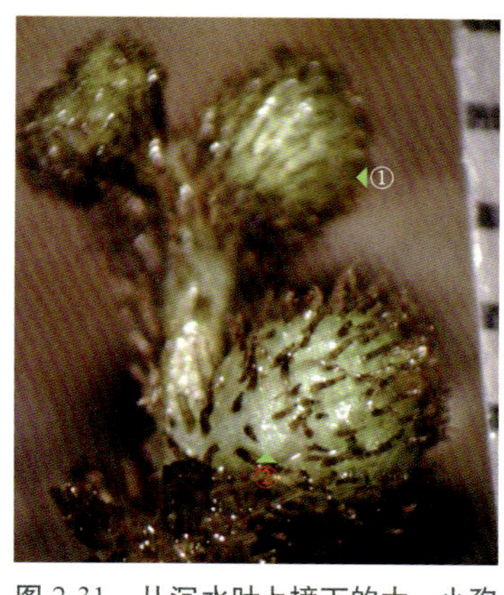

图 2-31　从沉水叶上摘下的大、小孢子果。大孢子果仅 1 个，体积较大，其余为小孢子果（标尺的每 1 格为 1 mm）。《中国植物志》记载："孢子果 4 ~ 8 个簇生于沉水叶的基部"，未指出沉水叶基部簇生的孢子果中有多少个大孢子果。从照片上看，孢子果在沉水叶上呈总状分枝，而非"簇生"

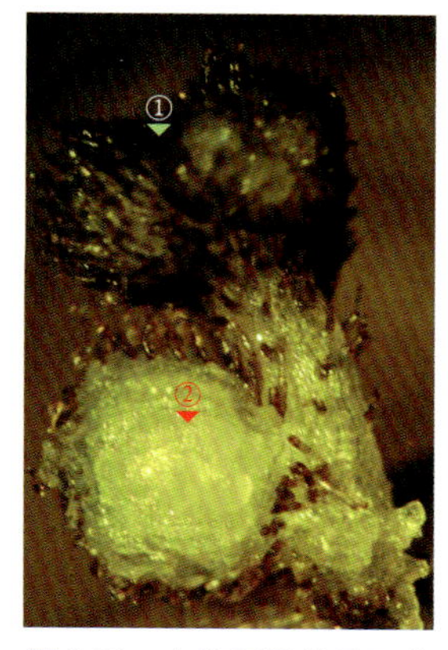

图 2-32　大孢子果的壁可分为外壁、中层和内壁（均为自拟名）三层，中层内有气室（似漂浮叶下层的气室），外壁和中层易于除去，图中即除去部分外壁和中层后，露出的大孢子果的内壁

①小孢子果
②大孢子果的内壁

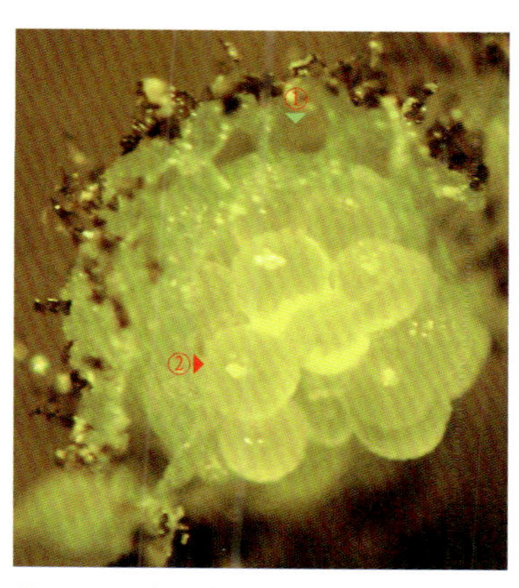

图 2-33　除去内壁后，示大孢子果内的多个大孢子囊（已脱落 1 个）。在残留的大孢子果三层壁内，可见中层内有气室，但文献中未对其进行描述

①气室　②大孢子囊

图 2-34　图 2-33 大孢子果的不同角度观察（暗视野观察）。大孢子囊的壁表面不光滑，大孢子囊的数量多于文献记载的 8 ~ 10 个

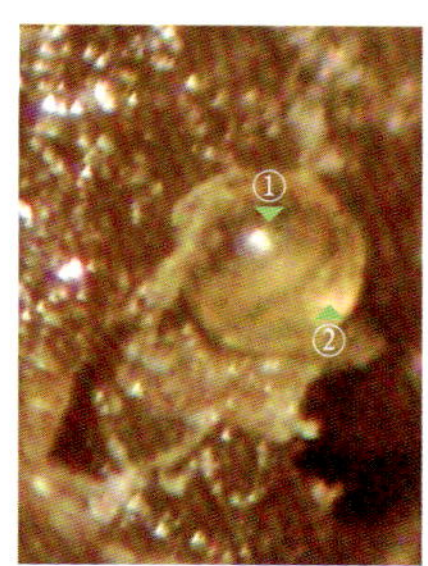

图 2-35　从大孢子囊内分离出球状大孢子

①大孢子
②大孢子囊的壁

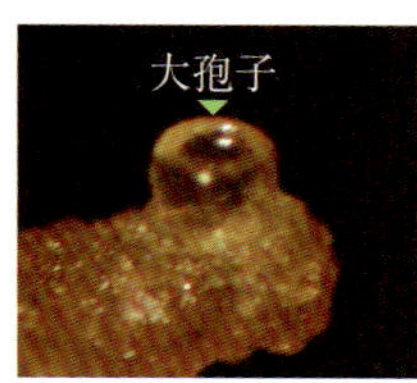

图 2-36　从大孢子囊内分离出的大孢子。大孢子由于失去囊壁的保护并受到重力作用，球状的大孢子上端坍陷

图 2-37　大孢子果内的大孢子囊和小孢子果内的小孢子囊的对比（混合光）

①小孢子囊　②大孢子囊

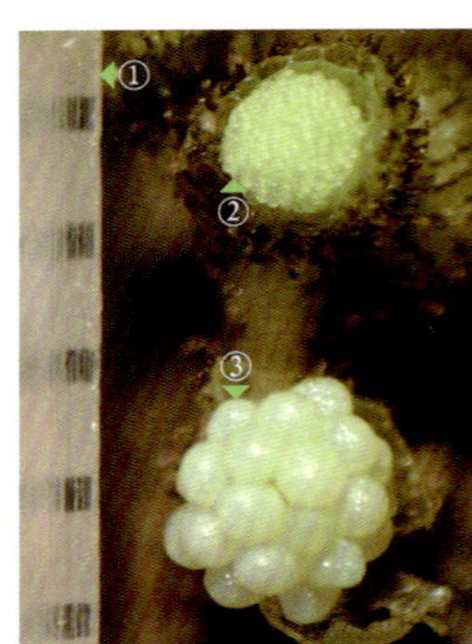

图 2-38 将采后的槐叶苹放入矿泉水瓶内密封过夜，次日发现大孢子果内的大孢子囊颜色发生改变，由透明状变成白色，而小孢子囊的颜色变化没有大孢子囊变化剧烈（标尺的每1格为 1mm）

①标尺 ②小孢子囊
③大孢子囊

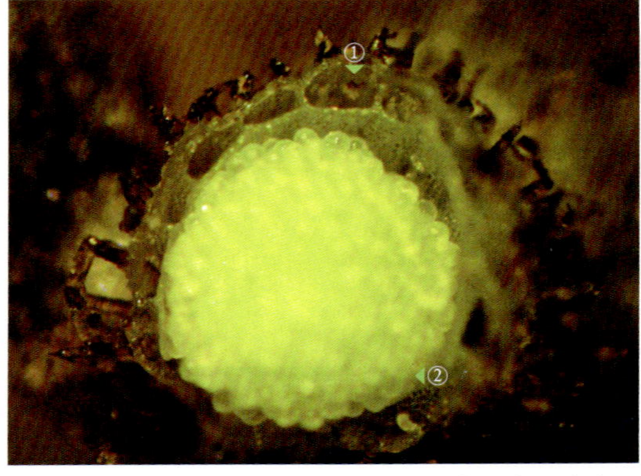

图 2-39 在纵剖后残留的小孢子果壁内也发现有气室，小孢子果壁的结构与大孢子果壁的结构相同

①气室 ②小孢子囊

图 2-40 从一片沉水叶上摘下的大、小孢子果（孢子果序，自拟名）。4 个较大孢子果的大部分壁已被除去，其中最大的一个为大孢子果（其内的 3 个大孢子囊已散落在硬胶块上），其余 3 个为小孢子果（红箭头处，标尺的每 1 格为 1mm）

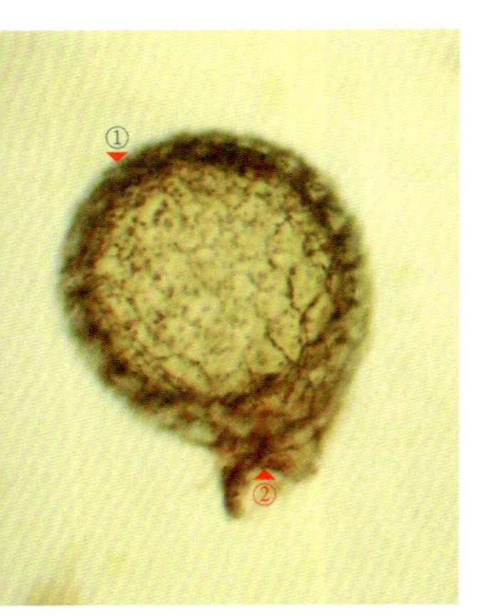

图 2-41 一个具柄的大孢子囊的表面观（显微镜观察照片，临时水装片，下同）

①大孢子囊 ②柄

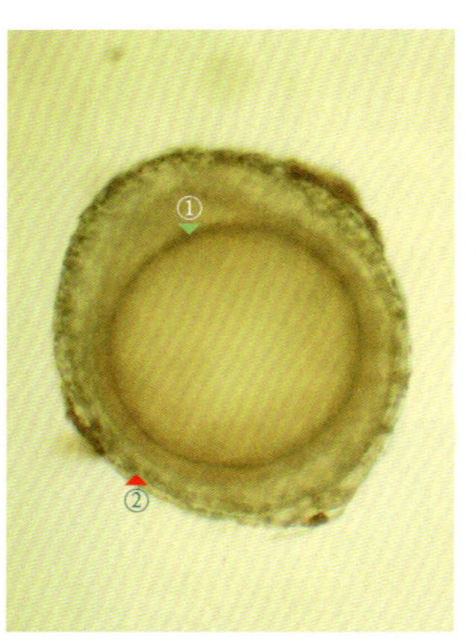

图 2-42 大孢子囊及其中的球状大孢子（显微镜观察照片）

①大孢子
②大孢子囊的壁

图 2-43 分离出的大孢子（显微镜观察照片）

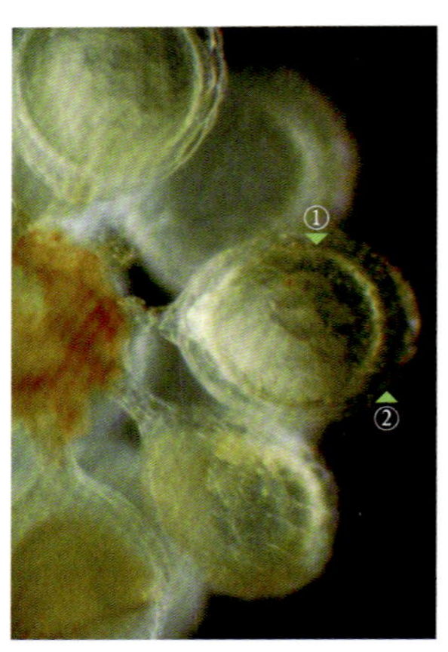

图 2-44 由大孢子果内分离出的数个大孢子囊（具柄，暗视野观察）

①大孢子
②大孢子囊的壁

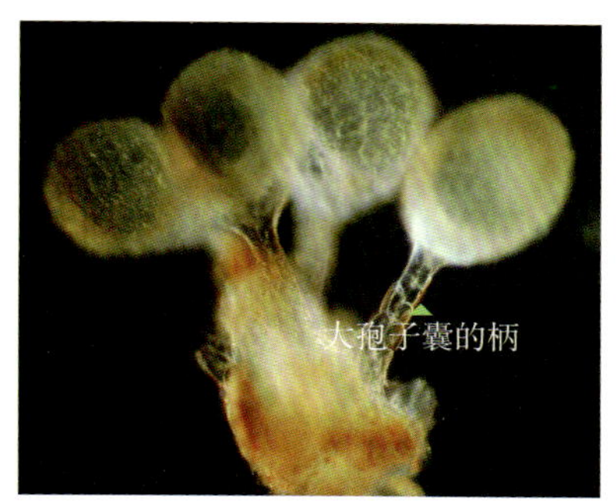

图 2-45 部分大孢子囊的暗视野观察

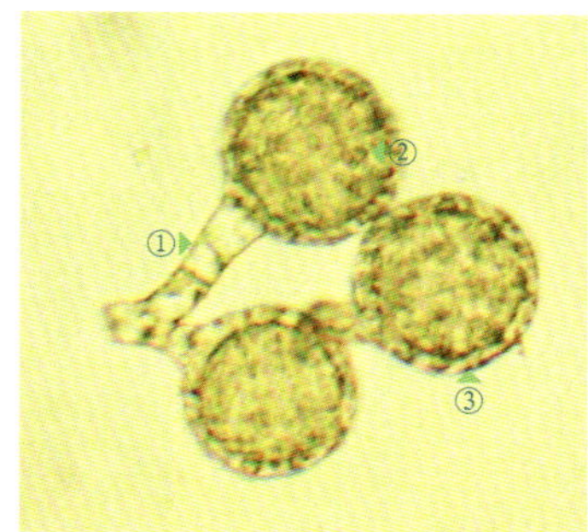

图 2-46 分离出的具柄的小孢子囊。小孢子的界限不清晰（显微镜观察照片）

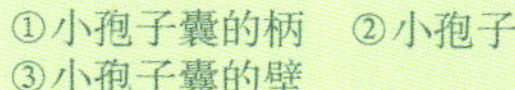

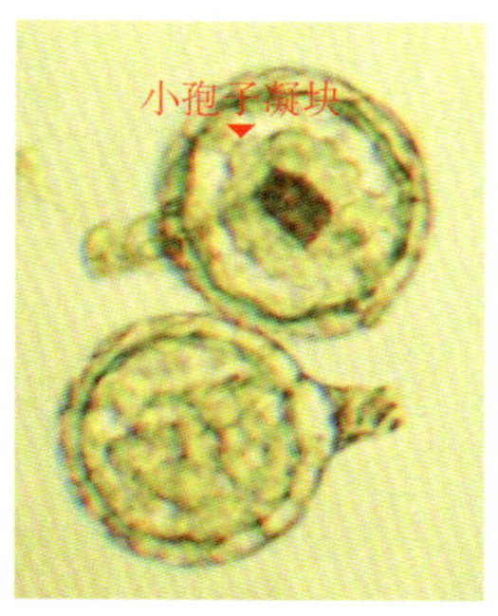

图 2-47 小孢子囊浸于水中过夜后，小孢子凝结成块（一个小孢子凝块的中央呈黑块），表面可见球状小孢子的轮廓，小孢子囊的壁变得较清晰（显微镜观察照片）

二、榆科（Ulmaceae）

榆（*Ulmus pumila* L.）

榆属（*Ulmus*）。落叶乔木；单叶互生；花簇生于去年生枝的叶腋，花先于叶开放，花梗短，基部生有膜质苞片；单被花，花被（有些书称为“花萼”）4 裂；雄蕊 4 个（偶见 5 个），常与花被裂片对生；复雌蕊，由 2 心皮合生而成，子房扁平，上位，1 室，子房室内生有 1 个胚珠（倒生胚珠，珠被 2 层），顶生胎座，花柱很短，柱头 2；翅果（俗称“榆钱”）。

花材料于 2016 年 2 月 22 日采自河南省洛阳市洛浦公园。采用胶块法对其精细解剖和结构观察的结果如图 2-48 ～图 2-107 所示。

图 2-48 枝上的花

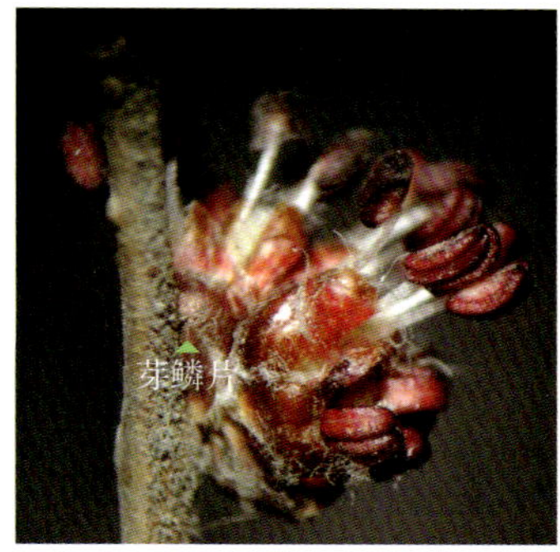

图 2-49 叶腋内的簇生花由越冬的花芽（节间极度缩短的变态枝）发育而成，花芽外层的褐色膜质芽鳞片的腋内无花，而内层的芽鳞片（苞片）腋内则生有花

图 2-50 将节上部的枝截去后，叶腋内簇生花的不同角度观察，示花被旁的苞片

①苞片 ②枝横断面

图 2-51　叶腋内花的上面观

图 2-52　花芽的芽鳞片被掀起、展开

①芽鳞片　②苞片

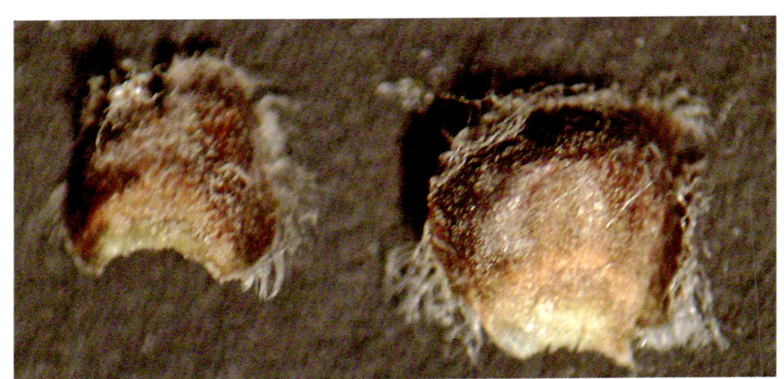

图 2-53　从图 2-52 簇生花分离出的 2 片芽鳞片，左侧的芽鳞片位于外层，右侧的芽鳞片位于内层

图 2-54　摘下大部分芽鳞片后，叶腋内簇生花的侧面观。图的右下方有 1 片由花梗基部折下的苞片（顶端有残缺，苞片的腋内生有 1 朵花）

①苞片　②枝横断面

图 2-55　除去花芽的芽鳞片后，示叶腋内的簇生花

①花药　②花被裂片　③花被筒
④枝横断面　⑤叶腋内的簇生花

图 2-56　两朵花的侧面观。左侧花有1片苞片，右侧花的苞片已除去。在花下的胶块上放置了黑色纸板，使花照片的背景呈黑色。花被钟形，雄蕊的花药露出花被外

①花药　②花被裂片　③苞片
④花被筒

图 2-57　图 2-56 未放置黑色纸板的花照片。苞片的大部分表皮毛与背景难以区分

图 2-58　图 2-57 左侧花的不同角度观察，示苞片的缘毛

图 2-59　图 2-57 花被摘下后，固定在胶块上，花梗上着生的苞片为侧面观

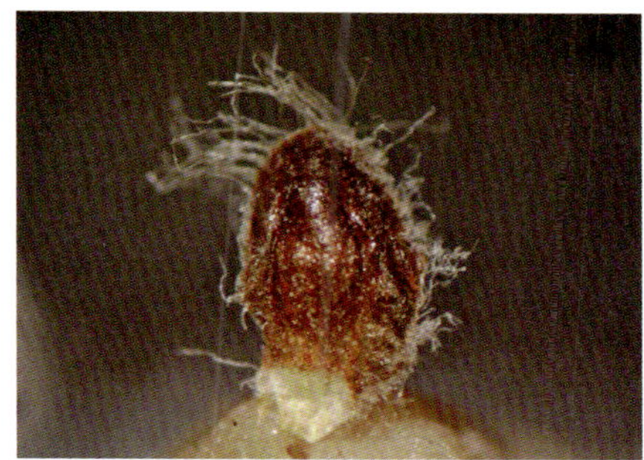

图 2-60　从图 2-59 摘下的苞片，缘毛较长

图 2-61　固定在胶块上的一朵花，雄蕊 4 个，右侧雄蕊的花药脱落（粘在胶块上）

图 2-62　图 2-61 的暗视野观察。从右侧第 2 个雄蕊（红箭头处）的位置看，雄蕊与花被裂片对生

图 2-63　图 2-62 花不同角度的观察（微小转动）

①花药　②花丝

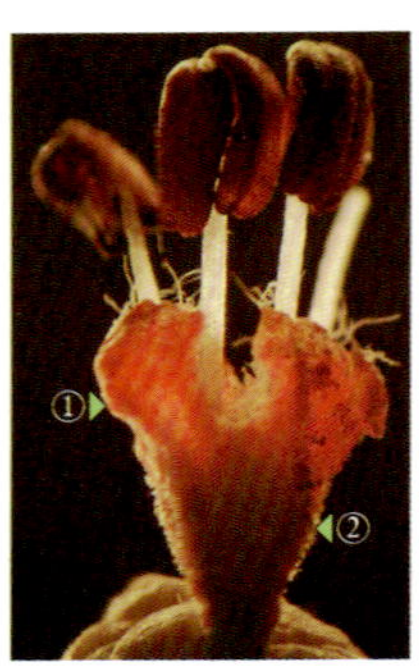

图 2-64　图 2-63 花的暗视野观察

①花被裂片
②花被筒

图 2-65　图 2-64 花的固定方法：将一段牙签斜粘在或斜插入胶块中，在其顶端粘上小胶块，然后将花固定在小胶块上。在花下的胶块上放黑色小纸板，能使花照片呈现黑色背景

图 2-66　图 2-65 花不同角度的观察，花下的胶块上已放置了黑色纸板

图 2-67　图 2-66 花被的放大

①花被筒　②花被裂片

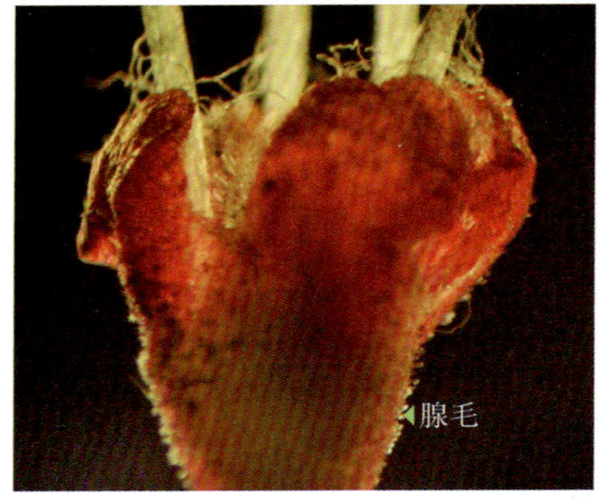

图 2-68　图 2-67 花被的部分放大（暗视野观察），在花被筒表面可见腺毛

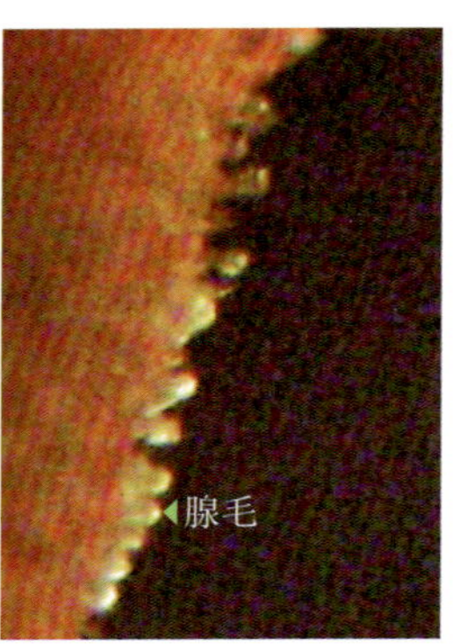

图 2-69　图 2-68 花被筒右下方的放大，示花被表面的腺毛

图 2-70　图 2-66 花的固定方法

图 2-71　除去图 2-66 花的花被后，雌、雄蕊的侧面观

①雄蕊　②雌蕊

图 2-72　雌蕊的放大。雌蕊由子房、花柱和柱头 3 个部分组成，子房上位，花柱很短

①柱头　②花柱　③子房

图 2-73 子房左下方的部分放大，示子房表面的腺毛

图 2-74 雌蕊的暗视野观察。柱头的内面（文献称为“柱头面”）密被表皮毛

①柱头 ②花柱 ③子房

图 2-75 雌蕊的侧面观

图 2-76 图 2-75 的暗视野观察

图 2-77 一朵花的 2 个雄蕊的花药（内面观）

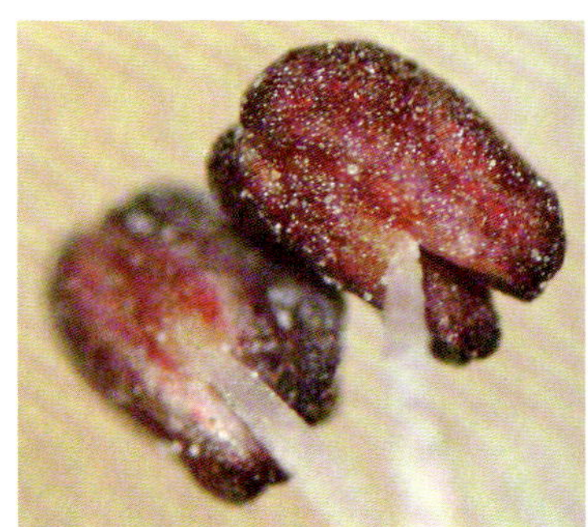

图 2-78 花药的不同角度观察

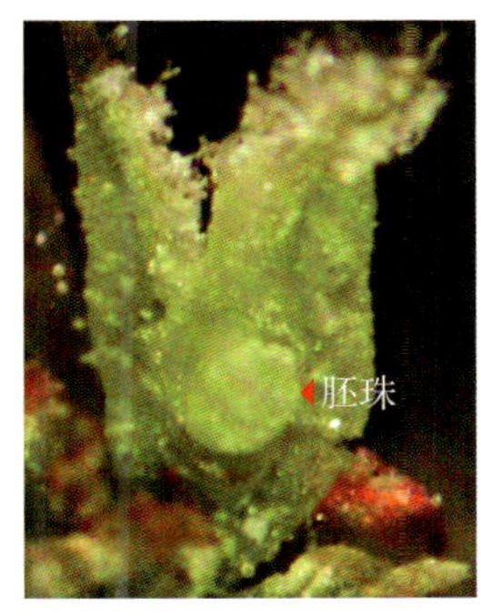

图 2-79 除去部分子房壁后，示子房室内的 1 个横生胚珠（顶生胎座）

图 2-80 进一步除去部分子房壁后，示子房室内的横生胚珠。在胚珠的右上方可见珠心的顶端尚未将珠被完全包裹起来

①珠柄 ②珠心 ③胚珠

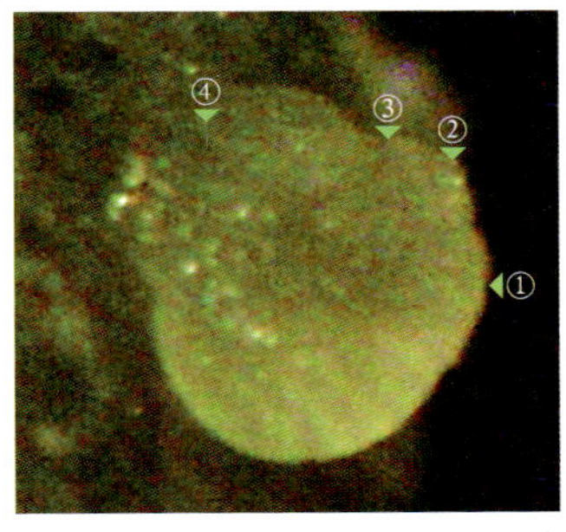

图 2-81 图 2-80 胚珠的放大。珠被 2 层，隐约可见外珠被尚未将内珠被及珠心完全包裹起来

①外珠被 ②珠心
③内珠被 ④珠柄

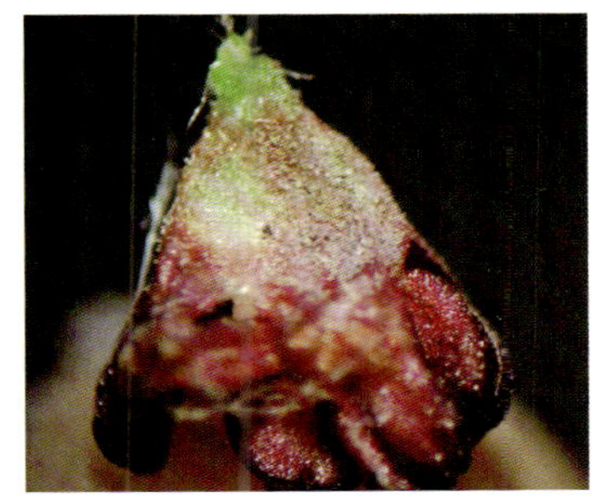

图 2-82 另一朵花的侧面观

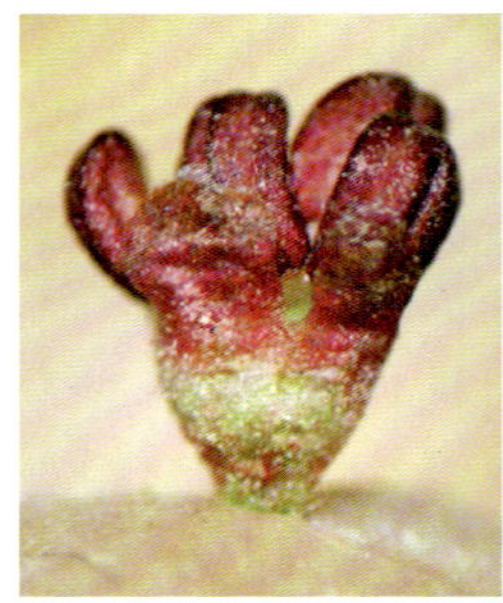

图 2-83　图 2-82 花的不同固定方法

图 2-84　花的上面观。花药（即雄蕊）5 个，《中国植物志》仅记载榆科的雄蕊数与花被裂片数（4～8 个）相同

图 2-85　将图 2-83 花的花被纵剖并展开，可见雄蕊的花药属于外向药。这可能与榆树开花时间较早，花期不靠昆虫而靠风媒进行异花传粉有关。图中的花被在展开后，由于雌蕊与花药不在一个聚焦面上，因此雌蕊的图像模糊

①花药内面　②雌蕊

图 2-86　图 2-85 花下的胶块上放黑色纸板后的照片

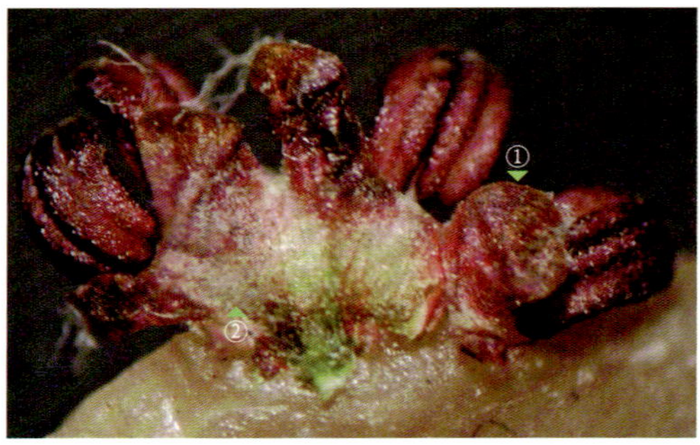

图 2-87　花被的展开（外面观）。花被 4 裂

①花被裂片　②花被筒

图 2-88　图 2-87 花的雌蕊，在子房下有很短的子房柄

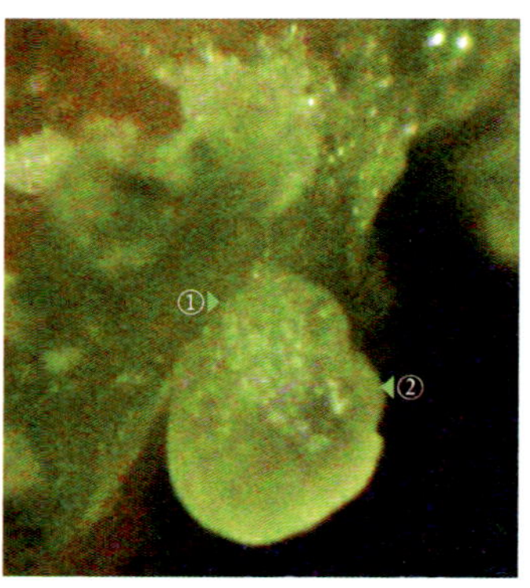

图 2-89　子房室内胚珠的放大。外珠被仍然未将内珠被及珠心完全包裹起来

①珠柄　②珠心

图 2-90　一朵花药已开裂、散粉后的花

①雄蕊　②花被裂片
③花梗　④花被筒

图 2-91　图 2-90 花的暗视野观察

图 2-92　将图 2-91 花的花被纵剖、展开后，花的内面观。花内可见 4 个离生的雄蕊和 1 个雌蕊，雄蕊与花被裂片对生

①花药　②花丝　③花被裂片　④花被筒　⑤雌蕊
⑥雄蕊与花被裂片对生

图 2-93　图 2-92 花的外面观。花被 4 裂，雄蕊 4 个

图 2-94　图 2-93 花的内面观。雌蕊在右侧

①雄蕊　②雌蕊

图 2-95　另一朵花。花被纵剖、展开后，将雌蕊移去

图 2-96　除去雌、雄蕊后的花被（内面观）。花被 4 裂

①花被裂片　②花被筒

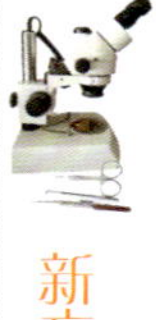

图 2-97　图 2-96 花不同背景的照片，花被裂片顶端生有缘毛

①花被裂片　②缘毛　③花被筒

图 2-98　上图：花和小黑纸板在胶块上放置的方法。下图：上图胶块的近上面观，示胶块的形状和花在胶块及黑纸板上部的位置。在做花的精细解剖时，可以根据需要手捏出无尽形状的胶块，只要能满足固定花、暗视野照明观察、改变花照片背景等基本需要就行

图 2-99　图 2-98 展开花被的外面观

①缘毛　②花梗

图 2-100　图 2-99 的暗视野观察

图 2-101　花丝长度不一致的花

图 2-102　图 2-101 左上方花药的放大（外面观，混合光）。药隔两侧的花药只是贴近，并未直接相连(通过药隔相连)，花丝在花药上的着生位置似乎用“个着药”描述比较合适

图 2-103　图 2-101 花不同角度的观察

图 2-104　由图 2-103 花分离出的雌蕊

①柱头　②花柱　③子房
④雌蕊柄

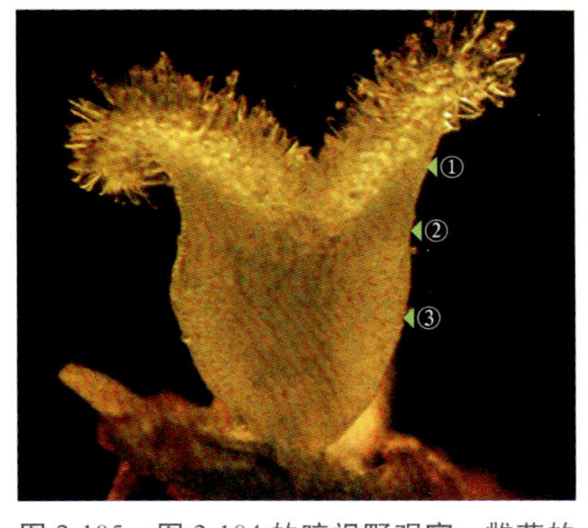

图 2-105　图 2-104 的暗视野观察。雌蕊的花柱很短

①柱头　②花柱　③子房

图 2-106　子房的侧面观。子房表面密生腺毛

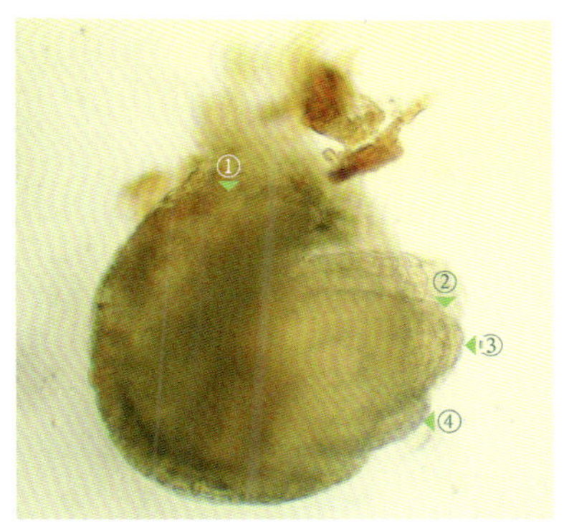

图 2-107　从图 2-106 子房中剖出的胚珠（显微镜观察照片）

①珠柄　②内珠被　③珠心
④外珠被

三、桑科（Moraceae）

1. 无花果（*Ficus carica* L.）

榕属(*Ficus*)。落叶灌木；叶互生；单性花，雌雄异株，隐头花序(花序托)；隐头花序内有两种花，一种是两性花，花梗长，但花被、雌雄蕊较小，可能为不育花，另一种是雌花，花柱长而侧生，花梗短，这种花既非短花柱的瘿花（不结实的雌花），也非长花梗的雌花。

根据《中国植物志》记载：榕属“雌雄同株的花序托内，有雄花、瘿花和雌花”；雌雄异株时，“雄花、瘿花生于一花序托内，而雌花或不育花则生于另一植株花序托内壁”[23(1)：66]；无花果“瘿花花柱侧生，短”[23(1)：125]。在无花果的插图中，雌花的花梗被画得较长[23(1)：123]。本文解剖的花材料与文献描述有些差异，可能是不育花（形态上的两性花）和雌花共存的、雌株的花序托发育而成的幼嫩果实。

花材料于2013年6月7日采自河南省洛阳市内某小区楼外的较大植株。采用胶块法对其精细解剖和结构观察的结果如图2-108～图2-128所示。

图2-108　隐头花序的上面观，其上端有一个被总苞片遮挡住的开口

图2-109　图2-108隐头花序的纵剖（标尺每一小格的长度为0.5mm）

①开口　②总苞片

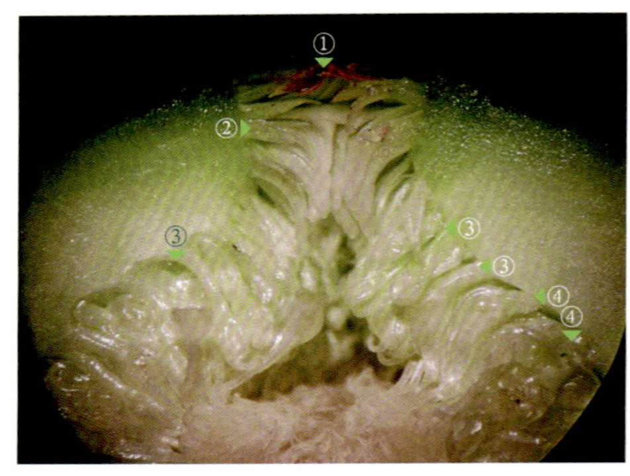

图2-110　图2-109隐头花序顶端开口处的放大。隐头花序的口部被一些由四周伸向中央的总苞片遮挡住，在隐头花序开口处的下方内壁上，生有一些花梗较长的两性花，其下方为雌花

①开口　②总苞片　③两性花　④雌花

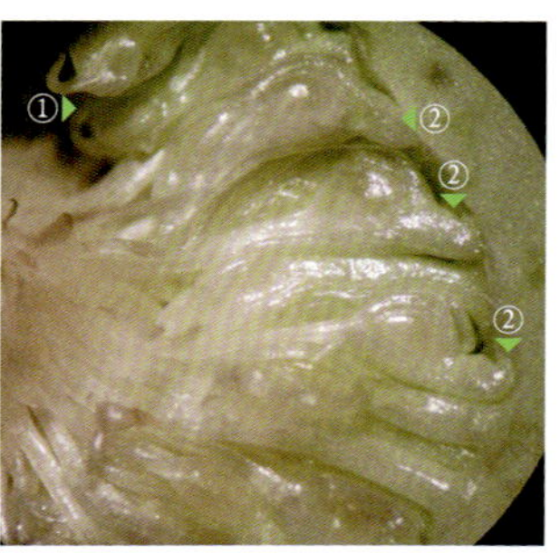

图2-111　图2-110隐头花序开口处下方的内壁上，可见花柱成钩状向上弯曲的2朵两性花（左上方，花下部未显示），其下方是花梗较短的雌花

①两性花　②雌花

图2-112　在隐头花序开口处的下方，一片总苞片被展开

图2-113　摘下的一片总苞片（近侧面观）

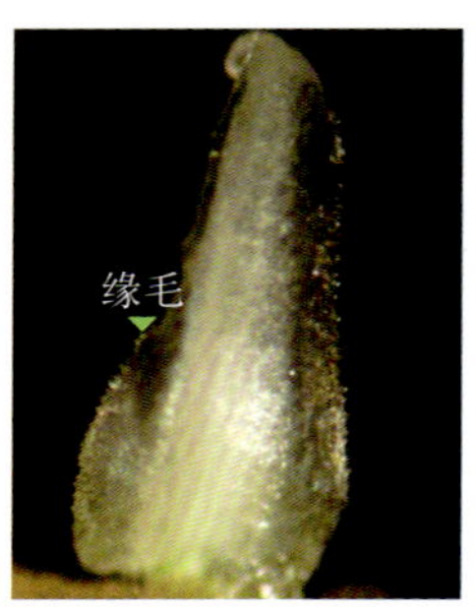

图2-114　总苞片的外面观，其两侧透明的边缘上生有微小的缘毛

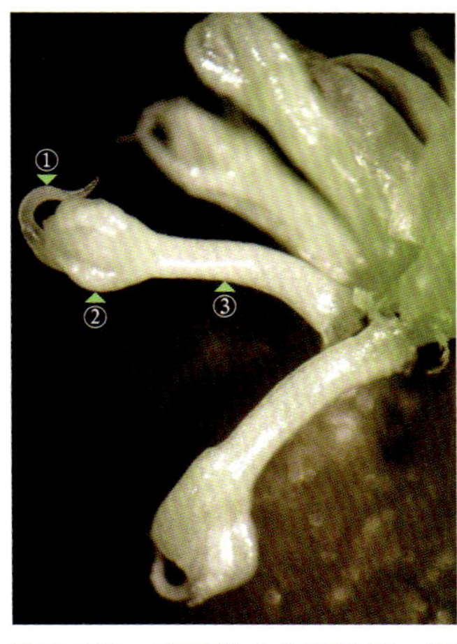

图 2-115　摘下的 4 朵两性花，其花梗长，花柱伸出花被外并弯曲成钩状。在一些《植物学》或《植物生物学》教材中，将隐头花序内的花描述成“无柄单性花”或“无柄小花”显然是错误的

①花柱　②花被片　③花梗

图 2-116　将两性花的花被片展开后，可见子房上端的花柱长而弯曲，并且侧生，柱头很小，在雌蕊旁可见雄蕊

①花柱　②花被片　③雄蕊　④子房

图 2-117　图 2-116 花不同角度的观察。此角度的子房呈卵球形，花柱顶生，子房右侧的 2 个雄蕊比花被片稍短，花丝较细。该花的花药和子房较小，是一种形态上的两性花，实为不育花

①花被片　②雄蕊　③子房

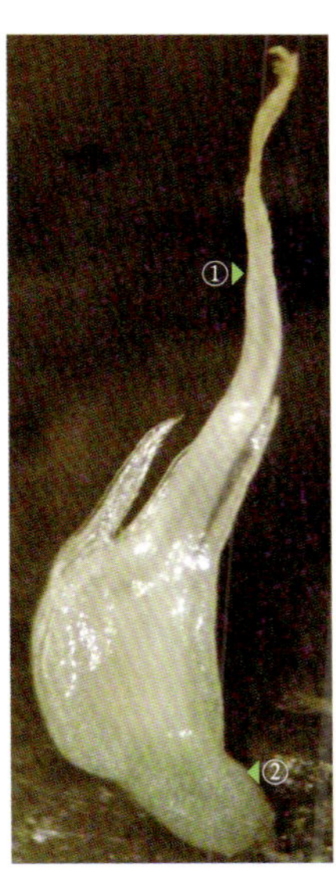

图 2-118　（分离出的）一朵雌花。雌花的花梗较短，但花柱较长。这和文献记载的瘿花（花柱较短）和雌花（花梗较长）都不同

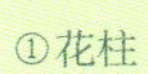

①花柱
②花梗

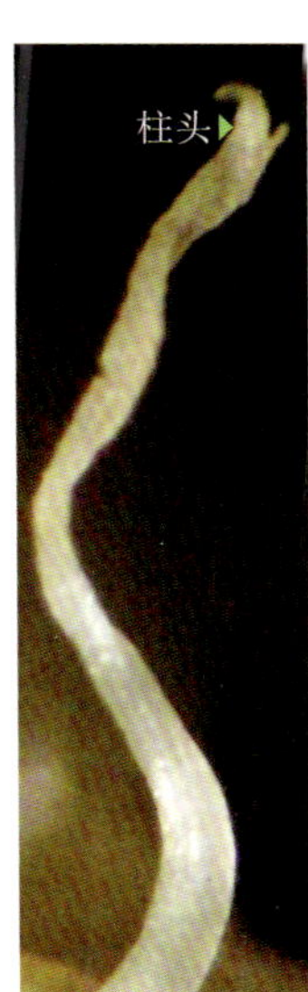

图 2-119　花柱上端及柱头的放大，柱头 2 裂

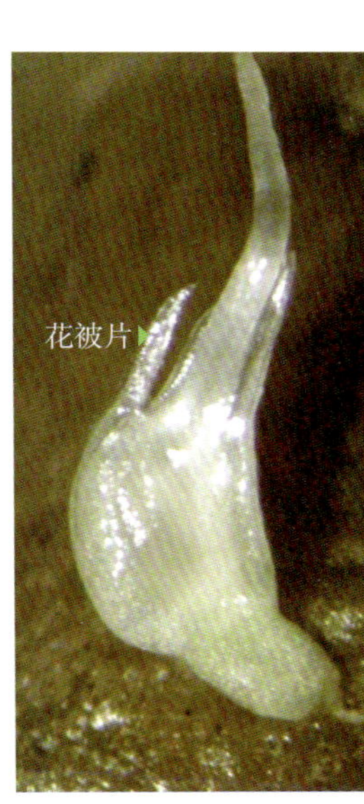

图 2-120　雌花下部的放大。子房被花被片包裹在其中

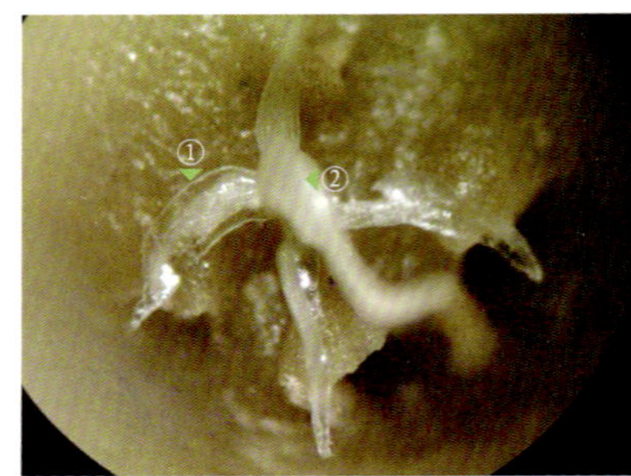

图 2-121　雌花 4 片花被片的展开（上面观）。花被片的边缘透明，由于雌蕊未在聚焦面上，故图像模糊

①花被片　②子房

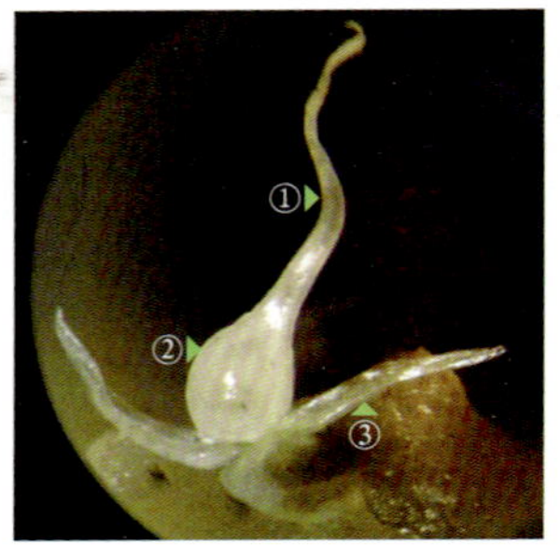

图 2-122　图 2-121 雌花不同角度的观察，可见雌花内无雄蕊，子房上位、饱满、似可育，花柱侧生

①花柱　②子房
③花被片

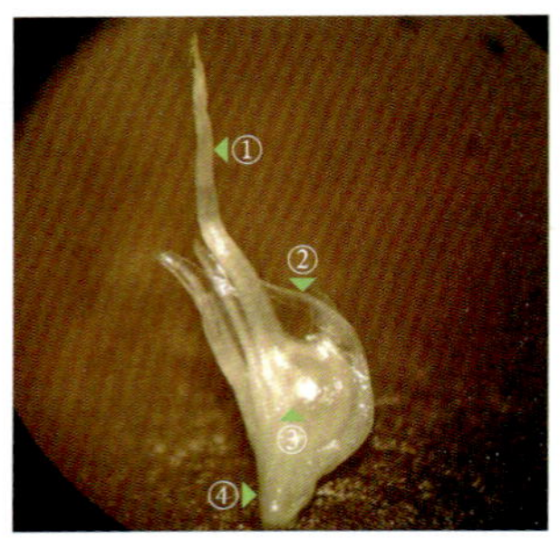

图 2-123　另一朵雌花的侧面观。花被片内的子房饱满

①花柱　②花被片
③子房（其外有花被片）
④花梗

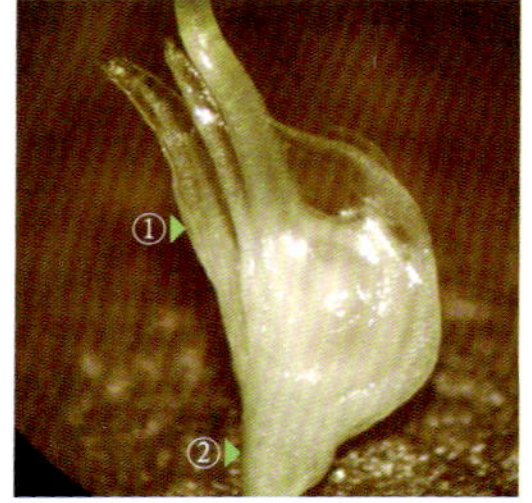

图 2-124　图 2-123 雌花下部的放大

①花被片　②花梗

图 2-125　将图 2-124 雌花的花被片展开。花被片 6 片，文献记载的花被片 4 ~ 5 片

①花被片　②子房

图 2-126　图 2-125 雌花下部的放大。雌花为上位子房，下位花。雌花的子房大而饱满，可能是已完成受精，正在发育的幼嫩果实（若子房已是幼嫩的果实，则需将子房壁、胚珠、珠孔端分别称为果皮、种子、种孔端）

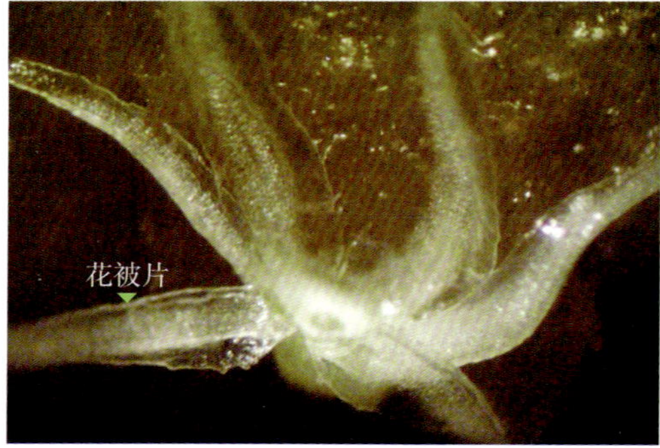

图 2-127　除去图 2-126 的雌蕊后，示雌花的 6 片花被片

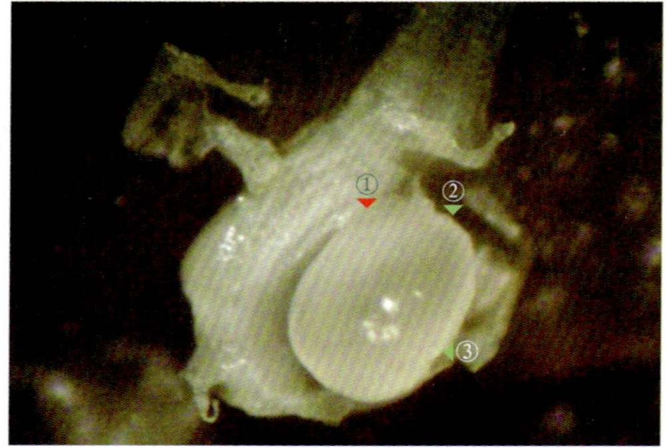

图 2-128　除去部分子房壁后，示子房室内的 1 个倒生胚珠（顶生胎座）。胚珠外形饱满，似可育的胚珠。从形态上看，雌花的子房和胚珠中没有小动物钻入并寄生于其中

①胎座　②珠孔端　③倒生胚珠

由于未采集和解剖无花果雌、雄株的花、果系列发育材料，所以无法全面了解其花在受精前后的一系列形态变化过程。无花果原产于地中海沿岸，自唐代引入中国后，一直受到人们的喜爱，是一种果、药兼用的经济树木。在河南省洛阳市内，人们喜欢将无花果分散栽植在楼外或屋外空地，主要目的是为了获得其果实，公园里则比较少见。人们在栽植无花果的时候，可能并不知道这种植物为雌雄异株，不知道也没关系，因为散植或孤植的无花果似乎都能结果。文献记载，无花果属于虫媒传粉植物，但在中国并未发现有昆虫为其传粉（见马炜梁先生的《植物的智慧》，P39-43）。无花果究竟靠哪种（或哪些）生物为其隐头花序传粉？若无传粉媒介，未经授粉的隐头花序是否能发育成果实？这些问题都值得进一步研究。

和无花果问题相似的还有花椒，它也是单性花、雌雄异株，人们也喜爱将花椒树栽植在楼外或屋外空地，或兼作绿篱，栽植的主要目的是为了获得可作调料的果实。虽然所植的花椒树几乎都是雌株且雄株难觅，但雌株也能硕果累累，这也可能与孤雌生殖有关。

2. 构树 [*Broussonetia papyrifera* (L.) L’ Hér. ex Vent.]

构属（*Broussonetia*）。落叶乔木；单性花，雌雄异株，雄花序为柔荑花序，雌花序为头状花序；雄花为单被花，花被 4 裂，雄蕊 4 个，离生，退化雌蕊锥状，很小；雌花花下生有数个棍棒状的苞片，花被管状，子房上位，1 室，1 个胚珠，花柱侧生；聚花果。

花材料于 2012 年 4 月 18 日和 2015 年 4 月 22 日采自河南省洛阳市周山森林公园。采用胶块法对其精细解剖和结构观察的结果如图 2-129 ～图 2-188 所示。

图 2-129　雄株叶腋内的雄柔荑花序（未使用解剖镜）

图 2-130　雄柔荑花序的混合光观察

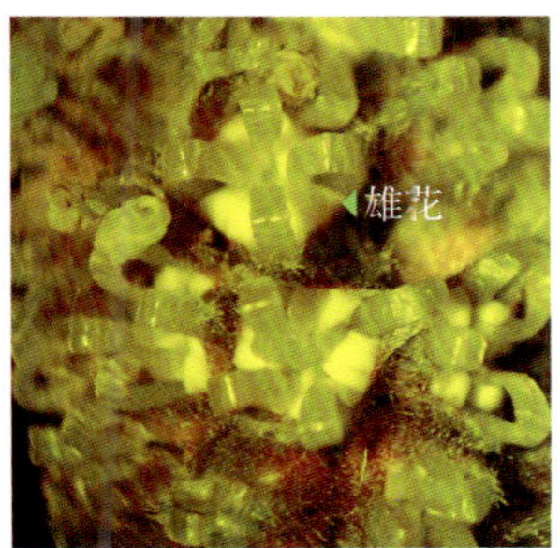

图 2-131　部分雄花序的放大。图中的雄花尚未开花、散粉，其花丝内向弯折，花药被卡在花被筒内

图 2-132　刚开花不久的雄花（上面观）

①花丝　②花药　③花被裂片

图 2-133　开花后花丝已开始枯萎的雄花（上面观）

图 2-134　图 2-133 雄花的侧面观

①花被裂片　②花被筒

图 2-135　图 2-134 的暗视野观察

①花药　②花丝

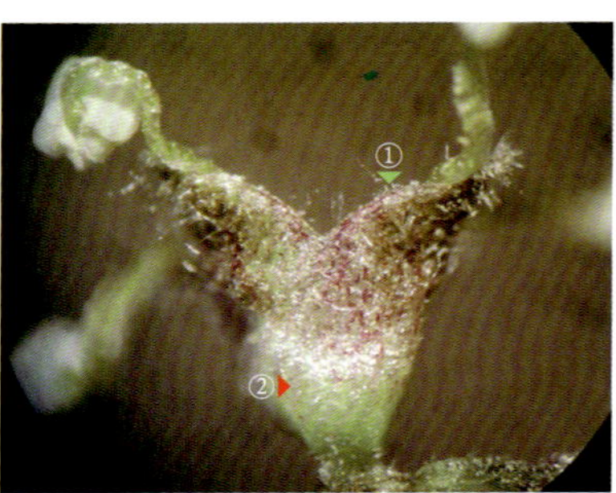

图 2-136　图 2-135 花不同角度的观察

①花被裂片　②花被筒

图 2-137　刚开花不久的雄花（侧面观，暗视野观察），其花丝反卷出花被筒外

①花丝　②花被筒

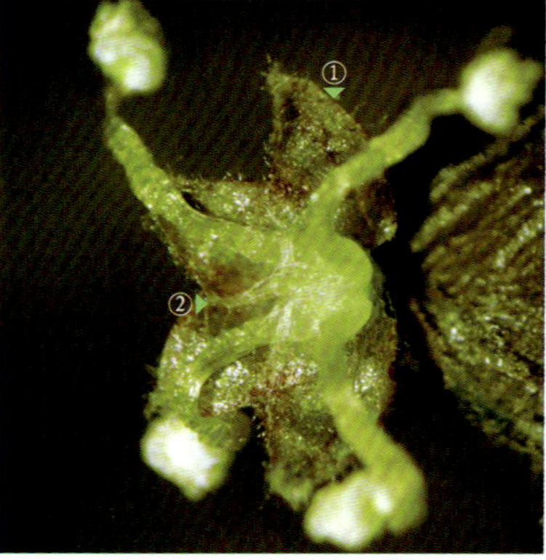

图 2-138　花被筒纵剖、展开后，雄花的内面观（照片左转 90°）

①花被裂片　②退化雌蕊

图 2-139　图 2-138 雄花的暗视野观察。在 4 个雄蕊的花丝中央有退化雌蕊

①退化雌蕊　②花被裂片

图 2-140　展开花被的外面观（照片左转 90°）。雄花的花被 4 裂

图 2-141　除去花被后的雄花。在 4 个花丝中央可见退化的雌蕊

图 2-142　1 个雄蕊和 1 个密被柔毛的退化雌蕊

①花药　②花丝　③退化雌蕊

图 2-143　图 2-142 的暗视野观察。退化雌蕊的表面密被柔毛

①花药　②花丝　③退化雌蕊

图 2-144　图 2-143 退化雌蕊的放大

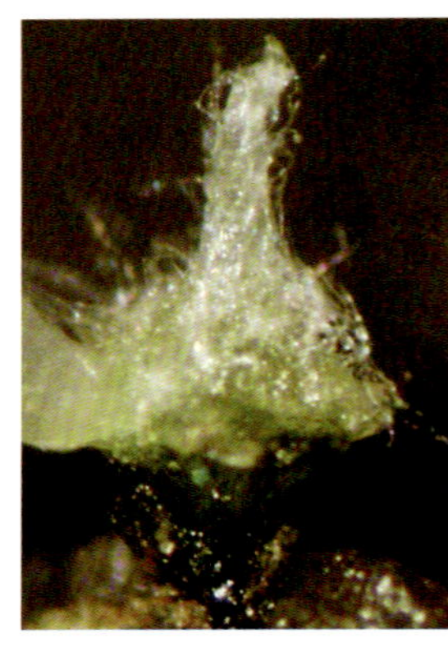

图 2-145 将退化雌蕊表面的大部分柔毛除去后，雌蕊的侧面观

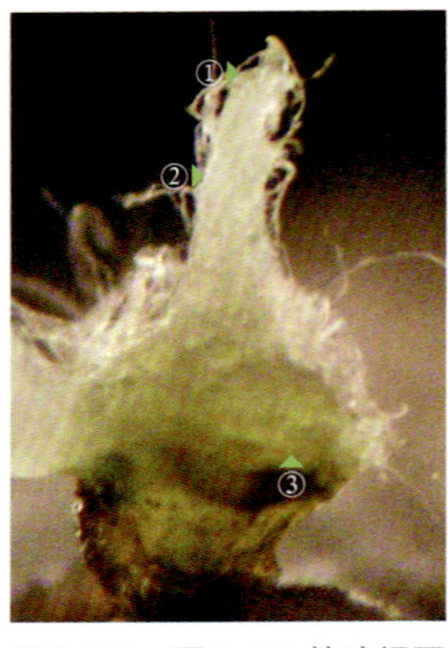

图 2-146 图 2-145 的暗视野观察。退化雌蕊虽有子房、花柱和柱头的分化，但是体积均较小，并且与雌花的雌蕊形态不同

①柱头 ②花柱
③子房

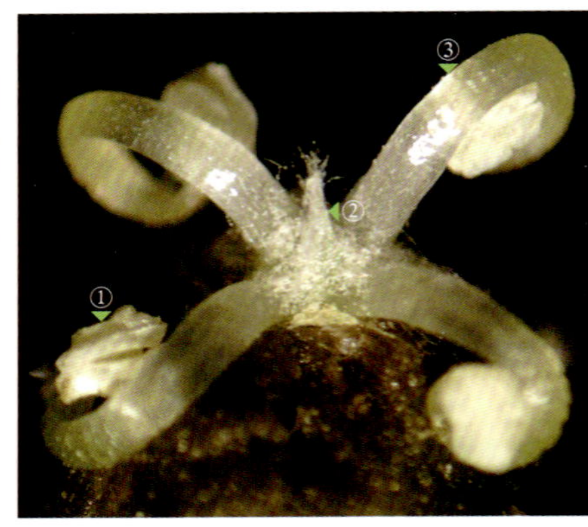

图 2-147 除去花被后的雄花。纵裂的花药刚散过（花）粉，花丝饱满，退化雌蕊明显。雄花未开放时，未开裂的花药被卡在花被筒和退化雌蕊之间

①花药 ②退化雌蕊 ③花丝

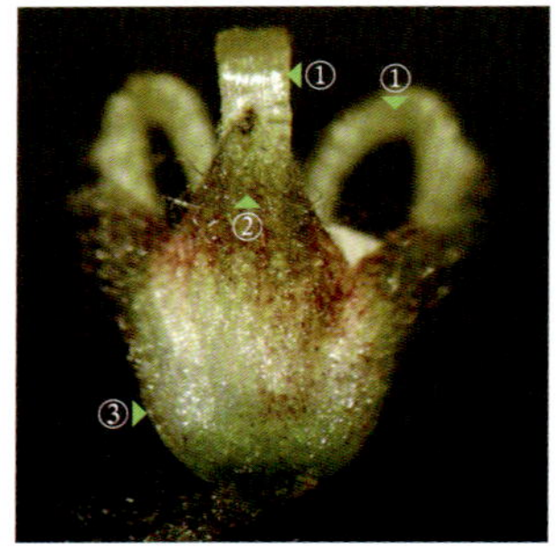

图 2-148 未完全开放的雄花，花丝内向折叠，花药被卡在花被筒和雌蕊之间

①花丝 ②花被裂片
③花被筒

图 2-149 图 2-148 的暗视野观察。花被筒被毛

①花丝 ②花被筒

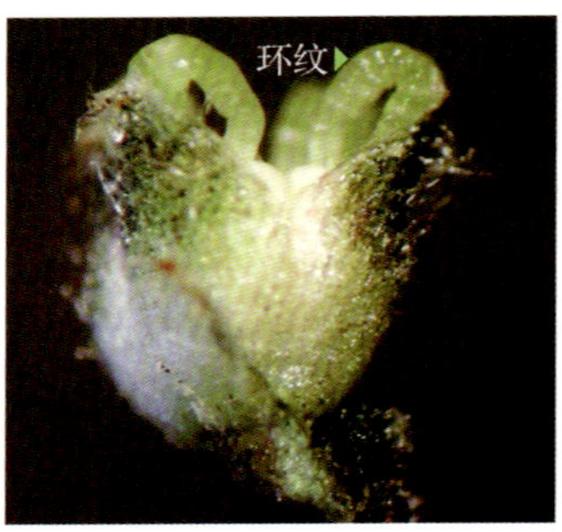

图 2-150 雄花的不同角度观察。在折叠的花丝上有环纹

图 2-151 除去雄花的部分花被和 1 个雄蕊后，示花药在花被筒内的位置和花药与花丝的连接方式

①退化雌蕊 ②花丝 ③花药
④花丝的截断面

图 2-152 未开花的雄花（上面观）。4 个雄蕊的花丝对折，花丝顶端的花药被卡在花被筒和退化雌蕊之间，退化雌蕊位于 4 个花药中央

花药在开裂瞬间，能够突然减小花被筒和退化雌蕊卡住花药的力量，使得花丝伸直和拉出花药的力量占据上风，花丝在快速伸直、外曲和到达极限后被弹回的过程中能将花药快速甩出并拉回，同时将花药内的花粉粒快速地弹射出去。这就是构树雄花开放和散粉的过程。若有很多雄花同时开放，便会形成构树的“冒烟吐气”现象。构树雄花的开花和散粉过程，可用手机或高速摄影机等照相设备进行记录（见后述）。

图 2-153 图 2-152 的混合光观察。雄蕊折叠花丝表面的环纹明显

图 2-154 雄花在开花前，1 个雄蕊的花丝已产生形变

图 2-155 1 个雄蕊散粉后的雄花，未散粉的雄蕊花丝已产生形变

①散粉后的雄蕊
②已形变的花丝

图 2-156 雄花开花、散粉后，示 1 个花丝伸直、未外向弯曲的花药（因而未能散粉）

花药未能正常散粉

图 2-157 图 2-156 的暗视野观察

图 2-158 雄花的 2 个雄蕊刚散粉后的形态

为了让雄蕊快点散粉，可在两个花被裂片间用解剖剪将花被筒剪一个纵向小口，这样可人为地加速雄花（近成熟）的开花、散粉过程。雄花开花是一个极快的瞬间变化过程，其开花、散粉时的瞬间形变只能靠高速摄影机才能完整记录，普通数码相机或手机无法详细记录开花过程中的每一个瞬间变化。

①退化雌蕊 ②花被筒剪口处

图 2-159　图 2-158 的暗视野观察

图 2-160　散粉后花丝外弯的雄蕊。花药纵裂

图 2-161　除去花被和 1 个雄蕊后的雄花，此雄花未能正常开花、散粉

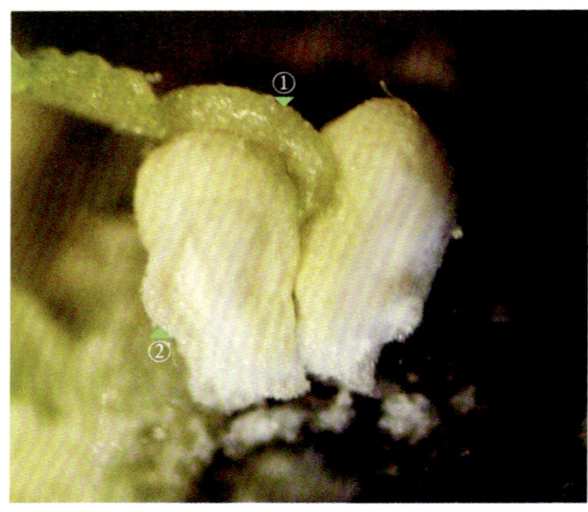

图 2-162　雄蕊的花丝在花药上的连接位置

①花丝　②花药的花粉囊壁已破裂

图 2-163　雄花散粉后的照片（上面观，暗视野照明）。花材料于 2012 年 4 月 18 日采自河南省洛阳市（本文仅选用 1 张 2012 年的照片）

①花被裂片　②花丝表面的环纹
③退化雌蕊的位置　④花药

头状花序

图 2-164　雌株的头状花序（未使用解剖镜）

图 2-165　1 个雌花序的放大，其表面有一些雌花的细长柱头伸出头状花序外

图 2-166　图 2-165 的暗视野观察

图 2-167　雌花序的纵剖面

①雌花的柱头　②花序轴

图 2-168　图 2-167 的部分放大。在雌花的周围有苞片

①雌花的柱头　②苞片　③雌花　④花序轴

图 2-169　从雌花序上分离出的 3 个雌花和一些苞片（暗视野观察）

①柱头　②苞片　③雌花

图 2-170　2 个雌花和多个苞片，苞片的中上部被毛（混合光）。《中国植物志》记载“苞片棍棒状，顶端被毛”

①苞片　②雌花

图 2-171　分离出的苞片

图 2-172　图 2-171 的暗视野观察

图 2-173　除去苞片后的 2 个雌花

①柱头　②花被管

图 2-174 雌花的侧面观。子房外有管状花被包裹，柱头长，表面生有绒毛，这样能增加粘着空气中花粉粒的机会

①柱头 ②花被管

图 2-175 图 2-173 雌花的暗视野观察

图 2-176 图 2-175 花被管的放大（暗视野观察）。花被管下部隐约可见雌蕊的子房

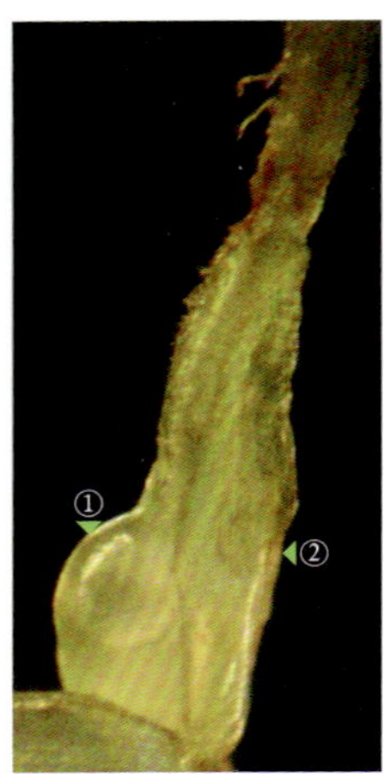

图 2-177 从纵剖的花被管内分离出雌蕊的子房

①子房
②剖开的花被管

图 2-178 花被管的纵剖、展开。花被管内的花柱，表面较光滑，花柱侧生

①柱头
②剖开的花被管
③花柱
④子房

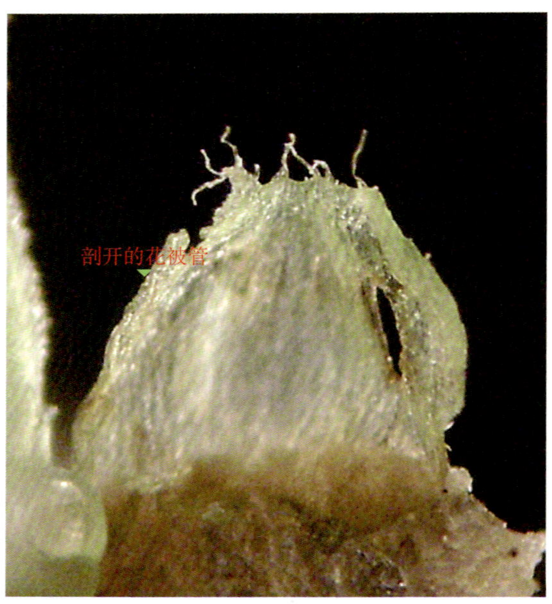

图 2-179 图 2-178 花被管的暗视野观察。花被管是三维立体的囊状结构，仅在一处纵剖无法在二维平面内展开。花被管的顶端生有缘毛，由于中下部膨大、外曲，不在聚焦面上，因而图像较模糊

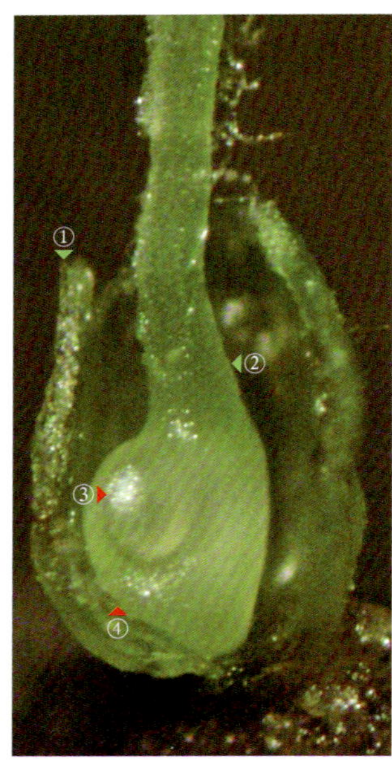

图 2-180 将花被管纵剖、展开后，露出子房，子房室内的胚珠清晰可见，花柱生于子房一侧（侧生）

①花被管 ②花柱
③胚珠 ④子房

图 2-181　图 2-180 的暗视野观察。花被管内的花柱表面光滑

①胚珠　②花被管　③花柱　④子房

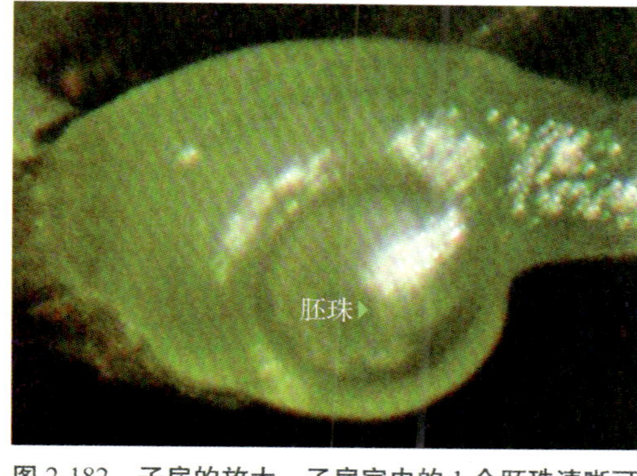

图 2-182　子房的放大。子房室内的 1 个胚珠清晰可见，胚珠的珠心尚未被珠被完全包裹起来，即珠孔尚未形成

图 2-183　雌花的显微镜观察（显微镜观察）

在《中国植物志》和其他文献中，没有构树的花柱和柱头在哪里分界的描述。由于花被管内子房上方侧生的花柱表面光滑，而花被管外的雌蕊部分被毛并生有乳突，两者间存在着明显差异，因此在这里将花被管外的雌蕊部分称为“柱头”，并将其进一步分为近花被管处的柱头和伸出头状花序外的柱头两部分。从形态上看，这两部分柱头在色彩上存在着较大的差异。当然，未伸出花序的柱头和伸出花序的柱头，两者在受粉生理上可能也会存在差异。

①柱头　②花被管

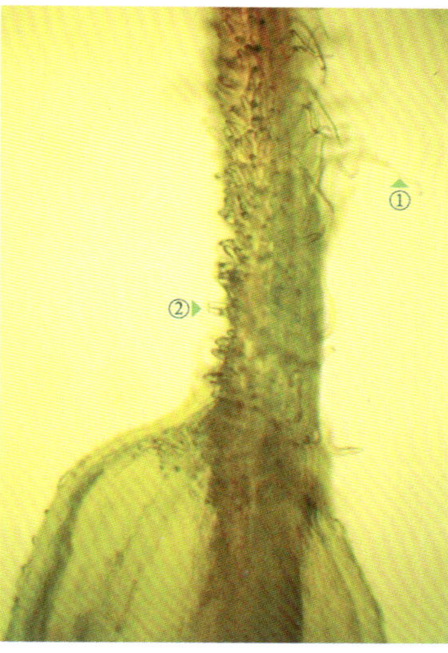

图 2-184　花被管上部和近花被管柱头部分的放大（显微镜观察）

①柔毛　②乳突

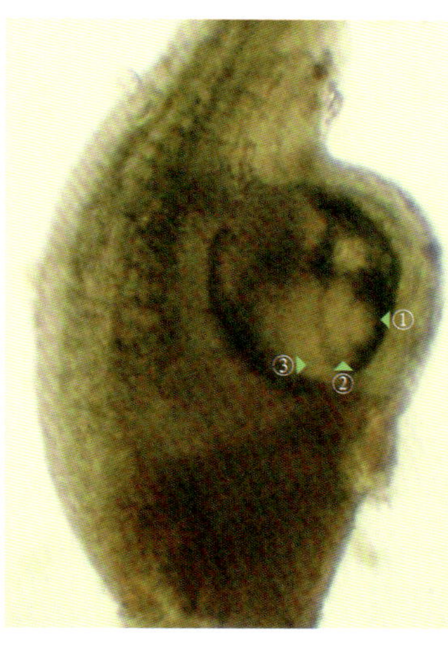

图 2-185　子房的放大。与图 2-182 相比，子房室内似乎有一大一小、一上一下 2 个胚珠（未进行解剖观察），但据文献记载，构树仅 1 个胚珠。从子房室下方的较大胚珠看，胚珠属于直生胚珠，其外珠被和内珠被尚未将珠心完全包裹起来（珠孔尚未形成），而较小的胚珠形态不清，可能是 1 个发育迟缓、不育的胚珠，或形态假象（显微镜观察）

①珠心　②内珠被
③外珠被

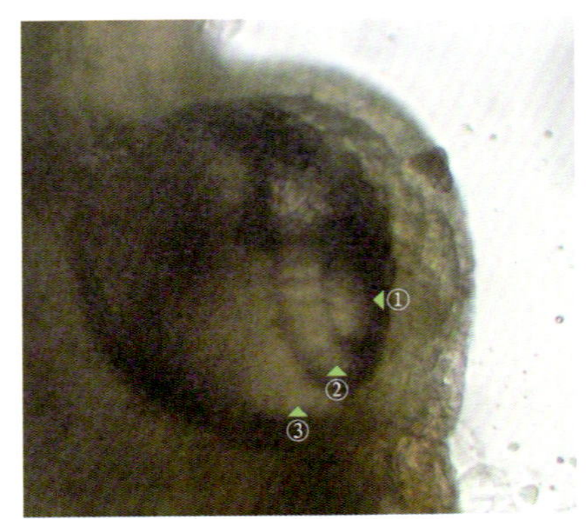

图 2-186　图 2-185 子房室及胚珠的放大。从下方的较大胚珠看，直生胚珠的外珠被和内珠被尚未将珠心完全包裹起来，珠孔尚未形成（显微镜观察）

①珠心　②内珠被　③外珠被

图 2-187　除去部分子房壁后，示子房室内的 1 个胚珠（显微镜观察）

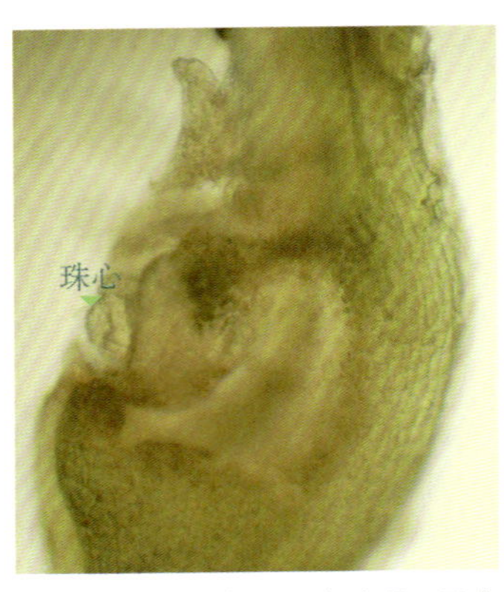

图 2-188　除去部分子房壁后，子房室内 1 个胚珠的放大，其珠心和 2 层珠被比较明显（显微镜观察）

在马炜梁先生的《植物的智慧》（P110）书中，提到了《人民日报》有一篇关于构树“冒烟吐气”引来村民焚香叩拜的报道，并解释了构树是利用“冒烟吐气”来进行风媒传粉。构树雄花开花时弹射出花粉（即“冒烟吐气”），这种现象经常可以观察到，但是很多雄花同时“冒烟吐气”则并不多见。在室外，摇动构树雄花序已近成熟的枝条，就能观察到一些雄花的“冒烟吐气”现象。或者折一段雄花序接近成熟或已成熟但雄花未完全散粉的枝条，将其放入塑料袋中，手拉袋口让塑料袋鼓胀（尽可能容入更多空气）后将口扎上，然后置于冰箱冷藏室内保存。待第二天或之后取出花枝，摘取雄花序和雄花进行观察，就会遇到雄花开花弹射出花粉这种现象。若是在寂静处，还能听到花丝突然伸直、外向弯曲、弹射出花粉粒时所发出的声响。构树雄花的开花过程极其复杂，它包括一系列的连续变化过程，例如，花药开裂，花丝突然伸直并外向弯曲，当花丝外曲达极限后突然部分折回，然后又再次突然外曲，经过数次这样的反复（但强度越来越弱），便将花丝顶端开裂花药内的花粉粒多次甩出或磕出。笔者曾利用普通数码相机对构树雄花的开花过程进行录像（图 2-189）。但是，由于散粉的瞬间过程太快、太短暂，以致数码相机无法对这些瞬间过程进行快速、高清晰录像。在回放录像时，这些瞬间过程被一带而过，无法细致观察和精确测量。虽然构树雄花的开花过程极其短暂、快速，但是开花前的等待时间一般都很长，有时用以观察的雄花最终也没能观察到开花和散粉过程。因此，必要时可在雄花的两个花被裂片中央剪一个小口，这样就可以缩短观察雄花开花过程的等待时间。在对构树雄花的开花过程进行观察和研究时，需要有耐心，并要投入一定的时间和精力。

总之，构树的散粉过程与一般的风媒植物不同，此散粉过程与雄花的结构、花丝的折叠方式、花药在花被筒内的位置和开裂前后的形态与结构变化等有关。将来，若能使用高速摄像机对此瞬间过程进行高速摄影，并结合花内各部的形态、结构和力学特征变化等方面的研究，就能更好地揭示构树等植物的花丝外向弯曲、花药开裂和弹射花粉等一系列散粉过程。

图 2-189 **构树雄花开花过程的录像截图，示花丝展开、散出花粉的瞬间连续过程**

第 1 图的花丝内向弯曲，花药被卡在花被筒内。第 2 图，1 个雄蕊的花丝外向弯曲，花药完成了散粉过程。第 3 图，左下方花丝外向弯曲达极限后，经部分回曲（折回）、再外曲二过程重复数次后，最终进一步弯向左下方，而右下方的花丝是内曲的花丝与外曲花丝的重影。此重影是由于花丝外曲、甩出花药的过程极快，普通数码相机无法对这一快速变化过程进行高速录像，因而形成重影。第 4 图，雄花的 2 个雄蕊散粉后的形态（上面观）。

①内向弯曲的花丝　②外向弯曲的花丝

四、马兜铃科（Aristolochiaceae）

马兜铃（*Aristolochia debilis* Sieb. et Zucc.）

马兜铃属（*Aristolochia*）。草质藤本；单叶互生，茎叶折断后有异味；两性花，花梗较长，单被花；花被管上端成斜喇叭状，基部球状膨大；雄蕊和雌蕊的花柱及柱头合生成合蕊柱，雄蕊 6 个，花药贴生于合蕊柱侧面，与合蕊柱的裂片对生；复雌蕊，由 6 个心皮合生而成，子房下位，似 6 室，胚珠多数，似中轴胎座，合蕊柱顶端有 6 个柱头；蒴果。

在马炜梁先生的《植物学》（第 2 版，P96）和《植物的智慧》（P44 ～ 46）书中有马兜铃花的精细解剖图，并有马兜铃虫媒传粉过程的描述，感兴趣的读者可阅读。

花材料于 2013 年 6 月 1 日采自河南省洛阳市隋唐城遗址植物园西门外的灌木丛中，可能是随花木的引种而引入，第 2 年后在原采集地及其附近未再见到马兜铃。采用胶块法对其精细解剖和结构观察的结果如图 2-190 ～图 2-238 所示。

图 2-190　花枝的一部分（未使用解剖镜）

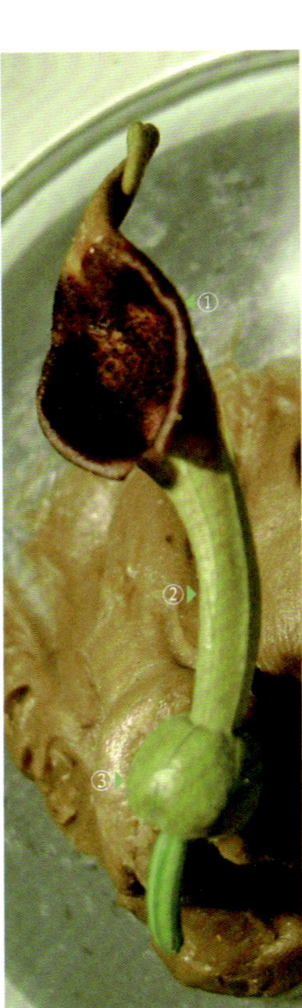

图 2-191　马兜铃的花。花被管的基部膨大成球状结构，花被管的上端（檐部）向一侧延伸成斜喇叭状的舌片（未使用解剖镜）

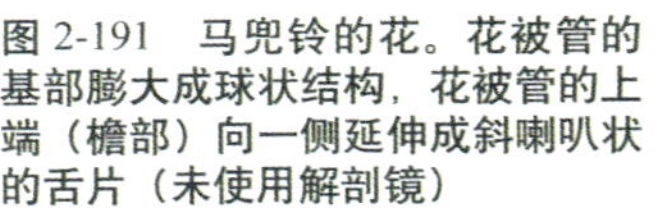

图 2-192　花不同角度的观察（未使用解剖镜）

图 2-193　图 2-192 花不同角度的观察（未使用解剖镜）

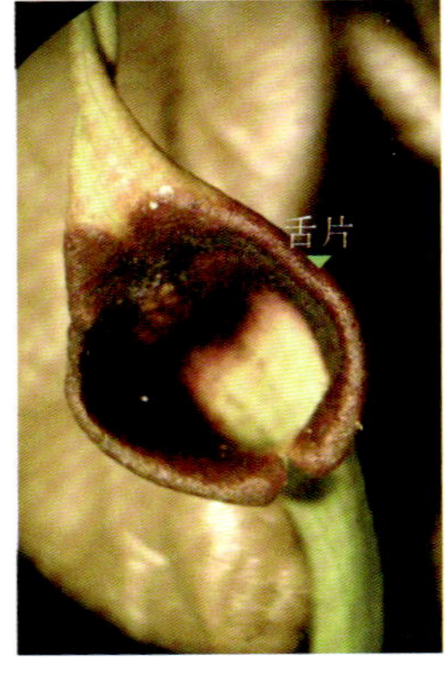

图 2-194　斜喇叭状的舌片（上面观）

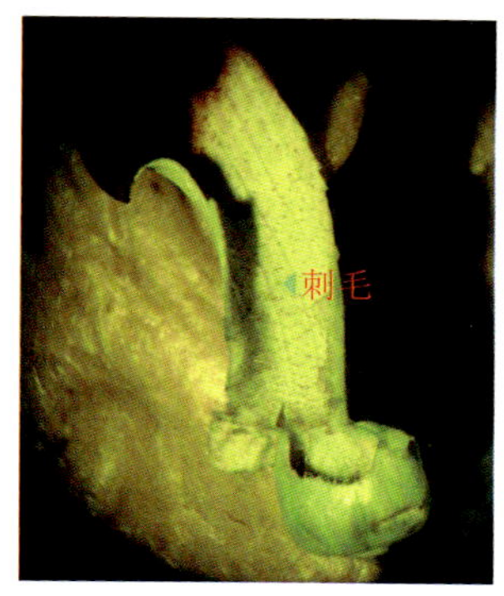

图 2-195　将球状结构之上的花被管纵剖并除去一部分，示花被管内面稀疏的刺毛

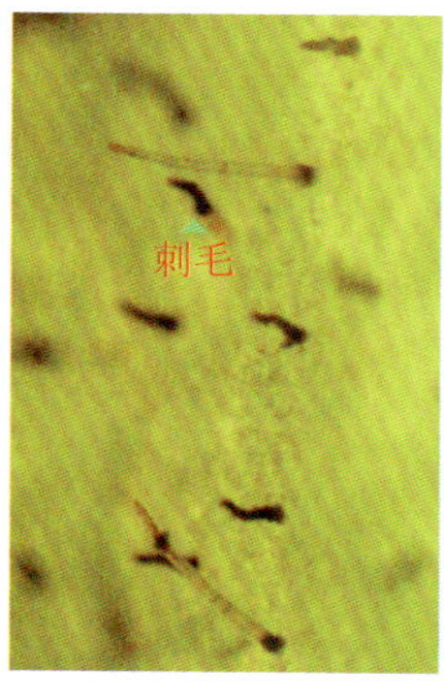

图 2-196　花被管内面的放大。大部分刺毛已萎缩

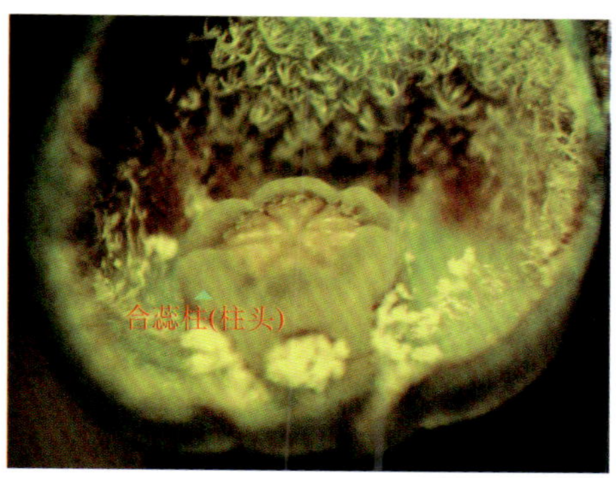

图 2-197　除去花被管球状结构的部分壁后，可见其中的合蕊柱

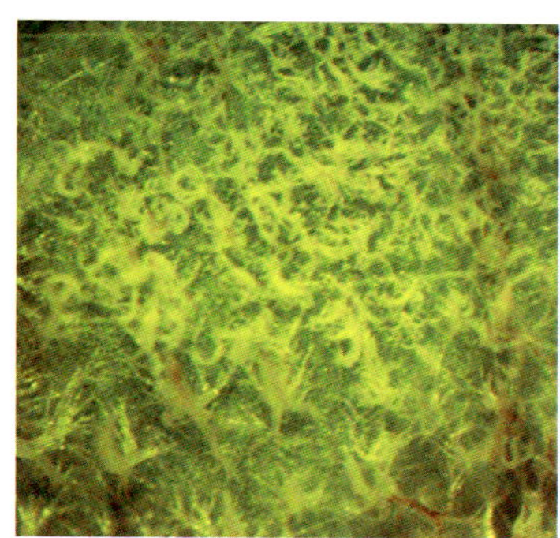

图 2-198　花被管球状结构内壁上的星状毛（文献中无记载）

图 2-199　将花被管球状结构横切，可见合蕊柱的顶端 6 裂，即柱头 6 个

图 2-200　图 2-199 合蕊柱的放大

图 2-201　合蕊柱的侧面观。雄蕊的纵裂花药贴生于合蕊柱裂片的侧面，其周围是合蕊柱裂片的波状圆环，波状圆环从 3 面（上面和两侧）包围花药。波状圆环的表面似绒面，类似柱头的表面，故推测花药外的波状圆环应属于柱头的范围

①花药　②波状圆环

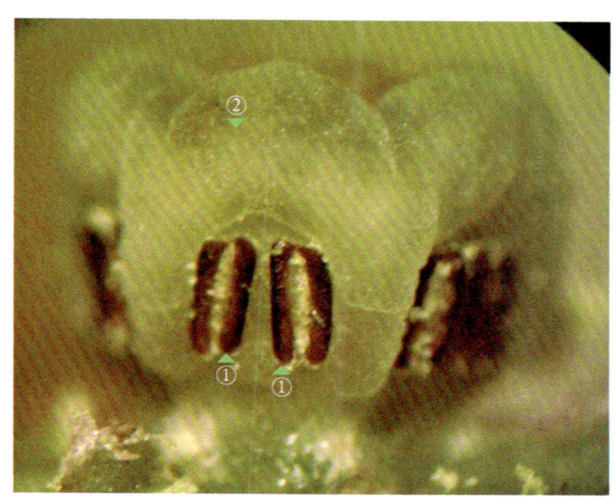

图 2-202　将露出花药外的花粉粒除去后，可见每个雄蕊的花药贴生在合蕊柱基部，与合蕊柱的裂片对生。花内共有 6 个雄蕊，与合蕊柱裂片的数目相同，花药纵裂，外向药

①1个雄蕊的花药　②柱头

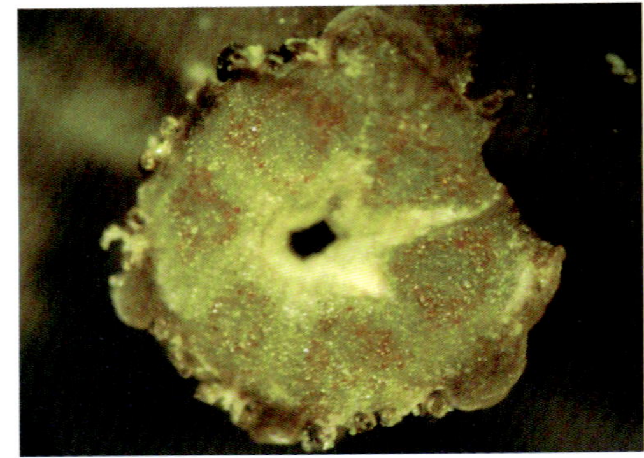

图 2-203　合蕊柱的横切片

图 2-204　图 2-203 的暗视野观察。合蕊柱 6 裂，每个裂片内都有散生的黄色腺点（可能是分泌道）围成的环状结构

图 2-205　尚未完全开放的花（未使用解剖镜）。花被管球状结构的下方是下位子房所在的位置，由于子房外是与之合生（贴生）的花托，故这里以“花托”称之。下位子房外的花托表面有 12 条棱（见图 2-233），花托下方表面无棱处为花梗（也称“花柄”）

①花被管　②花托
③花梗

图 2-206　将图 2-205 图花固定在胶块上

①球状结构
②舌片

图 2-207　将球状结构切掉后的花被管

图 2-208　图 2-207 花被管的横断面，可见由内壁四周伸向花被管中央的密集刺毛，它们能将花被管堵住，防止一些小动物进出

图 2-209　将图 2-207 花被管及舌片纵剖、展开后，示花被内面着生的表皮毛。其中，靠近花被管球状结构的毛长而粗（刺毛），并逆向生长，可阻挡小动物进出球状结构（未使用解剖镜）

①舌片　②花被管

图 2-210　舌片内面的刚毛

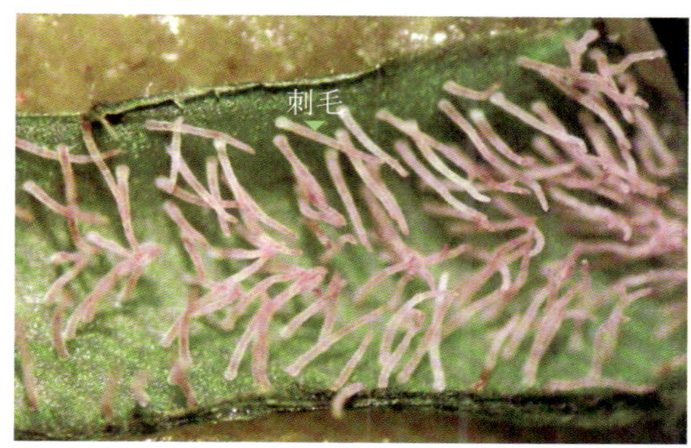

图 2-211　花被管内面近球状结构处的刺毛。可通过改变花材料下方的胶块形状，对刺毛进行倾斜或不同角度的观察

图 2-212　花被管球状结构的出入口处被四周伸向中央的刺毛堵住

图 2-213　将花被管球状结构的一部分纵剖、展开后，示内壁表面着生的星状毛

①合蕊柱　②星状毛

图 2-214　将花被管球状结构纵剖、展开后，示顶端 6 裂的合蕊柱，即柱头 6 个（上面观）

①合蕊柱　②柱头

图 2-215　合蕊柱的上面观。每个裂片内侧的顶端都有 1 个小乳头状凸起（小乳突）

①小乳突　②柱头

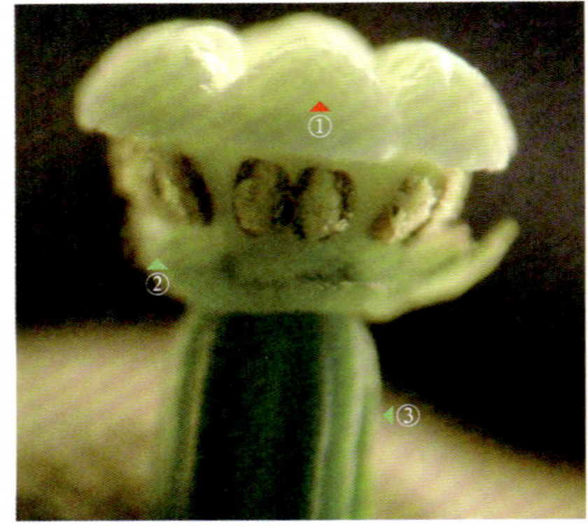

图 2-216　除去花被后，合蕊柱的侧面观。下方有棱的柱状结构是下位子房和其外的花托合生的位置。在实验过程中，花药两侧的花粉囊会因逐渐脱水而纵裂，溢出花粉粒

①柱头　②合蕊柱　③花托

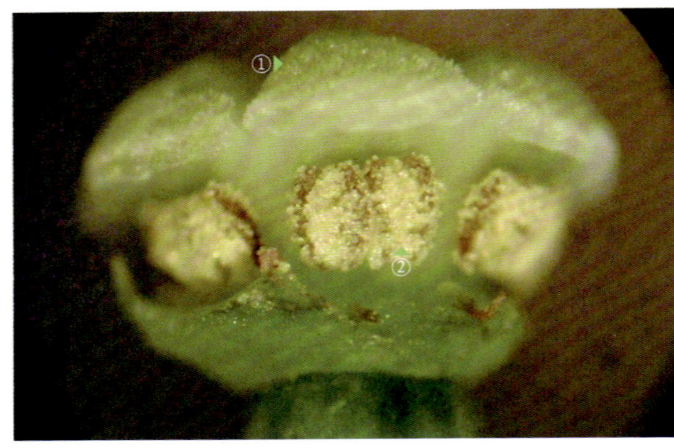

图 2-217　合蕊柱的放大。每个雄蕊由与合蕊柱裂片贴生的花药组成（无花丝），花药外的波状圆环较小，没有开花传粉后明显。合蕊柱裂片的上方，表面有微小的乳突，似绒面，为柱头

①柱头　②花药

图 2-218　合蕊柱的暗视野观察

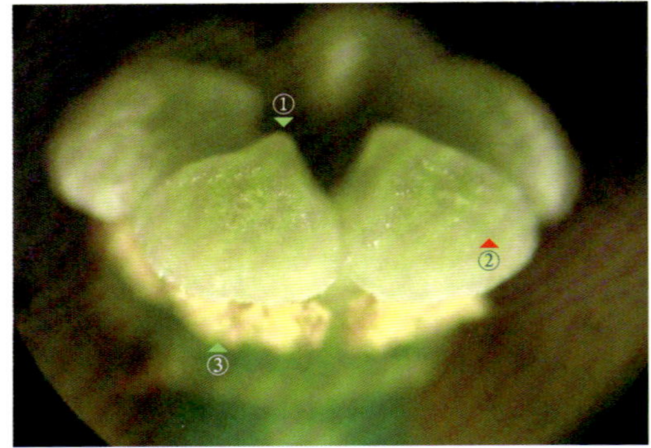

图 2-219　合蕊柱的近上面观

①小乳突　②柱头　③花药溢出的花粉粒

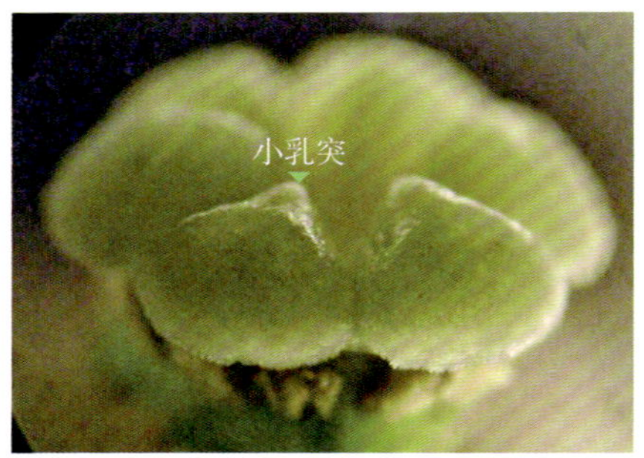

图 2-220　图 2-219 不同的照明观察

图 2-221　将花被管纵剖并除去一部分，示花被管的结构

①舌片　②花被管　③球状结构

图 2-222　在图 2-221 花被管的球状结构入口处，逆向生长的刺毛密集着生，将球状结构的出入口处堵住，这种结构可阻止小动物自由进出球状结构

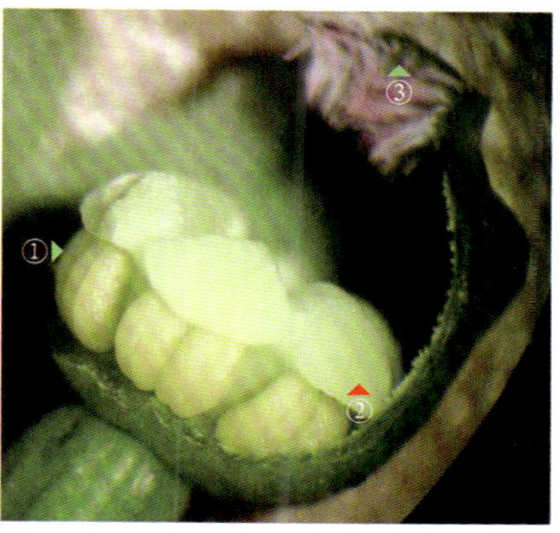

图 2-223　花被管球状结构内，合蕊柱和未成熟花药的侧面观

①花药　②柱头
③球状结构的出入口

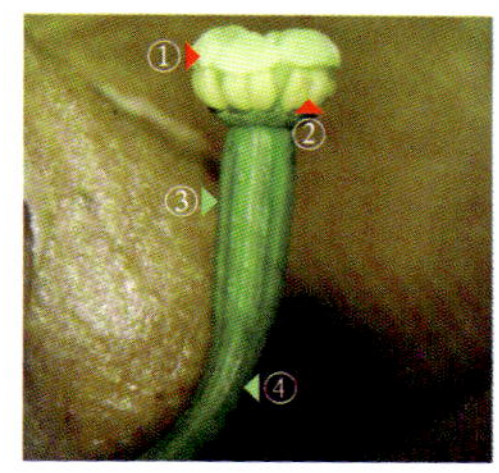

图 2-224　除去花被管后，示花梗上端的下位子房表面（即表面有棱的花托位置）和合蕊柱

①柱头　②花药
③花托　④花梗

图 2-225　纵剖并除去部分花托和下位子房合生的壁后，露出子房室内的部分胚珠

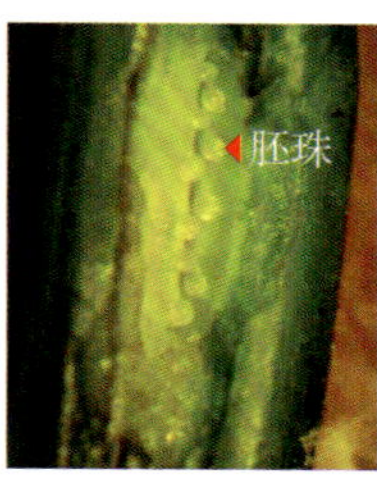

图 2-226　子房室内部分胚珠的放大

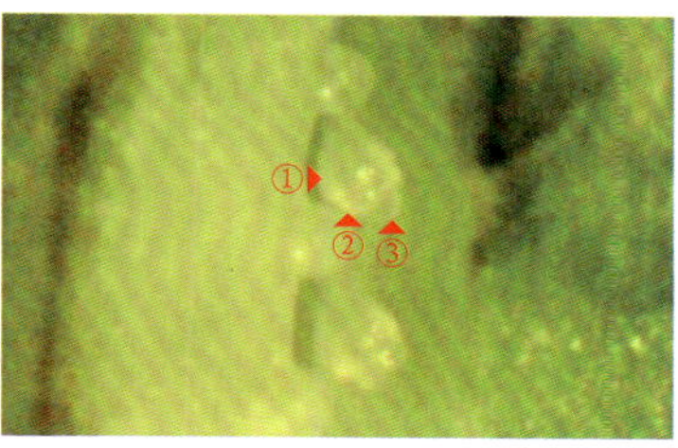

图 2-227　图 2-226 子房室内部分未成熟胚珠的放大。胚珠顶端的半球形珠心尚未被 2 层珠被包裹起来，即珠孔尚未形成，胚珠未成熟，此时的花也未开放

①外珠被　②内珠被　③珠心

图 2-228　将花托和子房的壁纵剖后，将下位子房展开。复雌蕊无中轴，子房 1 室，但侧膜胎座内侵，形成子房室内的多个纵褶，纵褶未合生在一起，在纵褶两侧生有胚珠，其胎座似中轴胎座

图 2-229　图 2-228 部分胚珠的放大

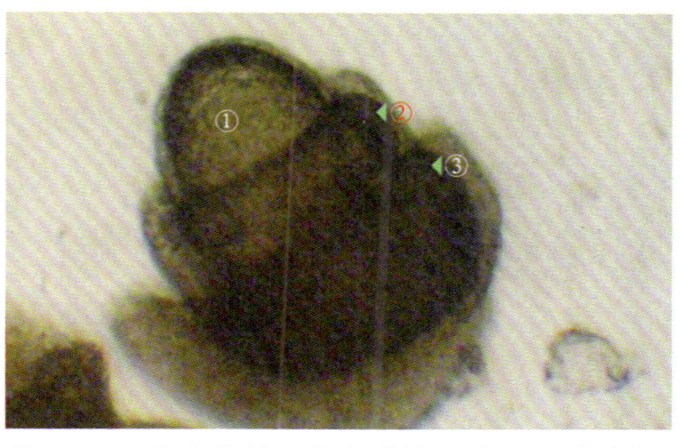

图 2-230　分离出的 1 个未成熟胚珠（陈醋染色，显微镜观察照片）。胚珠有 2 层珠被，珠心尚未被珠被包裹，即珠孔尚未形成

①珠心　②内珠被　③外珠被

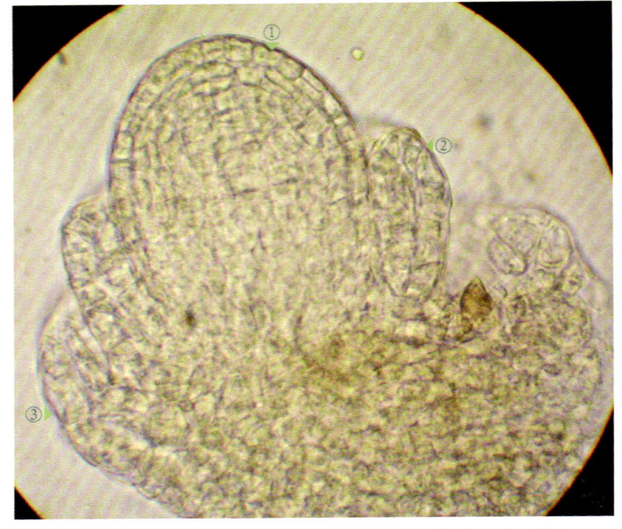

图 2-231　未成熟胚珠的临时水装片观察（显微镜观察照片）

①珠心　②内珠被　③外珠被

图 2-232　子房的 1 个横切片。子房 1 室，但由于侧膜胎座内侵，使胎座在形态上似中轴胎座，子房室似 6 室，实为 1 室

①子房室　②胚珠
③侧膜胎座内侵形成纵褶
④花托和子房的壁

图 2-233　一个子房横切片的显微镜观察。在下位子房的背缝线处有 6 个棱状凸起，凸起处的壁内有似“背束”的维管束；在腹缝线处（正对着子房室间隔膜的位置）也有 6 个棱状凸起

①维管束　②子房室　③腹束
④背缝线　⑤腹缝线
⑥胚珠　⑦侧膜胎座内侵

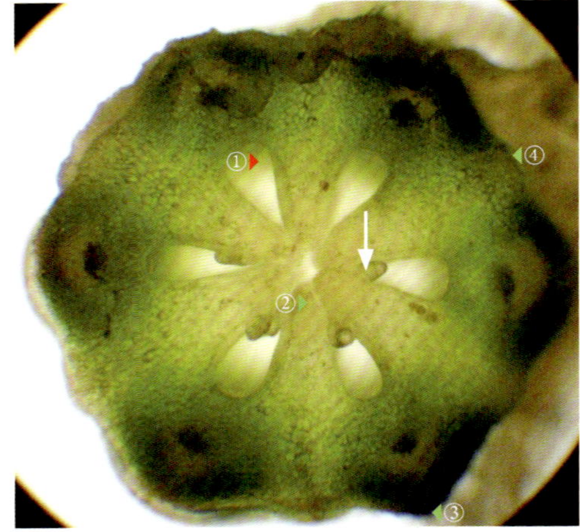

图 2-234　另一个子房横切片的显微镜观察

①子房室　②侧膜胎座内侵　③背缝线
④腹缝线

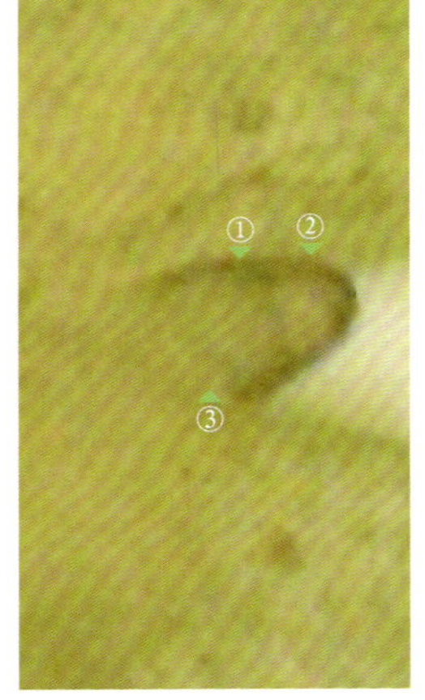

图 2-235　图 2-234 一个胚珠（白箭头处）的放大。珠心尚未被珠被完全包裹起来

①内珠被　②珠心
③外珠被

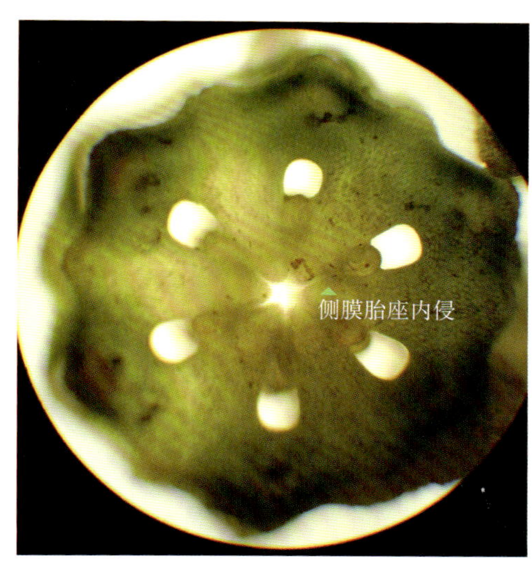

图 2-236 子房一个横切片的显微镜观察。可见子房室内胚珠具有 2 层珠被

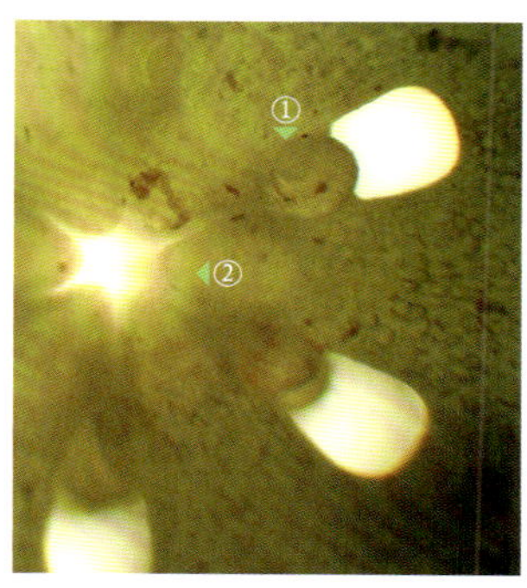

图 2-237 图 2-236 右侧内侵的侧膜胎座放大，其上端的一个胚珠可见半球形的珠心和 2 层珠被

①珠心 ②侧膜胎座内侵

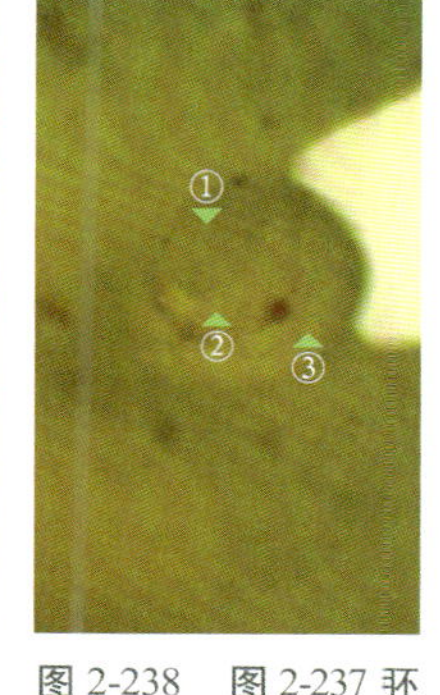

图 2-238 图 2-237 胚珠的放大，示珠心和 2 层珠被

①珠心
②内珠被
③外珠被

关于马兜铃的子房室数和胎座类型，未查到能给予明确回答的文献。根据《中国植物志》记载，马兜铃科的子房室为“4 ～ 6 室或为不完全的子房室”、胎座为“中轴胎座或侧膜胎座内侵”，马兜铃属“6 室，稀 4 或 5 室或子房室不完整；侧膜胎座稍凸起或常于子房中央靠合或连接”。有些书认为马兜铃科是中轴胎座。根据上述精细解剖结果，可以明确马兜铃的胎座是一种类似于中轴胎座的侧膜胎座。这种胎座是由于侧膜胎座内侵并在子房中轴处靠合，但未结合成中轴而形成。这种胎座没有真正的中轴（中轴为空腔），它是依靠内侵的侧膜胎座相互贴在一起而形成了类似中轴的结构。因此，这种胎座非真正的中轴胎座，只是“似中轴胎座”。其子房室“似 6 室”，但非 6 室，是一个未封闭的 6 室，严格来说，子房室仍是 1 室。所以，当花托和下位子房合生的壁被纵剖后，马兜铃的子房就能被展开（见图 2-228）。

五、苋科（Amaranthaceae）

青葙（*Celosia argentea* L.）

青箱属（*Celosia*）。草本；叶互生；穗状花序，近圆柱形；花的苞片（1 片）、小苞片（2 片）和花被片均为干膜质；花被片 5 片，离生；雄蕊的花药 5 个，花丝的上部离生，下部合生成杯状；子房上位，1 室，胚珠多个，基生胎座，花柱细长；胞果（盖裂）。

青葙大部分照片（图 2-239 ～图 2-268）来自 2013 年 10 月 5 日采自河南省洛阳市栾川县（公路旁）的花材料，近末尾有 4 张照片（图 2-269 ～图 2-272）来自 2012 年 9 月 27 日采自河南省洛阳市的花材料，最后一张照片(图 2-273)为 2009 年 10 月 15 日采自河南省洛阳市的花材料。

图 2-239　穗状花序（未使用解剖镜）

图 2-240　穗状花序上端的放大

图 2-241　花的上面观。花被片 5 片，干膜质

图 2-242　图 2-241 花的暗视野观察

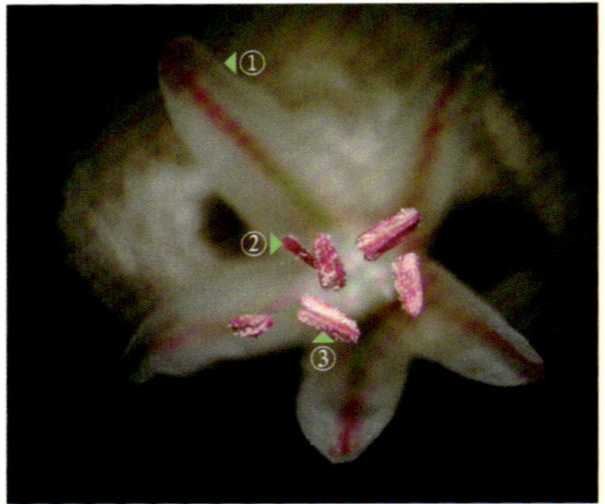

图 2-243　图 2-242 花不同聚焦面的观察，示 5 个雄蕊的花药和雌蕊的柱头

图 2-244　花被片的基部（内面观）

①花被片　②柱头　③雄蕊的花药

图 2-245　花的下面观

①苞片　②小苞片

图 2-246　图 2-245 花的暗视野观察，示花被片下的 1 片苞片和 2 片小苞片

①花被片　②苞片　③小苞片

图 2-247　花下部的苞片（位于花的最下方，较窄）和小苞片（位于苞片之上，较宽），它们均具有 1 个中脉，并且顶端较尖

①花被片　②苞片
③小苞片

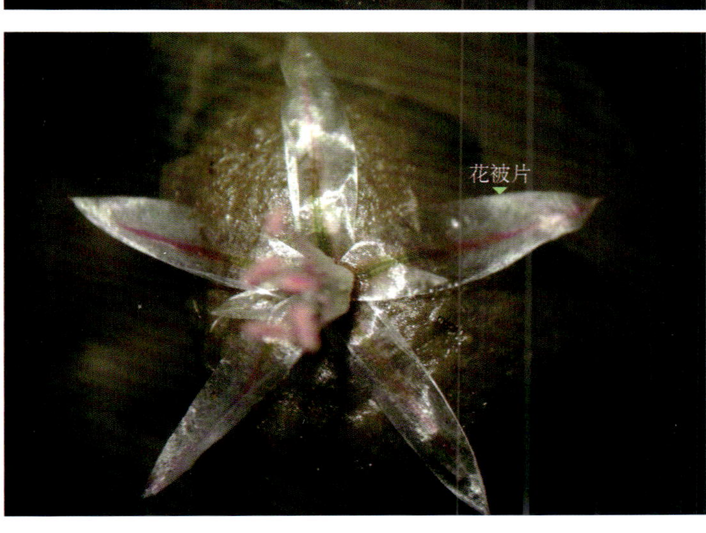

图 2-248　花被片展开后，花的上面观

图 2-249　图 2-248 花的暗视野观察

图 2-250　除去苞片、小苞片和花被后，花蕊的侧面观。雄蕊属于单体雄蕊，其花药和花丝的上部离生，而花丝的下部结合成具有 5 棱的杯状结构

①柱头　②花药
③花柱　④离生的花丝
⑤花丝结合成的杯状结构

图 2-251　图 2-250 的暗视野观察

①柱头　②花柱
③杯状结构

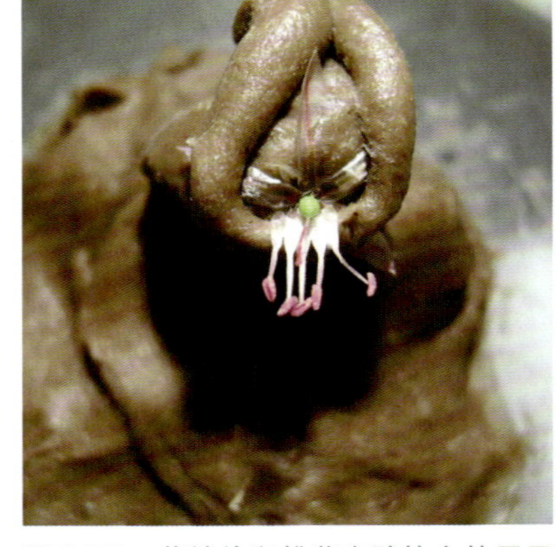

图 2-252　花被片和雄蕊在胶块上的展开及固定方法（未使用解剖镜）

图 2-253　将雄蕊展开并固定后，可见花内的子房呈绿色，花柱较长

①花药　②离生的花丝　③花柱　④子房
⑤花丝结合成的杯状结构

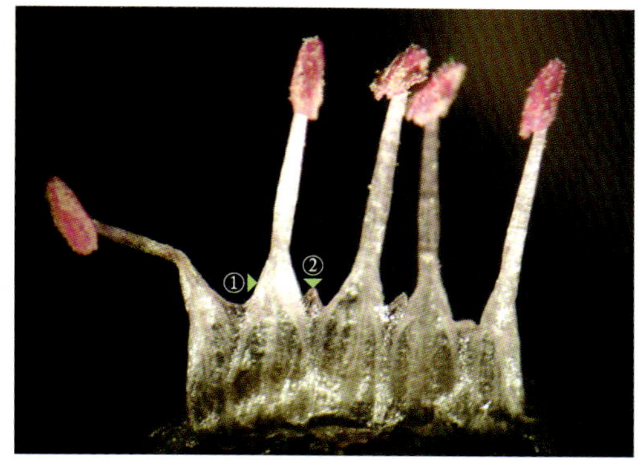

图 2-254 展开雄蕊的内面观。花药纵裂，离生花丝的基部呈三角形，由膜质花丝的边缘内折而成，中空。在两个雄蕊的离生花丝间，由合生花丝的上端形成了 1 个三角齿突（自拟名），在《中国植物志》中未记载此结构

①离生花丝的基部 ②三角齿突

图 2-255 图 2-254 离生花丝基部的放大（内面观）

①三角齿突 ②离生花丝的基部中空

图 2-256 图 2-255 的部分放大（暗视野观察）

①三角齿突 ②离生花丝的基部中空

图 2-257 展开雄蕊的外面观。花药为内向药

①三角齿突 ②杯状结构

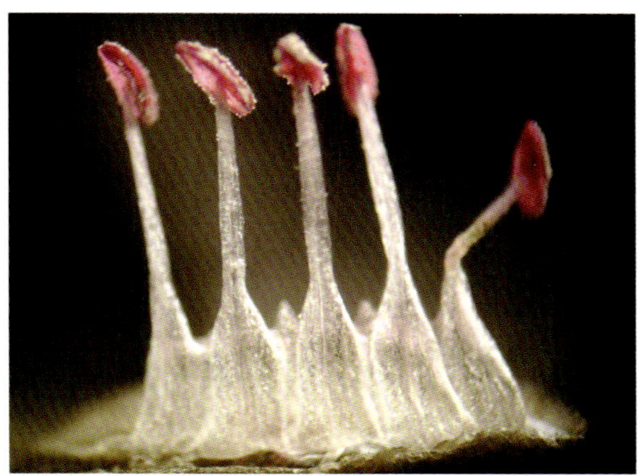

图 2-258 图 2-257 的暗视野观察

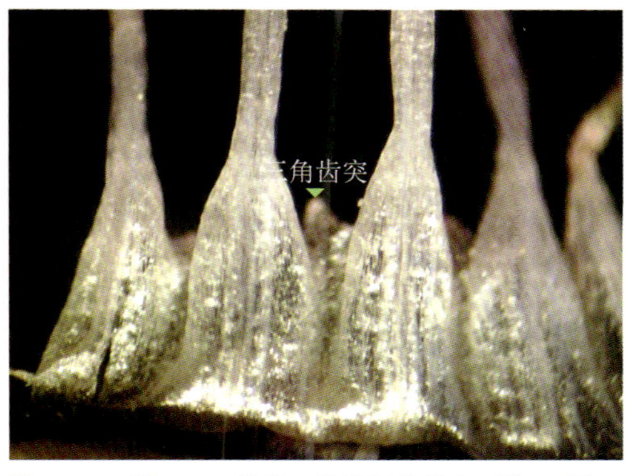

图 2-259 图 2-258 雄蕊下部的部分放大（外面观）

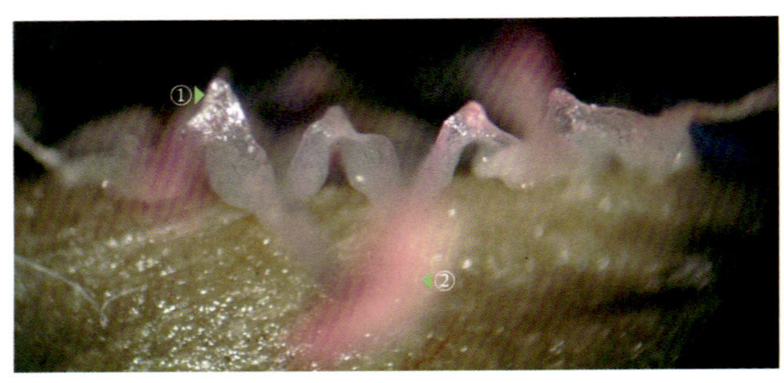

图 2-260　花丝合生处的上面观。由于雄蕊的花药和离生的花丝未在聚焦面上，因而图像模糊不清

①三角齿突　②花药

图 2-261　图 2-260 花丝合生处上端的部分放大（暗视野观察）

①三角齿突　②离生的花丝

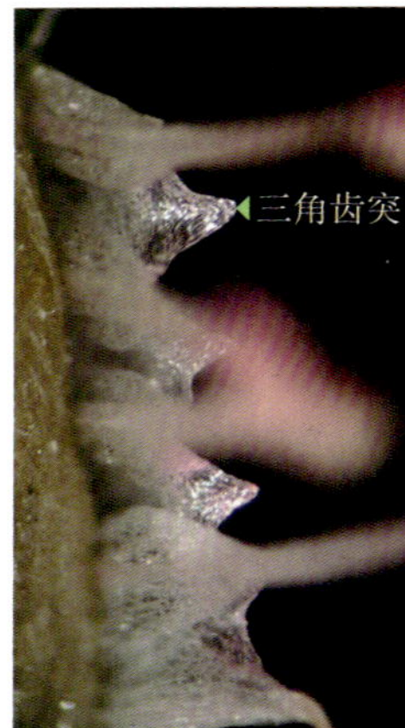

图 2-262　花丝合生处上端的三角齿突（外上面观）

图 2-263　花丝的杯状结构被剖开、展开后，雄蕊和雌蕊的侧面观。花药成熟时纵裂，雌蕊的子房绿色，花柱细长，柱头稍膨大

①柱头　②花柱　③子房
④花丝结合成的杯状结构
⑤离生的花丝　⑥花药纵裂

图 2-264　花药的背部一点着生在花丝的顶端，这种花药着生位置称为"'丁'字形着药"

图 2-265　分离出的雌蕊。子房上位，子房下有短柄，称为"子房柄"，子房柄外有杯状花盘围绕

①花柱　②子房
③子房柄　④杯状花盘

图 2-266　杯状花盘的纵剖

①花丝结合成的杯状结构
②子房
③子房柄
④杯状花盘

图 2-267　除去部分杯状花盘后，示子房下端的子房柄（也有书将子房柄称为"雌蕊柄"）

①杯状花盘　②子房柄
③子房

图 2-268　将子房壁纵剖并展开后，示子房 1 室，胚珠多个

图 2-269　子房室内的多个胚珠，珠柄较长，基生胎座，胎座外形似特立中央胎座

①胚珠　②基生胎座　③子房室
④子房壁

图 2-270　子房室内胚珠的展开（混合光）。由于胚珠着生在子房室的基部，而非中轴状的胎座上，因此与特立中央胎座不同

①胚珠　②珠柄

图 2-271　未开放花的侧面观（暗视野观察），示花被片下的 1 片苞片和 2 片小苞片

①花被片　②小苞片　③苞片

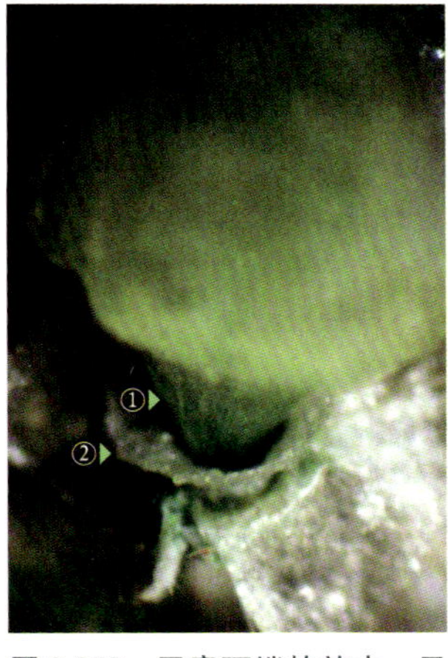

图 2-272　子房下端的放大，示子房下方的子房柄。子房柄外有杯状的花盘

①子房柄　②杯状花盘

图 2-273　子房下端的子房柄和杯状花盘。《中国植物志》等文献中，未记载青葙有花盘

①子房柄　②杯状花盘

六、石竹科（Caryophyllaceae）

麦蓝菜 [王不留行，*Vaccaria hispanica* (Miller) Rauschert]

麦蓝菜属（*Vaccaria*）。草本；单叶对生；聚伞花序，两性花，花梗长；萼片合生，萼筒顶端有 5 个萼齿；花瓣 5 片，离生；雄蕊 10 个，离生；复雌蕊，子房上位，1 室，特立中央胎座，胚珠多数，花柱 2 个；蒴果。

麦蓝菜的拉丁名在《中国植物志》中的写法 [*Vaccaria segetalis* (Neck.) Garcke] 和在《Flora of China》中的写法不同，本文采用《Flora of China》的拉丁名写法。

花材料于 2015 年 5 月 19 日采自河南省洛阳市周山森林公园附近的田间路旁。采用胶块法对其精细解剖和结构观察的结果如图 2-274 ~ 图 2-310 所示。

图 2-274　**植株的二歧聚伞花序（未使用解剖镜）**

这种花序是在顶花下的花序轴上产生 2 个花枝（即花序轴分枝），每个花枝的顶端生 1 顶花后，又在顶花下生 2 个花枝，如此反复，形成花与分枝。《中国植物志》记载麦蓝菜的花序为伞房花序。

①顶花　②花枝　③花序轴

图 2-275　**花的上面观**

①花药和柱头　②花瓣

图 2-276　图 2-275 花的暗视野观察。花瓣边缘有凹缺和不整齐的锯齿

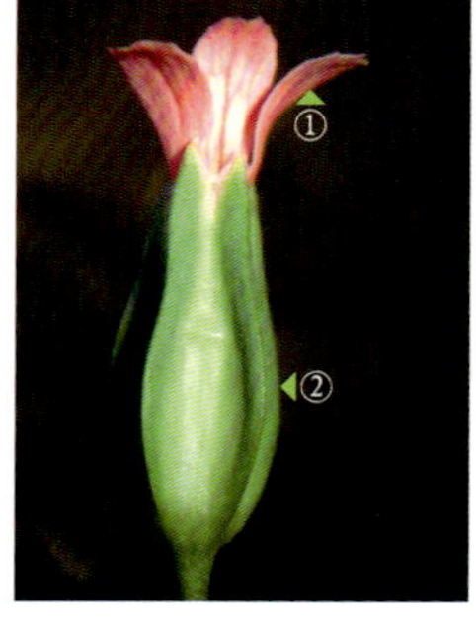

图 2-277　花的侧面观。合生萼，花萼顶端有 5 个萼齿，花瓣离生，5 片

①花瓣　②萼筒

图 2-278　图 2-277 花的暗视野观察。萼筒长卵形

图 2-279　图 2-278 花不同角度的观察（混合光）

图 2-280　图 2-279 花的不同角度观察。萼齿有膜质边缘

图 2-281　图 2-280 花的暗视野观察

图 2-282　除去花萼后，将花瓣和雄蕊倾斜展开，可见花瓣 5 片，雄蕊 10 个，排列成 2 轮

花被固定在一截牙签上端的小胶块上，牙签下端插入其下方的大胶块中（硬胶块）。

①与花瓣互生的雄蕊　②花瓣
③柱头　④与花瓣对生的雄蕊

图 2-283　图 2-282 花的暗视野观察

图 2-284　花瓣的内面观

图 2-285　图 2-284 花瓣的暗视野观察

图 2-286　图 2-285 花的侧面观。花柱 2 个

①柱头　②花柱　③花丝　④花药　⑤花瓣　⑥子房

图 2-287　图 2-286 花不同角度的观察（暗视野观察）

《中国植物志》将麦蓝菜的花瓣分为“瓣片”和“爪”两部分。

①瓣片　②爪

图 2-288　花瓣外面观

图 2-289　图 2-288 花瓣着生位置的放大

花瓣在花托上的着生位置与雌雄蕊的着生位置贴近，即无明显的雌雄蕊柄，《中国植物志》记载其雌雄蕊柄极短。

图 2-290　分离出的花瓣

①瓣片　②爪

图 2-291　雌蕊的侧面观

①柱头　②花柱　③子房

图 2-292　图 2-291 的暗视野观察

①柱头　②花柱　③花丝

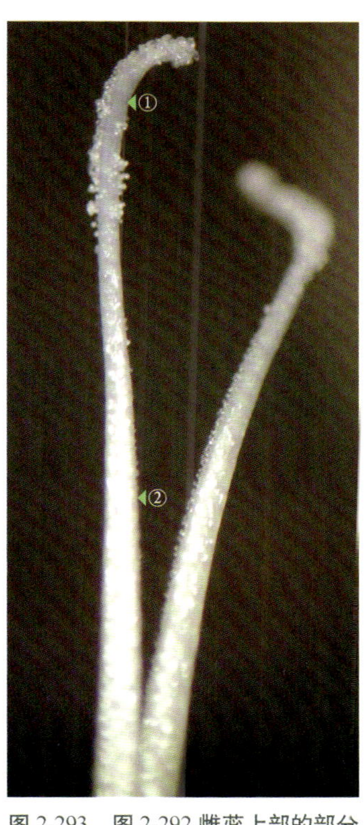

图 2-293　图 2-292 雌蕊上部的部分放大。柱头表面生有乳突，并已附着了一些花粉粒

①柱头　②花柱

图 2-294　子房的侧面观

①花柱
②子房
③花丝

图 2-295　除去部分子房壁后，示子房室内的胚珠

①花柱
②胚珠

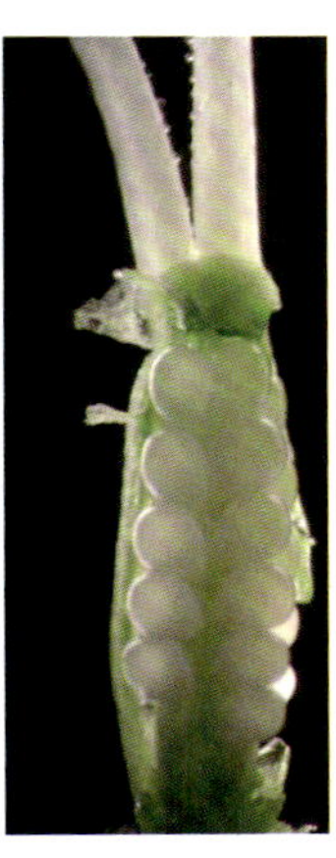

图 2-296　图 2-295 的部分放大（暗视野观察）

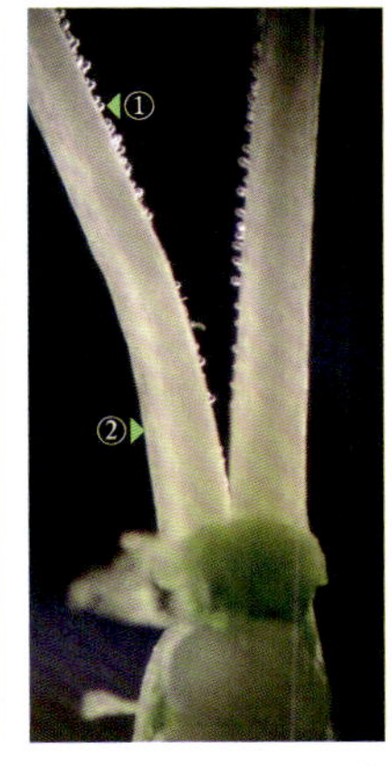

图 2-297　图 2-296 花柱的暗视野观察。在花柱的内面生有纵向的乳突

①乳突
②花柱

图 2-298　除去子房壁后，示子房室内特立中央胎座表面的胚珠

图 2-299　图 2-298 不同角度的观察

图 2-300　图 2-299 的暗视野观察

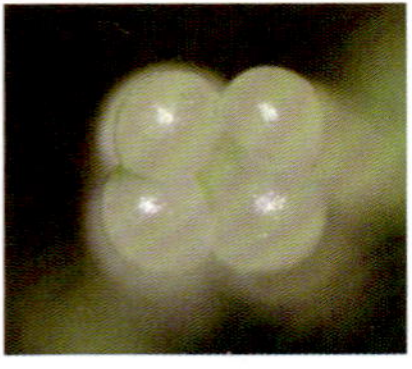

图 2-301　上图：特立中央胎座的上面观，胚珠 4 列，子房 1 室，即在子房室内无子房室间隔膜。下图：上图的暗视野观察

图 2-302　另一朵花的上面观。在花冠喉部，可见雄蕊的花药和雌蕊的柱头

①花瓣　②花药　③柱头

图 2-303　图 2-302 花的暗视野观察

图 2-304　花冠喉部的放大。由于柱头未在聚焦面上，因而模糊

①花药　②柱头

图 2-305　图 2-304 不同聚焦面的观察，柱头的图像清晰。由于花药未在聚焦面上，因而其图像模糊

①花药　②柱头

图 2-306　野外采集的另一种麦蓝菜（花的上面观），其花瓣的外露部分（瓣片）狭倒卵形，较前一种麦蓝菜的花瓣稍细一些，近全缘，凹缺和锯齿少

图 2-307　图 2-306 花的暗视野观察

图 2-308　花冠喉部的雄蕊，花药尚未开裂

①花药　②花丝

图 2-309　花的侧面观。萼筒披针形，比前一种稍细一些

图 2-310　图 2-309 花上端的放大。萼齿具有膜质边缘

《中国植物志》记载麦蓝菜属约有4种植物，中国仅1种，即麦蓝菜，其瓣片狭倒卵形，微凹缺。图 2-275 和图 2-306 花的瓣片差异较明显，两者间是否属于种下的变型（form，缩写为"f."）和原变型之间的关系，需进一步研究。

①花瓣　②萼齿　③萼筒

七、睡莲科（Nymphaeaceae）

1. 睡莲（*Nymphaea* sp.）

睡莲属（*Nymphaea*）。水生草本；花大，白色；萼片4片，排列成1轮；花瓣多数，排列成多轮，白色；雄蕊多数、离生，外侧雄蕊瓣化，内侧雄蕊渐变窄；复雌蕊，子房半下位（文献记载），子房多室，片状胎座。

花材料于2014年6月13日采自河南省洛阳市内公园。采用胶块法对其精细解剖和结构观察的结果如图 2-311～图 2-337 所示。

图 2-311　花的近上面观（未使用解剖镜）

①雄蕊群　②花瓣　③萼片

图 2-312　花的下面观。萼片4片，外轮的2片花瓣似萼片，其色彩与萼片相似（未使用解剖镜）

①花瓣　②花梗　③萼片

图 2-313　萼片和外轮花瓣的外面观（未使用解剖镜）

①花瓣　②萼片

图 2-314 图 2-313 萼片和花瓣的内面观（未使用解剖镜）

图 2-315 除去萼片后的花（未使用解剖镜）

①外轮花瓣 ②花梗

图 2-316 除去花瓣后，示较宽大的瓣化雄蕊。顶端为花药，花药的两侧有花粉囊（未使用解剖镜）

①花药
②瓣化雄蕊

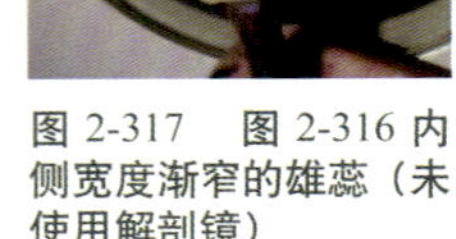

图 2-317 图 2-316 内侧宽度渐窄的雄蕊（未使用解剖镜）

①花药 ②花丝
③雄蕊 ④花托

图 2-318 图 2-317 雄蕊的混合光观察

①花药 ②花丝 ③花托

图 2-319 除去萼片、花瓣和部分雄蕊后，花的近上面观（未使用解剖镜）

图 2-320 雌蕊的柱头盘和上层雄蕊的上面观。雄蕊的花丝较细，花药在花丝顶端内折，花药的着生位置为底着药（基着药）

马炜梁先生在《植物学》（第 2 版，P256，图 12-100）中将睡莲（*Nymphaea tetragona*）雌蕊顶端 20 个内向伸出的齿状凸起物标为“柱头”。《中国植物志》描述睡莲属的“柱头成凹入柱头盘”（27：8），睡莲的“柱头具 5 ~ 8 辐射线”（27：10），但无图示。柱头盘和辐射线位于何处？这些问题在植物志中查不出答案，只能靠自己去猜测和判断。从图上看，柱头盘应该就是复雌蕊顶端的部分，其边缘 10 个辐射状伸出的扁平长齿状凸起即是柱头的辐射线。在柱头盘的中央，有一个球柱状结构，西北农林科技大学张鑫博士将其称为“花顶（形成花的茎的顶端生长点残余）”，英文称为“flowers apex”。

①花丝 ②花药 ③花顶 ④柱头盘 ⑤辐射线

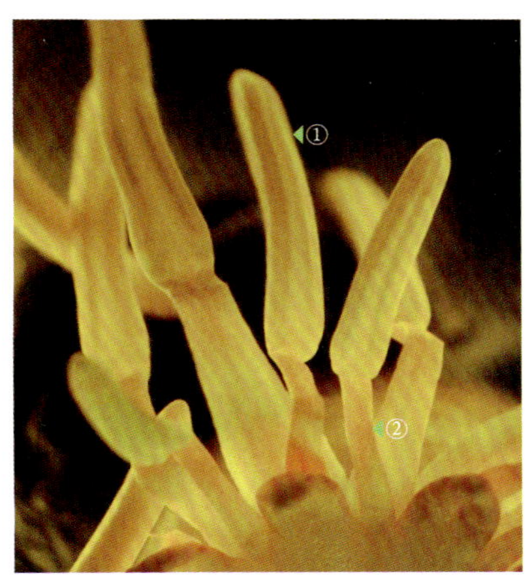

图 2-321　图 2-320 雄蕊的暗视野观察

①花药　②花丝

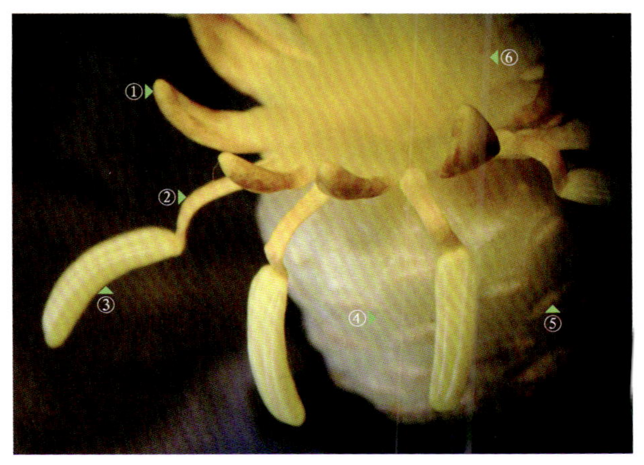

图 2-322　除去花被片和绝大部分雄蕊后，花托的近上面观

在白色的花托上，由下至上依次着生着萼片（4 片）、花瓣（多轮）、雄蕊（多轮），当它们被摘下后就在花托的着生处留下创伤的痕迹，随着伤口处物质的氧化，其着生痕迹颜色变深，可根据花托表面着生痕迹的位置及宽窄判断是何物着生。心皮是构成雌蕊的基本单位，每一个雌蕊通常分化为子房、花柱和柱头三个部分。从图中看，睡莲的雌蕊仅有柱头盘露出花托外，而雌蕊的子房则生于杯状花托内，并与花托合生在一起，所以睡莲为子房下位。但是，一些文献则描述睡莲为子房半下位，但无解剖图示。子房半下位是指子房在下部与其外的花托合生，而子房的上部游离。从照片上看，若将柱头盘上的球柱状结构看作柱头和花柱，则子房半下位。

①辐射线　②花丝　③花药　④花托　⑤着生痕迹
⑥柱头盘

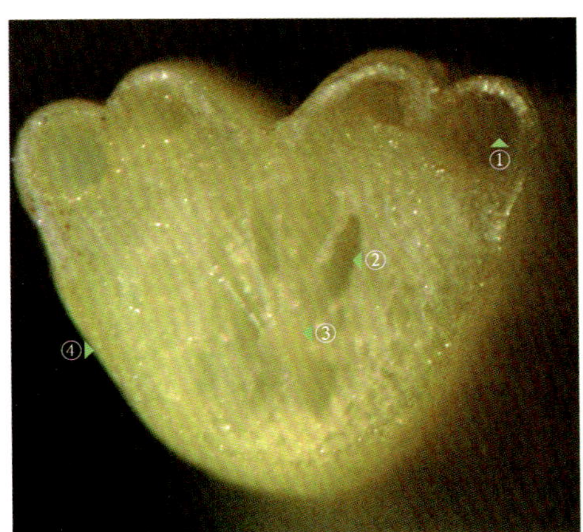

图 2-323　花药的横切面。上方有 4 个花粉囊（近轴面，花药为内向药），其下方横切面阔卵圆形的结构（远轴面）为药隔（因花药下的花丝较扁，故此结构应为药隔，非花丝）。药隔内有多个气腔和维管束

①花粉囊　②气腔　③维管束　④药隔

图 2-324　雌蕊的柱头盘。柱头有 10 个辐射线

《中国植物志》记载睡莲柱头的辐射线 5 ~ 8 个。

①柱头盘　②辐射线

图 2-325　除去花被和雄蕊后，筒状花托的侧面观（自然光照明）。花托表面有氧化成深色的花被及雄蕊的着生痕迹，筒状花托内有下位子房与之贴生

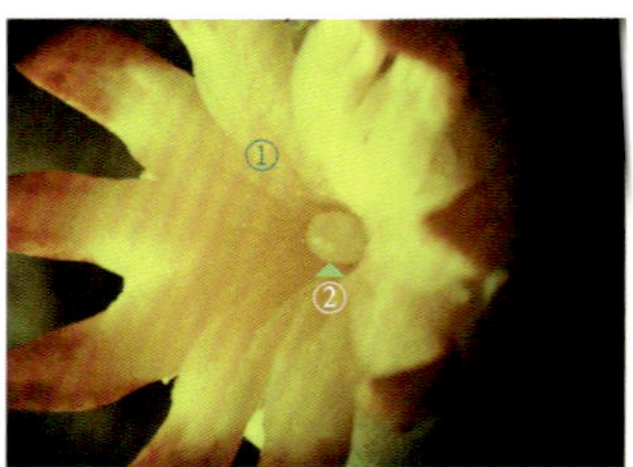

图 2-326　柱头盘中央的球柱状结构（自拟名），在植物志文献中未能查出其名称

①柱头盘　②球柱状结构

图 2-327　柱头盘中央的球柱状结构，其周围遮挡视线的部分已被剖除

图 2-328　柱头盘上摘下的一个辐射线

图 2-329　图 2-328 辐射线的部分放大，示其内侧下方的粗糙表面

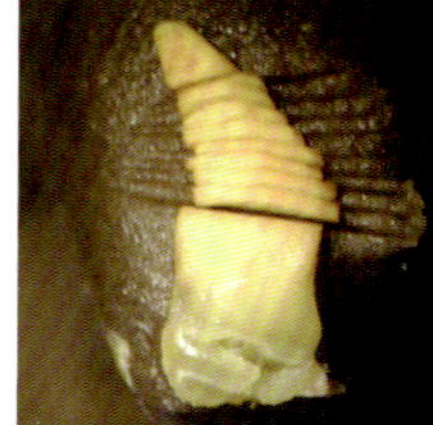

图 2-330　图 2-329 辐射线的横切

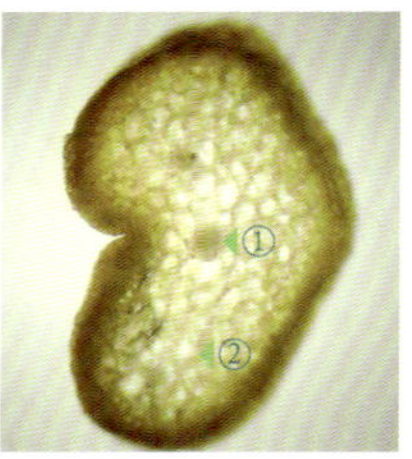

图 2-331　图 2-330 一个辐射线横切片的临时水装片观察，内有气腔和维管束（细胞致密处）

①维管束
②气腔

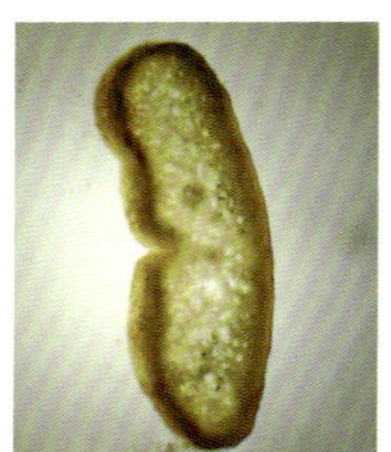

图 2-332　图 2-331 下方的另一个辐射线横切片

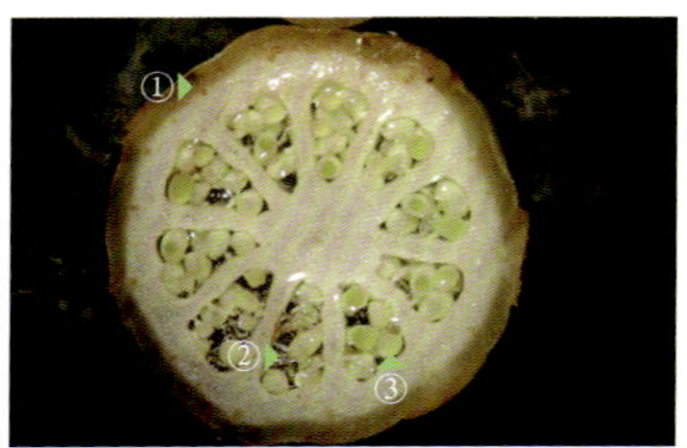

图 2-333　子房的横切片。子房室内充满无色透明的黏稠液体

将子房横切片制成临时水装片后，子房室内的黏稠液体会凝固成无色透明的胶冻状固体。子房 10 室，子房室内的胎座称为“片状胎座”。片状胎座与中轴胎座相似，但其胚珠是着生在子房室间的隔膜上，而非中轴上，两者因此不同。

①花托和子房的壁
②子房室　③胚珠

图 2-334　子房横切片的临时水装片在解剖镜下的放置方法

图 2-335　2 个子房室的放大。胚珠着生在子房室间的隔膜两侧（片状胎座），子房室间的隔膜内有气腔，子房室内充满已凝固的、无色透明的胶冻状固体

①胚珠　②片状胎座　③气腔　④胶冻状固体

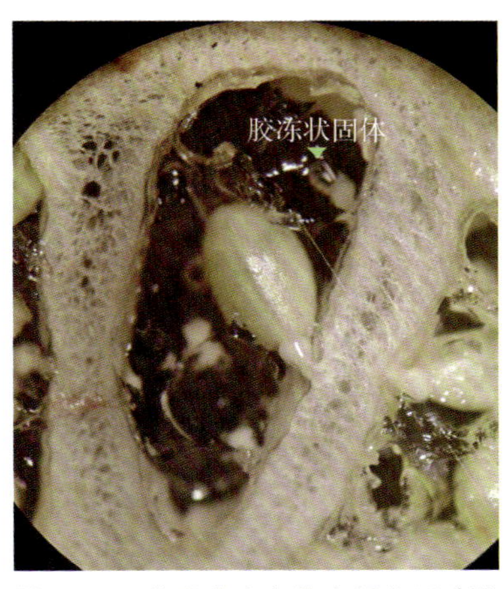

图 2-336　将子房室内的大部分胚珠除去后，示片状胎座上的 1 个胚珠。在子房室内的胚珠间，无色透明的黏稠液体已凝固成无色透明的胶冻状固体

图 2-337　分离出的倒生胚珠。倒生胚珠的珠孔端明显（已褐化成深色），胚珠和珠柄间有缢缩，即关节

①胚珠　②关节　③珠孔端　④珠柄

2. 白睡莲（*Nymphaea alba* L.）

睡莲属（*Nymphaea*）。水生草本；叶近圆形，基部有心形深弯缺；花大，白色；萼片 4 片，背面绿色；花瓣多轮，白色；雄蕊多数，外侧雄蕊瓣化，内侧的雄蕊渐变为条状；复雌蕊，由多心皮合生而成，子房半下位（文献记载），多室，片状胎座。

花材料于 2015 年 9 月 10 日采自河南省洛阳市河南科技大学开元校区。采用胶块法对其精细解剖和结构观察的结果如图 2-338 ～图 2-368 所示。

图 2-338　花的上面观（未使用解剖镜）

①雄蕊群　②花瓣　③萼片

图 2-339　花的侧面观（未使用解剖镜）

①花瓣　②萼片

图 2-340　花的下面观。花萼由 4 片离生的萼片组成（未使用解剖镜）

①花瓣　②萼片　③花梗

图 2-341 在下午拍照时，花近闭合。将花插入水中，在第二天上午时花仍能开放（未使用解剖镜）

①花瓣 ②萼片
③花梗

图 2-342 渐变花被片的离析（未使用解剖镜）

图 2-343 放置在载玻片上的瓣化雄蕊，其上端的花药两侧生有花粉囊，花药下方为花瓣状的花丝（瓣状花丝，自拟名）（未使用解剖镜）

①花药
②瓣状花丝
③载玻片

图 2-344 瓣化雄蕊的放大（暗视野观察）

①花粉囊
②花药
③瓣状花丝

图 2-345 除去花被片和瓣化雄蕊后，花的上面观，雄蕊的花药为内向药，纵裂

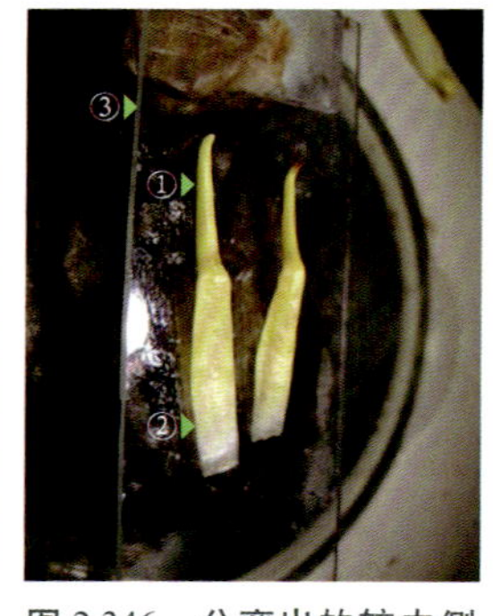

图 2-346 分离出的较内侧雄蕊，花丝虽然已变窄，但仍宽于花药（未使用解剖镜）

①花药 ②花丝
③载玻片

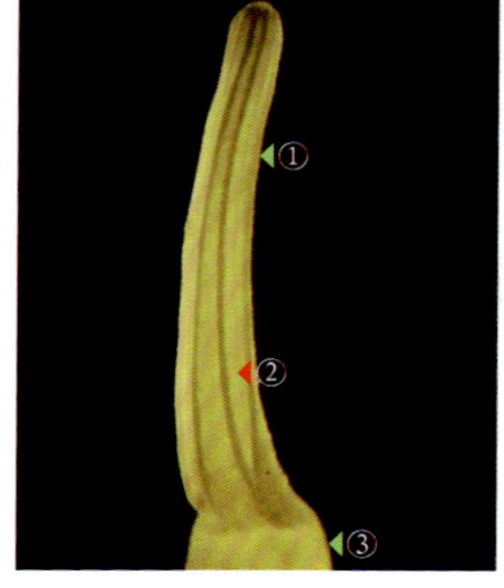

图 2-347 图 2-346 雄蕊花药的暗视野观察

①花药 ②花粉囊
③花丝

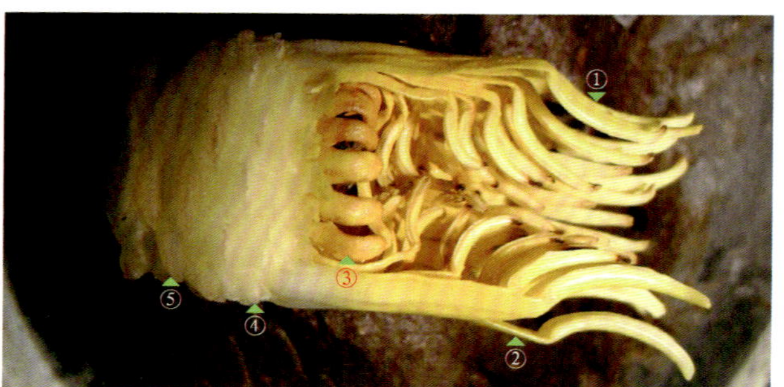

图 2-348 除去花被和一侧的雄蕊后，花托和花蕊的侧面观（未使用解剖镜）。在柱头的辐射线和雄蕊间囚禁了 1 只已死亡的昆虫。从雄蕊的侧面看，雄蕊的花丝较扁，没有花药厚。在花托上有萼片、花瓣和雄蕊摘除后留下的着生痕迹。在筒状花托内生有下位子房，两者合生（贴生）

①花药 ②花丝
③辐射线 ④雄蕊的着生痕迹
⑤花托

图 2-349　图 2-348 柱头辐射线和雄蕊间的部分放大

①雄蕊　②辐射线　③花托

图 2-350　被囚禁的昆虫

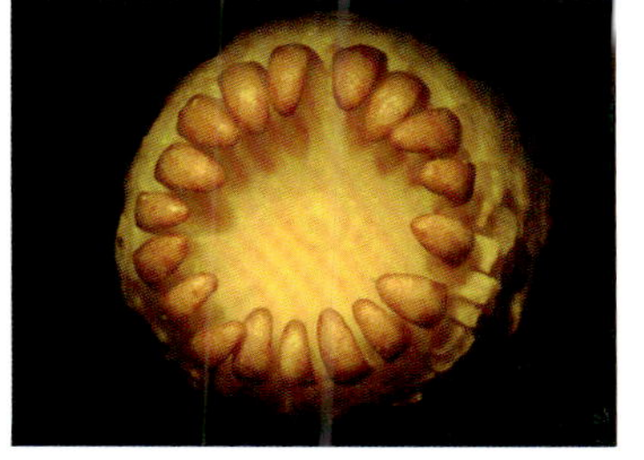

图 2-351　柱头盘的暗视野观察。柱头盘有辐射线 18 个，《中国植物志》记载"柱头具 14 ～ 20 辐射线"(27:9)

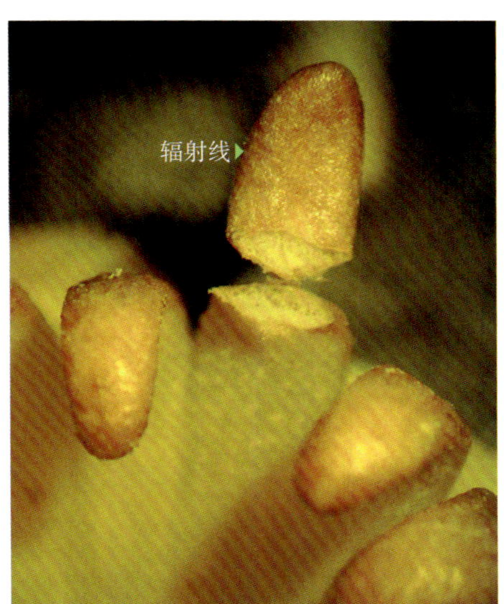

图 2-352　将一个柱头的辐射线折断，可见其较扁

图 2-353　图 2-352 花托和柱头盘在硬胶块上的固定方法。折断的柱头辐射线用一段牙签斜向支起

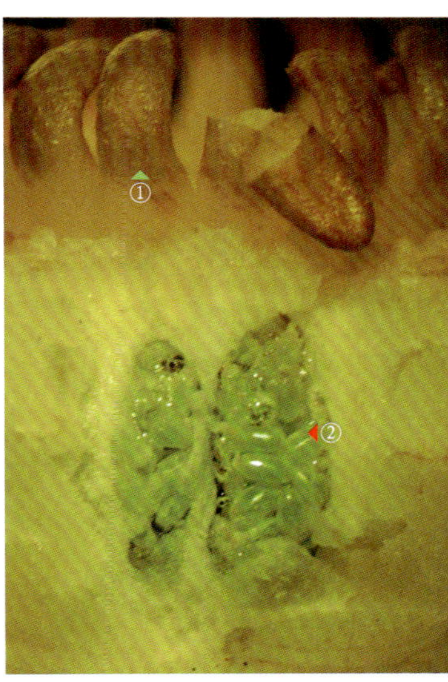

图 2-354　除去部分花托和子房的壁后，示 2 个子房室内的部分胚珠。文献中记载其子房半下位，但从图中看，称为"子房下位"似乎更合适

①辐射线　②胚珠

图 2-355　图 2-354 子房横切片的临时水装片观察。子房室 18 个，与柱头辐射线的数目一致。红箭头指图 2-354 的花托和子房壁被剖去的位置

①花托和子房的壁　②胚珠

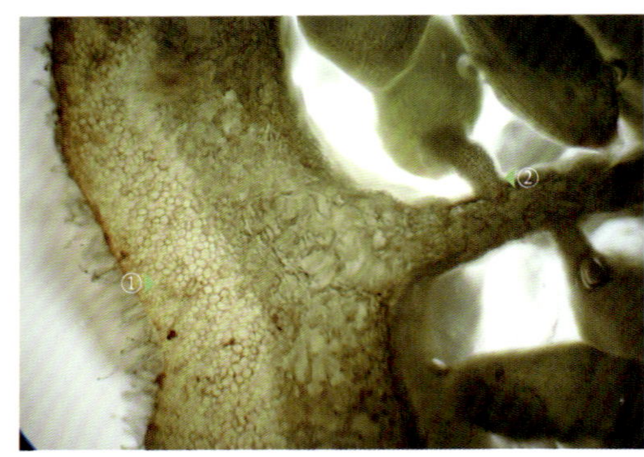

图 2-356　子房室的部分放大。子房室内的胎座为片状胎座，子房室间的隔膜内无明显的气腔，子房室外的壁分为 2 层，花托壁表面被毛

①花托和子房的壁　②片状胎座

图 2-357　子房室内胚珠着生在子房室间的隔膜两侧，为片状胎座，它与胚珠着生在中轴上的中轴胎座不同。子房室内充满了无色透明的黏稠的液体，当子房切片被制成临时水装片后，这种黏稠的液体不与水互溶，能凝固成无色透明的胶冻状固体

①胶冻状固体　②子房室间隔膜　③子房室

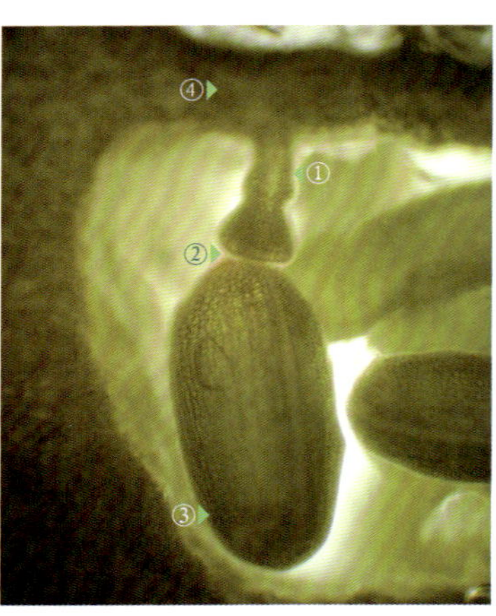

图 2-358　子房室内的 1 个胚珠，在胚珠与珠柄间有缢缩（关节）

①珠柄　②关节
③胚珠
④子房室间隔膜

图 2-359　分离出的胚珠(倒生胚珠)

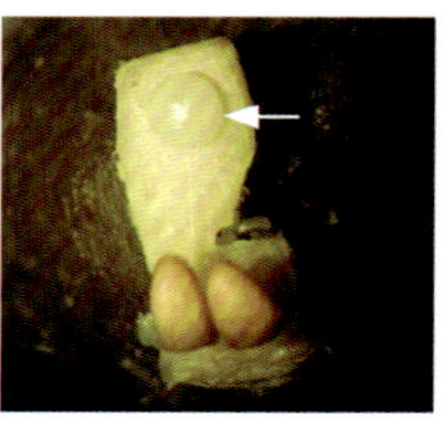

图 2-360　雌蕊的柱头盘中央由子房室中轴形成的球状结构（白箭头处），其周围的大部分柱头盘已被切去

图 2-361　图 2-360 柱头盘中央球状结构的放大（侧面观）。若将此球状结构看作花柱和柱头，则子房半下位

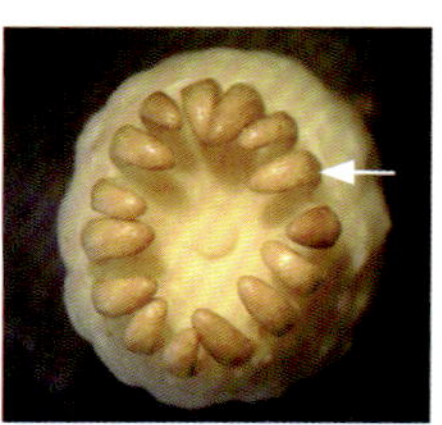

图 2-362　另一朵花的柱头盘（上面观）。柱头辐射线（白箭头处）有 15 个

图 2-363　图 2-362 花托和柱头盘的侧面观（暗视野观察）。雌蕊的子房与其外的花托（节间极度缩短的 1 个变态茎）合生，雌蕊仅柱头盘部分在筒状花托的顶端露出，若将柱头盘看作柱头，则子房下位

①辐射线　②花托

图 2-364　子房横切片的临时水装片。子房室数 15 个，与柱头辐射线数相等

图 2-365　花梗的横切片。在花梗内有大、小不等的气腔（由通气组织构成），在气腔的内壁表面生有星状石细胞

①气腔　②石细胞

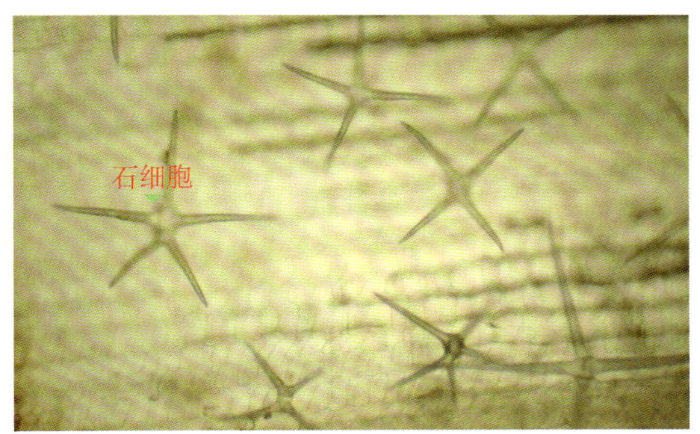

图 2-366　气腔内壁上的星状石细胞（显微镜观察）

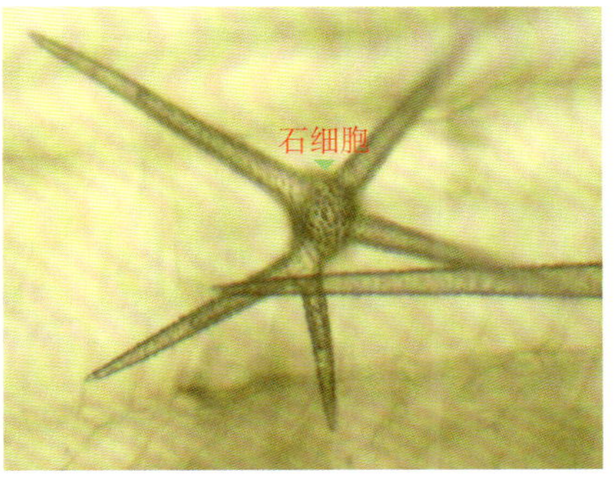

图 2-367　星状石细胞的放大（显微镜观察）

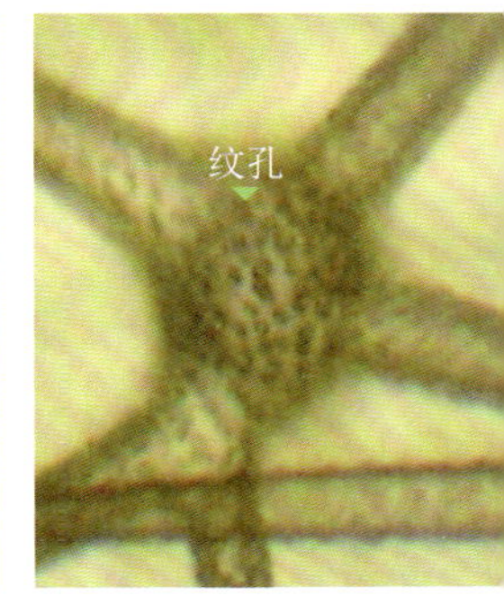

图 2-368　图 2-367 的进一步放大。星状石细胞的表面有一些凹陷的孔洞（即纹孔的开口），因此显得比较粗糙（显微镜观察）

3. 萍蓬草 [*Nuphar pumila* (Timm) de Candolle]

萍蓬草属（*Nuphar*）。水生草本；花较大；萼片 5 片，离生，花瓣状，较大；花瓣多数，离生，雄蕊状，较小；雄蕊多数，离生；复雌蕊，子房上位，片状胎座，柱头盘常 10 浅裂。

萍蓬草的拉丁名在《中国植物志》和《Flora of China》中的写法不同，本文采用后者的写法。

花材料于 2014 年 5 月 9 日采自河南省洛阳市内公园。采用胶块法对其精细解剖和结构观察的结果如图 2-369 ～图 2-395 所示。

图 2-369　花的上面观（未使用解剖镜）。萼片宽大，花瓣较小，雄蕊多数，离生。成熟的雄蕊花丝向外弯曲，花药开裂，未成熟的雄蕊围在雌蕊的周围

①未成熟的雄蕊　②柱头盘
③萼片　④成熟的雄蕊　⑤花瓣

图 2-370　花的近上面观。雄蕊呈条状，花药与花丝的宽度相似，花药的两侧有花粉囊（未使用解剖镜）

①未成熟的雄蕊　②柱头盘　③萼片
④成熟的雄蕊　⑤花瓣

图 2-371　花的侧面观。萼片花瓣状，颜色为黄色和绿色的镶嵌色（未使用解剖镜）

①萼片　②花梗

图 2-372　花的下面观。萼片 5 片（未使用解剖镜）

①萼片　②花梗

图 2-373　从花上摘下的萼片（内面观）（未使用解剖镜）

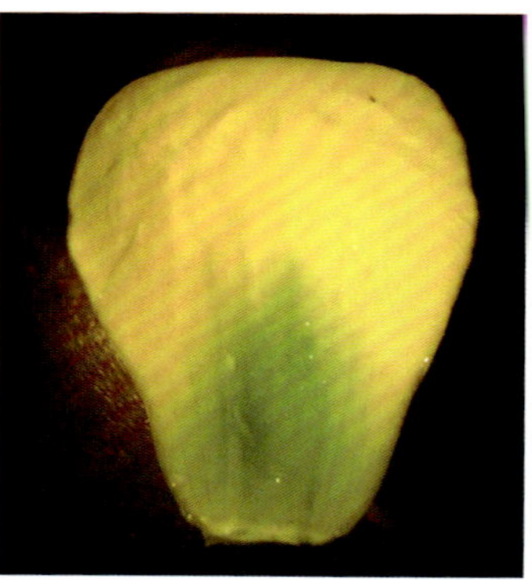

图 2-374　单片萼片的内面观

图 2-375　萼片的侧面观（暗视野观察）

图 2-376　萼片的外面观。萼片的颜色由黄色、绿色和过渡色组成

图 2-377　除去花萼后，花的放大，示轮状排列的雄蕊。柱头盘周围未展开的雄蕊是未成熟的雄蕊，未成熟雄蕊下方、外曲展开的雄蕊为成熟雄蕊，其花药已纵裂

①成熟的雄蕊　②柱头盘
③未成熟的雄蕊

图 2-378　图 2-377 花的暗视野观察。成熟雄蕊已展开，花药纵裂，花粉囊位于花药的两侧

①花粉囊　②花瓣　③花药

图 2-379　除去花萼后，花的侧面观（暗视野观察）。最下面 1 轮为花瓣，似雄蕊，其上为外曲、展开的成熟雄蕊（花药已纵裂），未展开的未成熟雄蕊紧贴在雌蕊周围

①未成熟的雄蕊　②成熟的雄蕊　③花瓣

图 2-380　除去花萼后，花的下面观，可见雄蕊状的花瓣排列成近 1 轮，12 片，花梗绿色（未使用解剖镜）

①花梗　②雄蕊　③花瓣

图 2-381　除去花萼和雄蕊后的花，示雌蕊红色的柱头盘，最下面的黄色部分为花瓣（未在聚焦面上，因而模糊）

①花瓣　②柱头盘

图 2-382　除去花萼和雄蕊后，雌蕊的侧面观（混合光）。雌蕊的子房上位，将子房下方着生的雄蕊除去后，可见花托表面生有表皮毛

①柱头盘　②花柱　③子房　④花梗
⑤花瓣　⑥雄蕊(群)在花托上的着生位置

图 2-383　图 2-382 花不同角度的观察，示雄蕊状的花瓣

①柱头盘　②子房　③花瓣

图 2-384　图 2-383 的暗视野观察

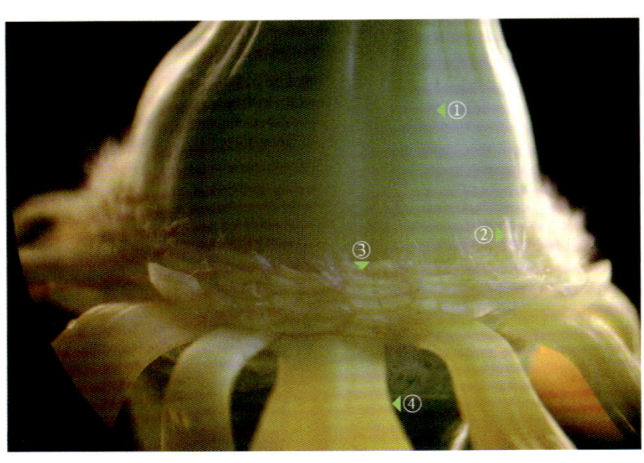

图 2-385　图 2-384 花瓣和雌蕊间的花托上，可见雄蕊群被摘除后留下的着生痕迹和花托表面着生的表皮毛

①子房　②表皮毛
③雄蕊的着生痕迹　④花瓣

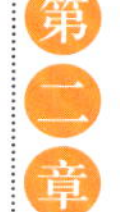

图 2-386 雌蕊的侧面观（暗视野观察）。雌蕊下方的萼片、花瓣和雄蕊虽已被摘除，但在花托上有它们的着生痕迹

《中国植物志》未记载萍蓬草的子房是否上位，但记载了萍蓬草属子房上位，(其上级分类单位）睡莲亚科的子房半下位或下位。

①柱头盘 ②花柱 ③子房
④花托 ⑤花梗

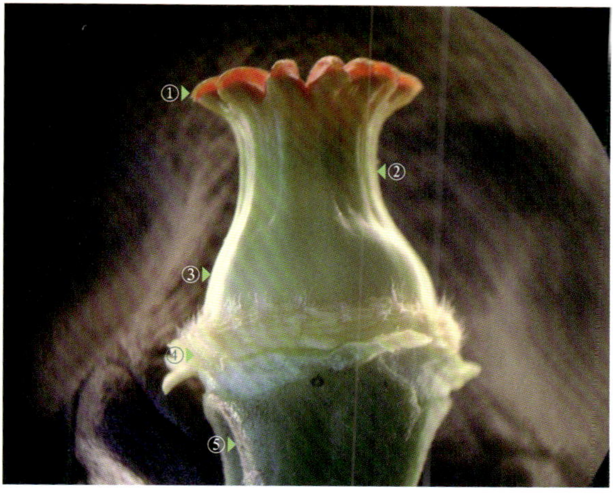

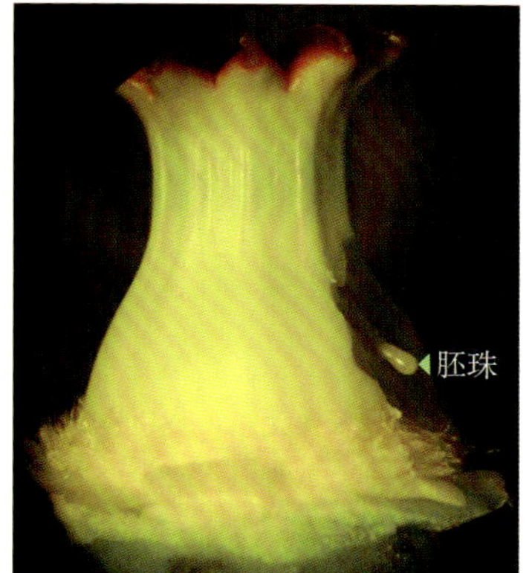

图 2-387 除去一部分子房壁，将子房室内的 1 个胚珠掀出

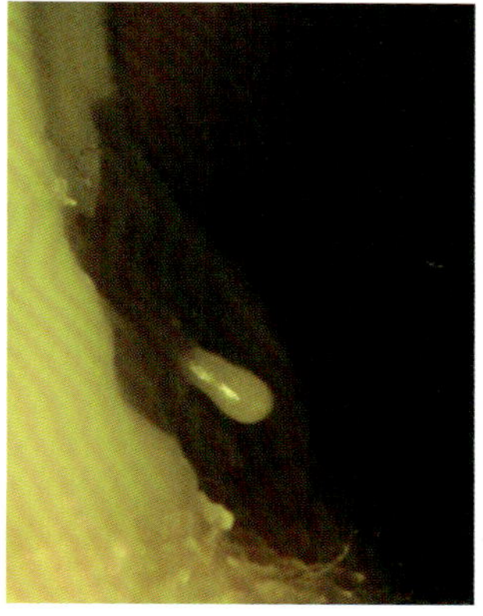
图 2-388 图 2-387 胚珠的放大

图 2-389 雌蕊在胶块上的横切

图 2-390 辐射状浅裂的柱头盘。图中左下角 1 个柱头裂片出现变异（顶端 2 裂），这种变异与子房室内的变异相对应

图 2-391 柱头盘切片的下面观，可见子房 10 室。在图下部中央，有一个子房室是由 2 个内侧合并的子房室构成，此变异与上图柱头裂片的变异相对应

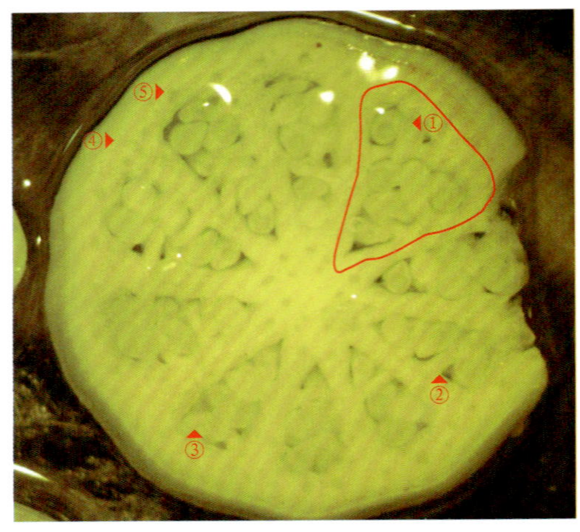

图 2-392 子房横切片的临时水装片观察。此切片右侧的子房壁已被除去，是图 2-387 的子房切片。在子房室内，胚珠着生在子房室间的隔膜两侧，这种胎座称为“片状胎座”，不是中轴胎座。图中红圈内一大一小的 2 个子房室与图 2-391 一个内侧合并的变异子房室相对应（图 2-391 切片之下的本切面上，子房由 10 室变成 11 室）

①较小的子房室 ②片状胎座
③胚珠 ④子房壁 ⑤维管束

图 2-393 花梗横切面的临时水装片观察。花梗内有很多纵向的气腔，此种组织称为“通气组织”，在通气组织中还有一些维管束分布（暗视野观察）

①气腔 ②维管束

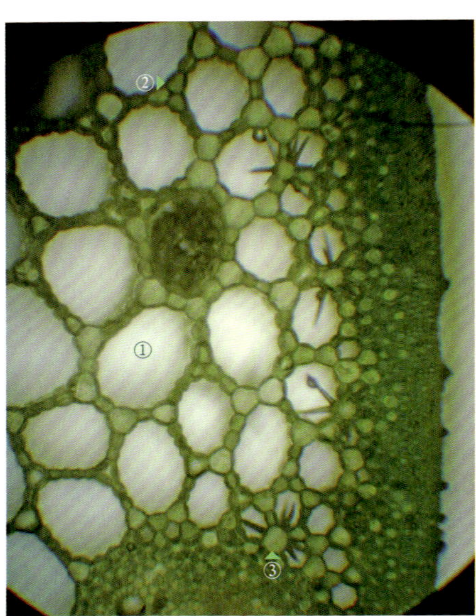

图 2-394 图 2-393 花梗横切片的部分放大（显微镜观察照片）。花梗内气腔的壁多由 1 层细胞组成

①气腔 ②气腔的壁 ③石细胞

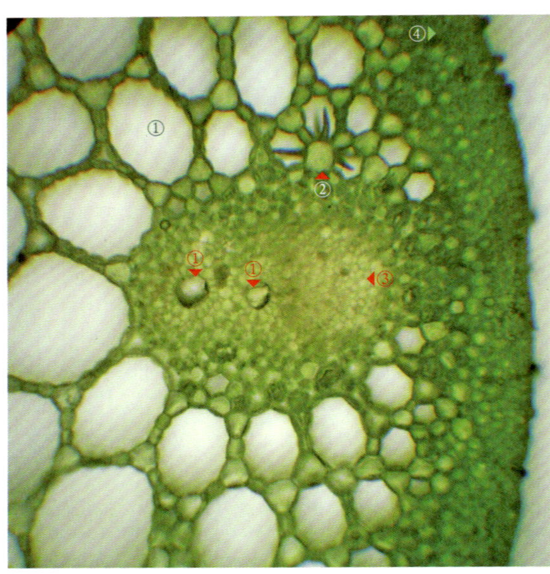

图 2-395 花梗横切片不同部位的进一步放大（显微镜观察照片），示花梗内的维管束和星状的石细胞，维管束中有气腔。水生植物的维管束，木质部退化，韧皮部发育正常，这里未对其结构进行研究

①气腔 ②石细胞 ③维管束 ④厚角组织

八、蜡梅科（Calycanthaceae）

蜡梅 [*Chimonanthus praecox* (L.) Link]

蜡梅属（*Chimonanthus*）。落叶灌木；单叶对生；两性花，先于叶开放；花被片多数，花瓣状；雄蕊 5 个（文献记载 5 ～ 6 个），花药外向，正常雄蕊和退化雄蕊均生于杯状花托上；离生雌蕊，生于杯状花托内，子房上位；聚合瘦果，生于坛状果托（由杯状花托发育而成）内。

花材料于2014年1月7日采自河南省洛阳市河南科技大学周山校区。采用胶块法对其精细解剖和结构观察的结果如图 2-396 ～图 2-449 所示。

图 2-396　花的上面观

①花药　②内部花被片　③外部花被片

图 2-397　图 2-396 花不同角度的观察

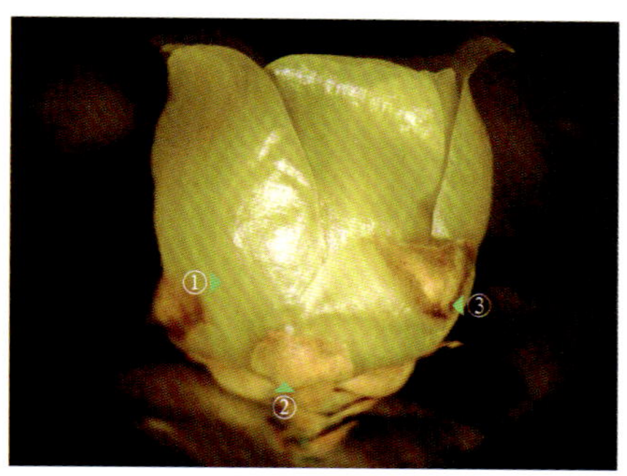

图 2-398　花的侧面观。花被下方有花芽的芽鳞片，靠近芽鳞片的外部花被片，形态介于芽鳞片和花被片之间（上端干枯，褐色，与芽鳞片形态和色彩一致，下部则与正常花被片形态一致）

①外部花被片　②芽鳞片
③具芽鳞片特征的外部花被片

图 2-399　图 2-398 花在胶块上的固定方法

图 2-400　花的侧面观

①外部花被片
②芽鳞片
③花梗

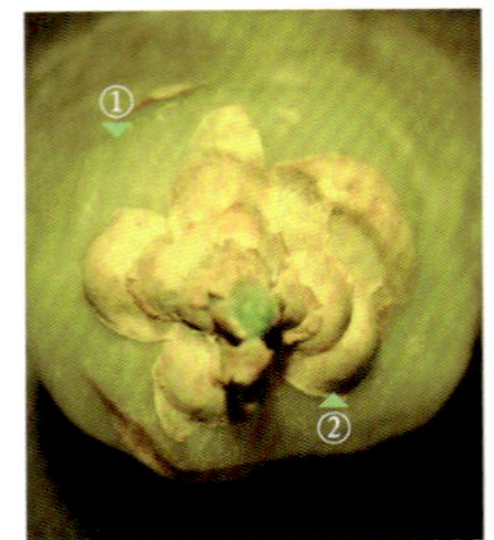

图 2-401　花的下面观。芽鳞片约排列成 4 列，与花被片的排列方式不同

①外部花被片
②芽鳞片

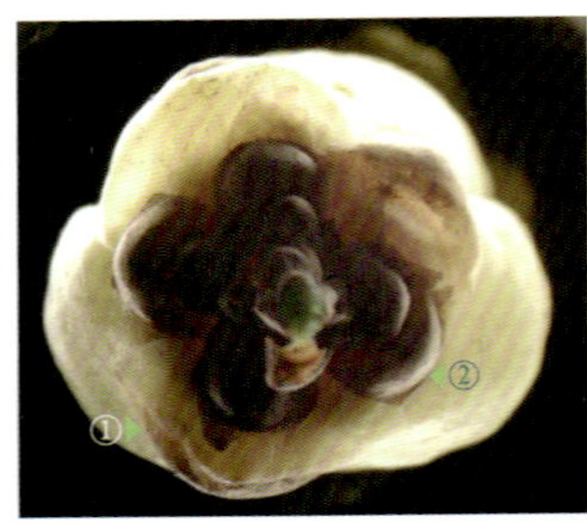

图 2-402　图 2-401 的暗视野观察

通常，将生于花梗基部的叶状或鳞片状的器官称为"苞片"，将生于花梗上或花萼下的称为"小苞片"。这里的芽鳞片生于花梗（是 1 个节间极度缩短的枝条）上，符合"苞片"和"小苞片"的概念。

①外部花被片　②芽鳞片

图 2-403　芽鳞片的内面观

图 2-404　芽鳞片的侧面观

图 2-405　芽鳞片的外面观

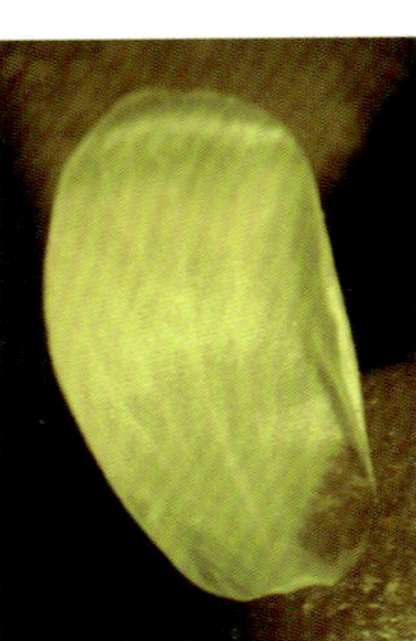

图 2-406　外部花被片的内面观

图 2-407　外部花被片的侧面观

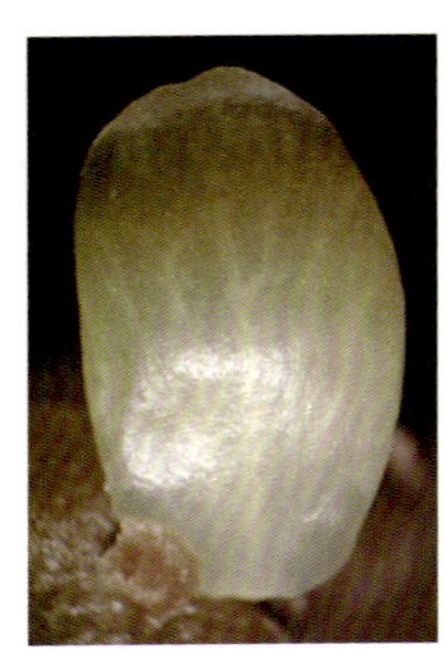

图 2-408　外部花被片的外面观（混合光）

图 2-409　外部花被片展开后，花的上面观。越靠近内部，花被片就会从下部开始出现越来越多的紫色斑纹，最终布满整片花被片（维管束分布处色浅一些）

①内部花被片
②外部花被片

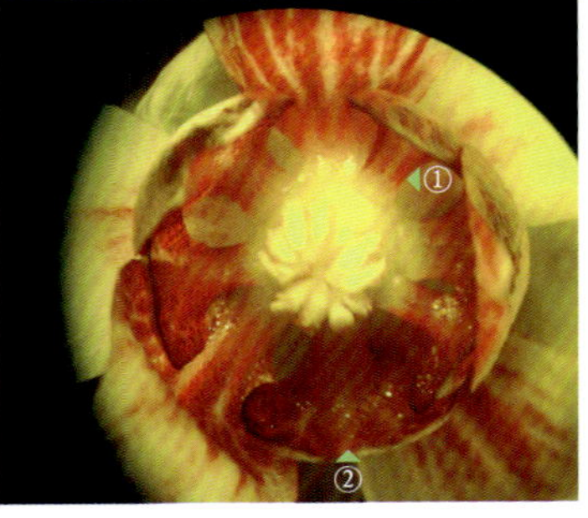

图 2-410　内部花被片紫色，它和外部花被片的差异在于短而小，并且基部有爪（混合光）

①爪　②内部花被片

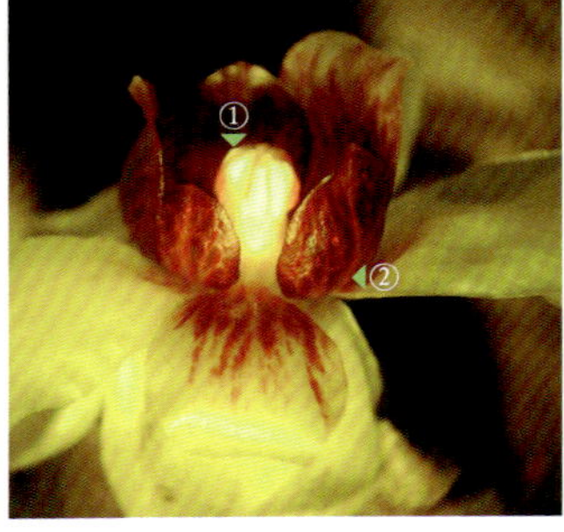

图 2-411　将外部花被片展开后，内部花被片的近侧面观

①花药
②内部花被片

图 2-412 除去外部花被片后，内部花被片的上面观（暗视野观察）

①内部花被片 ②雄蕊
③爪

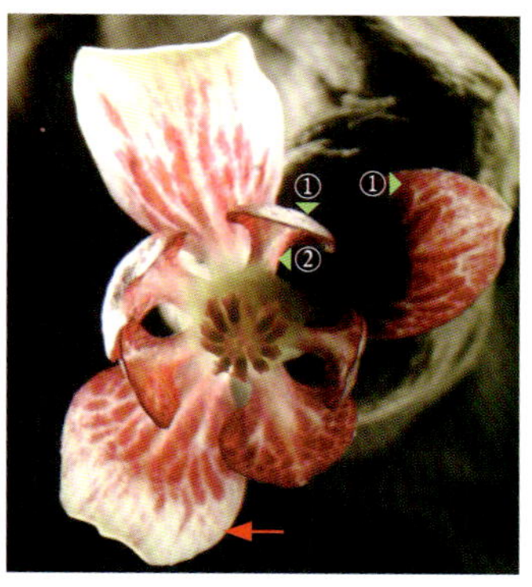

图 2-413 将图 2-412 紧贴最内层 5 片花被片的 3 片内部花被片展开后，花的上面观（暗视野观察）

①内部花被片 ②爪

图 2-414 将图 2-413 紧贴最内层花被片的 1 片内部花被片（红箭头处）展开，内表面因有油状液滴，看起来不光滑

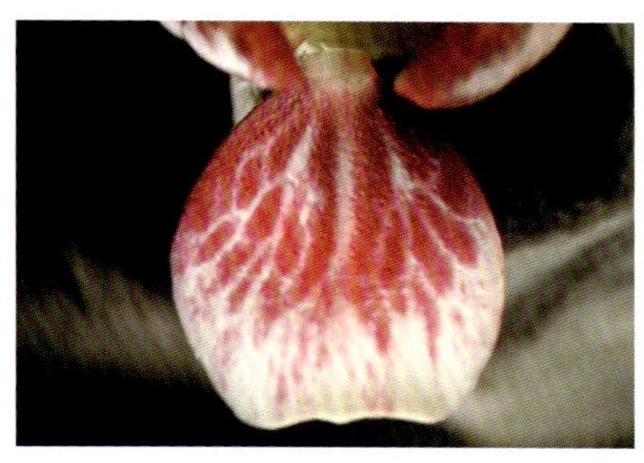

图 2-415 图 2-414 的暗视野观察，其内面有一些油状液滴（具香味）

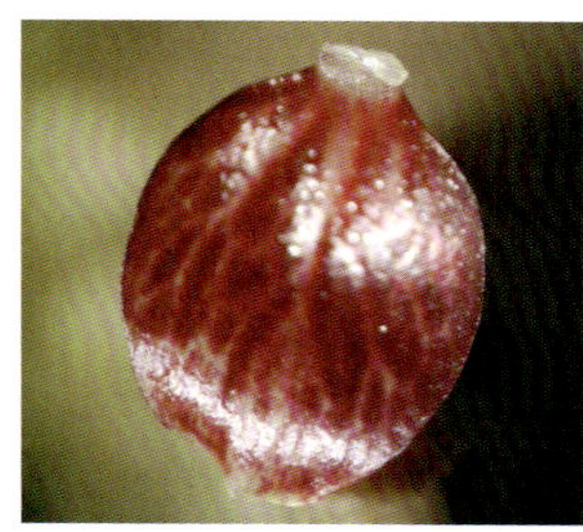

图 2-416 将另一片紧贴最内层花被片的内部花被片摘下

图 2-417 图 2-416 的暗视野观察。花被片上的月牙状黑斑是固定花被片的位置（花被片被粘在一段牙签顶端的小胶块上）

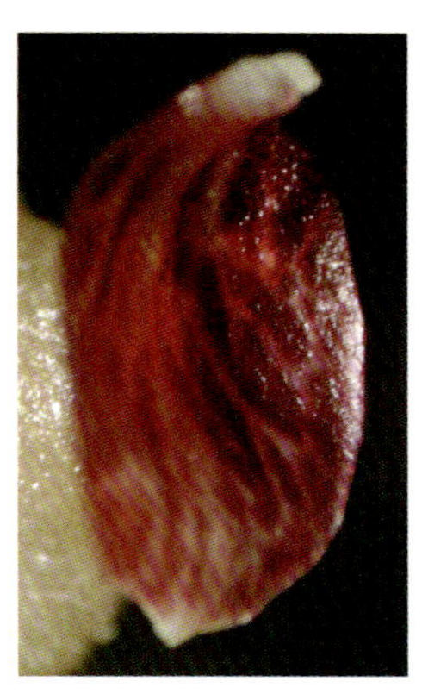

图 2-418 图 2-417 花被片的近内面观，其内面显得不光滑

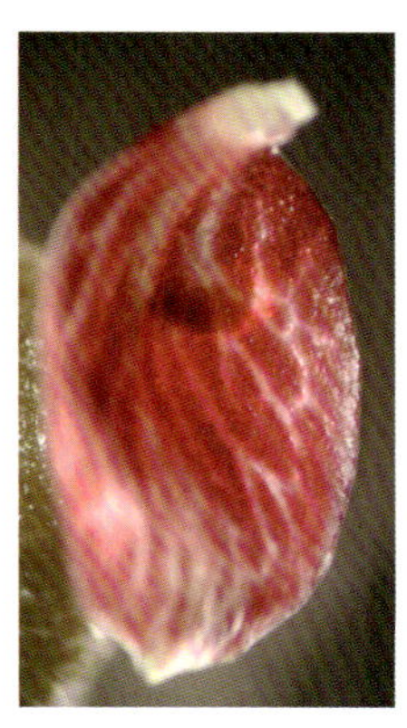

图 2-419 图 2-418 的混合光观察。花被片中的黑色部分，是花被片下方胶块粘着的位置

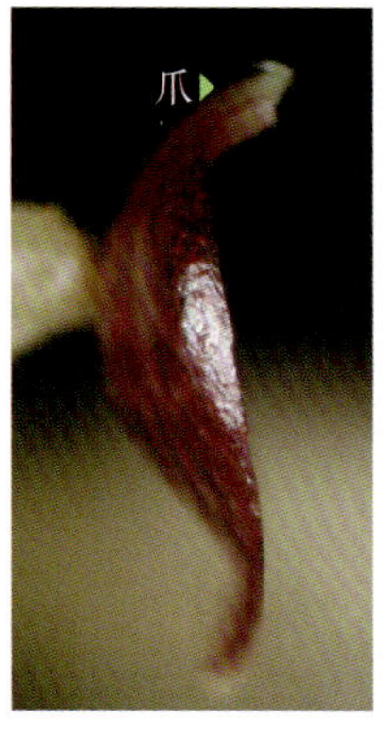

图 2-420 花被片的侧面观。花被片基部有爪

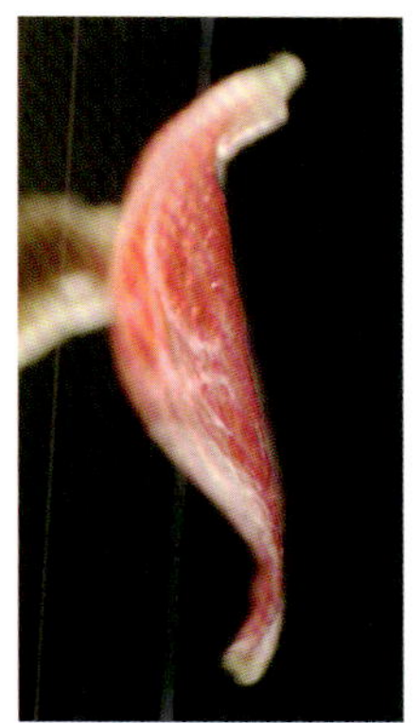

图 2-421 图 2-420 的暗视野观察

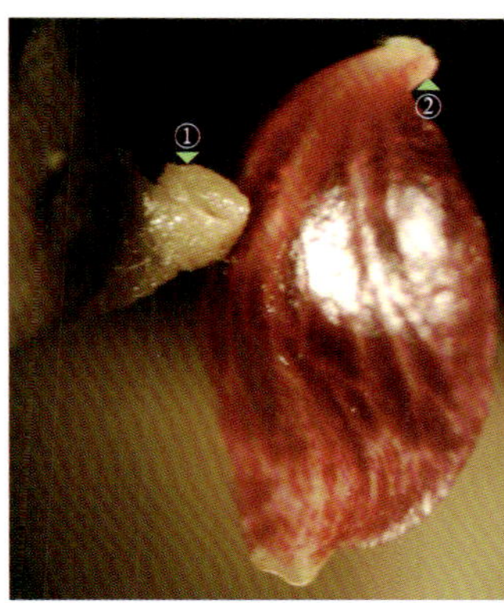

图 2-422 图 2-421 花被片的近外面观，示花被片的固定方法

①旧胶块 ③爪

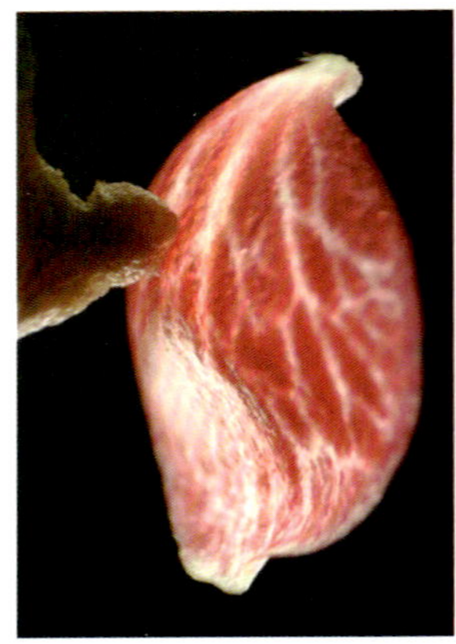
图 2-423　图 2-422 的暗视野观察

图 2-424　图 2-423 花被片的外面观，示花被片的粘着、固定方法

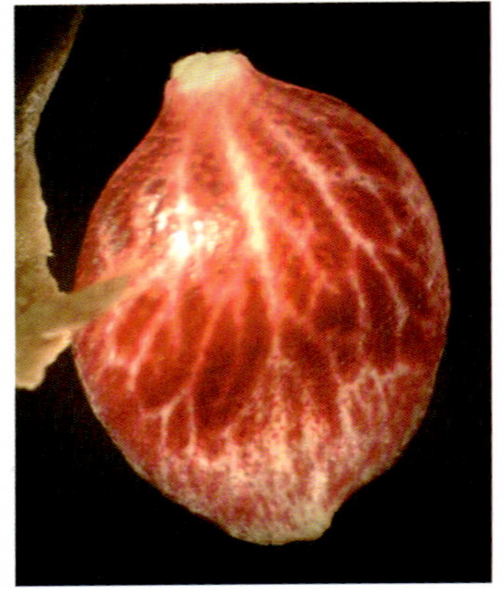
图 2-425　图 2-424 的混合光观察

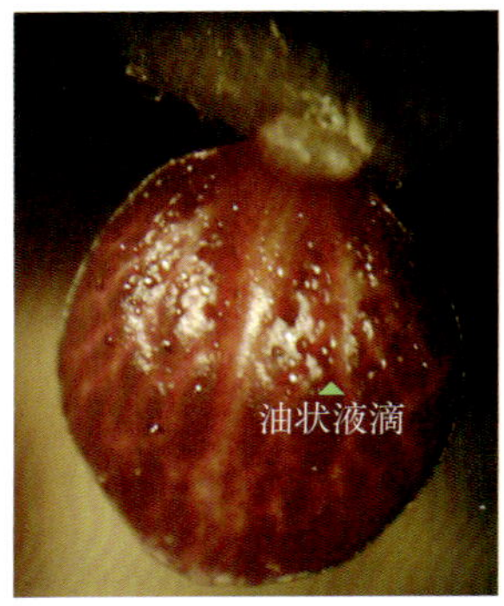

图 2-426　最内层的一片花被片（内面观），花被片内面有一些油状液滴

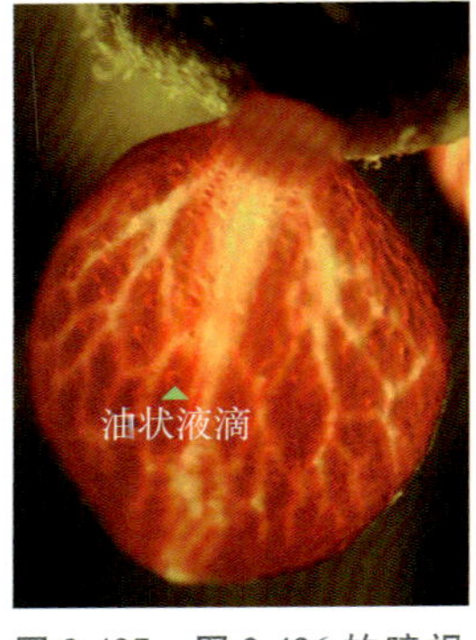

图 2-427　图 2-426 的暗视野观察

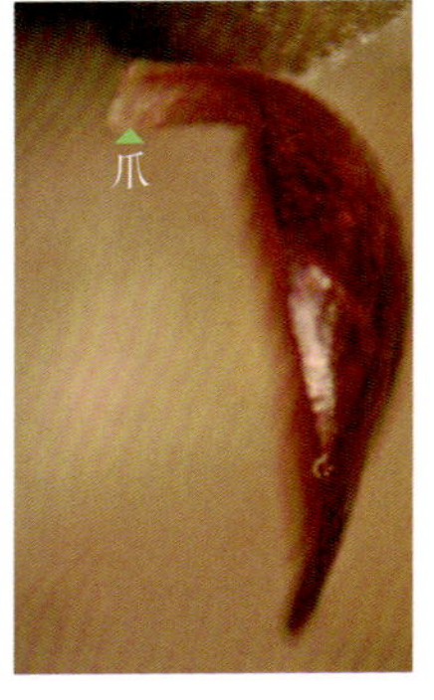

图 2-428　图 2-427 花被片的侧面观

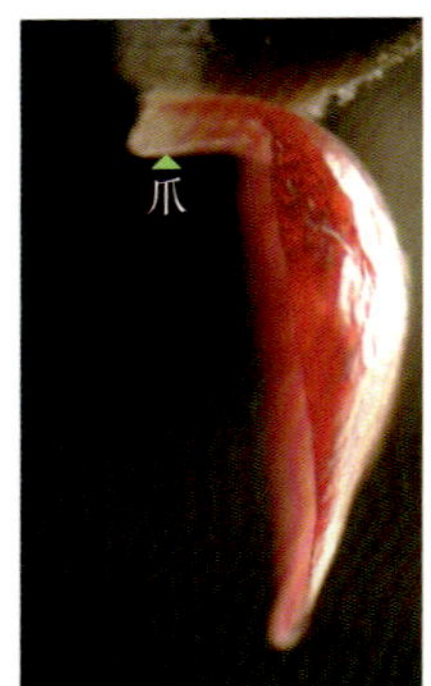

图 2-429　图 2-428 花被片的暗视野观察

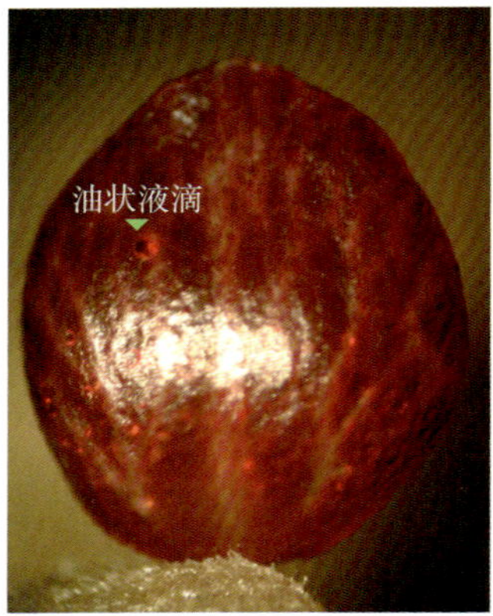

图 2-430　最内层的内部花被片（外面观），内面的油状液滴呈红色亮点

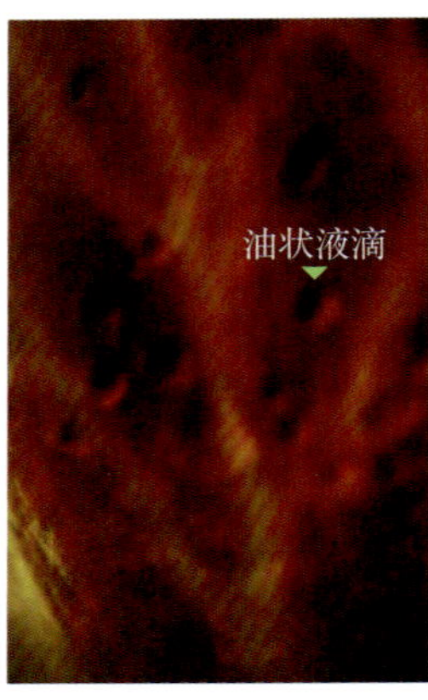

图 2-431　油状液滴放大后呈乳突状（暗视野观察）

图 2-432　除去大部分花被片后的花（暗视野观察）

①内部花被片　②雌蕊群的柱头
③雄蕊

图 2-433　花蕊的近上面观。雄蕊群有 5 个正常雄蕊，花药已纵裂，花粉粒溢出

①正常雄蕊的花药　②雌蕊群的柱头

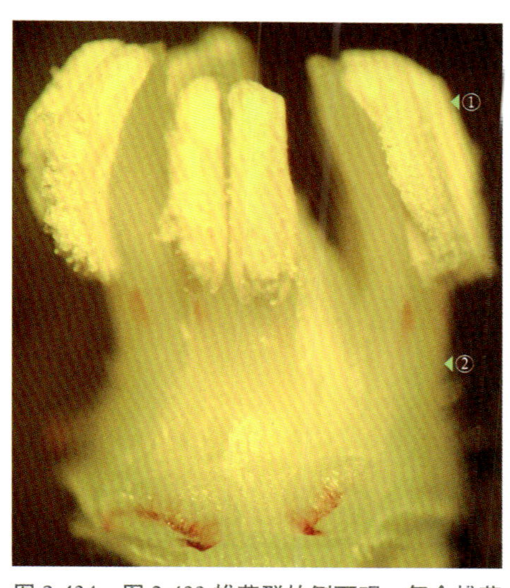

图 2-434　图 2-433 雄蕊群的侧面观。每个雄蕊的花药有 2 个对称的药室，花药的开裂方式是外向药，在花丝上的着生位置为背着药

①花药　②花丝

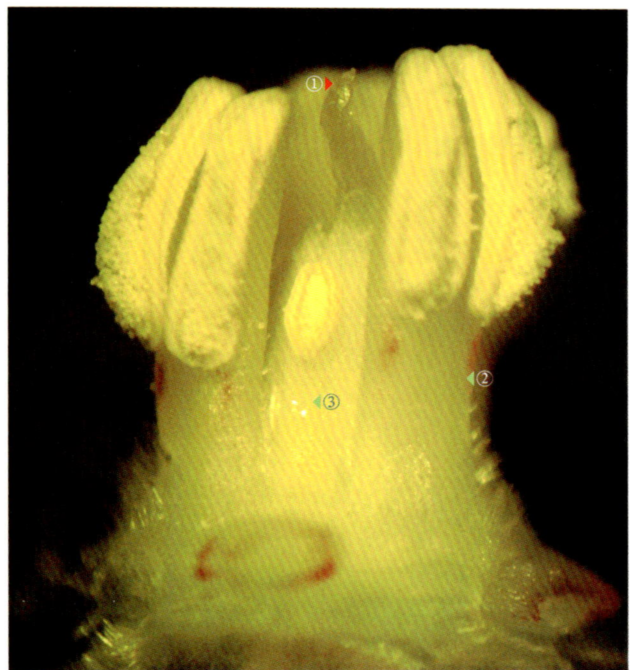

图 2-435　雄蕊群的侧面观。在 2 个雄蕊间有 1 个仅有 1 个药室的雄蕊，为了与无花药的退化雄蕊相区别，这里称其为“变异雄蕊”（自拟名）

①雌蕊群的柱头　②正常雄蕊　③变异雄蕊

图 2-436　图 2-435 雄蕊群的暗视野观察

①正常雄蕊　②变异雄蕊

图 2-437　将一个雄蕊的肉质花丝在基部折断、外掀后，可见花丝下方生有表皮毛

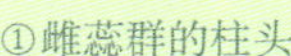

①雌蕊群的柱头　②雌蕊群的花柱　③花托
④退化雄蕊　⑤变异雄蕊　⑥花丝　⑦花药

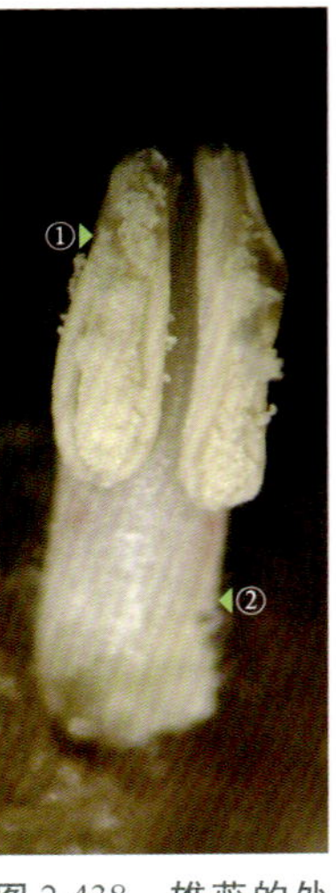

图 2-438　雄蕊的外面观。花药为背着药，外向开裂（外向药），纵裂

①花药
②花丝

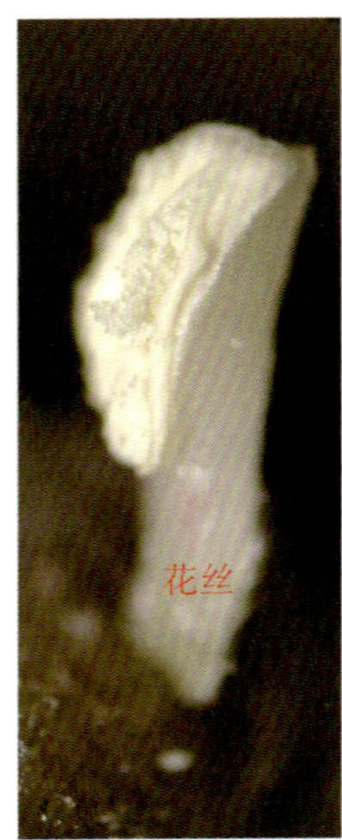

图 2-439　雄蕊的侧面观

图 2-440　雄蕊的侧面观（暗视野观察）

花药开裂后，将花粉粒挑起时，会发现花粉粒相互粘连在一起，说明其表面有黏性物质。

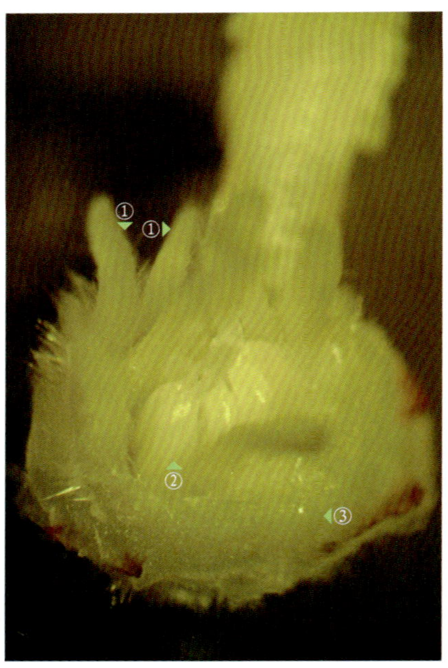

图 2-441　除去杯状花托的部分壁后，露出杯状花托内的雌蕊群，正常雄蕊和退化雄蕊均着生在杯状花托上

①退化雄蕊　②雌蕊群的1个子房
③花托

图 2-442　图 2-441 的暗视野观察

①退化雄蕊　②花托

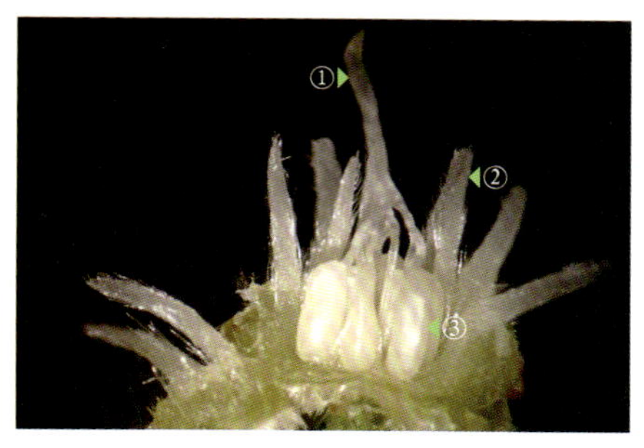

图 2-443　将杯状花托纵剖、展开后，可见雌蕊群属于离生雌蕊，子房上位，离生雌蕊的花柱在上方粘合成一束花柱和一个柱头（未研究开花初期是否也粘合成一束）。杯状花托上的退化雄蕊呈棒状，表面生有表皮毛

①离生雌蕊的花柱粘合成的一束花柱
②退化雄蕊　③离生雌蕊的子房

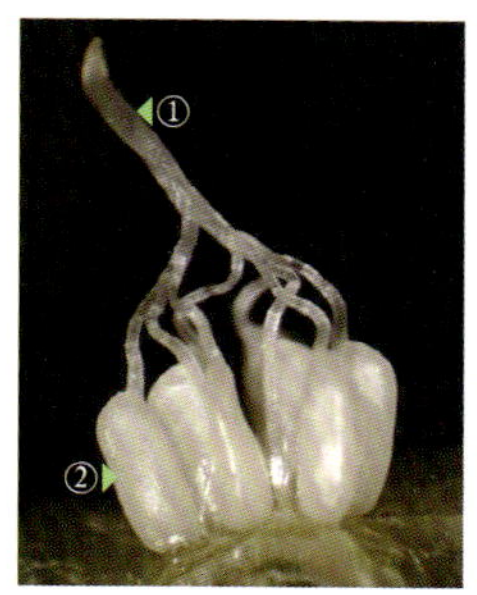

图 2-444　离生雌蕊由 8 个相互分离的单心皮雌蕊组成，花柱在上方相互粘合在一起

①离生雌蕊的粘合花柱
②离生雌蕊的子房

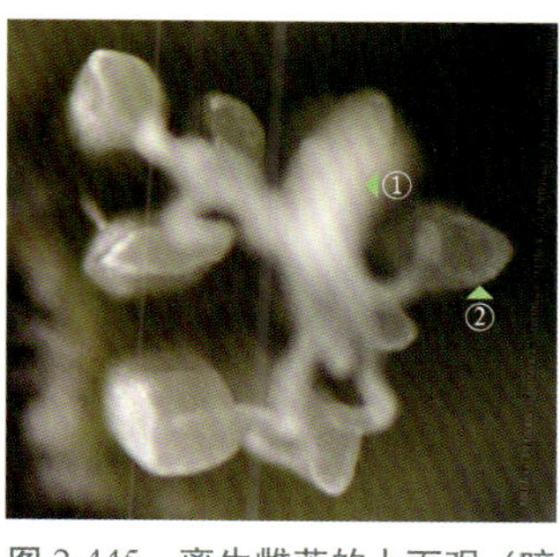

图 2-445　离生雌蕊的上面观（暗视野观察），可见挤在杯状花托内的 8 个单雌蕊的子房形状不同。由于花柱未在聚焦面上，因而图像模糊

①花柱　②子房

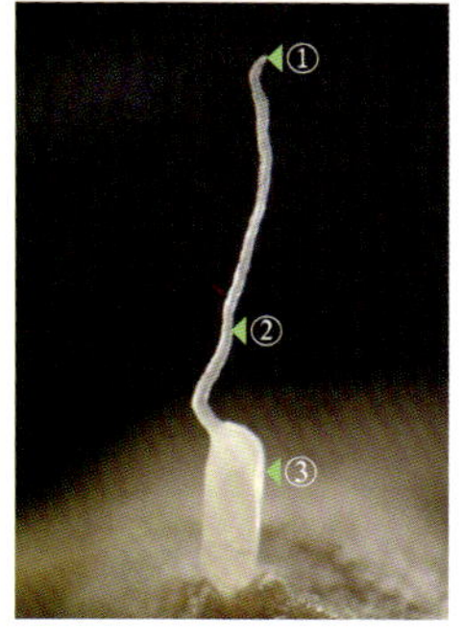

图 2-446　从离生雌蕊中分离出的一个雌蕊（暗视野观察），子房上位，花柱生于子房顶端的一侧（侧生）

①柱头　②花柱
③子房

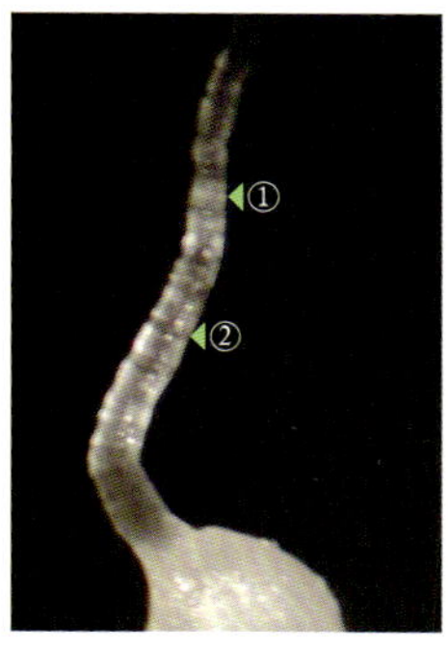

图 2-447　花柱下部和子房上部的放大。花柱上有明显的环状缢缩形成的节

①花柱　②节

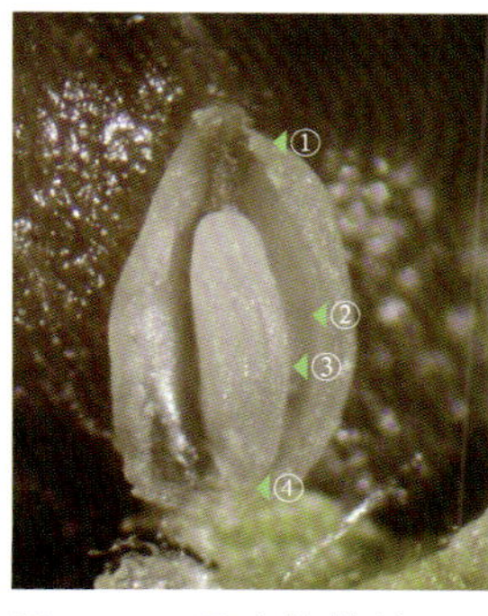

图 2-448　子房的纵剖。子房 1 室，1 胚珠，胚珠着生于子房室基部，为基生胎座

①子房壁　②子房1室
③胚珠　④胎座

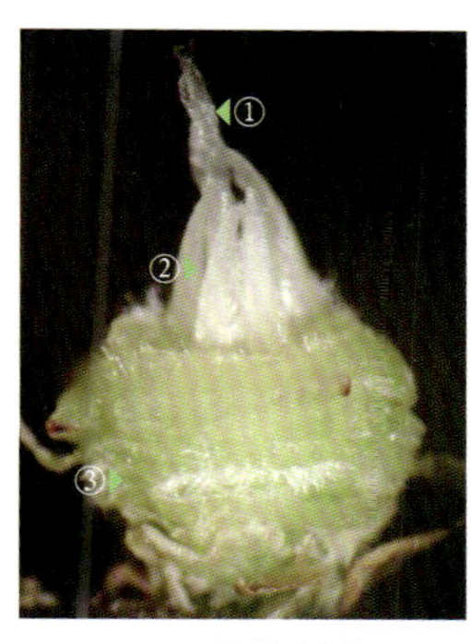

图 2-449　其他蜡梅品种的花。花被片和正常雄蕊已除去

①离生雌蕊的花柱
②退化雄蕊
③花托

九、蔷薇科（Rosaceae）

1. 粉团蔷薇（*Rosa multiflora* Thunb. var. *cathayensis* Rehd. et Wils.）

蔷薇属（*Rosa*），为野蔷薇的 1 个变种。落叶灌木；奇数羽状复叶；两性花，有花梗（或称“花柄”）；萼筒（即花托，在马炜梁先生的《植物学》教材中称“被丝托”）杯状，顶端 5 裂（即萼裂片 5 片，但《中国植物志》称“萼片 5”），内面密被毛，边缘有线形裂片；花瓣倒卵形，先端微凹；

雄蕊多数，离生；离生雌蕊，由多个离生的单心皮雌蕊组成，子房位于萼筒内，子房上位，花柱显著伸出萼筒外；蔷薇果（聚合瘦果）。

花材料于2013年5月31日采自河南省洛阳市河南科技大学周山校区。采用胶块法对其精细解剖和结构观察的结果如图2-450～图2-482所示。

图2-450　花的近上面观（室外照片）

图2-451　与总叶柄基部贴生的托叶（外面观）。托叶的外侧缘为篦齿状，托叶内侧缘的大部分与总叶柄贴生在一起

①托叶　②总叶柄　③节

图2-452　摘下的叶（内面观），示总叶柄基部两侧各有一片托叶与之贴生

①总叶柄　②托叶

图2-453　图2-452的暗视野观察

图2-454　图2-453托叶不同角度的观察（外面观，暗视野）。托叶外侧的篦齿缘末端生有红色腺毛

①托叶的篦齿缘　②腺毛

图2-455　小叶缘的锯齿上生有头部为红色的腺毛

图2-456　小叶缘锯齿上腺毛的放大

图2-457　小叶缘腺毛不同角度的放大（混合光观察）

图 2-458　枝上生有稀疏的皮刺和头部为红色的腺毛

①皮刺　②腺毛

图 2-459　花芽外面的苞片

图 2-460　图 2-459 苞片不同角度的观察（近内面观）。在嫩枝上生有柔毛和腺毛

图 2-461　摘下的花芽苞片（内面观，暗视野观察）。苞片缘也生有头部为红色的腺毛

图 2-462　花的上面观

①雌蕊群　②雄蕊群　③花瓣　④萼片

图 2-463　花的近侧面观。花柄也称为“花梗”

①花瓣　②萼片　③萼筒　④花柄

图 2-464　除去花瓣后，花的上面观。萼片上有 1 ~ 2 对线形裂片

①雄蕊群　②雌蕊群　③萼片

图 2-465　图 2-464 的暗视野观察

①萼片　②线形裂片

图 2-466　图 2-465 花内的雄蕊群和雌蕊群（柱头）的放大

①雄蕊群(花药)　②雌蕊群(柱头)

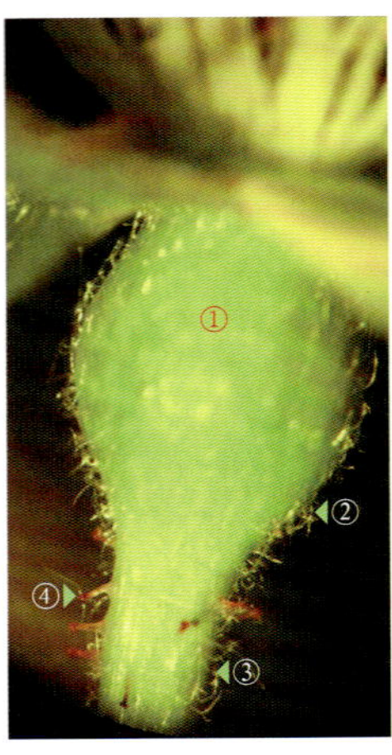

图 2-467　萼筒的侧面观。萼筒的外面生有柔毛，花梗上生有柔毛和腺毛

①萼筒　②柔毛
③花梗　④腺毛

图 2-468　花梗上端的放大，示两种表皮毛

①萼筒　②柔毛
③花梗　④腺毛

图 2-469　图 2-468 花梗上的腺毛和柔毛的放大（混合光观察）

①柔毛　②腺毛　③花梗

图 2-470　图 2-464 花的侧面观

①雄蕊群　②花药　③花丝　④萼片　⑤萼筒
⑥花梗

图 2-471　除去花瓣和雄蕊群后，示萼片和雌蕊群的外露部分（上面观）

①雌蕊群　②萼片

图 2-472　图 2-471 的近侧面观。雌蕊群（离生雌蕊）的花柱上端及柱头显著伸出萼筒外，萼片的内面生有白色柔毛

①雌蕊群的花柱和柱头　②萼片
③线形裂片　④柔毛　⑤花梗

图 2-473　图 2-472 雌蕊群外露的花柱和柱头的放大

①柱头　②花柱　③花盘　④雄蕊着生的位置

图 2-474　萼筒（即花托）纵剖后的切面，示雌蕊群在萼筒内的生长情况

①花柱　②花丝　③萼片　④萼筒壁　⑤雌蕊群的子房
⑥花梗　⑦花盘

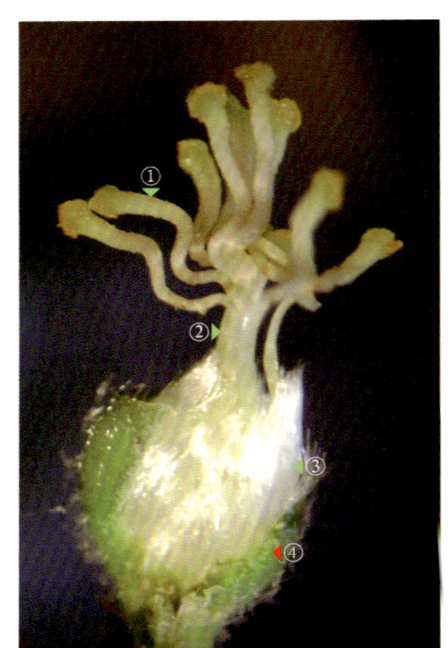

图 2-475　除去部分萼筒壁，示雌蕊群（属于“离生雌蕊”）的花柱在下部集合成一束（右侧有一个雌蕊的花柱已散开），其上部分离，子房外被白色丝光状的长毛

①离生的花柱
②花柱集合成束处
③雌蕊群的子房
④残留的萼筒壁

图 2-476　图 2-474 萼筒内雌蕊群的不同角度观察。2 个单雌蕊已被掀出

图 2-477　从离生雌蕊中分离出的一个（单）雌蕊，其下部生于花托（此处不用“萼筒”描述）的顶端，即子房上位

①柱头　②花柱　③子房
④花托

图 2-478　子房的放大。萼筒内壁和子房壁表面生有丝光状长毛

①子房　②丝光状长毛

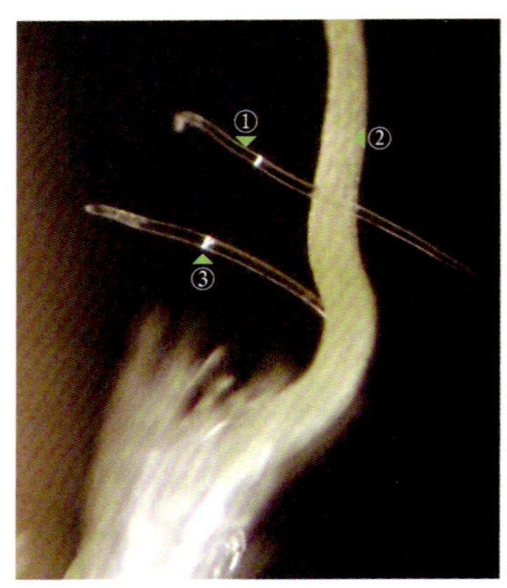

图 2-479　花柱上附着的 2 根脱落的丝光状长毛，其上有节，为多细胞构成（暗视野观察）

①丝光状长毛　②花柱　③节

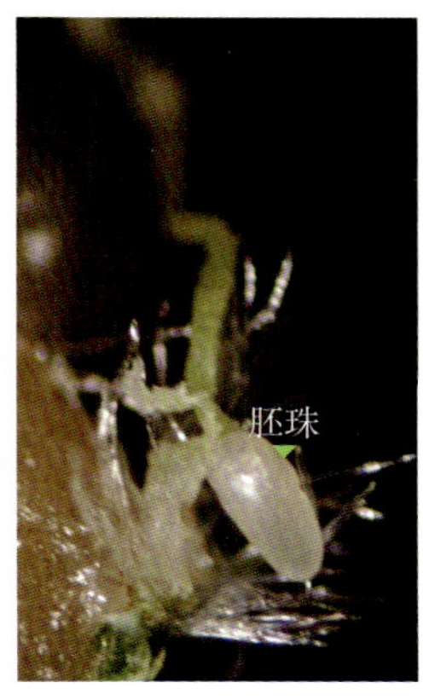

图 2-480　将子房壁纵剖并除去一部分，示子房室内的 1 个胚珠（顶生胎座）

图 2-481　子房室内掀出胚珠的放大

①胚珠　②子房壁

图 2-482　另一个子房的纵剖。子房室内出现一大一小 2 个胚珠

①较小的胚珠　②子房壁
③较大的胚珠

2. 单瓣缫丝花（*Rosa roxburghii* Tratt. f. *normalis* Rehd. et Wils.）

蔷薇属（*Rosa*），缫丝花的变型。灌木；奇数羽状复叶；两性花，花瓣 1 轮（单瓣花）；萼筒（花托，被丝托）杯状，外面生有刺，萼片 5 片；花瓣 5 片，离生；雄蕊多数，离生；离生雌蕊，由多个心皮组成，生于萼筒内，子房上位，花柱的上端和柱头集合成头状，微伸出萼筒外；蔷薇果。

花材料于 2014 年 5 月 8 日采自河南省洛阳市河南科技大学周山校区。采用胶块法对其精细解剖和结构观察的结果如图 2-483 ～图 2-500 所示。

图 2-483　花的上面观。花瓣离生，5 片（未使用解剖镜）

①雄蕊群　②雌蕊群　③花瓣

图 2-484　花单生于短枝顶端（未使用解剖镜）

①总叶柄　②叶轴
③小叶
④奇数羽状复叶的顶端小叶

图 2-485　花的下面观，可见萼片有 3 种类型（未使用解剖镜）

①花瓣　②萼片

图 2-486　图 2-485 花萼的放大。萼片外表面生有球状凸起，凸起上生有针刺。根据萼片缘有或无羽状裂片，可将其分为三种（未使用解剖镜）

①一侧有羽状裂片的萼片　②有羽状裂片的萼片
③无羽状裂片的萼片　④萼筒的长针刺

图 2-487　花萼的一个萼片（混合光观察），其两侧生有羽状裂片

①有羽状裂片的萼片　②萼片的针刺
③萼筒的长针刺

图 2-488　萼片缘无羽状裂片、针刺较少的萼片

①雄蕊群　②无羽状裂片的萼片　③萼筒
④花柄

图 2-489　两种萼片的内面观（暗视野观察）

①有羽状裂片的萼片　②无羽状裂片的萼片

图 2-490　花蕊的放大

①雌蕊群的柱头　②雄蕊群
③花盘

图 2-491　图 2-490 雌蕊群外露柱头的放大

图 2-492　除去花瓣后，花蕊的部分放大（暗视野观察）

①雄蕊群　②萼片

图 2-493 萼筒纵剖后，花的侧面观（暗视野观察），可见萼片至杯状萼筒外的针刺越来越长

①环绕在萼筒口部的花盘 ②萼筒壁 ③雌蕊群
④萼片 ⑤雄蕊群生于花盘周围

图 2-494 图 2-493 萼筒（花托）内雌蕊群的放大。花柱的上端和柱头挤合成头状，微伸出花托口外，雌蕊的子房上位

①雌蕊群的柱头 ②萼筒壁 ③花盘
④雌蕊群的花柱 ⑤雌蕊群的子房

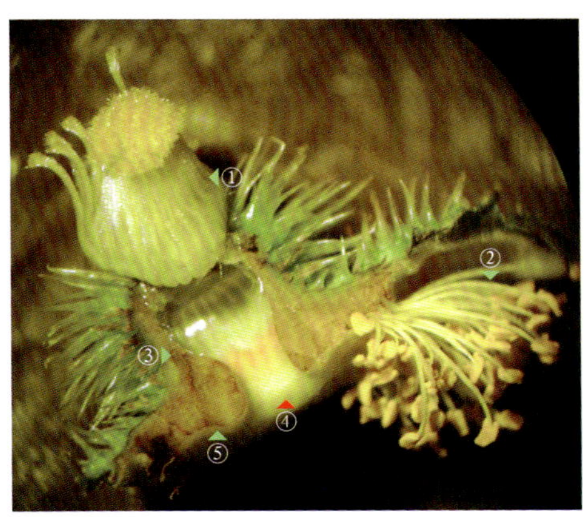

图 2-495 将雌蕊群从萼筒内掀出（混合光观察）

①雌蕊群 ②雄蕊群 ③萼筒
④萼筒口部 ⑤花盘

图 2-496 从雌蕊群中分离的 4 个雌蕊

①柱头
②花柱
③子房

图 2-497 雌蕊的子房，花柱密被毛

①花柱 ②子房

图 2-498 将子房壁纵剖并展开后，示子房室内的一个胚珠

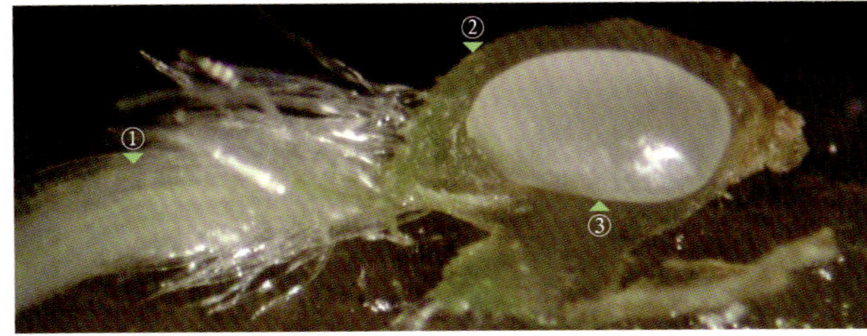

图 2-499 子房室内胚珠的放大（照片左转 90°）

①花柱 ②子房壁 ③胚珠

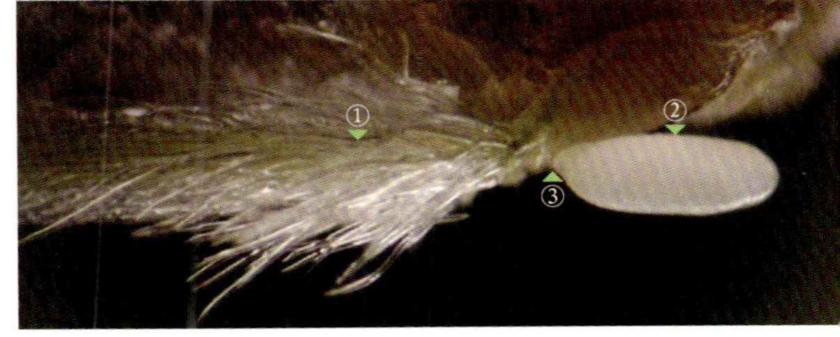

图 2-500 胚珠不同角度观察（暗视野观察）

①花柱 ②胚珠 ③顶生胎座

3. 东京樱花 [樱花，*Cerasus yedoensis* (Matsumura) A. V. Vassiljeva]

樱属(*Cerasus*)。乔木；叶缘有尖锐重锯齿，齿端有小腺体；花白色，先于叶开放，花梗有短柔毛；萼筒管状，生有柔毛，萼片和花瓣均为 5 片；雄蕊多数，离生；单雌蕊（由 1 个心皮组成），子房上位，1 室，室内生有 2 个胚珠；核果。

《中国植物志》将东京樱花拉丁名写成“*Cerasus yedoensis* (Matsum.) Yü et Li”，iFlora 写成“*Cerasus yedoensis* (Matsum.) T. T. Yü et C. L. Li”，本文采用《Flora of China》的写法。

花材料于 2014 年 4 月 2 日采自河南省洛阳市内公园。采用胶块法对其精细解剖和结构观察的结果如图 2-501 ～图 2-521 所示。

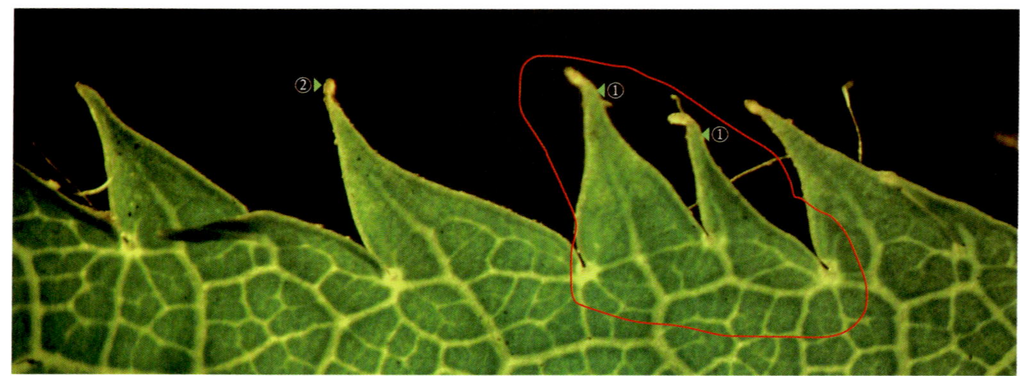

图 2-501　叶缘的重锯齿（红圈内）和齿端的小腺体（暗视野观察）

①重锯齿　②小腺体

图 2-502　东京樱花的花。单瓣花，花瓣 5 片。因花较大，无法用解剖镜整体放大，故先将其固定在黑色泡沫鼠标垫上的胶块上，然后照相（未使用解剖镜）

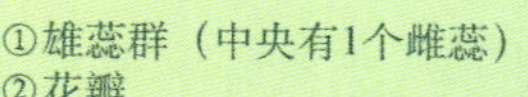

图 2-503　图 2-502 花的侧面观（未使用解剖镜）。将花梗固定在下部截去的半截空饮料瓶瓶盖的胶块上观察

图 2-504　花在解剖镜下的观察（暗视野观察）。因花较大，未能全部显示

图 2-505 花蕊的放大，示雌、雄蕊

①雌蕊的柱头 ②雄蕊群的1个雄蕊

图 2-506 花的下面观（暗视野观察）。萼片 5 片

①萼筒 ②萼片

图 2-507 除去花瓣后，花的下面观。花梗未在聚焦面上

①花梗 ②萼筒 ③萼片 ④雄蕊

图 2-508 图 2-507 的暗视野观察

图 2-509 萼片的暗视野观察

图 2-510 除去花瓣后，花的侧面观，萼筒外生有短柔毛

①柱头 ②花药 ③花丝
④萼片 ⑤萼筒 ⑥花梗

图 2-511 花柱及柱头（侧面观，暗视野观察）。柱头 3 裂，中空，柱头孔（自拟名）与花柱内的花柱道相通

①柱头 ②花柱

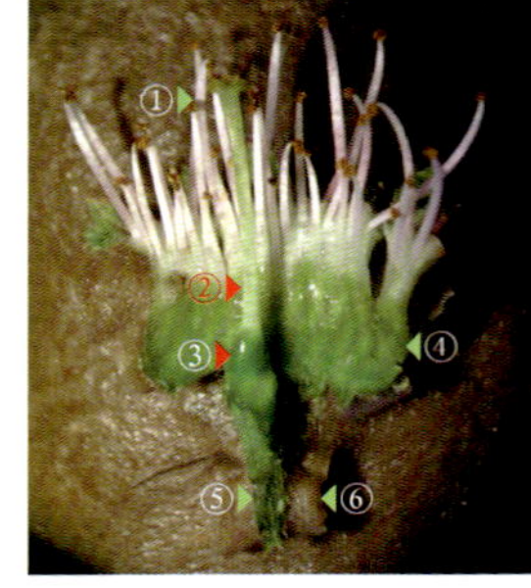

图 2-512 萼筒纵剖、展开后的花。为抬高花梗的水平高度，用尖镊将花梗下的胶块挑起（挑后，留下胶洞）

①雄蕊群 ②花柱
③子房 ④萼筒
⑤花梗
⑥被挑起的胶块

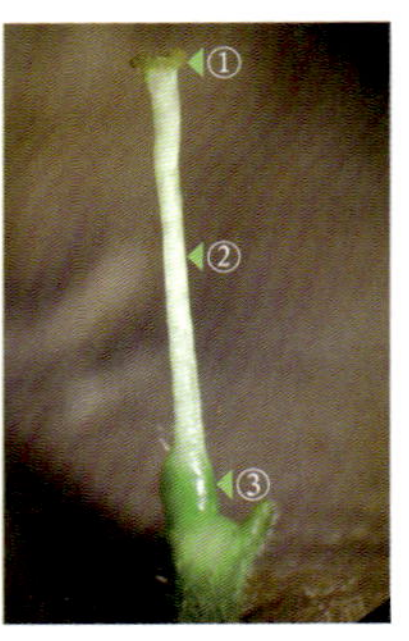

图 2-513 分离出的雌蕊，子房上位

①柱头
②花柱
③子房

图 2-514 图 2-513 子房的放大。在子房的侧壁上有明显的腹缝线，同时在残留的萼筒外可见柔毛

①花柱 ②腹缝线
③萼筒残壁

图 2-515 子房上端和花柱基部的放大，示花柱基部着生的稀疏柔毛

图 2-516 将子房粘在硬胶块上。右手持解剖针对子房进行解剖（照片中未显示，未使用解剖镜）

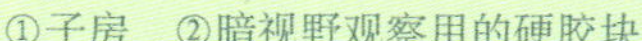

①子房 ②暗视野观察用的硬胶块

图 2-517 除去部分子房壁后，示子房室内的 2 个悬垂胚珠

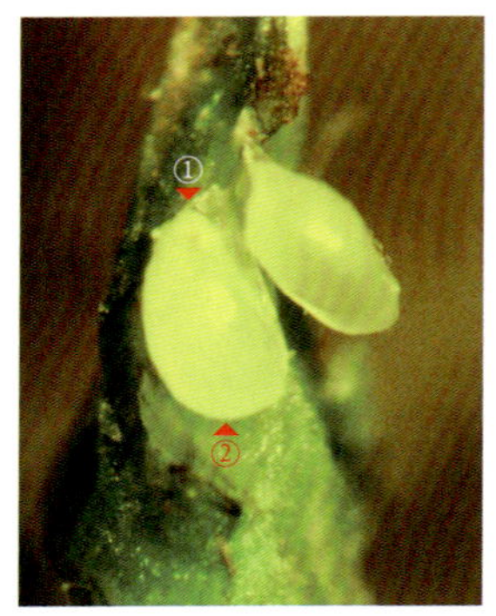

图 2-518 图 2-517 的 2 个胚珠被掀开。从左侧胚珠看，胚珠为倒生胚珠，珠孔朝上

①珠孔 ②(倒生)胚珠

图 2-519 在胶块上对子房横切，获得子房横切片

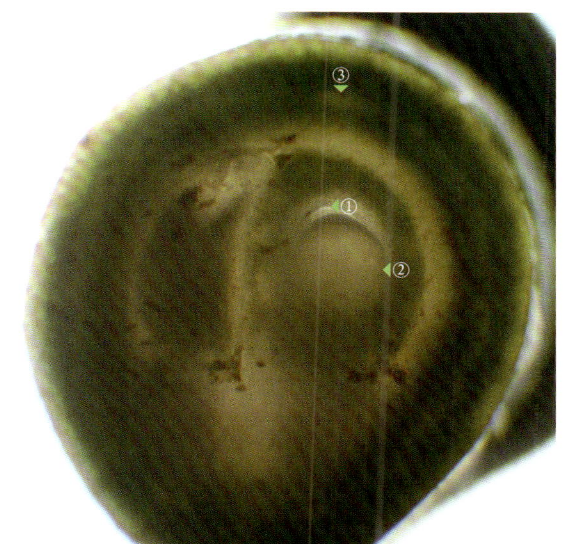

图 2-520　子房横切片的显微镜观察。子房右侧有一个偏生的子房室（左侧未形成子房室），子房室内切到 1 个胚珠的横切面。

若不对子房进行精细解剖，仅靠子房的 1 张或少数几张横切片，很难了解子房室内胚珠的数量及着生情况。

①子房室　②胚珠的横切面
③子房壁内的背束
④腹缝线处的凹陷

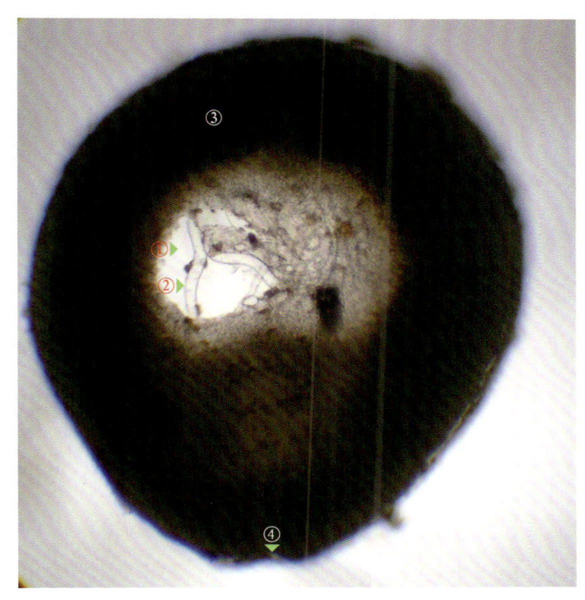

图 2-521　子房不同位置横切片的放大。此位置虽未切到胚珠，但可见子房室内壁生有柔毛

①子房室　②柔毛　③子房壁
④腹缝线处的凹陷

十、远志科（Polygalaceae）

远志（*Polygala tenuifolia* Willd.）

远志属（*Polygala*）。草本，似禾草；叶细，线形至线状披针形；总状花序，花下 3 片（披针形的）苞片早落；萼片 5 片，外面 3 片披针形，花后宿存，里面2片花瓣状；花瓣3片，由2片侧瓣和1片龙骨瓣组成，2片侧瓣和雄蕊的花丝在下部贴生（非《中国植物志》记载的侧瓣“基部与龙骨瓣合生”，43(3)：182），龙骨瓣前端具有流苏状附属物；单体雄蕊，花药8个，花丝的大部分合生，成一侧开放的鞘状结构，花丝下部与2片侧瓣贴生；复雌蕊，子房扁长圆形，2室，每室生有1个倒生胚珠，花柱上部弯曲，柱头2裂。

花材料于2016年5月21日采自河南省洛阳市周山森林公园。采用胶块法对其精细解剖和结构观察的结果如图2-522～图2-625所示。

⑴第1朵花的精细解剖

图2-522　花期植株的一部分（未使用解剖镜）

图2-523　花的侧面观（未用黑色纸板制作黑色背景）

远志花有3片绿色披针形的外萼片（有膜质透明的边缘；近轴面2片，远轴面1片）、2片花瓣状的内萼片和3片花瓣，花瓣又分为2片侧瓣和1片龙骨瓣（龙骨瓣缘距侧瓣较远，未与侧瓣合生），龙骨瓣的前端有流苏状附属物（二叉分枝状）。

①流苏状附属物　②侧瓣　③内萼片　④外萼片(远轴面)　⑤花柄　⑥外萼片(近轴面)　⑦龙骨瓣缘(未与侧瓣合生)　⑧龙骨瓣

图 2-524　花的侧面观（使用黑色纸板制作黑色背景）

①侧瓣　②外萼片　③内萼片

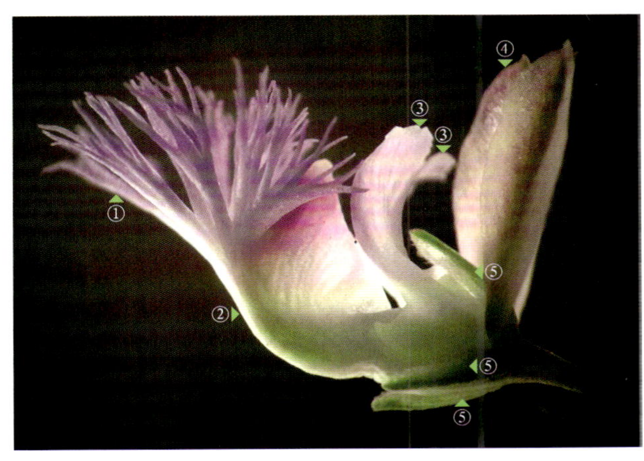

图 2-525　花的侧面观（暗视野观察），示 3 片外萼片、2 片内萼片、2 片侧瓣和 1 片龙骨瓣

①流苏状附属物　②龙骨瓣　③侧瓣　④内萼片
⑤外萼片

图 2-526　花的近轴面观。龙骨瓣的下部可见 2 个外萼片，其左、右两个翼状结构为内萼片，左侧内萼片的上方还可见部分侧瓣

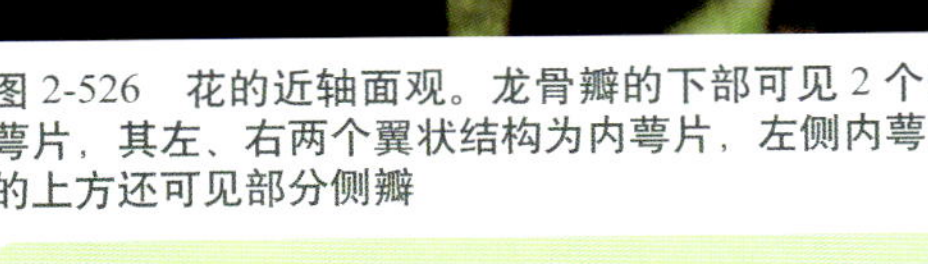

①流苏状附属物　②龙骨瓣　③侧瓣
④内萼片　⑤外萼片

图 2-527　花的远轴面观。依次可见 2 片内萼片、2 片侧瓣和龙骨瓣的流苏状附属物

①流苏状附属物　②侧瓣　③内萼片

图 2-528　花的前面观。2 片花瓣状的内萼片组成了一个圆。图中龙骨瓣的流苏状附属物模糊（未在聚焦面上），它与内萼片位于不同的高度，因此不能在同一个景深中清晰成像

①内萼片
②流苏状附属物

图 2-529　图 2-528 不同聚焦面的观察，示龙骨瓣的流苏状附属物。在此聚焦面上，内萼片未能清晰成像

图 2-530　花的下面观（混合光观察），示 2 片内萼片和 3 片外萼片。花梗未在聚焦面上，图像模糊

①侧瓣　②内萼片
③外萼片　④花梗

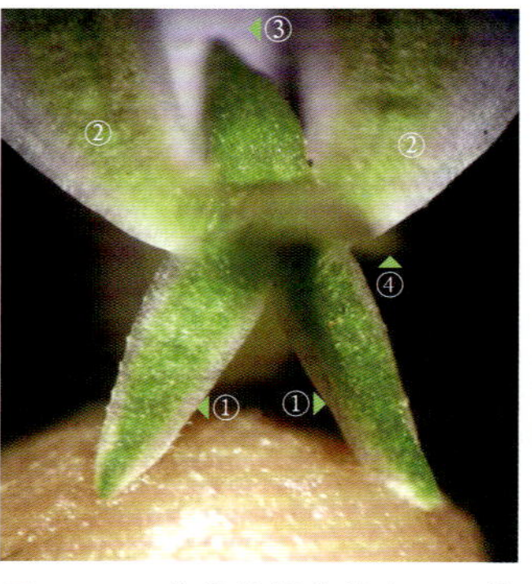

图 2-531　花萼的部分放大，示外萼片的膜质透明边缘

①外萼片　②内萼片
③侧瓣　④花梗

图 2-532　图 2-531 的暗视野观察

①外萼片　②内萼片　③花梗

图 2-533　内萼片的外面观

图 2-534　图 2-533 的暗视野观察

图 2-535　内萼片的内面观，与其外面观相比，两者的色彩不同，但都缺乏三维立体感，这与相机的二维平面成像机制有关

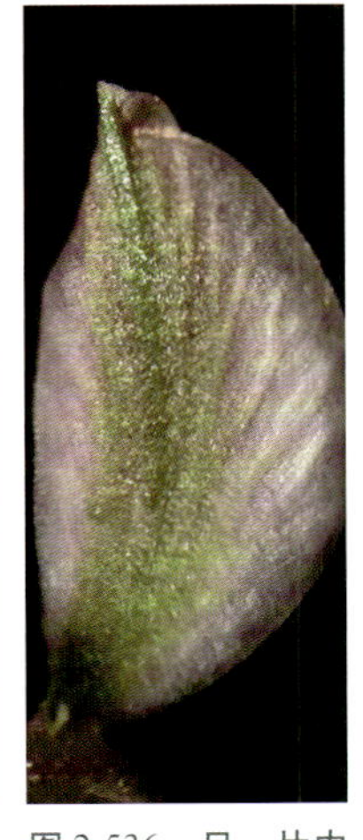
图 2-536　另一片内萼片（外面观）

图 2-537　内萼片的侧面观

图 2-538　外萼片的外面观

图 2-539　图 2-538 的暗视野观察。外萼片的膜质透明边缘上生有稀疏的缘毛

图 2-540　另一片外萼片（内面观）

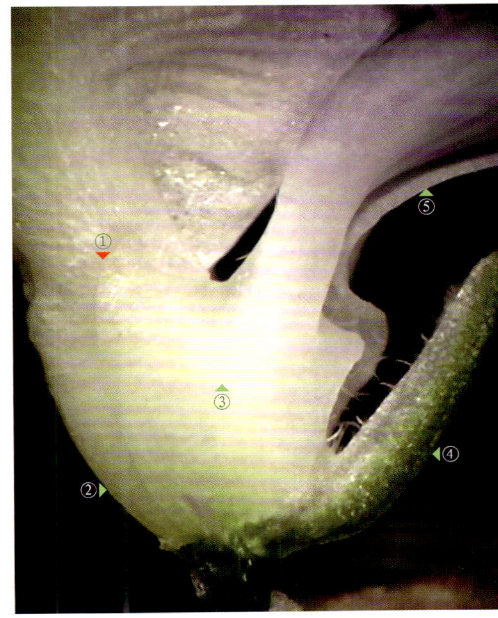

图 2-541　除去 4 片萼片后的花。侧瓣和花丝在下部合生，未与龙骨瓣合生（《中国植物志》记载两者合生），龙骨瓣缘的边界明显

①龙骨瓣缘　②龙骨瓣
③花丝与侧瓣贴生处
④外萼片　⑤侧瓣

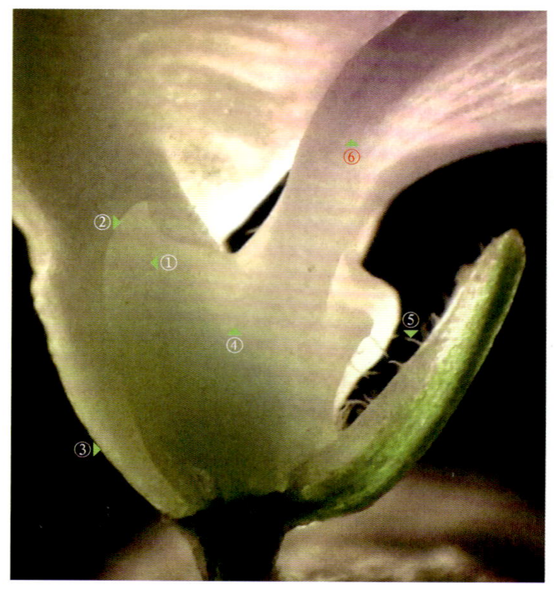

图 2-542　从龙骨瓣缘看，侧瓣未与龙骨瓣合生在一起（暗视野观察）

①花丝　②龙骨瓣缘　③龙骨瓣
④花丝与侧瓣贴生处　⑤外萼片的缘毛　⑥侧瓣

图 2-543　除去萼片后的花

①流苏状附属物　②龙骨瓣　③侧瓣

图 2-544　图 2-543 花的暗视野观察

①侧瓣　②侧瓣缘毛　③花丝与侧瓣贴生处

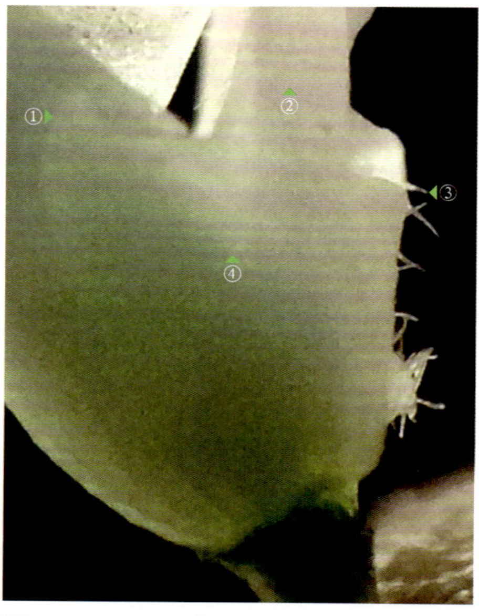

图 2-545　图 2-544 花下部的放大，示侧瓣边缘稀疏着生的缘毛（与图 2-544 相比，此图旋转 90°）

①龙骨瓣缘　②侧瓣　③侧瓣缘毛
④花丝与侧瓣贴生处

图 2-546　图 2-543 花的龙骨瓣（近轴面观）

①流苏状附属物　②侧瓣
③龙骨瓣

图 2-547　图 2-546 花的 2 个侧瓣在下部围成 1 个侧瓣窝（自拟名，植物志未见记载，作用不清），窝内有柔毛

①侧瓣　②侧瓣窝口

图 2-548　图 2-547 的暗视野观察

①侧瓣　②侧瓣窝口

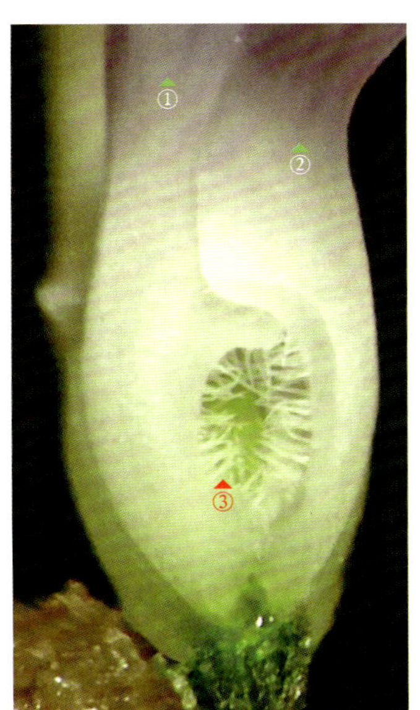

图 2-549　侧瓣窝口的放大

①侧瓣　②侧缘在外的侧瓣
③侧瓣窝口

图 2-550　侧瓣微展开后，侧瓣窝内的子房部分露出

①侧瓣　②侧瓣窝口

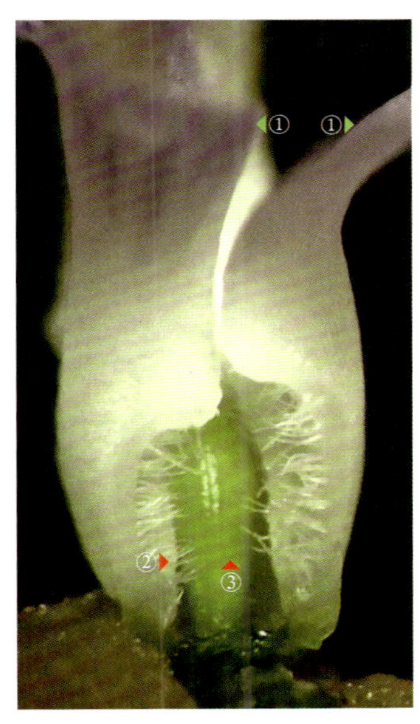

图 2-551　图 2-550 的部分放大，示侧瓣窝内着生的表皮毛和露出的子房

①侧瓣
②侧瓣窝内的表皮毛
③子房

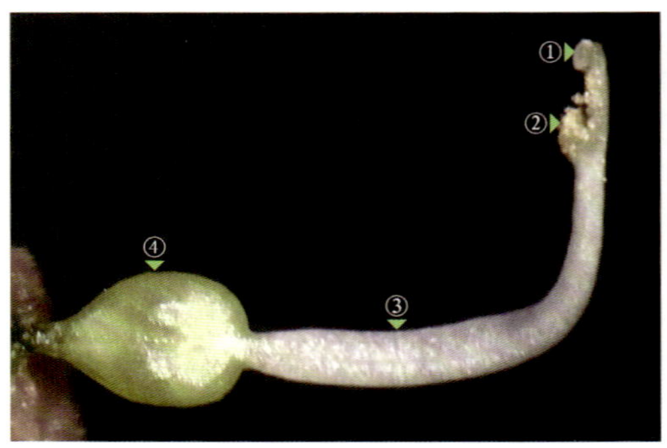

图 2-552 分离出的雌蕊（侧面观，混合光观察），柱头分为上下两个，分别称为“上柱头”和“下柱头”（自拟名）

①上柱头 ②下柱头 ③花柱
④子房的远轴面

图 2-553 图 2-552 的暗视野观察。隐约可见子房内的 2 个胚珠

图 2-554 子房的放大

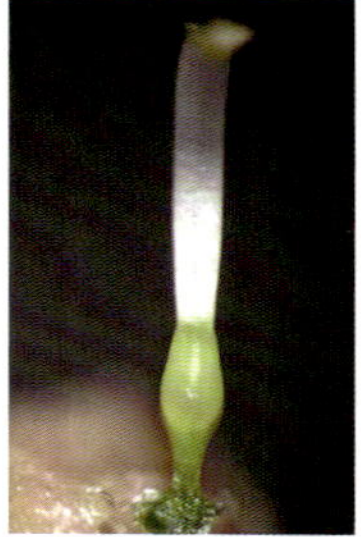

图 2-555 雌蕊的远轴面观

图 2-556 图 2-555 的暗视野观察

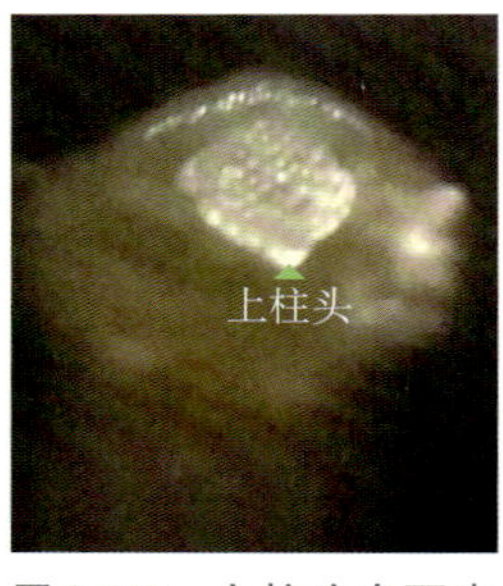

图 2-557 上柱头表面生有乳突（前面观，混合光观察）

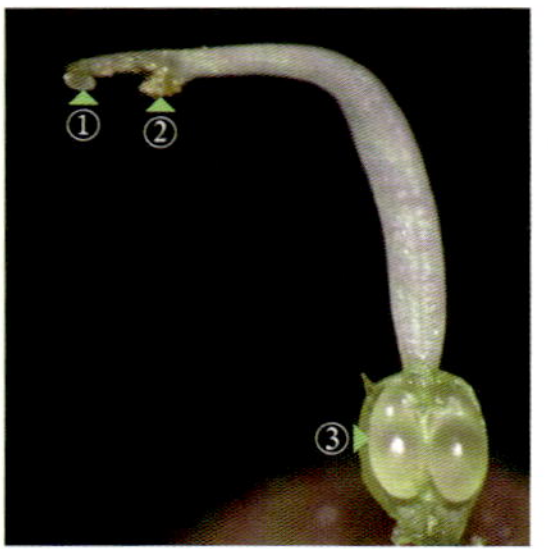

图 2-558 子房室内 2 个胚珠的着生情况

①上柱头 ②下柱头
③胚珠

图 2-559 图 2-558 子房的混合光观察

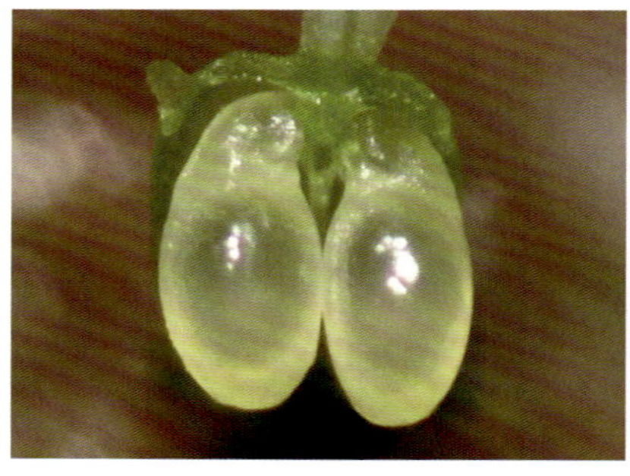

图 2-560 除去大部分子房壁后，示 2 个子房室内的倒生胚珠（混合光观察）

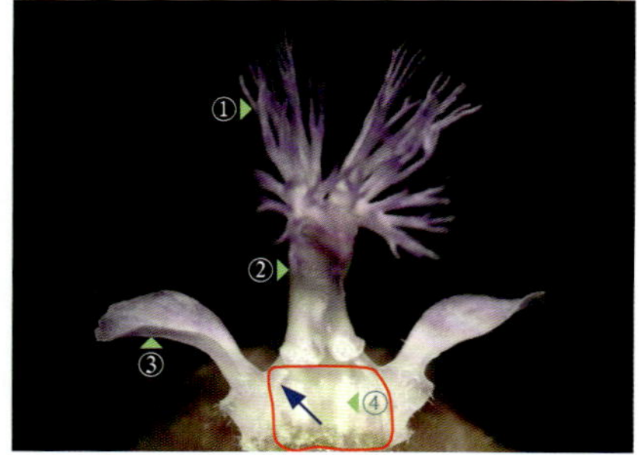

图 2-561 侧瓣下部与花丝合生（贴生），两者合生的范围约在红圈内，合生处的花丝鞘边缘游离，这里将其称为“花丝鞘下缘”（自拟名，蓝箭头处）

①流苏状附属物 ②龙骨瓣 ③侧瓣
④侧瓣和花丝合生处(红圈为大致范围)

图 2-562　沿龙骨瓣对折处纵剖并展开，可见侧瓣未与龙骨瓣合生。雄蕊的下部与 2 片侧瓣的下部合生在一起，由于雄蕊上部未在聚焦面上，故其图像模糊

①龙骨瓣　②花丝鞘下缘
③侧瓣窝口　④侧瓣

图 2-563　图 2-562 不同角度的观察。雄蕊大部分花丝合生成一侧开裂（此花的远轴面）的鞘状，这里称"花丝鞘"（自拟名）

①花药　②龙骨瓣　③花丝鞘下缘　④侧瓣窝口
⑤侧瓣　⑥未与侧瓣合生的花丝鞘

图 2-564　将图 2-563 花瓣的龙骨瓣（内面观）和 2 个侧瓣（外面观）分离（暗视野观察），可见龙骨瓣下端有爪，其未像《中国植物志》描述的那样与侧瓣合生，侧瓣仅在下部与花丝贴生（两个不同部分结合在一起，称为"贴生"）

①侧瓣　②花丝鞘　③龙骨瓣　④侧瓣与花丝贴生处

图 2-565　图 2-564 分离出的龙骨瓣，其下部细缩成爪

①龙骨瓣　②爪

图 2-566　图 2-565 的暗视野观察

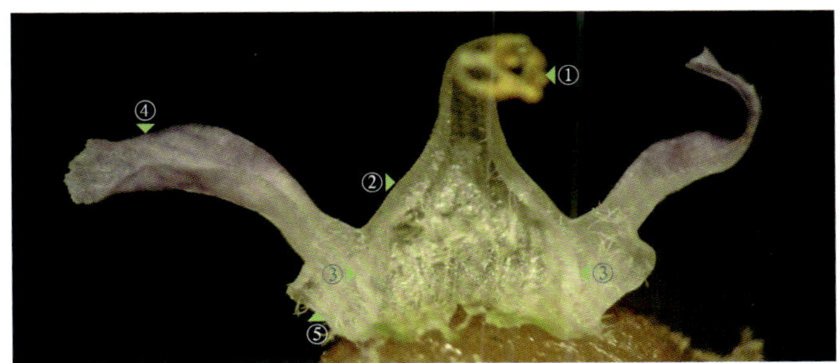

图 2-567　雄蕊花丝与 2 个侧瓣贴生，贴生处的花丝鞘下缘露出

①花药　②花丝鞘　③花丝鞘下缘　④侧瓣　⑤侧瓣窝口

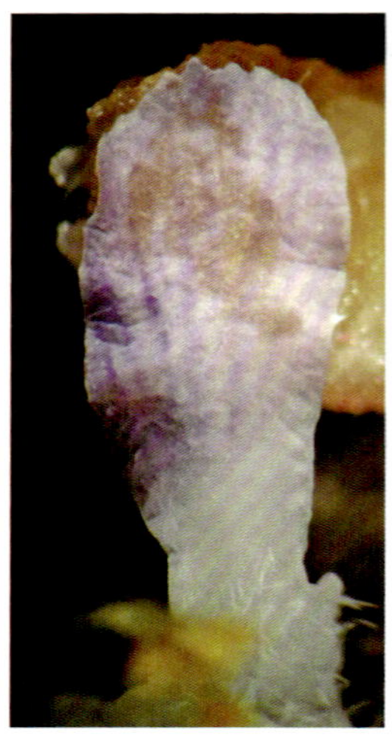

图 2-568　图 2-567 的 1 个侧瓣

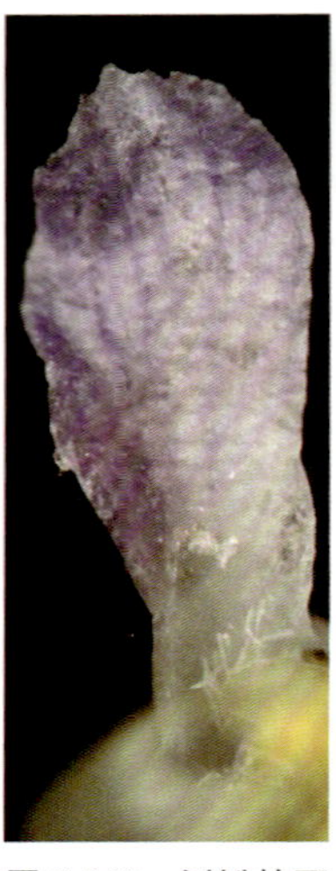

图 2-569　侧瓣的不同固定方法

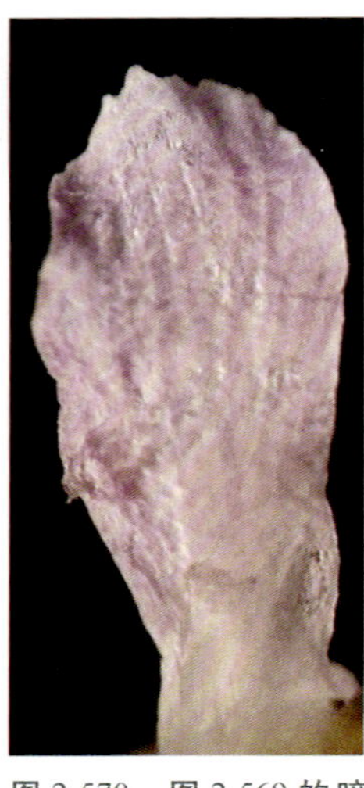

图 2-570　图 2-569 的暗视野观察

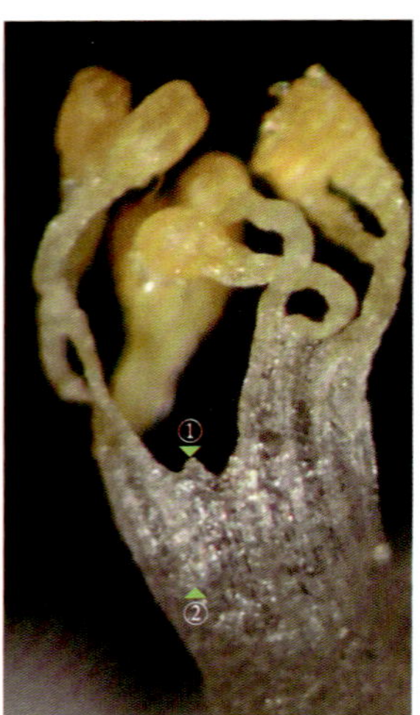

图 2-571　雄蕊上部的放大。花丝鞘对折处的顶端中央有一个小三角形的凸尖

①凸尖　②花丝鞘

图 2-572　侧瓣和雄蕊的展开。侧瓣下部的内面未与花丝贴生处生有柔毛。小凸尖两侧花丝的一级分枝为假二叉分枝，以后的二至四级花丝分枝为二叉分枝

①一级分枝　②二级分枝　③三级分枝　④四级分枝(仅花药分裂为2个且合生)　⑤花药
⑥花丝鞘　⑦花丝鞘下缘　⑧侧瓣窝内的柔毛　⑨侧瓣

图 2-573 图 2-572 的部分放大（暗视野观察）。在花丝鞘上生有柔毛

①花丝鞘 ②花丝鞘下缘 ③侧瓣

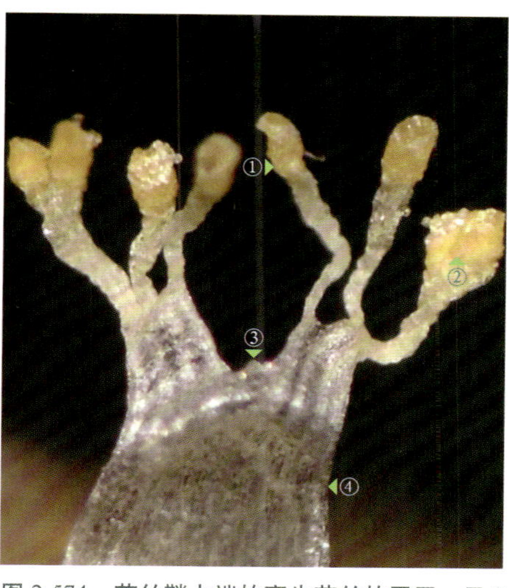

图 2-574 花丝鞘上端的离生花丝的展开，示 8 个雄蕊的花药（混合光观察）。在花丝合生处的顶端，花丝呈假二叉和二叉分枝状，与龙骨瓣的流苏状附属物的分枝方式相似（具有自相似性）

①离生的花药 ②合生的花药 ③小凸尖 ④花丝鞘

图 2-575 花丝鞘顶端的分枝方式与《中国植物志》的描述不一致，右侧两个花药相贴

①顶孔开裂的花药 ②合生的花药

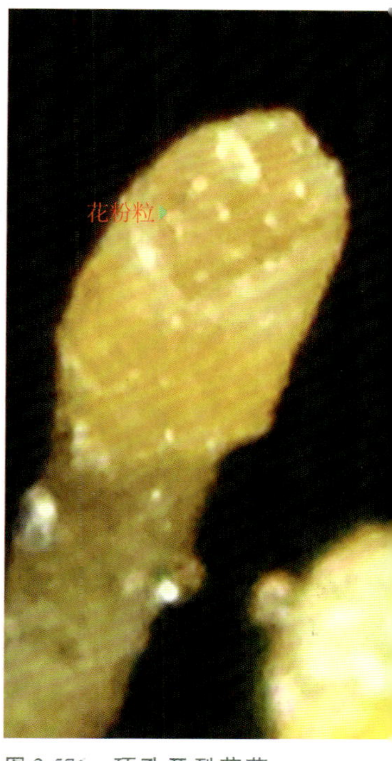

图 2-576 顶孔开裂花药的放大，植物学教材称“孔裂”。花药筒状，基着药（又称“底着药”）

(2)第 2 朵花的精细解剖

图 2-577　另一个枝顶端的花序（未使用解剖镜）

图 2-578　花序中一朵花的放大（暗视野观察），在花梗下端生有苞片。需注意的是，此花的龙骨瓣位于花的远轴面，这与第 1 朵花正好相反

①龙骨瓣(远轴面)　②外萼片(远轴面)　③侧瓣　④内萼片　⑤花梗　⑥苞片　⑦花序轴

图 2-579　花梗和花序轴的部分放大。花的 3 片苞片中仅剩 1 片

①花梗　②苞片　③花序轴

图 2-580　花的侧面观。内萼片自然展开

①流苏状附属物　②龙骨瓣　③外萼片　④侧瓣　⑤内萼片　⑥花梗

图 2-581　花不同角度的侧面观

①侧瓣　②内萼片　③外萼片　④龙骨瓣

图 2-582　花的上面观（暗视野观察）

①流苏状附属物　②龙骨瓣　③侧瓣　④内萼片

图 2-583　内萼片的内面观

①侧瓣　②外萼片　③内萼片

图 2-584　内萼片的外面观，即此花的近轴面观（与第 1 朵花相反）

①侧瓣　②内萼片　③外萼片

图 2-585　花的前面观

①内萼片　②流苏状附属物　③龙骨瓣
④外萼片

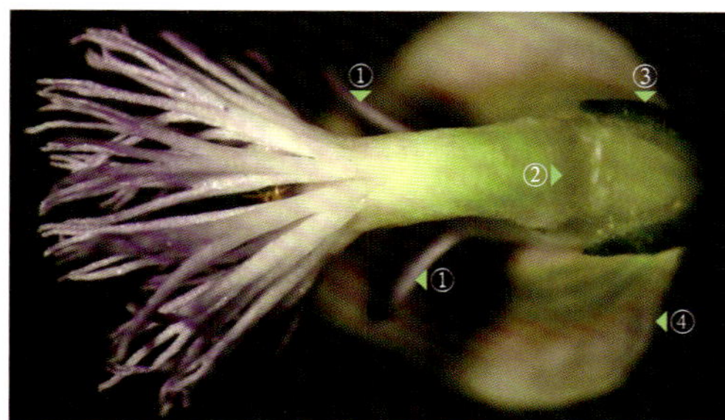

图 2-586　花的远轴面观

①侧瓣　②龙骨瓣　③外萼片　④内萼片

图 2-587　图 2-586 的暗视野观察

①侧瓣　②内萼片　③外萼片

图 2-588 花的侧面观

①龙骨瓣 ②外凸 ③外萼片(远轴面) ④侧瓣与花丝贴生处
⑤外萼片 ⑥内萼片 ⑦侧瓣

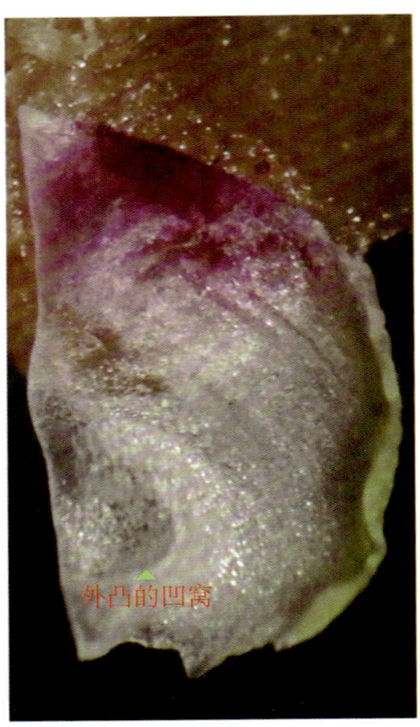

图 2-589 将龙骨瓣从近对折处纵割后，在远轴面的外萼片近顶端处将其摘下并固定在胶块上（内面观），其内面近侧瓣处有一个外凸的凹窝（即图 2-588 的外凸）

图 2-590 除去图 2-588 花的远轴面 2 个外萼片和一侧龙骨瓣后，示龙骨瓣内的花蕊

①流苏状附属物 ②龙骨瓣 ③花丝鞘
④侧瓣与花丝贴生处 ⑤内萼片 ⑥外萼片 ⑦侧瓣

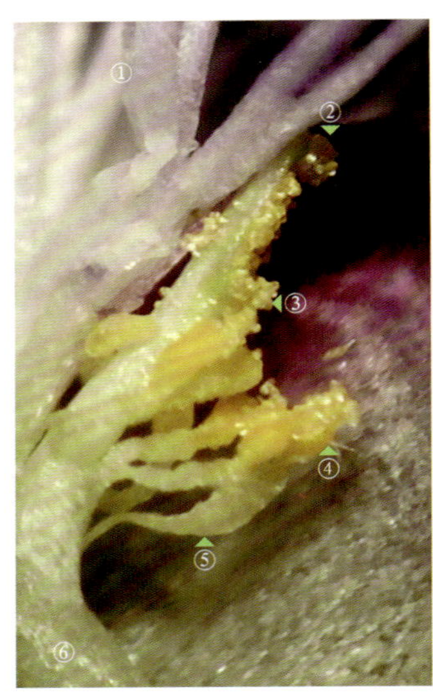

图 2-591 图 2-590 雄蕊顶端和雌蕊柱头的放大（照片旋转 90°）

①流苏状附属物
②上柱头
③下柱头粘着的花粉粒
④花药
⑤雄蕊离生的花丝
⑥花丝鞘

图 2-592 除去远轴面的外萼片和龙骨瓣后的花（侧面观）

①上柱头 ②花药 ③离生的花丝 ④花丝鞘
⑤雄蕊和侧瓣贴生处 ⑥侧瓣 ⑦外萼片 ⑧内萼片

图 2-593 柱头的外面观（混合光观察）。由柱头左侧的花药可知，花药仅 1 个药室，顶孔开裂

①柱头的外面观 ②花药

图 2-594 图 2-592 花不同角度的观察。花的侧瓣与花丝在下部贴生

①侧瓣 ②花丝鞘 ③雄蕊和侧瓣贴生处

图 2-595 除去外萼片（远轴面）、龙骨瓣和 1 片内萼片后的花（花梗粘在胶块上）

①上柱头 ②花丝鞘开口 ③花丝鞘
④侧瓣 ⑤侧瓣窝口 ⑥内萼片
⑦外萼片(近轴面)

图 2-596　图 2-595 外萼片（近轴面）、侧瓣下部和花丝下部的部分放大，侧瓣下部有两片侧瓣围成的侧瓣窝口

①花丝鞘　②雄蕊和侧瓣贴生处　③侧瓣
④侧瓣窝口　⑤外萼片

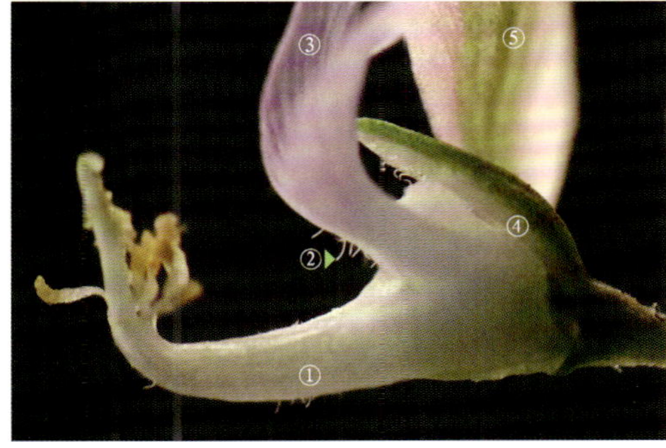

图 2-597　图 2-596 花的暗视野观察，示外萼片、侧瓣和花丝上着生的稀疏柔毛

①花丝鞘　②柔毛　③侧瓣　④外萼片
⑤内萼片

图 2-598　2 个侧瓣围成的侧瓣窝口

①侧瓣　②侧瓣窝口　③内萼片

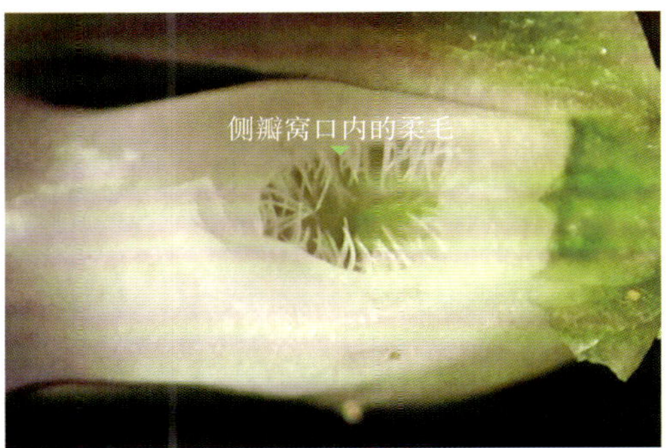

图 2-599　图 2-598 侧瓣窝口的放大，其内生有柔毛

图 2-600　图 2-599 的不同角度观察，示侧瓣窝口的位置（暗视野观察）

①侧瓣　②花丝鞘　③侧瓣窝口　④内萼片

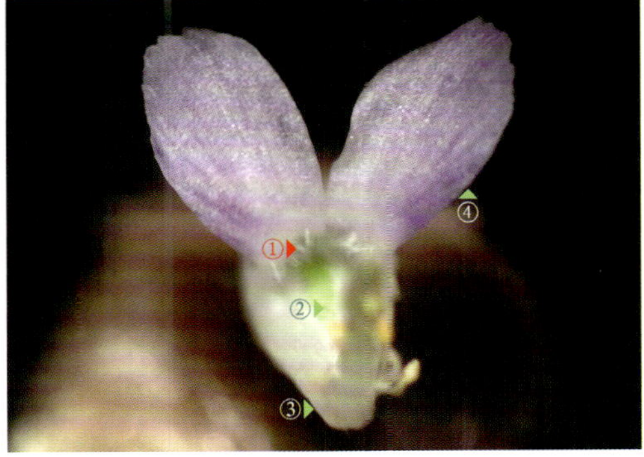

图 2-601　图 2-600 花除去内萼片后，侧瓣的内面观（混合光观察）。侧瓣下部的内面生有柔毛

①柔毛　②花丝鞘开口　③花丝鞘　④侧瓣

图 2-602　图 2-601 的暗视野观察

图 2-603　图 2-602 花蕊顶端的侧面观。两个柱头间贮满花粉粒

不知这些部位的花粉粒是否和附着在上、下柱头上的花粉粒一样，能够萌发产生出花粉管？

①上柱头
②柱头间的花粉粒
③下柱头
④花药
⑤花柱
⑥离生的花丝
⑦花丝鞘开口

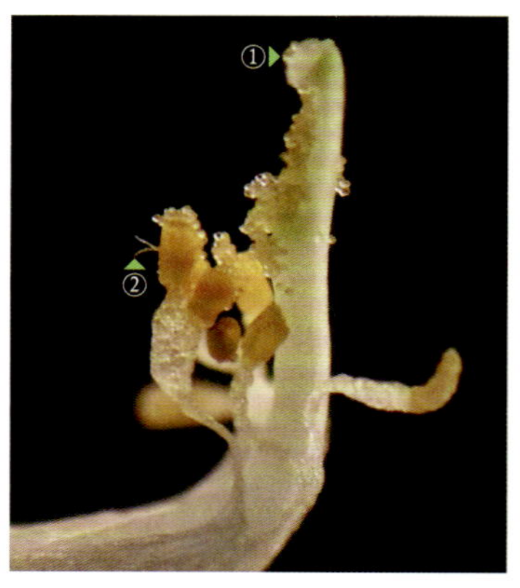

图 2-604　图 2-603 花蕊的暗视野观察。花药上偶尔生有柔毛

①上柱头　②柔毛

图 2-605　将侧瓣和贴生的花丝不完全展开，露出包裹在其中的雌蕊（混合光观察）。雌蕊的子房侧扁，上位，花丝鞘一侧开裂

①柱头　②花丝鞘　③花柱　④花丝鞘下缘　⑤侧瓣窝口
⑥子房　⑦侧瓣

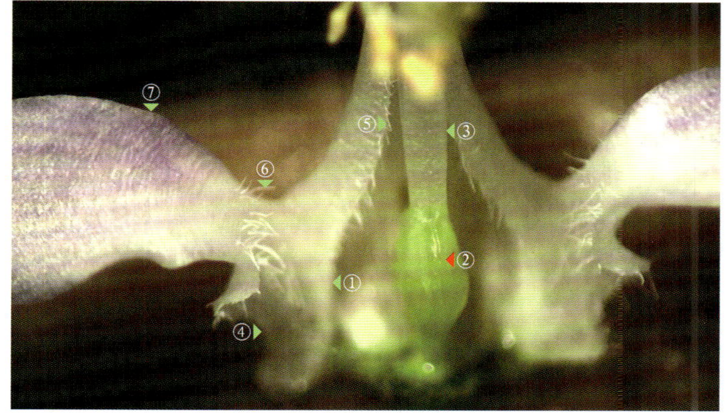

图 2-606　图 2-605 花的侧瓣和花丝下部的部分放大。侧瓣下部的内面生有柔毛，在花丝鞘上生有缘毛

①花丝鞘下缘　②子房　③花柱　④侧瓣窝口　⑤缘毛
⑥柔毛　⑦侧瓣

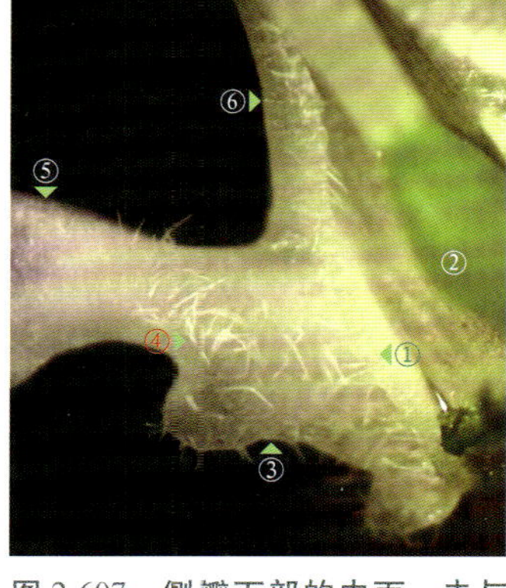

图 2-607　侧瓣下部的内面，未与花丝贴生处生有柔毛

①花丝鞘下缘　②子房
③侧瓣窝口　④柔毛
⑤侧瓣　⑥花丝鞘

图 2-608　将雌蕊从花丝鞘开裂处掀出，花柱上端近直角弯曲

①上柱头　②下柱头　③花柱　④子房
⑤花药　⑥离生的花丝　⑦花丝鞘　⑧缘毛

图 2-609　图 2-608 的暗视野观察

图 2-610 图 2-609 花的侧瓣下部的内面和花丝鞘边缘着生有柔毛，在花丝鞘和侧瓣贴生处，花丝鞘的边缘（花丝鞘下缘）游离

①花丝鞘边缘着生有柔毛 ②花丝鞘下缘 ③侧瓣窝口
④侧瓣

图 2-611 从花丝鞘内分离出的雌蕊（混合光观察）

①花柱 ②花丝鞘开口
③子房

图 2-612 图 2-611 的暗视野观察。子房绿色，侧扁，倒卵圆形

图 2-613 花丝鞘边缘处的柔毛

图 2-614 雄蕊顶端、小凸尖一侧的离生花丝和花药。花丝的分枝方式与《中国植物志》描述的不同

①小凸尖的位置 ②花丝鞘

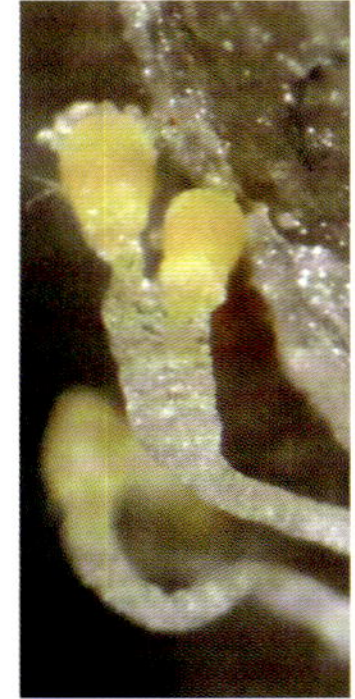

图 2-615 图 2-614 右侧花丝末级分枝的观察。右侧花药下无离生花丝（《中国植物志》称为“花药无柄”），左侧花药下的花丝极短

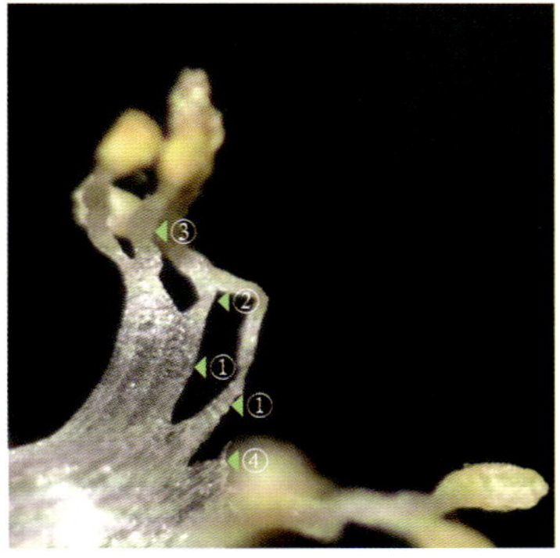

图 2-616 对折花丝鞘顶端，小凸尖两侧花丝的一级分枝为假二叉分枝，其余的二至四级分枝为二叉分枝。这种花丝分枝方式与《中国植物志》的描述不符

①花丝的二级分枝
②花丝的三级分枝
③花丝的四级分枝
④小凸尖

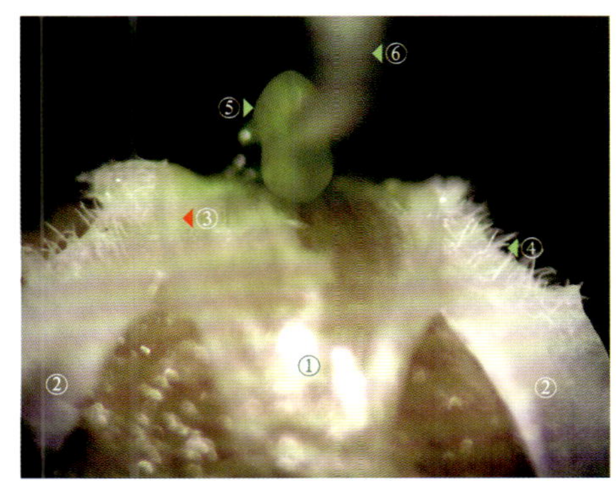

图 2-617 侧瓣展开后，子房的近上面观。子房侧扁，花柱的图像模糊（未在聚焦面上）

①花丝鞘 ②侧瓣 ③花丝鞘下缘
④侧瓣窝口 ⑤子房 ⑥花柱

图 2-618 分离出的雌蕊，子房上位

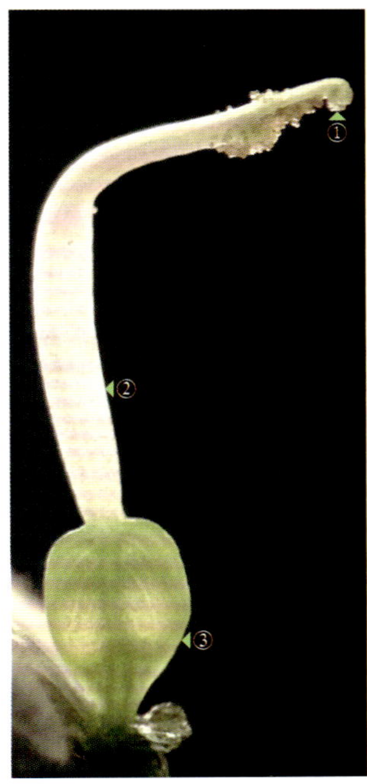

图 2-619 图 2-618 的暗视野观察

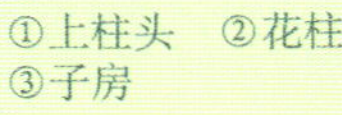

①上柱头 ②花柱
③子房

图 2-620 在胶块上对子房进行横切

图 2-621 子房横切片临时水装片的显微镜观察。结合前面子房的精细解剖结果，可知子房 2 室，每室有 1 个倒生胚珠，顶生胎座

①子房壁 ②胚珠

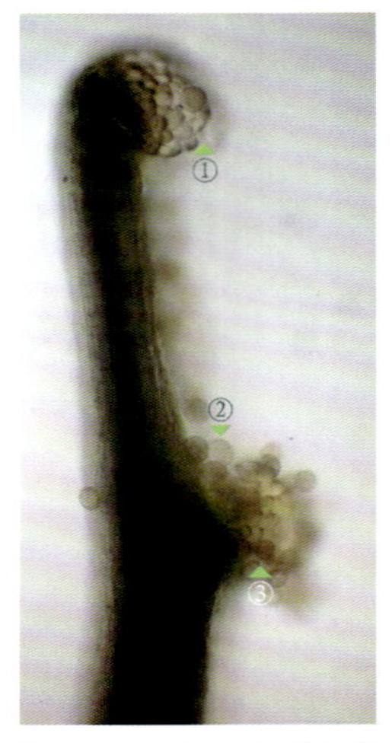

图 2-622　柱头临时水装片的显微镜观察（显微镜观察）

照片中，花柱顶端的柱头形态似乎与《中国植物志》[43(3)：182，194] 描述的“顶端呈喇叭形”有些不吻合，插图中的柱头似乎也与照片不一致。在此建议，修订和再版《中国植物志》时，应以鲜花的精细解剖作为描述和插图的基础。

①上柱头
②花粉粒
③下柱头

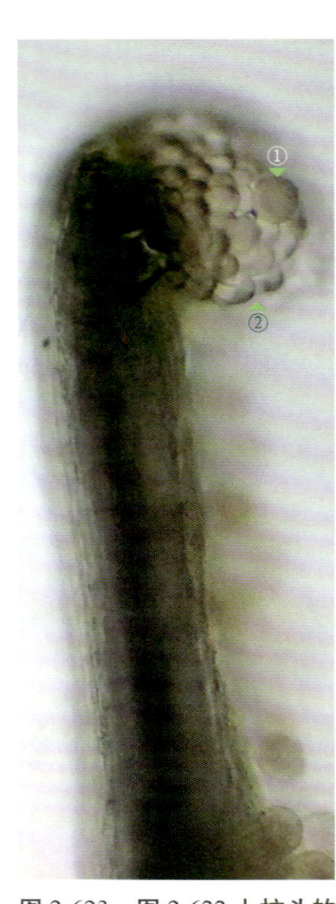

图 2-623　图 2-622 上柱头的放大。柱头的乳突表面附着有数个花粉粒（显微镜观察）

①花粉粒　②上柱头

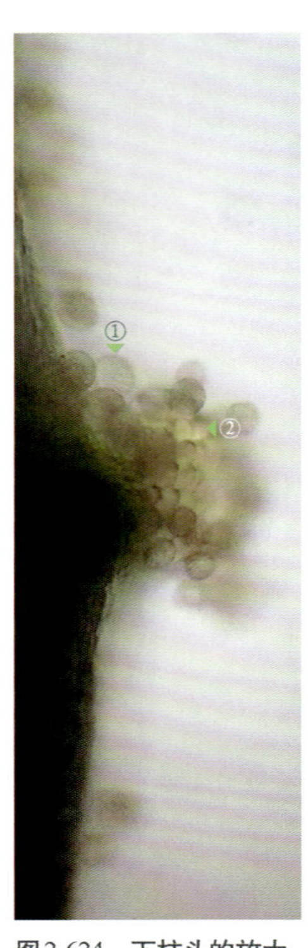

图 2-624　下柱头的放大。下柱头的表面也附着有花粉粒（显微镜观察）

①花粉粒
②下柱头

图 2-625　上、下柱头间的 1 个花粉粒。由于观察的是柱头的临时水装片，花粉粒的原生形态可能因吸水已改变（显微镜观察）

十一、葡萄科（Vitaceae）

乌蔹莓 [*Cayratia japonica* (Thunb.) Gagnep.]

乌蔹莓属（*Cayratia*）。草质藤本；有卷须；叶为鸟趾状复叶（似三出复叶，但每侧由 2 个二叉状分枝的有柄小叶组成，《中国植物志》称“鸟足状 5 小叶”），互生；复二歧聚伞花序，花有梗；合生萼，花萼碟形，游离的边缘较窄；花瓣常 4 片，易脱落；雄蕊常 4 个；复雌蕊，子房上位，2 室，每室有 2 个胚珠，花柱锥柱状；花盘盘状，常 4 浅裂；浆果。

花材料于 2011 年 8 月 15 日采自河南省洛阳市洛浦公园。采用胶块法对其精细解剖和结构观察的结果如图 2-626 ～图 2-662 所示。

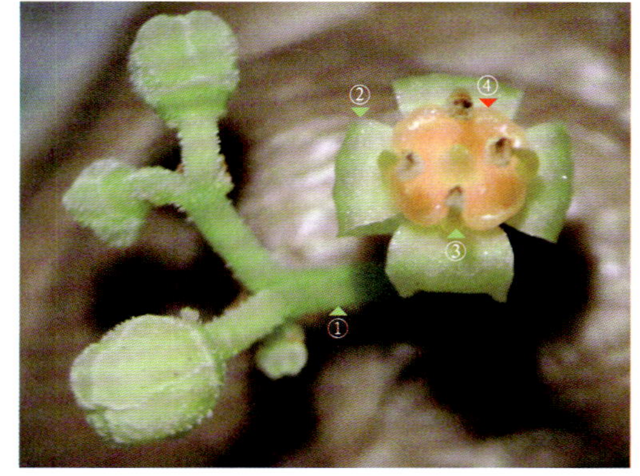

图 2-626　花序的一部分。常见的花为 4 基数，花瓣 4 片，雄蕊 4 个（与花瓣对生），花盘 4 浅裂

①花序轴　②花瓣　③雄蕊　④花盘

图 2-627　4 基数花的上面观。花中的橘红色盘状物为花盘，花盘中央有雌蕊着生

图 2-628　花不同角度的观察

①柱头　②花药　③花丝　④花盘
⑤雄蕊　⑥花瓣　⑦花萼

图 2-629　5 基数的花

《中国植物志》记载乌蔹莓属雄蕊5，花盘4浅裂，这与照片中的雄蕊为 5，花盘 5 浅裂不符。

①花瓣　②花萼

图 2-630　反卷花瓣的外面观，表面粗糙，有乳突

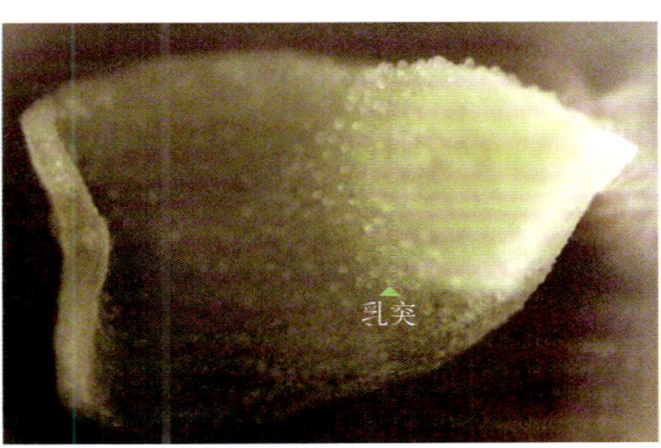

图 2-631　图 2-630 的暗视野观察

图 2-632 图 2-630 花瓣的近侧面观。花瓣的外表面有乳突

图 2-633 图 2-632 花瓣的暗视野观察

图 2-634 花瓣脱落后花的下面观。花萼的外表面生有稀疏的乳突状毛

①花柄 ②乳突状毛 ③花萼 ④花丝

图 2-635 除去花瓣后，花的侧面观。花萼碟形，花药为内向药

①柱头 ②花柱 ③花药 ④花丝
⑤花盘 ⑥花萼 ⑦花柄

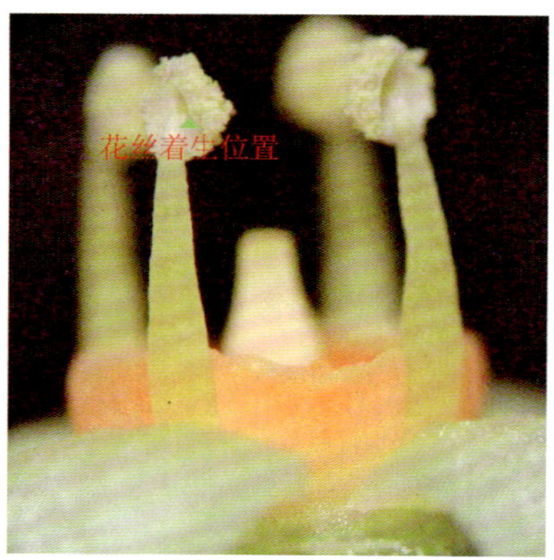

图 2-636 雄蕊的外面观。花药为“丁”字形着药，内向药，纵裂

图 2-637 雄蕊的外面观，示花丝在花药上的着生位置

①花药 ②花丝

图 2-638 雄蕊的侧面观

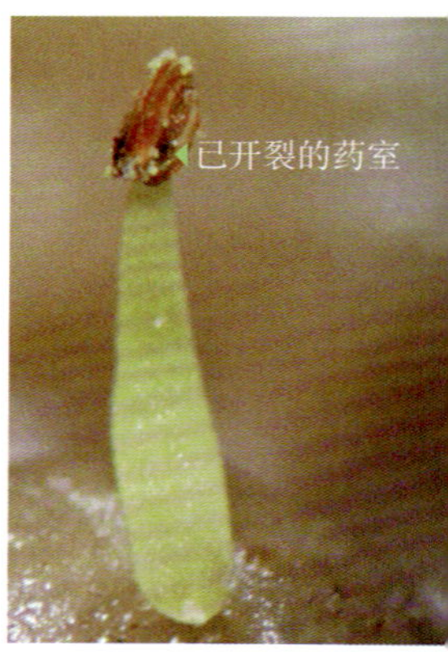

图 2-639 雄蕊的近内面观

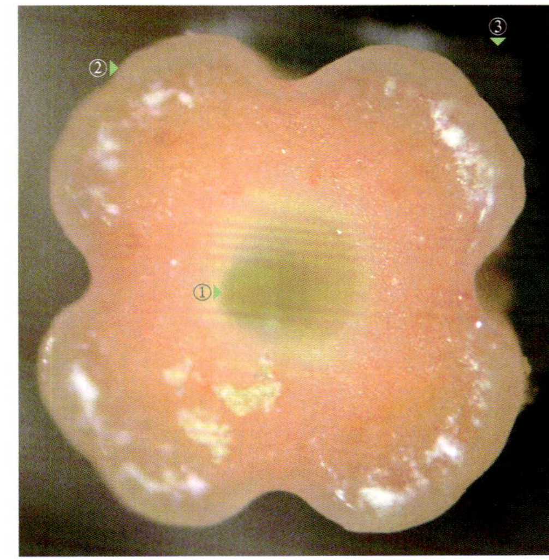

图 2-640　花盘的上面观

①柱头　②花盘　③花萼

图 2-641　图 2-640 的混合光观察。柱头的顶端有孔，因为描述的需要，在这里称其为“柱头孔”（自拟名）

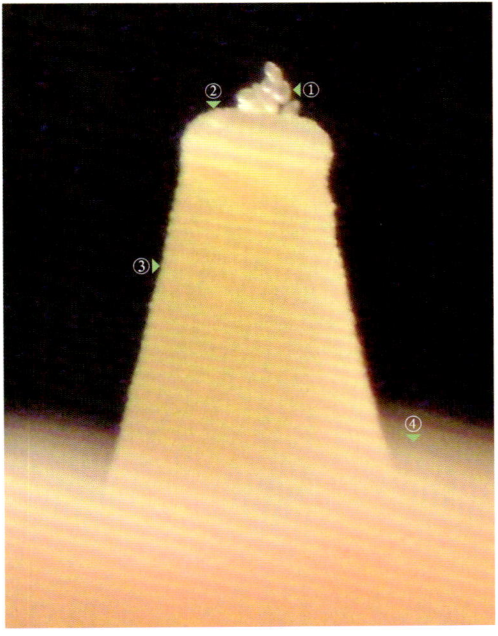

图 2-642　露出花盘的花柱及柱头（暗视野观察）。花柱表面不光滑，有微乳突，柱头顶端的柱头孔外堆积有数个花粉粒

①柱头孔处堆积有花粉粒　②柱头　③花柱
④花盘

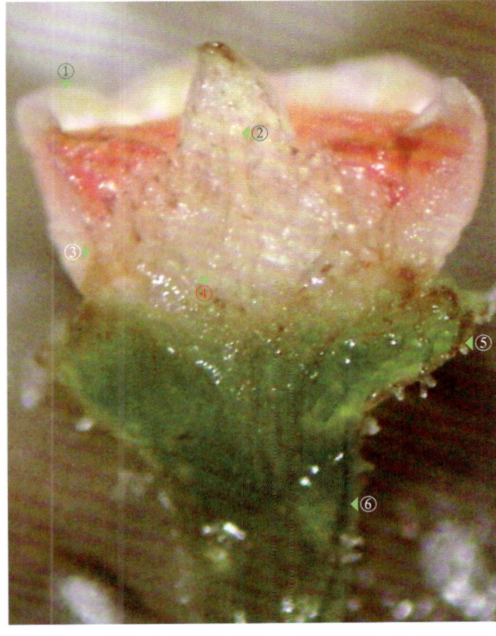

图 2-643　花盘和雌蕊的纵切，可见花盘的边缘凸起，似盛满汤后的碗。花柱中空，中央有花柱道，花柱道与柱头孔相连。子房埋于花盘中，颜色较花盘浅，子房上位。虽然未切到子房室及胚珠，但子房上位的特征明显

①花盘边缘凸起　②花柱道　③花盘
④子房位置　⑤花萼　⑥花柄

图 2-644　花盘和子房的横切面

图 2-645　花盘和子房横切面的放大。子房室内有 4 个胚珠，2 层珠被

①一个子房室内的2个胚珠
②有2层珠被的胚珠
③花盘

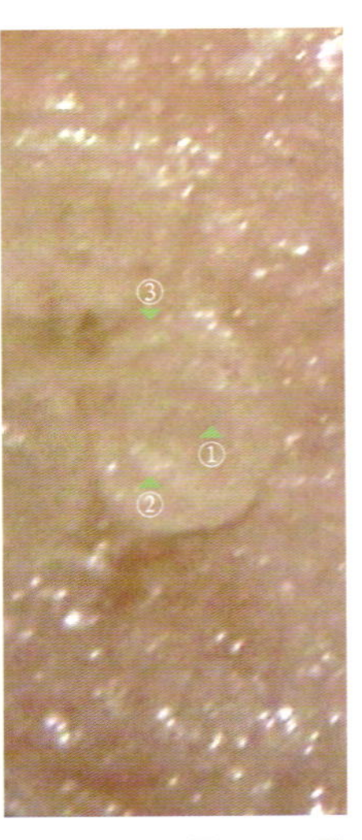

图 2-646　图 2-645 子房室内右下方胚珠的放大。胚珠有 2 层珠被

①珠心
②内珠被
③外珠被

图 2-647　花盘和子房横切片的显微镜观察（临时水装片，未染色）。花盘和子房的界限明显，子房 2 室，每室有 2 个胚珠（横切面）

①1个子房室内的2个胚珠
②子房室间隔膜　③子房　④花盘

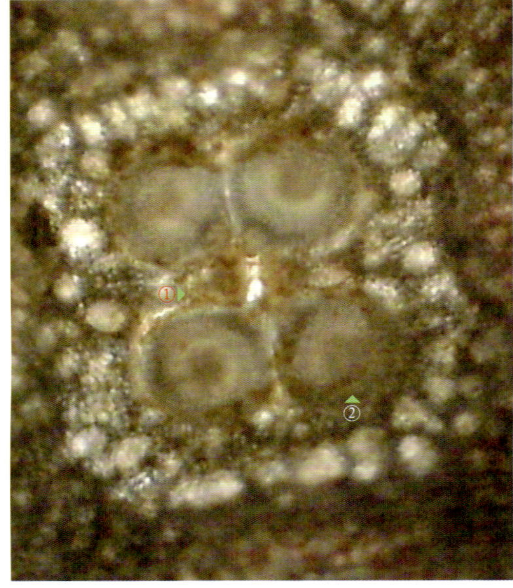

图 2-648　图 2-647 子房横切面的放大

①子房室间隔膜　②胚珠

图 2-649 花蕾的侧面观

①花瓣　②花萼

图 2-650　花蕾的近上面观。4 片花瓣呈镊合状排列

①两片花瓣间的连接部位(腹缝线)
②花瓣

图 2-651　除去 2 片花瓣后的花蕾。在摘下的花瓣内可见与花瓣对生的雄蕊

①花柱　②花药　③花瓣
④花丝　⑤花盘　⑥花萼
⑦与花瓣对生的雄蕊

图 2-652　图 2-651 的暗视野观察。花瓣内面可见与之对生的雄蕊

①花瓣　②花萼　③与花瓣对生的雄蕊

图 2-653　花盘和子房壁的部分纵剖面

①柱头　②花柱　③子房的大致位置　④花萼　⑤花盘

图 2-654　除去花盘和子房壁后，示一个子房室内的 2 个胚珠（混合光观察）

①子房室间隔膜　②胚珠　③花萼

图 2-655　前、后 2 个子房室内胚珠的不同角度观察。每个子房室内生有 2 个胚珠（左侧胚珠上部有横向割痕）

①胚珠　②子房室间隔膜　③割痕　④花萼

图 2-656　图 2-655 子房室内胚珠的上面观（暗视野观察）。胚珠上有割痕

①子房室间隔膜　②割痕
③1个子房室内的2个胚珠　④花萼

图 2-657　从一个子房室内分离出的 2 个胚珠

①胚珠　②花萼

图 2-658　花序的一部分（未使用解剖镜）。在花序上，既有花和花蕾，又有一些未成熟的果实（浆果）

图 2-659　未成熟的浆果

图 2-660　未成熟浆果的侧面观

①干枯的花柱及柱头　②浆果　③果柄
④宿萼

图 2-661　图 2-659 果实的上面观

图 2-662　图 2-661 浆果的下面观。在果柄周围可见淡绿色宿存的花萼，即宿萼

①果柄　②宿萼

十二、胡颓子科（Elaeagnaceae）

胡颓子（*Elaeagnus pungens* Thunb.）

胡颓子属（*Elaeagnus*）。灌木；叶革质，下面被有银白色（数量多）和褐色（少）鳞片；单被花，无花冠；花萼外被有银白色（多）和褐色（少）鳞片，4 裂，萼筒在子房外骤缩，此部分萼管在果期形成类似果皮样的结构；雄蕊贴生在萼筒上，花丝短，花药为“丁”字形着药；单雌

蕊，子房外被萼管（萼筒）包被，子房上位，1 室，1 胚珠，基生胎座，花柱长于雄蕊、上端弯曲；坚果，果实外有花后膨大肉质化的萼管形成的包被（似“果皮”，属于宿萼）。

花材料于 2015 年 9 月 26 日采自河南省洛阳市内公园。采用胶块法对其精细解剖和结构观察的结果如图 2-663 ～图 2-691 所示。

图 2-663　枝上的花

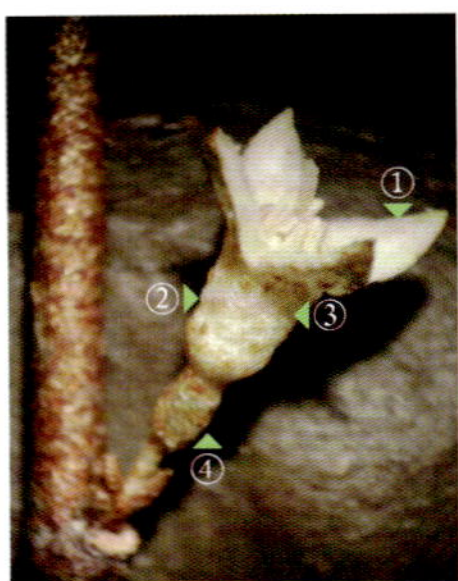

图 2-664　枝上花的放大

①萼裂片
②花萼
③萼筒
④子房外的萼筒

图 2-665　花的上面观

①柱头
②雄蕊
③萼裂片

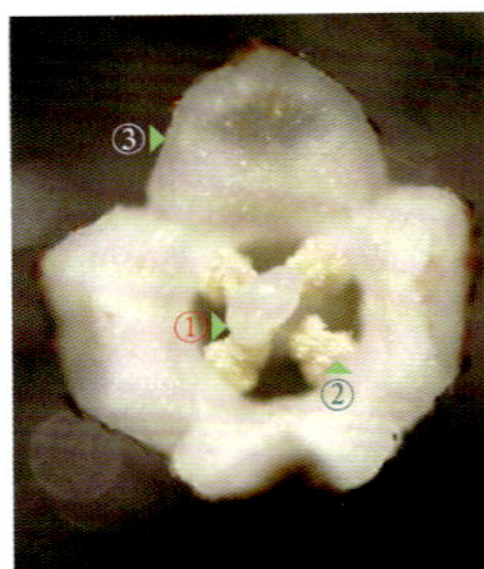

图 2-666　花的上面观。花萼上部 4 裂，萼筒喉部可见 4 个雄蕊的花药，花药中央有雌蕊的柱头

①柱头
②雄蕊
③萼裂片

图 2-667　花的近上面观，示花丝在花药上的着生方式

①柱头　②花药
③花丝　④萼裂片

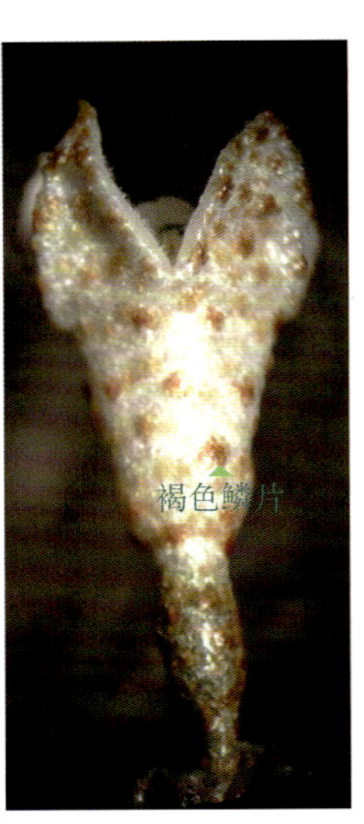

图 2-668　花的侧面观。花萼外生有银白色（因反差小，不明显）和褐色（少数）的盾状鳞片

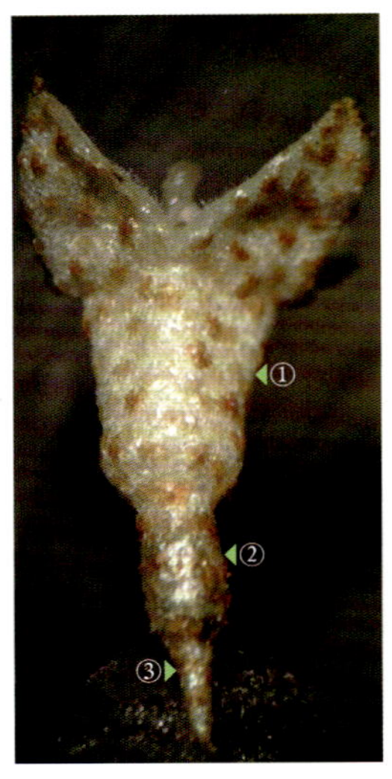

图 2-669　不同花的侧面观

①萼筒
②子房外的萼筒
③花柄

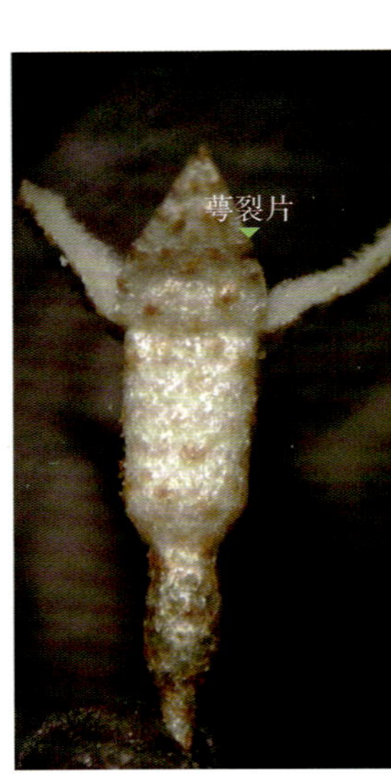

图 2-670　图 2-669 花不同角度的侧面观

图 2-671　花萼裂片上的鳞片（暗视野观察）。在花萼表面，银白色鳞片数量多，但与背景反差小，故不清晰

①褐色鳞片　②银白色鳞片

图 2-672　分离出的褐色盾状鳞片

图 2-673　另一个褐色鳞片的放大

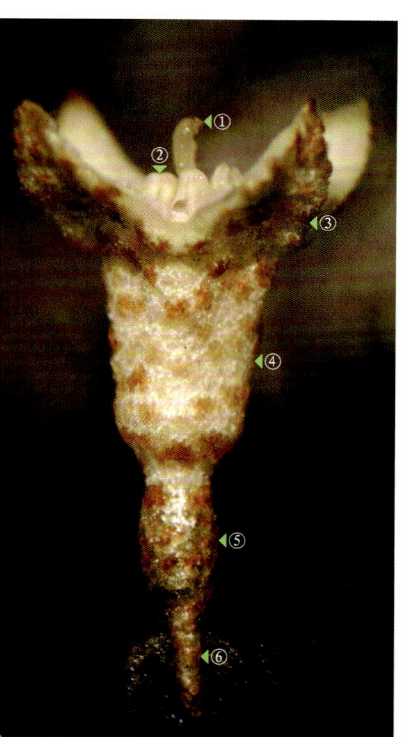

图 2-674　花的侧面观，示柱头

①柱头
②花药
③萼裂片
④萼筒
⑤子房外的萼筒
⑥花柄

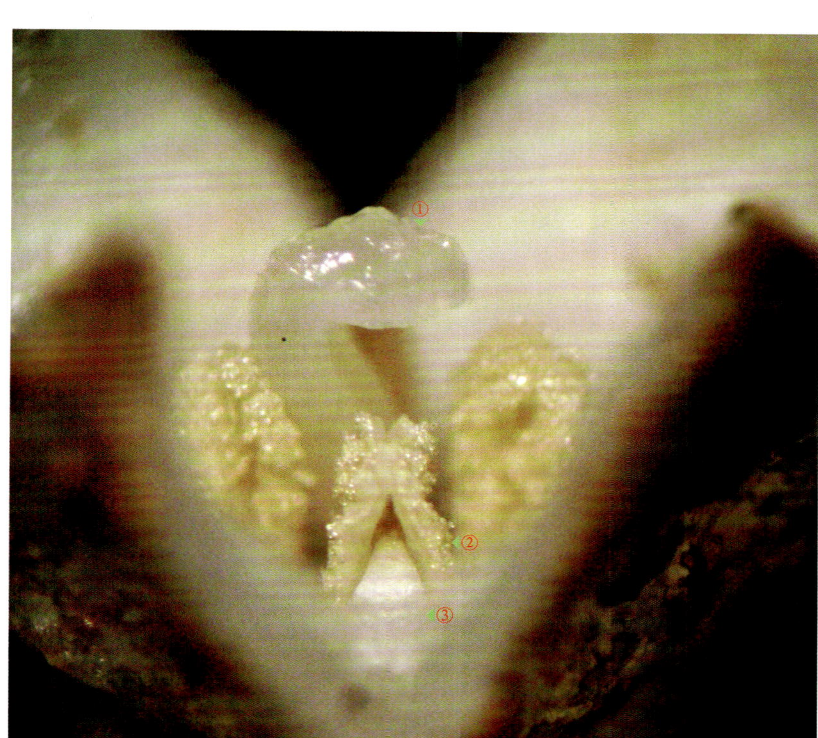

图 2-675　另一朵花的部分放大，示雄蕊的花药和雌蕊的柱头

①柱头　②花药　③花丝

图 2-676　将子房上部的萼筒纵剖、展开

①柱头　②萼裂片　③雄蕊　④花柱

图 2-677　子房上部萼筒的展开（外面观）。萼筒表面的一些银白色和褐色鳞片已被胶块粘掉

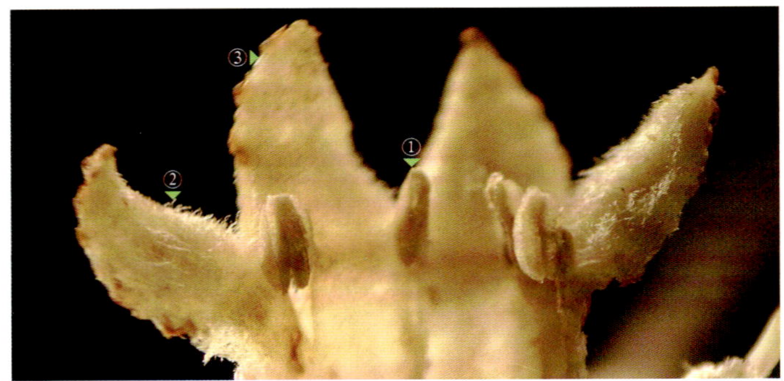

图 2-678　花萼裂片内面着生的柔毛（暗视野观察）。雄蕊着生在萼筒喉部，与花萼裂片互生

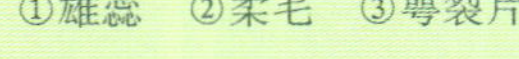
①雄蕊　②柔毛　③萼裂片

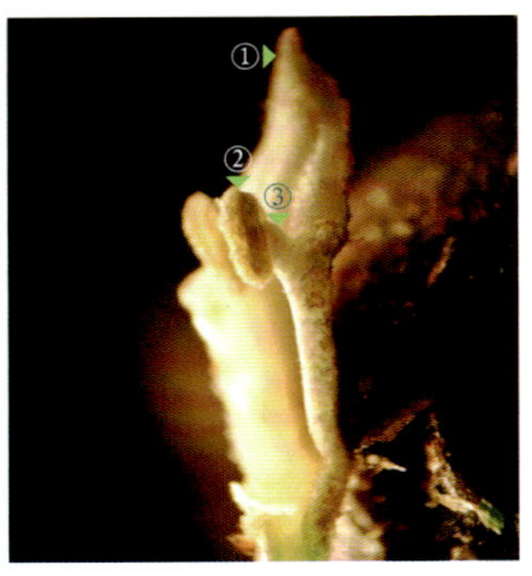

图 2-679　萼筒喉部着生的雄蕊。雄蕊的游离花丝很短

①萼裂片　②花药　③花丝

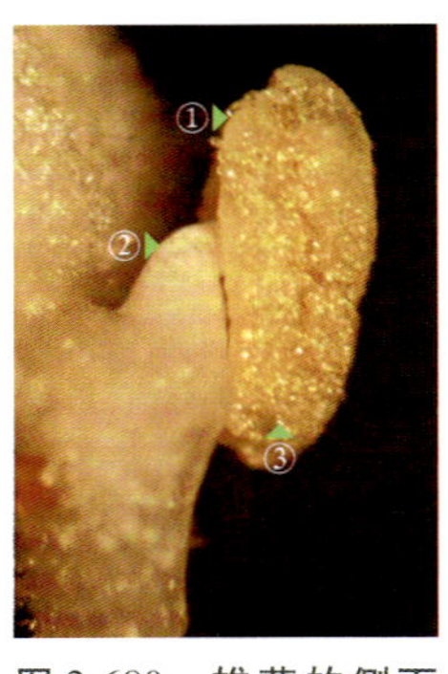

图 2-680　雄蕊的侧面观。花药为“丁”字形着药，花药已纵裂

①花药　②花丝
③花药内的花粉粒

图 2-681　图 2-680 的暗视野观察。药室内壁还粘着一些花粉粒

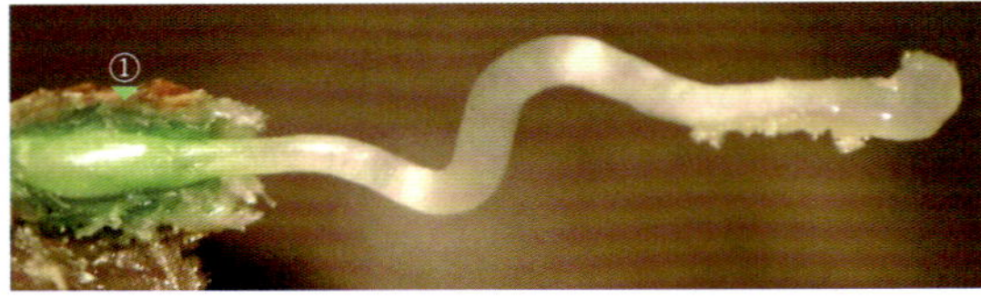

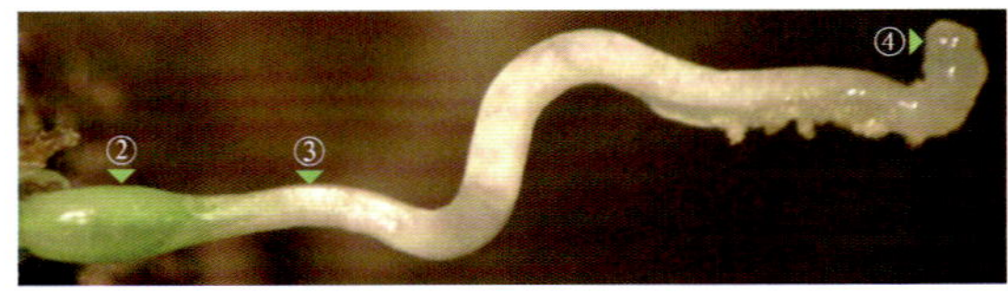

图 2-682　上图：除去子房外的一侧萼筒（《中国植物志》中也称“萼管”）的壁后，露出其中被包裹的子房。下图：分离出的雌蕊

①萼筒壁　②子房　③花柱　④柱头

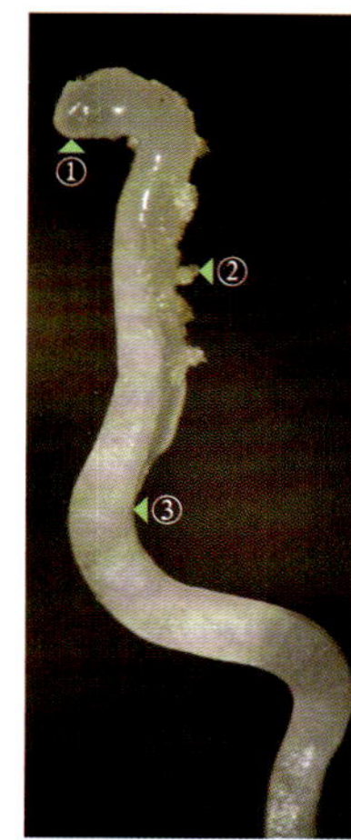

图 2-683　柱头及其下端部分花柱的放大。柱头的一侧生有稀疏的乳突

①柱头
②乳突
③花柱

图 2-684　除去大部分子房壁后，示子房室内的胚珠

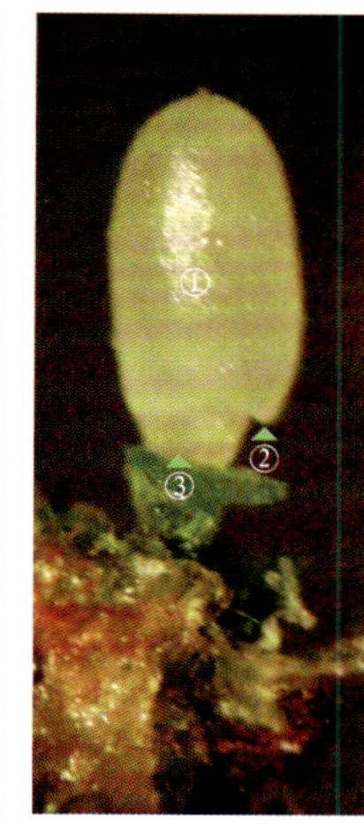

图 2-685　分离出的胚珠（倒生胚珠）

①胚珠
②珠孔
③珠柄

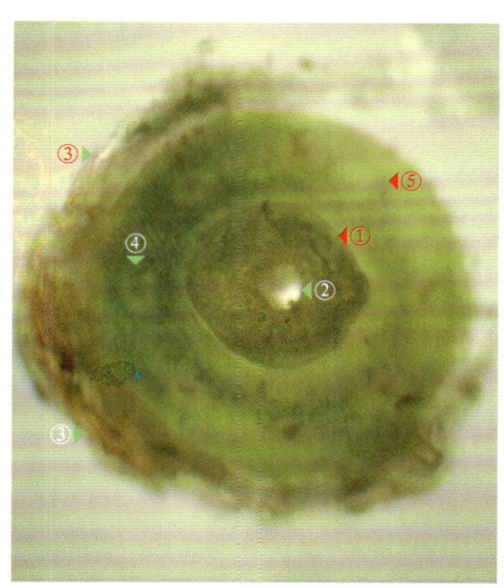

图 2-686　子房上部、花柱位置的横切片（显微镜观察）

切片的最内层是中空的花柱（具有花柱道），花柱外为萼筒的横切面（其中有维管束分布），在萼筒表面可见密生的盾状鳞片的横切面（右上方的鳞片已脱落）。

①花柱　②花柱道　③盾状鳞片
④维管束　⑤萼筒壁

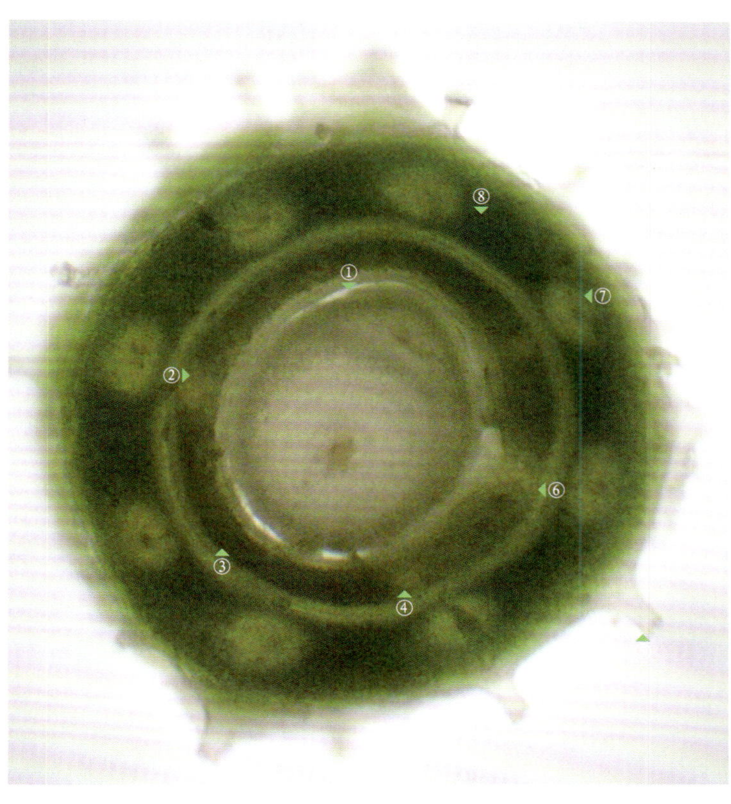

图 2-637　子房处的横切片（显微镜观察）

图中最外一环为萼筒的横切面，其内有 8 个维管束。萼筒外的盾状鳞片已脱落，只留下盾状鳞片下的柄。萼筒内是子房壁的横切面，其内有 4 个维管束，左侧的一个为背束，右侧上下两个为侧束，两个侧束间的色白区域有一个腹束，其外侧的子房壁为心皮的腹缝线位置。胡颓子的雌蕊为单雌蕊（由 1 个心皮组成），子房 1 室，子房室内生有 1 个胚珠。

①胚珠　②背束
③子房壁
④侧束（自拟名）
⑤鳞片的柄　⑥腹缝线
⑦维管束　⑧萼筒壁

图 2-688 不同部位的子房横切片（显微镜观察）

其中，子房壁内的 1 个背束和 2 个侧束及子房壁上的腹缝线明显，子房室内的胚珠有 2 层珠被，在外珠被与内珠被之间有间隙，内珠被与珠心间有分界线。

①胚珠 ②子房壁
③背缝线 ④背束
⑤鳞片 ⑥侧束
⑦腹缝线 ⑧子房室
⑨萼筒壁

图 2-689 核果状的坚果（2009 年 3 月 13 日，未使用解剖镜）

其中，坚果是由子房发育而成的果实，坚果外的肉质化部分是由子房外的萼筒（又称“萼管”）发育而成，属于宿萼。宿萼上方的枯萎部分是子房上部的萼筒部分。紫茉莉（*Mirabilis jalapa* L.，紫茉莉科 Nyctaginaceae）的果实与之相似，但其果实被称为“瘦果状的掺花果”。

①宿萼 ②枯萎萼筒

图 2-690 果实的放大，在果实顶端可见萎缩的萼筒部分（未使用解剖镜）

手指放在果实后是为了让数码相机对果实进行聚焦，否则普通数码相机较难聚焦。

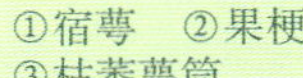

①宿萼 ②果梗
③枯萎萼筒

图 2-691 胡颓子的花蕾（未使用解剖镜）

①镊合状排列的花萼裂片
②萼筒
③花梗

十三、瑞香科（Thymelaeaceae）

结香（*Edgeworthia chrysantha* Lindl.）

结香属（*Edgeworthia*）。落叶灌木；嫩枝柔软可打结；叶互生；头状花序（先花后叶），总苞多片、早落，单被花（无花冠），花无梗，芳香；花萼4裂，外面密被白色丝状毛，内面无毛，上部黄色；雄蕊8个，在萼筒内排列成2列，上列雄蕊与萼裂片对生，下列雄蕊与萼裂片互生，花丝短；子房上位，上部生有白色丝状毛，子房1室，1个胚珠，顶生胎座，花柱柱状，柱头棒状，表面密被短毛；子房下部具有浅杯状花盘；核果。

花材料于2016年2月19日采自河南省洛阳市。采用胶块法对其精细解剖和结构观察的结果如图2-692～图2-728所示。

图2-692　头状花序的上面观。花为单被花，花萼4裂，无花冠（未使用解剖镜）

图2-693　头状花序的侧面观（未使用解剖镜）。花序轴（《中国植物志》称“花序梗”）顶端的总苞早落后留有脱落痕（总苞痕，自拟名）

①萼筒　②总苞痕　③花序轴

图2-694　花序的下面观，可见花无梗，花萼表面生有白色丝状毛，在花序轴顶端有数片总苞脱落后留下的总苞痕

①花序轴　②总苞痕

图2-695　花萼4裂，萼筒喉部可见4个雄蕊的花药（混合光观察）

①白色丝状毛　②萼裂片　③花药

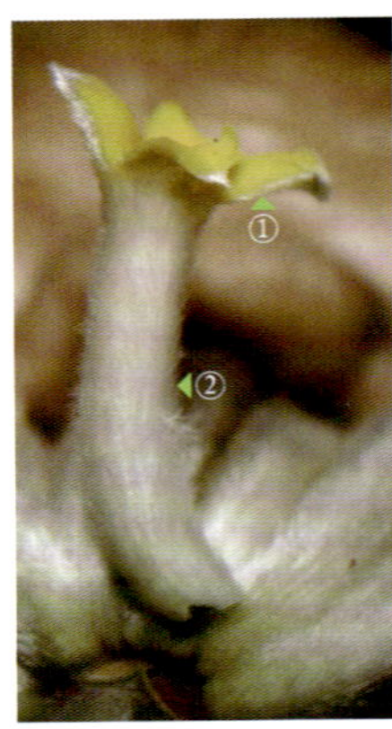

图 2-696　从头状花序上摘下的一朵花

①萼裂片
②萼筒

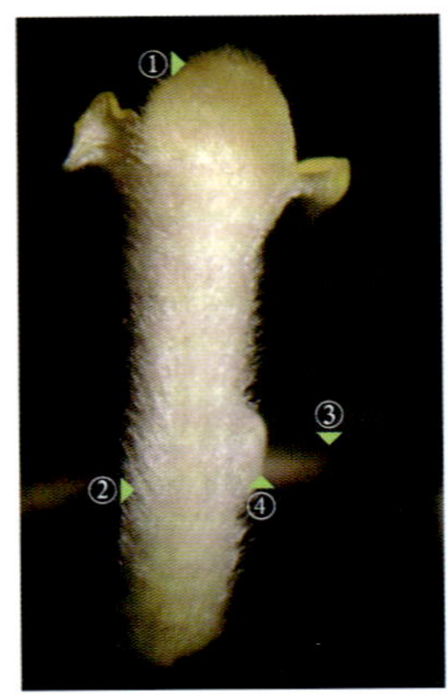

图 2-697　花的远轴面观

花被固定在一段牙签顶端的小胶块上，牙签末端插入暗视野观察胶块中。

①萼裂片
②萼筒的白色丝状毛
③支持花的牙签
④牙签顶端胶块

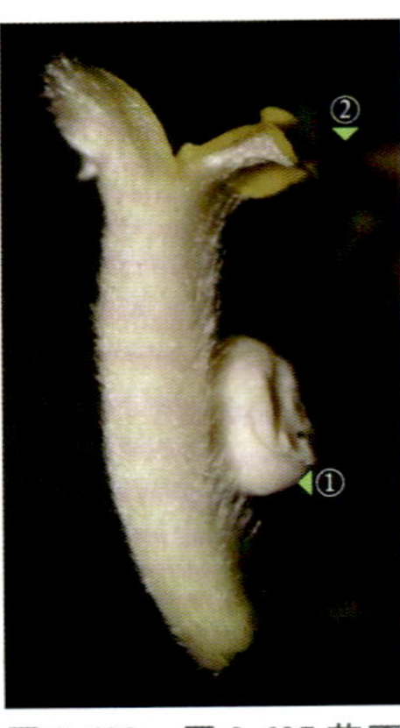

图 2-698　图 2-697 花不同角度的观察

花下放置黑纸板，使背景成黑色。

①牙签顶端胶块
②黑纸板缘

图 2-699　图 2-698 花的暗视野观察

①萼裂片
②支持花的牙签
③萼筒
④牙签顶端胶块

图 2-700　图 2-699 花的固定方法（未使用解剖镜）

为防止胶块受透射光照射后温度升高，改建了玻璃工作盘：将毛玻璃粘在倒扣的培养皿上盖的底部，叠置的培养皿上下盖间有一层半透明的塑料纸。

①牙签　②黑纸板
③毛玻璃和倒扣的培养皿组成的工作盘（可防止胶块受透射光照射后温度升高）

图 2-701　纵剖花冠的内面观

由于花冠较厚，在一处纵剖并展开较难，故先将花冠纵剖为两部分，然后并列粘放在胶块上（内面观，在深色旧胶块上使用黏性稍大且软的白色软胶块）。

在萼筒内面生有 8 个雄蕊（位于剖面上的 1 个雄蕊在纵剖时脱落），它们排成上、下 2 列，每列 4 个（这种 4 长 4 短的 8 个雄蕊，虽然也是四强，但和十字花科植物花内的四强雄蕊不同，后者仅有 6 个离生雄蕊）。从图中还可看出，上列雄蕊与花萼裂片对生（着生在萼裂片内面的中央位置），下列雄蕊与花萼裂片互生（着生在 2 个萼裂片之间）。

①上列雄蕊　②下列雄蕊

图 2-702　花萼筒喉部的 2 个雄蕊，右侧花药为内面观。花药内向开裂，为内向药

①花药　②花丝

图 2-703　雄蕊的外面观。雄蕊的花丝很短，花药为底着药

①花药　②花丝

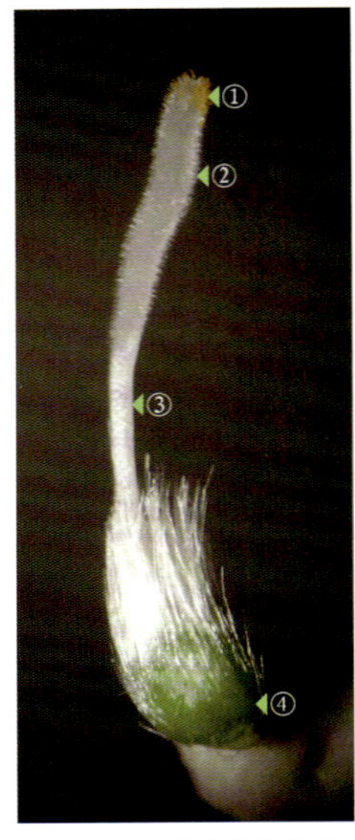

图 2-704　分离出的雌蕊

《中国植物志》记载子房顶端被"丝状毛"，柱头具"乳突"。

①花粉粒　②柱头
③花柱　④子房

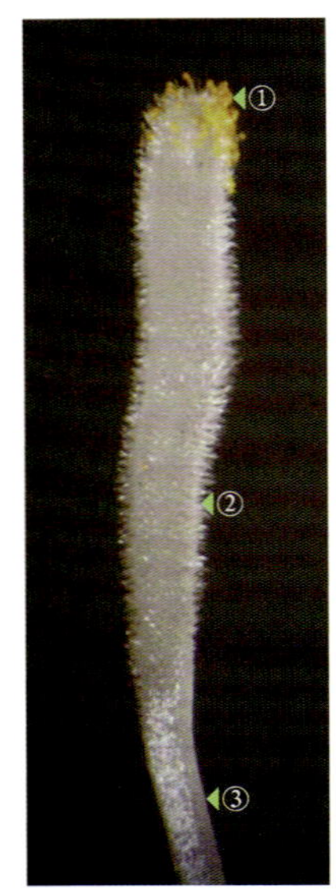

图 2-705　棒状柱头密被短柔毛

①花粉粒
②柱头
③花柱

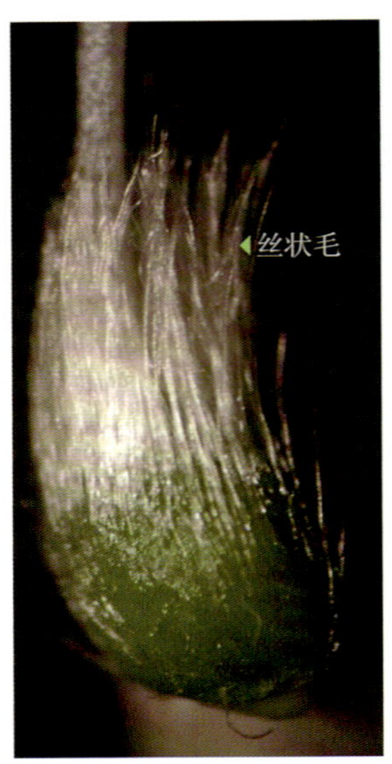

图 2-706　子房的中上部生有丝状毛

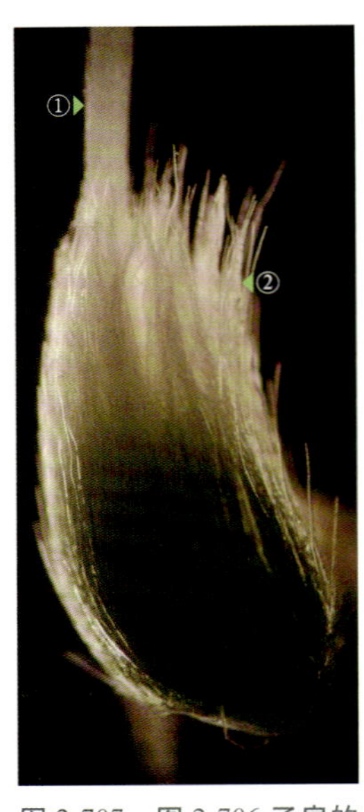

图 2-707　图 2-706 子房的暗视野观察

①花柱　②丝状毛

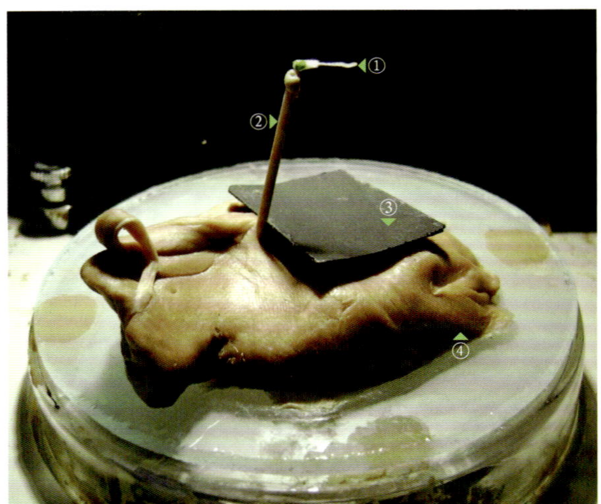

图 2-708　图 2-707 雌蕊在自制的玻璃工作盘胶块上的放置方法

牙签顶端的小胶块用以固定花材料，雌蕊下的大胶块上放置黑纸板以制作花照片的黑色背景。

①雌蕊　②牙签(顶端有小胶块)　③黑纸板
④硬胶块

图 2-709　子房壁纵剖、展开后，示子房室内的胚珠

①胚珠　②子房壁　③牙签顶端的小胶块

图 2-710　除去大部分子房壁后，雌蕊的侧面观，可见子房内仅有 1 个子房室和 1 个顶生胚珠

①柱头　②花柱
③胚珠

图 2-711　图 2-710 子房室内胚珠的放大

①胚珠　②子房壁　③丝状毛

图 2-712　另一朵花纵剖后的展开观察(雌蕊已除去)。可见上列雄蕊与花萼裂片对生，下列雄蕊与花萼裂片互生

①上列雄蕊　②萼裂片　③下列雄蕊　④萼筒

由于花萼较厚，展开时用黏性稍大的软胶块固定，软胶块被粘在硬胶块的底座上面。

图 2-713　将另一朵花的花萼纵剖并展开后，花的近上面观

柱头在花内的位置低于下列雄蕊。在花下方的胶块上放了黑色小纸板，可使花照片的背景呈黑色。

①柱头　②上列雄蕊　③下列雄蕊
④萼裂片　⑤黑纸板

图 2-714　图 2-713 花萼的上面观

①上列雄蕊　②下列雄蕊
③黑纸板缘　④萼裂片

图 2-715　将头状花序上一朵花的花萼纵剖并除去一部分，可见花萼内面的上端为黄色，在上列雄蕊之下颜色变浅

图 2-716　从花序上摘下的 3 朵花（侧面观）

在花下胶块上放置了黑纸板，它可使花照片的背景成黑色。但在暗视野观察时，黑色纸板对制造黑色背景无作用，当黑纸板过大时反而会减弱暗视野的照明亮度。如果黑纸板不大，不影响暗视野观察，就不用移去黑纸板；否则，就需要移去黑纸板。

图 2-717　图 2-716 花的上面观

①上列雄蕊的花药　②萼裂片

图 2-718　图 2-717 花的暗视野观察

图 2-719　图 2-718 花不同角度的观察（混合光）

图 2-720　图 2-719 花不同角度和不同聚焦面的观察

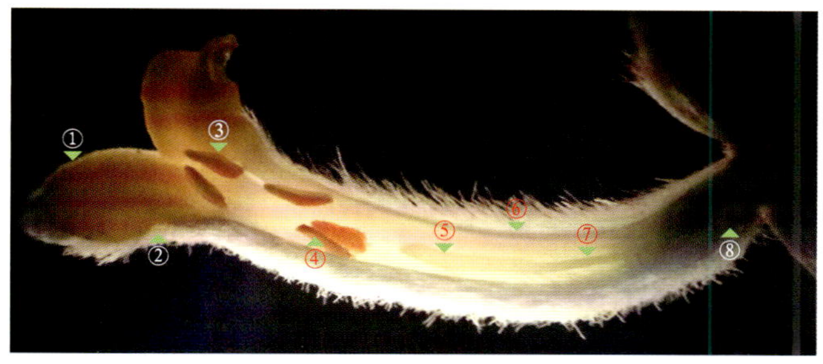

图 2-721　将花萼纵剖并除去一部分后，示雄蕊和雌蕊在萼筒内的位置（暗视野观察）

①萼裂片　②萼筒喉部　③上列雄蕊的花药
④下列雄蕊的花药　⑤柱头　⑥萼筒　⑦花柱　⑧子房

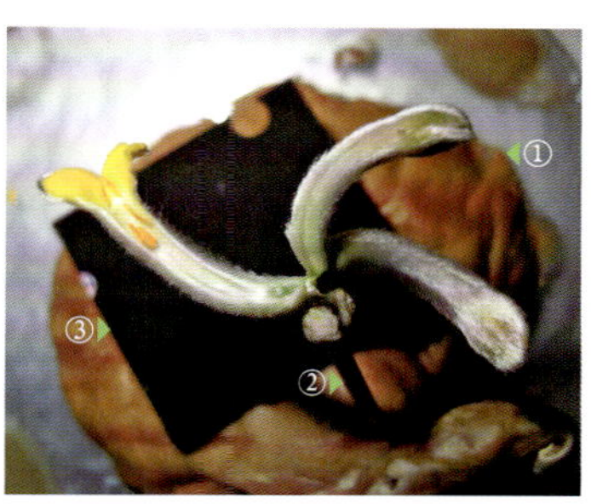

图 2-722　图 2-721 花的固定方法：花粘在一段牙签顶端的胶块上，固定牙签的胶块上放置了黑纸板

①硬胶块　②牙签　③黑纸板

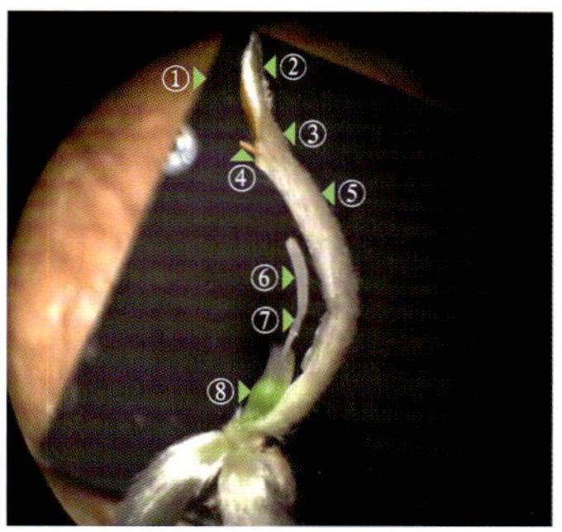

图 2-723　从纵剖的萼筒内拔出的雌蕊

①黑纸板　②萼裂片
③喉部　④上列雄蕊的花药
⑤萼筒　⑥柱头
⑦花柱　⑧子房

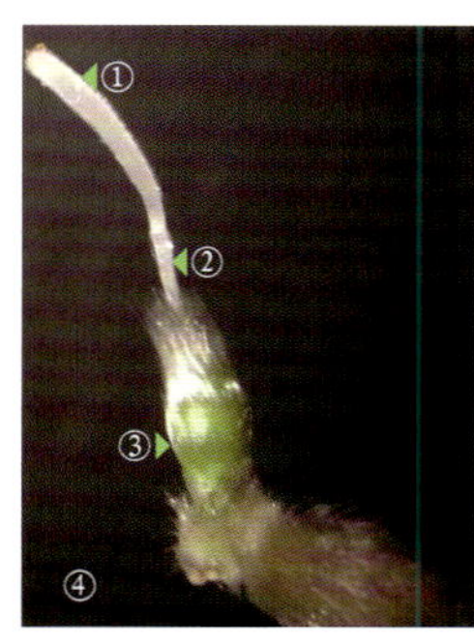

图 2-724　分离出的雌蕊

①柱头　②花柱
③子房　④黑纸板

图 2-725　图 2-724 雌蕊在不同黑色纸板放置角度下的观察

调整花下黑纸板与照明光间的角度，可使反射光照明时的黑色背景颜色更深。如图 2-724 和本图，同样是加了黑色纸板，由于两者放置的角度不同，照片背景产生了差异。

图 2-726　密生短柔毛的柱头表面

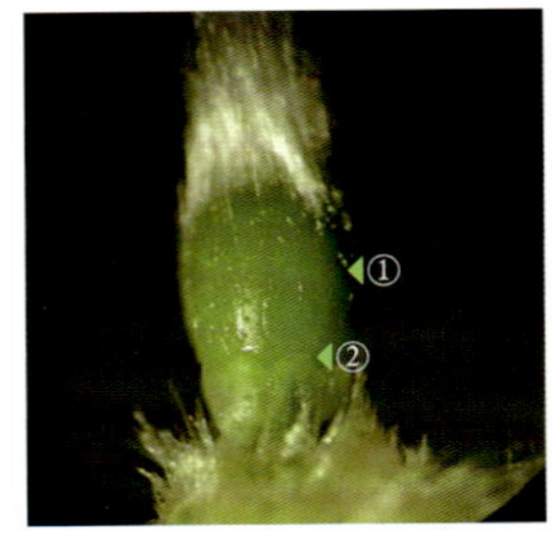

图 2-727　子房的侧面观

子房下部生有浅杯状的淡绿色花盘，花盘缘（自拟名）有圆齿。

①子房　②花盘

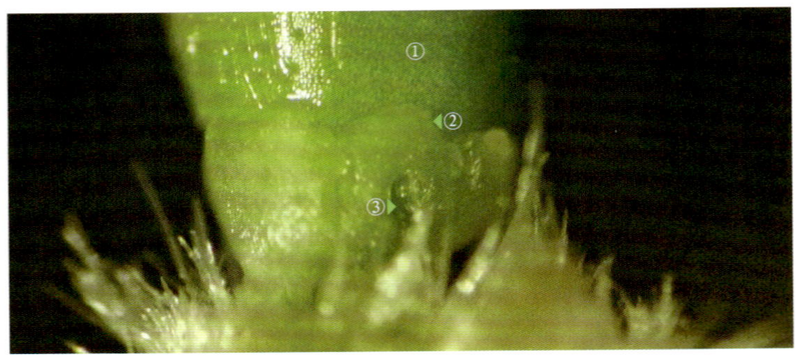

图 2-728　图 2-727 花盘的放大

《中国植物志》记载其花盘浅杯状，膜质，边缘不整齐。

①子房　②花盘缘　③割痕

十四、千屈菜科（Lythraceae）

千屈菜（*Lythrum salicaria* Linn.）

千屈菜属（*Lythrum*）。多年生草本；单叶，对生或 3 叶轮生；因小聚伞花序的花序轴（《中国植物志》称“总梗”）和花梗极短，使花枝外形似大型的穗状花序，两性花，有苞片；花萼裂片 6 片，裂片间生有附属体（附属体与花瓣对生，似朝天委陵菜的副萼，将其称为“副萼”比较合适），萼筒表面有纵棱；花瓣 6 片，生于萼筒上部；雄蕊 12 个，其中 6 个花丝较长（六强）；复雌蕊，子房上位，2 室，胚珠多数，中轴胎座；蒴果。

花材料于 2013 年 9 月 17 日采自河南省洛阳市。采用胶块法对其精细解剖和结构观察的结果如图 2-729 ～图 2-755 所示。

图 2-729　外形似穗状花序的花枝（未使用解剖镜）

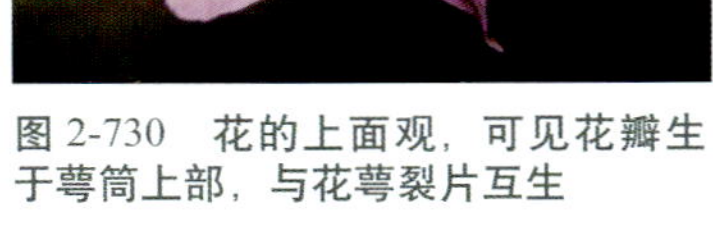

图 2-730　花的上面观，可见花瓣生于萼筒上部，与花萼裂片互生

①柱头　②萼裂片　③花瓣

图 2-731　花的暗视野观察

①柱头　②萼裂片

图 2-732 图 2-730 花不同角度的观察

①柱头 ②花药 ③花瓣 ④萼筒

图 2-733 图 2-732 花的暗视野观察

①柱头 ②花柱 ③花药 ④花瓣 ⑤萼筒

图 2-734 花的侧面观（暗视野观察）

①柱头 ②花柱 ③花药 ④花瓣
⑤萼裂片 ⑥附属体 ⑦萼筒

图 2-735 花的下面观。附属体与花瓣对生（上、下着生）

①萼筒 ②萼裂片 ③附属体 ④花瓣

图 2-736 图 2-735 的暗视野观察

照片的下方较暗，但是目前的手机或数码相机等照相设备只能整体聚焦，无法进行分块精细聚焦。

目前可利用图像处理软件，采用剪裁、拼接的方法，将不同区域清晰的多张照片拼接成一张各区域都清晰的照片或图像。

图 2-737 花的侧面观

①花瓣 ②萼裂片
③附属体 ④萼筒
⑤花柄（极短）

图 2-738 图 2-737 花萼的放大（暗视野观察）。萼筒表面生有表皮毛

①萼裂片 ②附属体
③萼筒上的纵棱

图 2-739 除去花冠后，花的侧面观

①柱头 ②花柱
③花药 ④花丝
⑤萼裂片 ⑥附属体
⑦萼筒

图 2-740 除去花冠后，花的近上面观。在 6 个萼裂片间有 6 个绿色的附属物

①柱头（未在聚集面上） ②花柱
③萼裂片 ④花瓣着生位置
⑤附属体（与花瓣对生）

图 2-741 图 2-740 的暗视野观察。萼裂片的近缘处有淡红色的线条状结构

①萼裂片 ②附属体

图 2-742 图 2-740 花萼纵剖后展开，示萼筒内的 6 个长雄蕊和 6 个短雄蕊。长雄蕊与萼裂片对生，短雄蕊与之互生

①柱头 ②花柱 ③长雄蕊 ④短雄蕊 ⑤子房

图 2-743　展开的花萼内有 12 个离生雄蕊，其中 6 个长雄蕊伸出萼筒之外

①长雄蕊　②短雄蕊

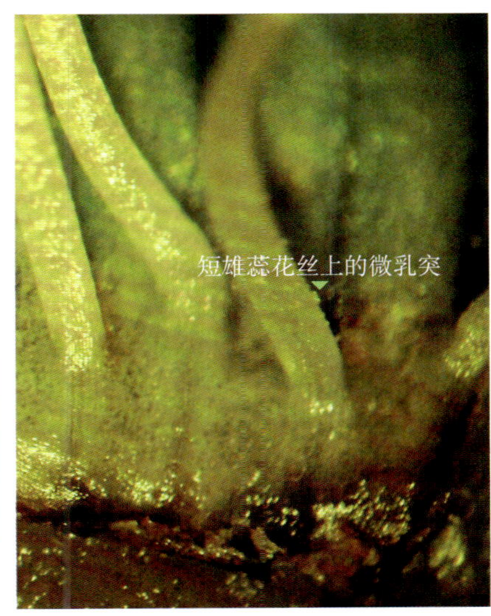

图 2-744　图 2-743 右侧 4 个雄蕊下部的放大。观察右侧第 2 个雄蕊，花丝的下部不光滑，有微小乳突

图 2-745　展开花萼的外面观

①附属体　②萼裂片　③萼筒上的纵棱

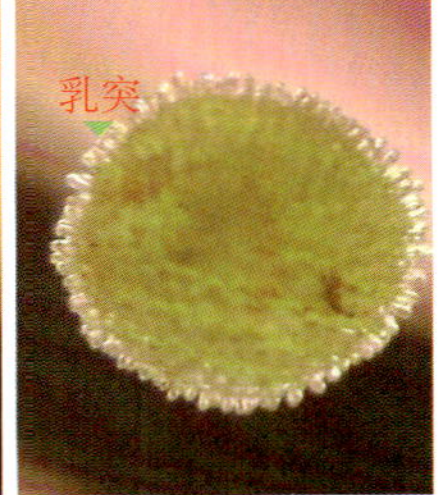

图 2-746　左图：头状柱头的上面观。表面密生乳突。右图：左图的混合光观察。在柱头缘可见柱头的表面密生乳突

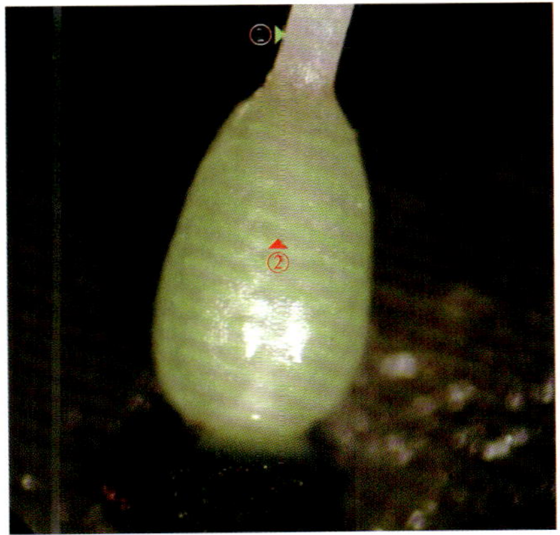

图 2-747　子房的侧面观

①花柱　②子房

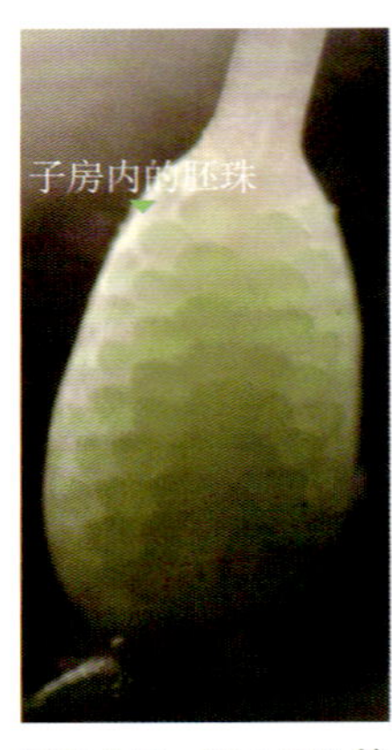

图 2-748　图 2-747 的暗视野观察。透过子房壁可见子房内生有很多胚珠

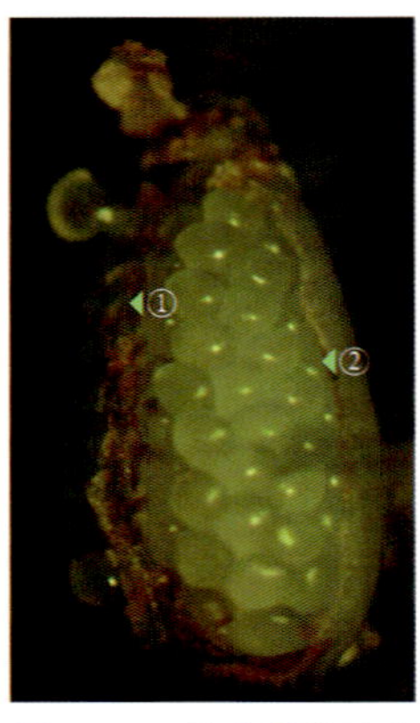

图 2-749　除去部分子房壁后，示子房室间的隔膜及胚珠。图中的左上方，一个胚珠被掀出

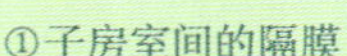

①子房室间的隔膜
②胚珠

图 2-750　图 2-749 被掀出胚珠的暗视野观察

①胚珠
②子房室间隔膜

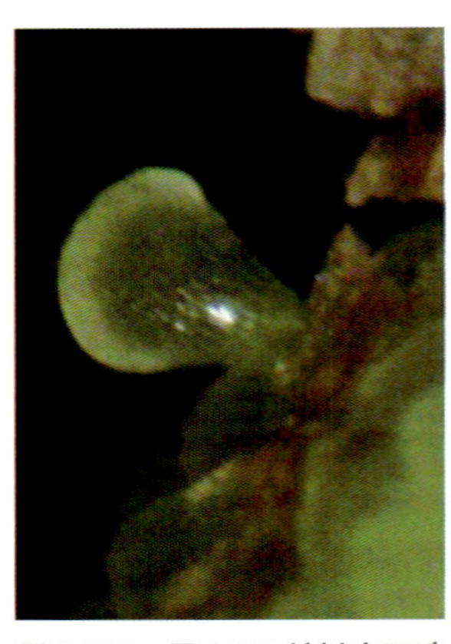

图 2-751　图 2-750 被掀出胚珠的放大

子房室间隔膜

子房室间的隔膜

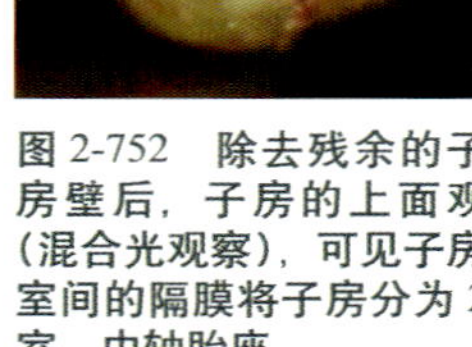

图 2-752　除去残余的子房壁后，子房的上面观（混合光观察），可见子房室间的隔膜将子房分为 2 室，中轴胎座

图 2-753　图 2-752 子房室内的胚珠及子房室间隔膜的暗视野观察

图 2-754　图 2-753 另一侧的胚珠及子房室间隔膜的侧面观

图 2-755　图 2-754 的暗视野观察

十五、石榴科（Punicaceae）

1. 重瓣红石榴（*Punica granatum* Linn.‘Plena’）

石榴属（*Punica*），石榴的一个栽培品种。落叶灌木或小乔木；单叶对生；两性花生于枝顶，重瓣花（花瓣层数增多）；合萼，萼筒 5 ～ 6 裂，裂片厚，宿存；花瓣多轮；离生雄蕊，多数；复雌蕊，起初心皮排列成内、外两轮，呈同心环状排列，后来在发育过程中外轮心皮（上轮心皮，

多个，似侧膜胎座）叠生至内轮心皮（下轮心皮，2～3或5个，似中轴胎座）之上，形成叠生胎座，子房室内胚珠多数；果实通常称浆果，但果皮能开裂（属于假果）。

(1)花蕾横切片中的子房结构观察

花材料于2013年5月17日和27日采自河南省洛阳市，5月17日材料仅选用1张照片。采用胶块法对其切片、精细解剖和结构观察的结果如图2-756～图2-782所示。

图2-756 植株上的花（未使用解剖镜）

图2-757 花蕾（未使用解剖镜）

图2-758 花蕾最上部的横切片

6个花萼裂片的边缘彼此接触，不相互覆盖，这种排列方式称为“镊合状排列”。

①花萼裂片
②镊合状排列的花萼裂片

图2-759 花蕾在花萼裂片处的一个横切片，示部分雄蕊的着生位置

①雄蕊 ②萼裂片

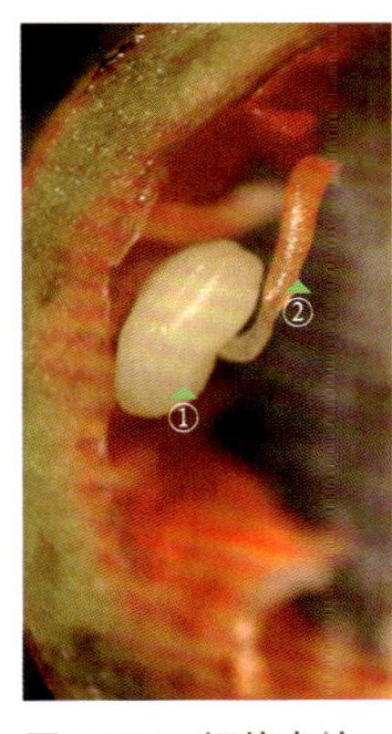

图2-760 切片内的一个脱落雄蕊

①花药 ②花丝

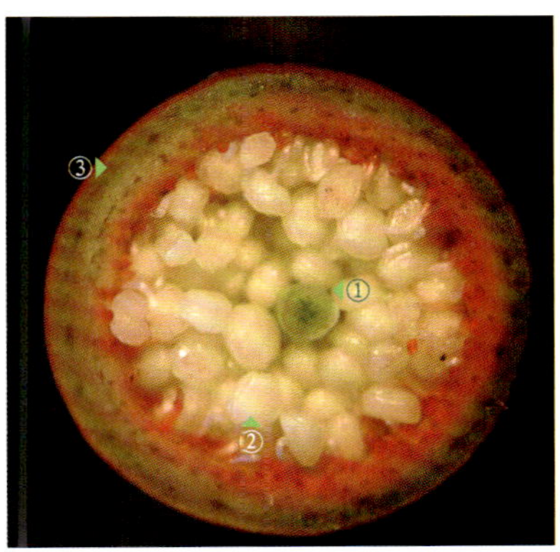

图2-761 花蕾在萼筒处的一个横切片。雄蕊群的中央有淡绿色的圆柱状花柱

①花柱 ②雄蕊群的花药 ③萼筒

图 2-762　花柱切片的放大。花柱内的维管束断面呈褐色，花柱道形状不规则，花柱道的壁呈绿色，似引导组织

①花柱道　②维管束

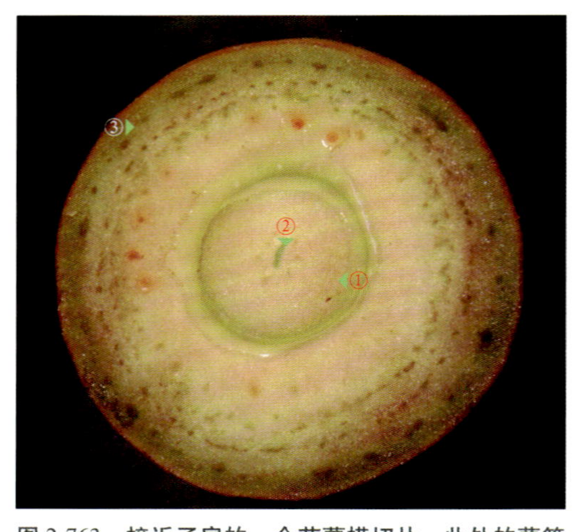

图 2-763　接近子房的一个花蕾横切片，此处的萼筒壁变厚，但未与萼筒中央的花柱合生在一起，在花柱中有一个较扁的空心管道（花柱道），其周围散生有维管束

①花柱　②花柱道　③萼筒

图 2-764　子房上部的一个横切片。此处的子房壁已与萼筒（花托）贴生

图中的 7 个子房室是由上轮 7 个心皮（或称“外轮心皮”）形成，部分子房室已出现子房室内隔膜。在子房室的中轴处有一个不知名称的空腔，这里称“轴腔”（自拟名）。轴腔与花柱道相连，可能是花粉管进入下轮子房室的通道。红箭头处的 1 个子房室，在此切片下方的切片中仍为 1 室，而其他子房室则由 1 室变为 2 室。

①轴腔　②1个子房室　③子房室间隔膜
④侧膜胎座　⑤花托和子房合生的壁
⑥子房室

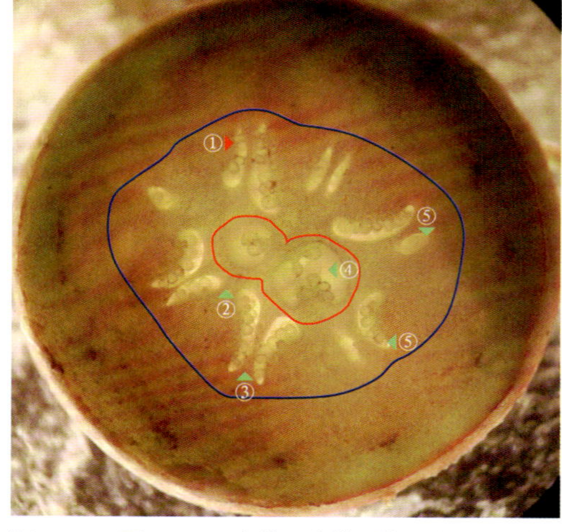

图 2-765　图 2-764 下方的子房横切片（暗视野观察）

子房内出现了内外 2 轮子房室，外轮 13 个子房室由上轮 7 个心皮形成（蓝色圈与红色圈间的子房室，似侧膜胎座），内轮 2 个子房室由下轮 2 个心皮形成（红色圈内的子房室，似中轴胎座）。上图的 6 个子房室在此切片位置都出现了 1 个将胎座与子房室中轴相连的子房室内隔膜，因而将 6 个子房室分为 12 个子房室（但隔膜之上仍为 6 室），而图 2-764 和本图红箭头处的子房室，因没有隔膜产生，仍为 1 室。

①1个子房室　②子房室内隔膜
③子房室间隔膜　④下轮心皮的子房室
⑤图2-764④处的1个子房室变成的2个子房室

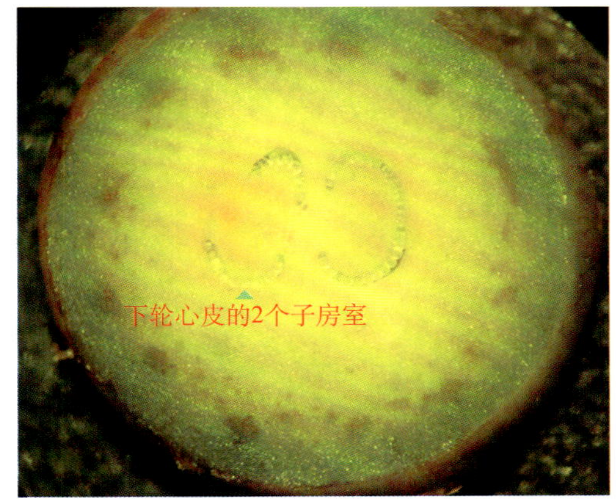

图 2-766 图 2-765 下方的 1 个横切片，此处仅有下轮心皮形成的 2 个子房室

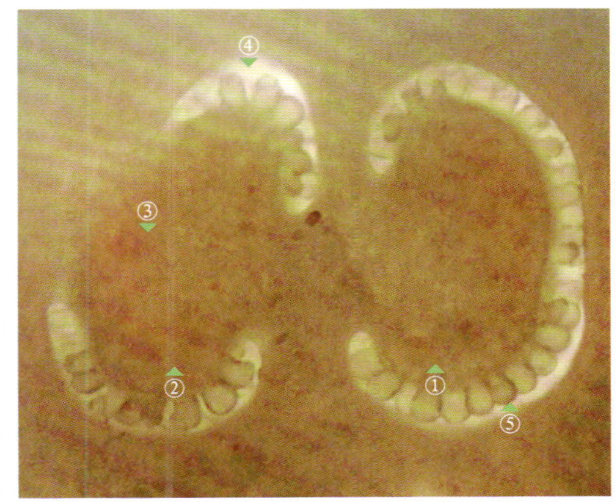

图 2-767 图 2-766 2 个下轮心皮子房室的放大（暗视野观察）

左侧子房室内有 1 个将口轴胎座与背缝线相连的隔膜，它将子房室分为不完全的 2 室（隔膜之上仍为 1 室）。此胎座在文献中被称为“中轴胎座”，但它与真正的中轴胎座不同。右侧的子房室尚未切到隔膜，形态上属于中轴胎座。

①形态上的“中轴胎座”
②非“中轴胎座” ③子房室内隔膜
④子房室 ⑤胎座上的胚珠

图 2-768 第 2 个花蕾的子房上部横切片（暗视野观察）

在上轮心皮形成的 8 个子房室中，有 2 个子房室的侧膜胎座上已出现隔膜（子房室内隔膜）。在轴腔位置，下轮心皮的子房室微露出。虽然文献中将上轮心皮子房室内的胎座称为“侧膜胎座”，但它与真正的复雌蕊、子房 1 室、无子房室间隔膜和中轴的侧膜胎座不同。

①隔膜 ②下轮心皮的子房室 ③上轮心皮的子房室

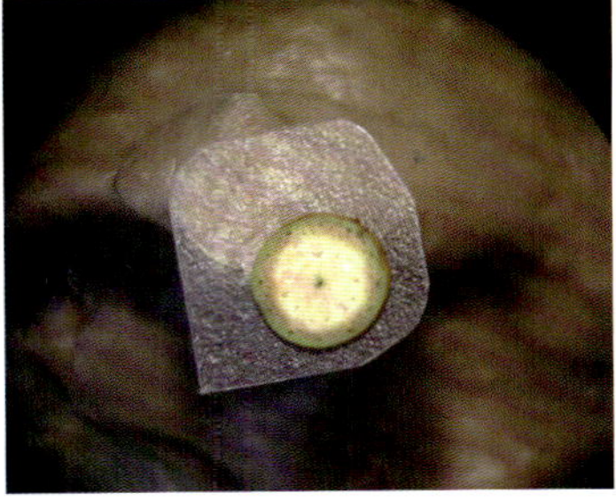

图 1-769 上图：子房切片在暗视野观察胶块上的放置方法（未使用解剖镜）。下图：上图子房切片的放置方法，切片下的支撑物为毛玻璃状的塑料片

图 2-770　图 2-768 上轮心皮子房室的部分放大

图中 2 个子房室的侧膜胎座上已出现了 1 个将胎座与子房室中轴相连的板状隔膜，此隔膜将子房室分为不完全的 2 室（隔膜之上的子房室仍为 1 室）。可见，上轮心皮的胎座并非真正的侧膜胎座。

①隔膜　②上轮心皮的子房室

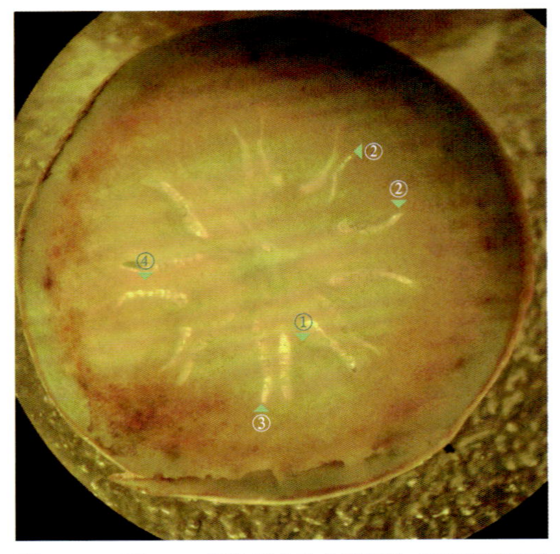

图 2-771　图 2-770 切片下方的花蕾切片（暗视野观察）

图 2-768 切片的 8 个子房室在本切片上均出现了子房室内隔膜，将每个子房室一分为二，因此上轮心皮的 8 个子房室在此切面上变为 16 个子房室。图中的子房室内隔膜与子房室间的隔膜不同，它仅将 1 个子房室分隔为不完全的 2 室（在子房室内隔膜之上仍为 1 室）。

①子房室内隔膜
②1个子房室被隔膜分为2室
③上轮心皮的子房室　④子房室间隔膜

图 2-772　图 2-771 切片下方的一个花蕾切片（暗视野观察）

切片中央有 5 个下轮心皮的子房室（红圈内），红圈之外的 5 个狭窄子房室是上轮心皮的子房室。

①上轮心皮的子房室　②下轮心皮的子房室

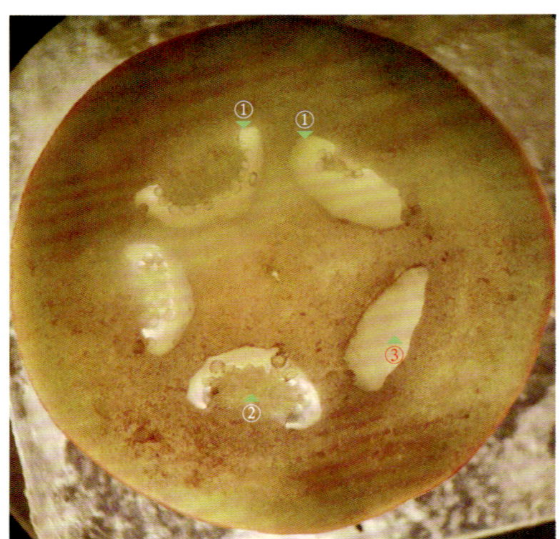

图 2-773　另一个花蕾的子房横切片（暗视野观察）

5 个上轮心皮形成 5 个子房室，其中 1 个子房室未切到胎座。

①上轮心皮的子房室　②子房室内的胎座
③未切着胎座

图 2-774 子房上部的一个厚切片

将（厚切片）侧膜胎座内的部分中轴组织挖去后，可见上轮心皮的子房室内，胎座由外向内、向下倾斜。

①上轮心皮子房室内的胚珠
②花托和子房合生的壁

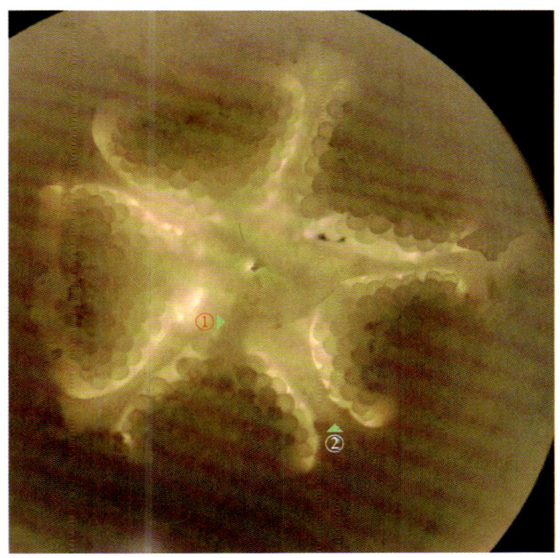

图 2-775 图 2-774 切片的暗视野观察，在子房室内可见子房室内隔膜

①子房室内隔膜 ②子房室间隔膜

图 2-776 花蕾的一个子房切片

①子房室内隔膜 ②子房室间隔膜
③上轮心皮的子房室

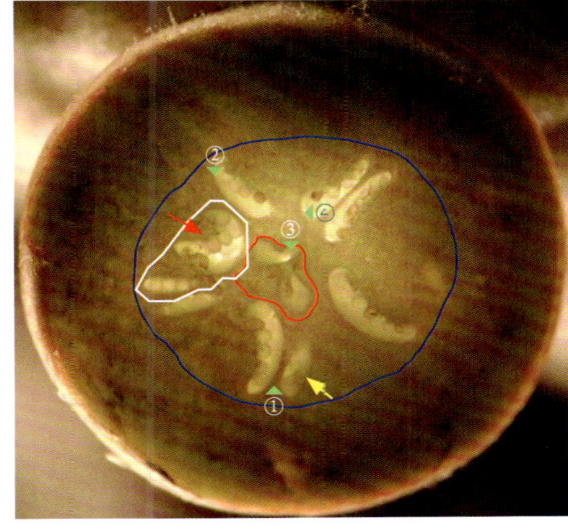

图 2-777 图 2-776 下方的 1 个切片（暗视野观察）

切片中央红圈内隐约可见 3 个下轮心皮的部分子房室，蓝圈与红圈之间为上轮 5 个心皮的 9 个子房室，白圈内是 1 个上轮心皮在此切面上形成的 2 个子房室。红色箭头处的部分胎座向中轴凸出，似乎要形成，但又未能形成子房室内隔膜，黄色箭头处为 1 个上轮心皮在此切面上的 1 个子房室。

①子房室间隔膜
②上轮心皮的子房室 ③下轮心皮的子房室
④子房室内隔膜

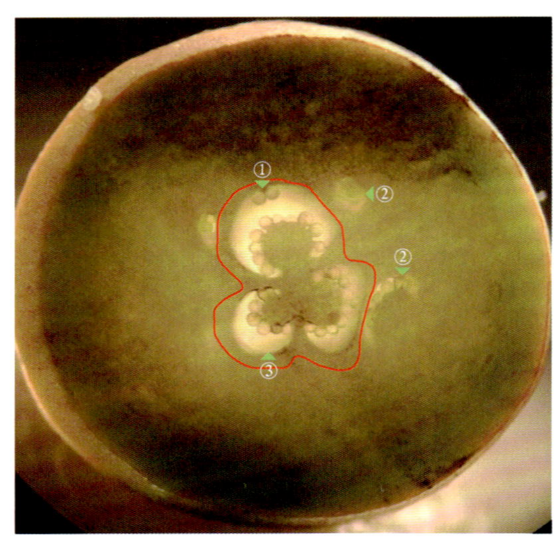

图 2-778　图 2-777 切片下的一个花蕾切片（暗视野观察）

在下轮心皮的 3 个子房室（中轴胎座）中，最上端的子房室在背缝线处出现了 1 个较小的胎座（其上留有 2 个胚珠）。上轮心皮延伸至此切面上的子房室仅有 3 个。

①背缝线　②上轮心皮的子房室
③下轮心皮的子房室

图 2-779　图 2-778 切片下的一个子房切片（暗视野观察）

上方的子房室由于出现了隔膜，因而将 1 个子房室分隔为 2 室（其胎座不属于中轴胎座）。

①隔膜　②子房室的中轴

图 2-780　图 2-779 切片子房室内隔膜的观察

将图 2-779 切片子房室外的壁部分除去，可见子房室在下部被一个较宽阔的隔膜分隔为 2 室。

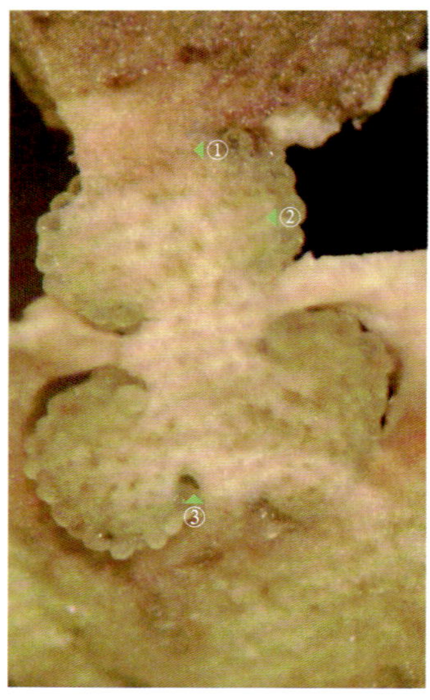

图 2-781　图 2-780 切片的下面观。图上部的子房室被隔膜一分为二

①隔膜　②胎座
③下轮心皮的子房室

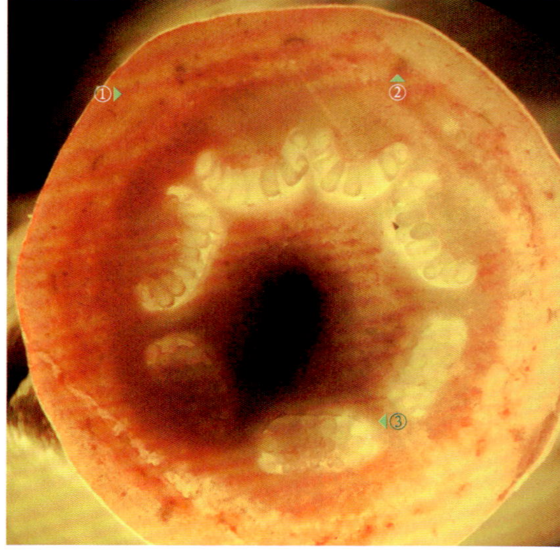

图 2-782　另一个花蕾的子房横切片

上轮心皮有 7 个子房室。在萼筒（花托）和子房合生的壁中，可见散生成环状的维管束（5 月 17 日花材料）。

①花托和子房的壁　②维管束
③子房室间隔膜

⑵子房的精细解剖观察

花材料于 2013 年 5 月 27 日采自河南省洛阳市。采用胶块法对其精细解剖和结构观察的结果如图 2-783 ～图 2-793 所示。

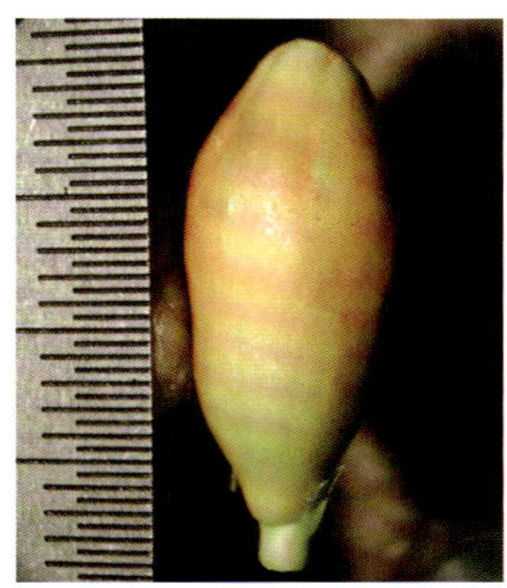

图 2-783　花蕾。标尺的每 1 小格为 0.5 mm

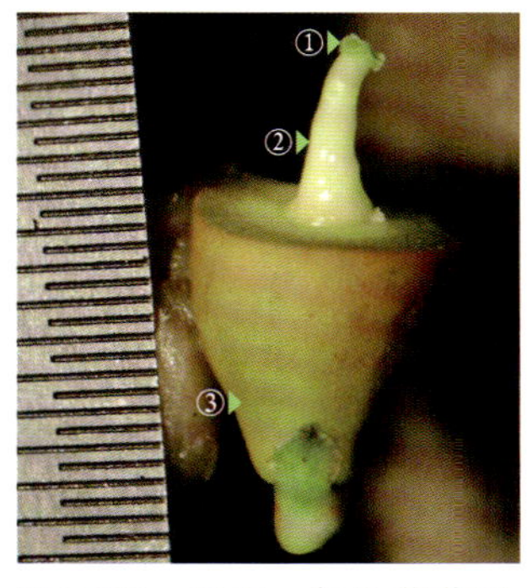

图 2-784　切去一部分花蕾后，示花蕾内的花柱及柱头

此图未露出子房的游离部分，因此看似子房下位，其实为半下位（见图 2-795 ～图 2-797）。图中标尺的每 1 小格为 0.5mm。

①柱头　②花柱
③花托(萼筒)

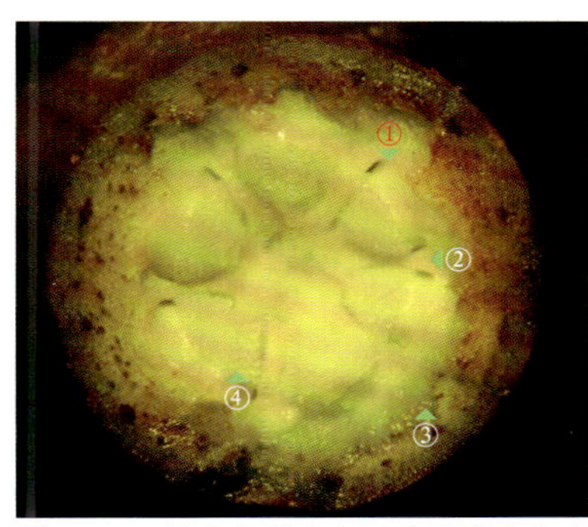

图 2-785　挖去上轮心皮 6 个子房室中央的部分组织后，露出每个子房室内位置倾斜的侧膜胎座，胎座由外向内、向下倾斜

①上轮心皮的子房室
②子房室间隔膜
③花托和子房内壁　④侧膜胎座

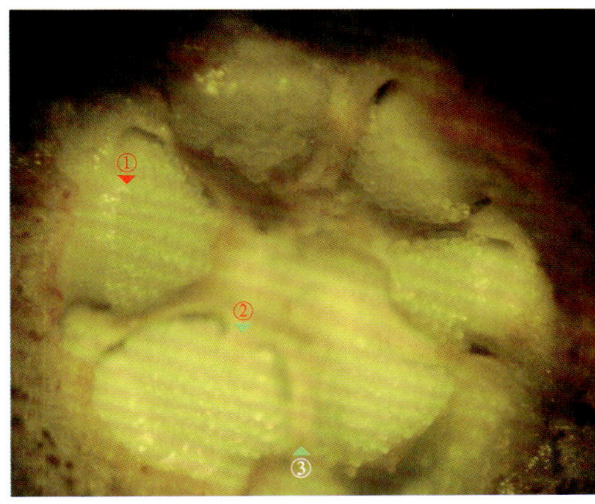

图 2-786　上轮心皮 6 个子房室的放大

①倾斜的胎座　②子房室内隔膜
③子房室间隔膜

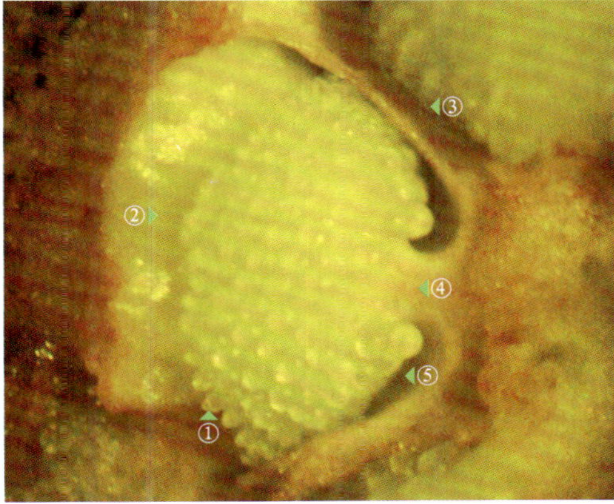

图 2-787　从子房室的中轴处，对 1 个（上轮心皮）子房室内的胎座进行观察

可见子房室内隔膜将侧膜胎座与子房室的中轴连接起来，并将隔膜处的子房室分为 2 室，但隔膜之上的子房室仍为 1 室（不完全 2 室）。

①胚珠　②胎座上方的子房内壁
③子房室间隔膜　④子房室内隔膜　⑤子房室

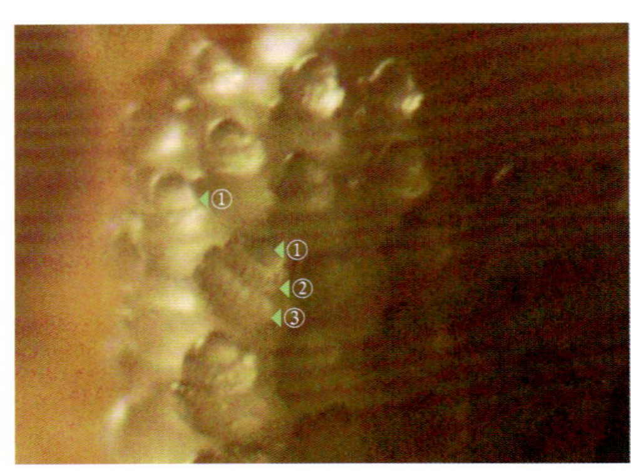

图 2-788　子房室内部分胚珠的放大。胚珠的 2 层珠被尚未完全包裹珠心

①珠心　②内珠被　③外珠被

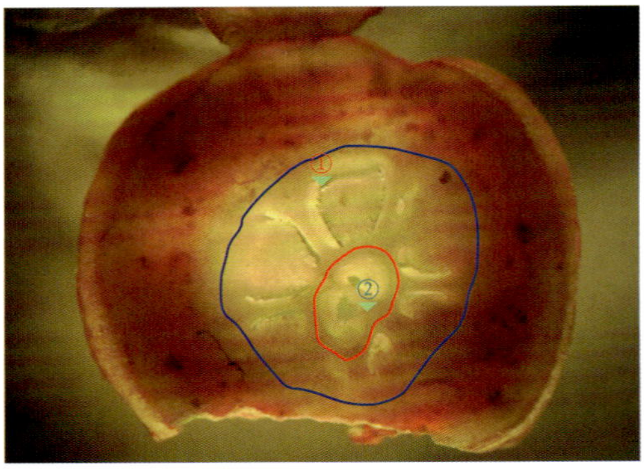

图 2-789　花蕾的横切片。5 个上轮心皮形成 10 个子房室，子房中央有 2 个下轮心皮的子房室

①上轮心皮的子房室　②下轮心皮的子房室

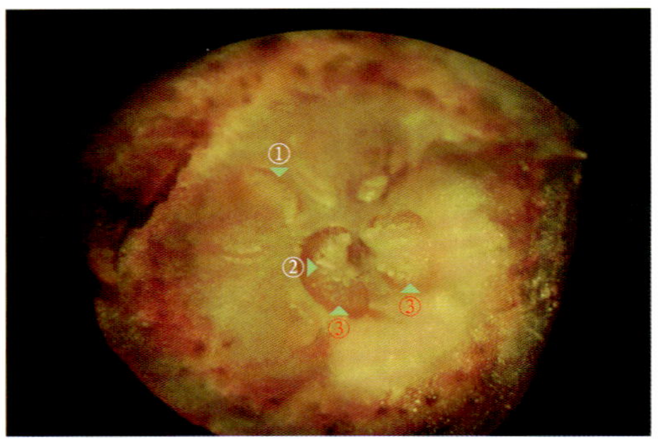

图 2-790　图 2-789 切片下方的花蕾切面。将 2 个下轮心皮的子房壁剖去一部分，可见子房室内的胎座由内向外、向下倾斜

①上轮心皮的子房室　②胎座倾斜
③下轮心皮的子房室

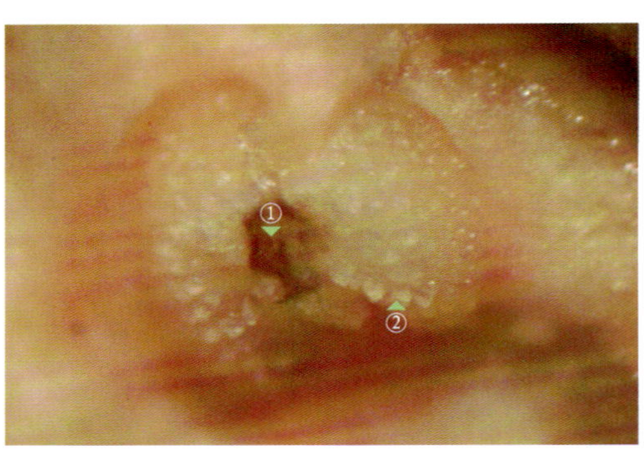

图 2-791　进一步除去 2 个下轮心皮的子房室间的壁后，示 2 个子房室内的胎座（上面观），文献称其为“中轴胎座”

①下轮子房室的中轴　②胎座上的胚珠

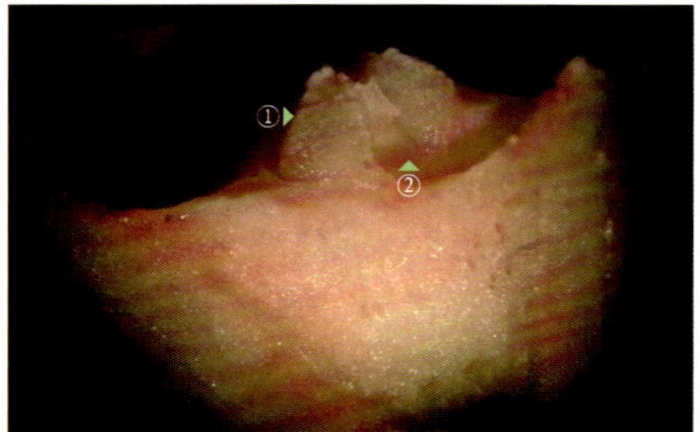

图 2-792　图 2-791 2 个子房室内的胎座（近侧面观）

①胎座倾斜　②下轮子房室间的隔膜

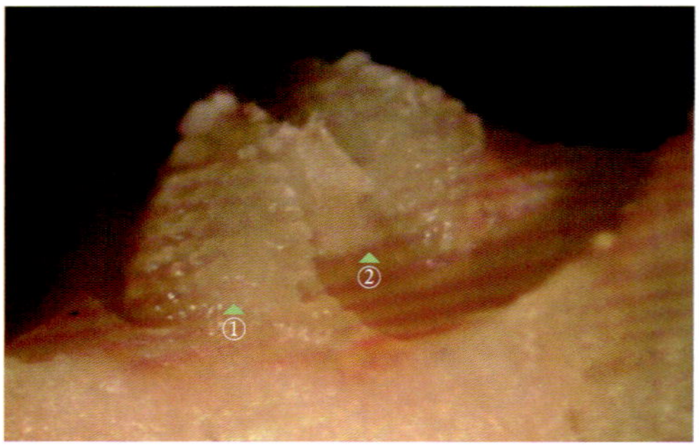

图 2-793　图 2-792 胎座的放大

①胎座上的胚珠　②下轮子房室间的隔膜

⑶花蕾纵切片中的子房结构观察

花材料于 2016 年 5 月 19 日采自河南省洛阳市。采用胶块法对其精细解剖和结构观察的结果如图 2-794 ～图 2-801 所示。

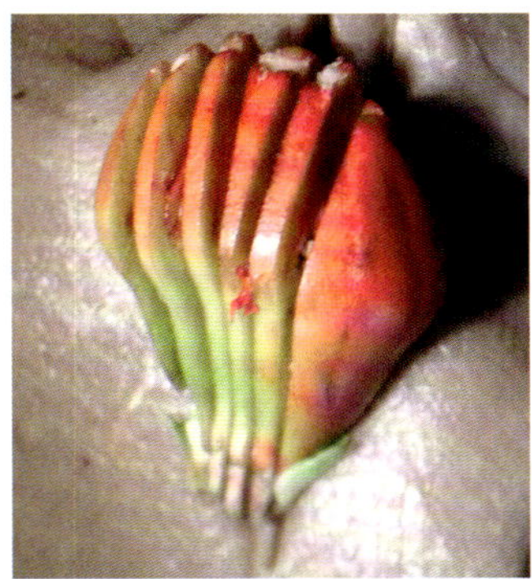

图 2-794　在胶块上对花蕾纵切

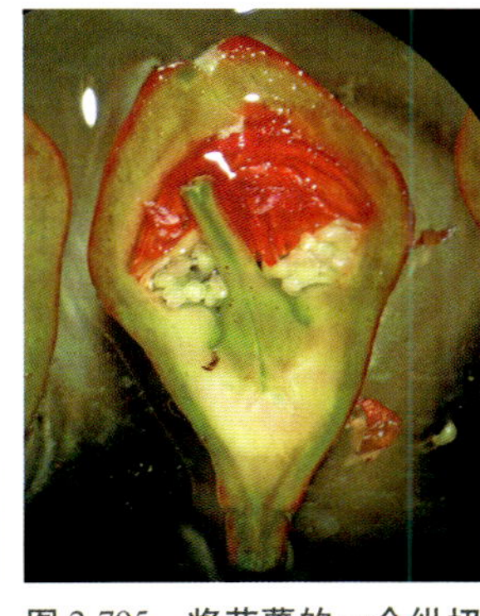

图 2-795　将花蕾的一个纵切片放置在载玻片的水液中，制成临时水装片，可见其子房的上半部分游离，下半部分与花托合生，即子房半下位

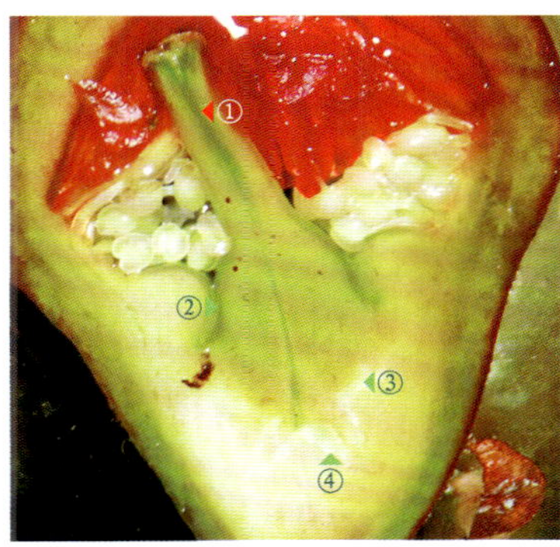

图 2-796　图 2-795 的部分放大

①花柱中的花柱道
②花托未与子房上部合生
③上轮心皮的子房室
④下轮心皮的子房室

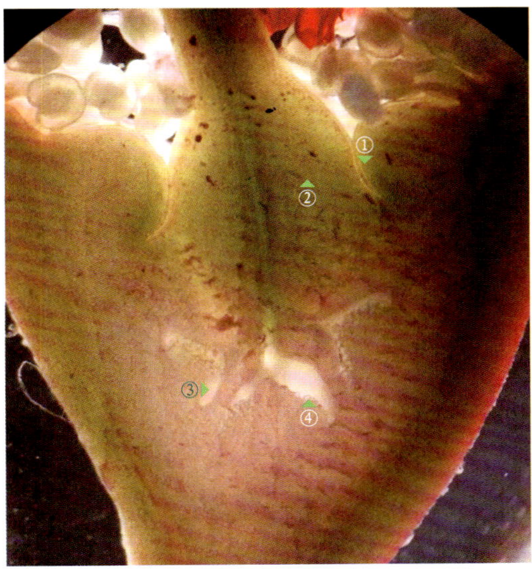

图 2-797　图 2-796 子房的放大（暗视野观察）。子房半下位，在子房的下部可见上、下轮心皮形成的不完全叠生胎座

①花托未与子房上部合生　②子房上部
③上轮心皮的子房室　④下轮心皮的子房室

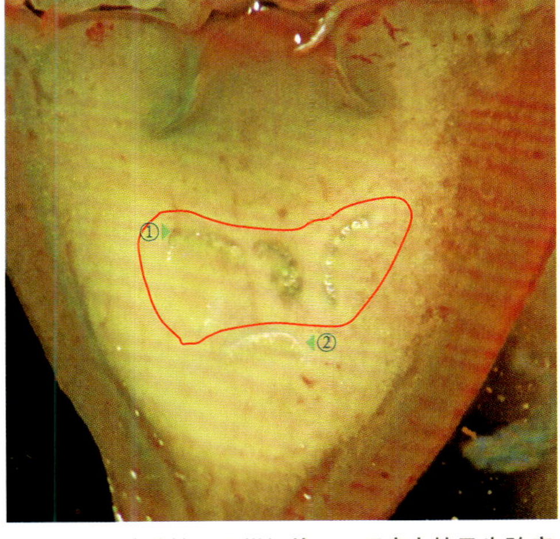

图 2-798　花蕾的不同纵切片，示子房内的叠生胎座

在此纵切面上，可见上轮心皮的 3 个子房室，而下轮心皮仅切到 1 个子房室，上、下 2 轮心皮的子房室之间有较厚的隔膜（果实成熟时相对变薄）。此切片非子房正中央的纵切片，子房看起来已与花托贴生在一起，即子房下位。因此，在研究子房位置时，应使用子房正中央或近正中央的纵切片。

①上轮心皮的子房室　②下轮心皮的子房室

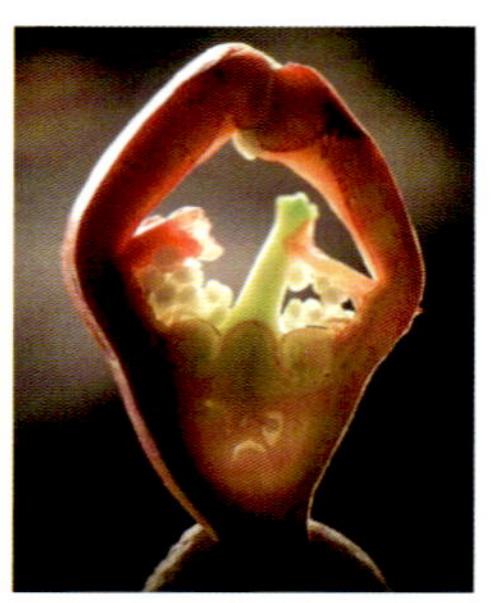

图 2-799　花蕾不同的纵切片（一端被粘在胶块上）。切片中的花冠和大部分雄蕊已除去

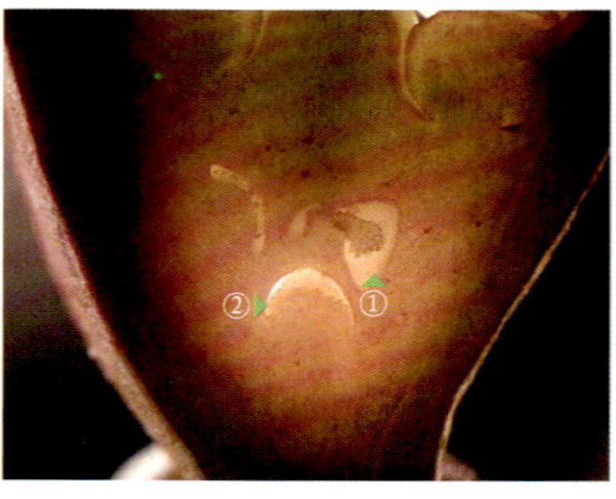

图 2-800　图 2-799 子房叠生胎座的放大

①上轮心皮的子房室
②下轮心皮的子房室

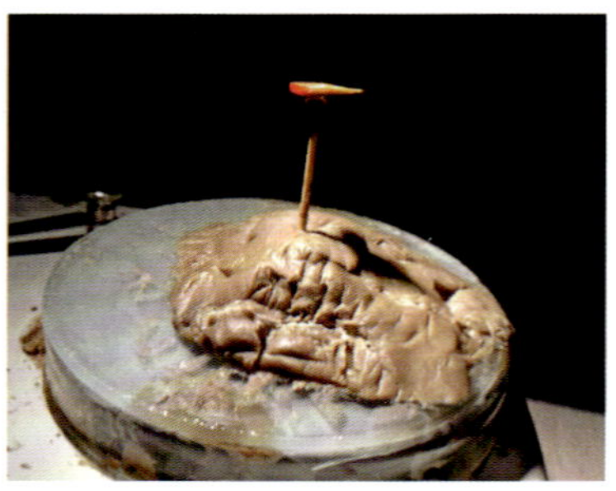

图 2-801　图 2-799 切片的另一种固定方法

2. 石榴（*Punica granatum* Linn.）

石榴属（*Punica*）。石榴的主要性状特征与重瓣红石榴相同。

石榴的花与重瓣红石榴相似，但花瓣仅 1 轮（单瓣花），上轮心皮的子房室数 5 ～ 7，下轮心皮的子房室数为 2 ～ 4。

⑴子房结构的观察

花蕾材料于 2013 年 5 月 28 日采自河南省洛阳市周山森林公园。采用胶块法对其精细解剖和结构观察的结果如图 2-802 ～图 2-809 所示。

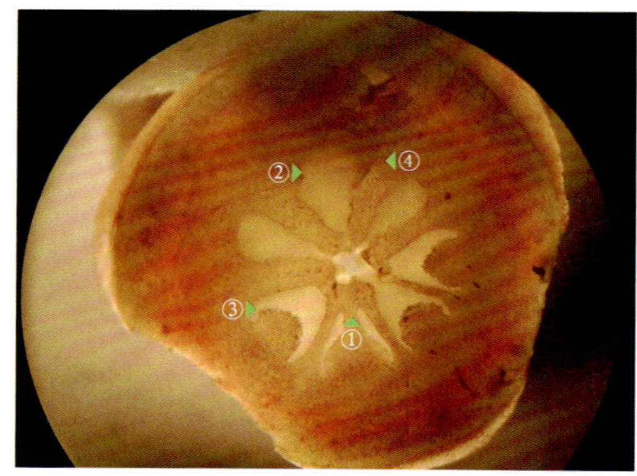

图 2-802　子房的横切片，示上轮心皮的 7 个子房室

①子房室内隔膜　②未切到胎座
③上轮心皮的子房室　④子房室间隔膜

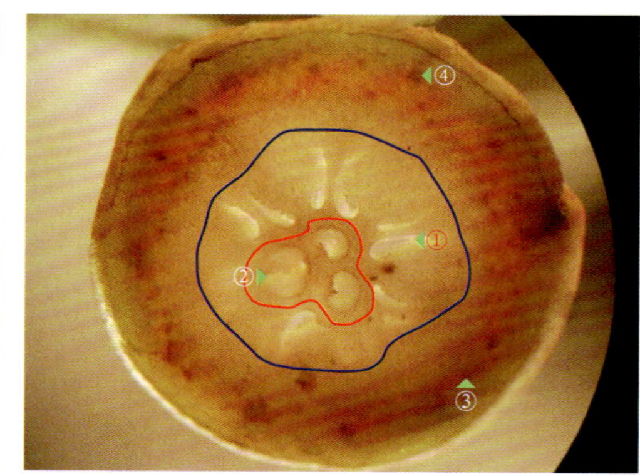

图 2-803　图 2-802 切片下方的一个子房横切片

上轮（外轮）心皮的 7 个子房室在此切面上形成了 14 个狭长的子房室（位于蓝圈与红圈之间，部分子房室到达底端，形态不清楚）。在切片中央，有 3 个下轮（内轮）心皮形成的子房室（红圈内）。

①上轮心皮的子房室　②下轮心皮的子房室
③花托和子房的壁　④维管束

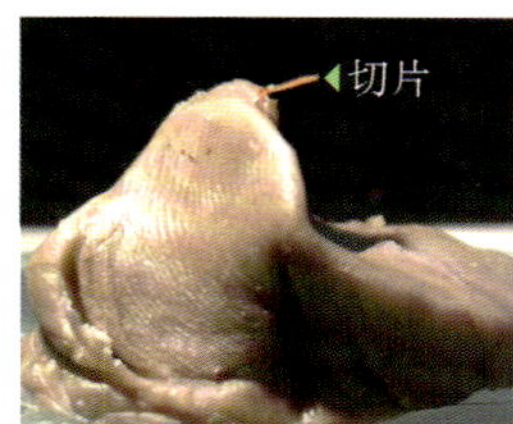

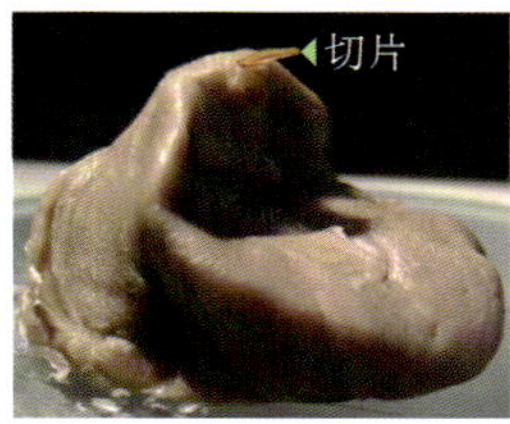

图 2-804　上图：切片在胶块上的固定方法。下图：上图不同角度的观察

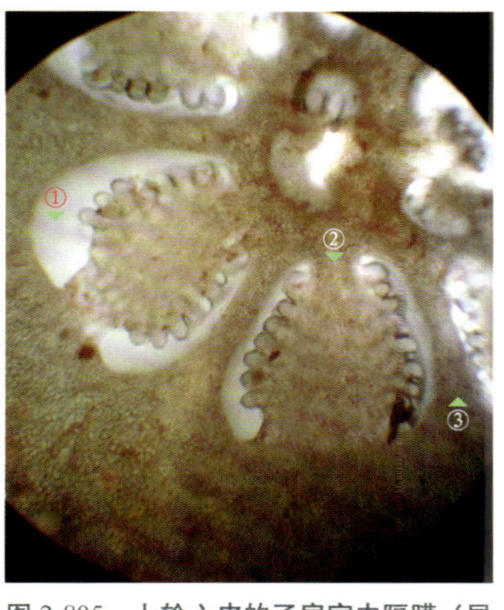

图 2-805　上轮心皮的子房室内隔膜（显微镜观察）

①子房室　②子房室内隔膜
③子房室间隔膜

图 2-806　下轮心皮的 2 个子房室（显微镜观察）。上方子房室内有隔膜（子房 2 室，非中轴胎座），下方子房室无隔膜（子房 1 室，似中轴胎座）

①(下轮心皮)子房室内隔膜
②非中轴胎座
③子房室间隔膜
④似中轴胎座

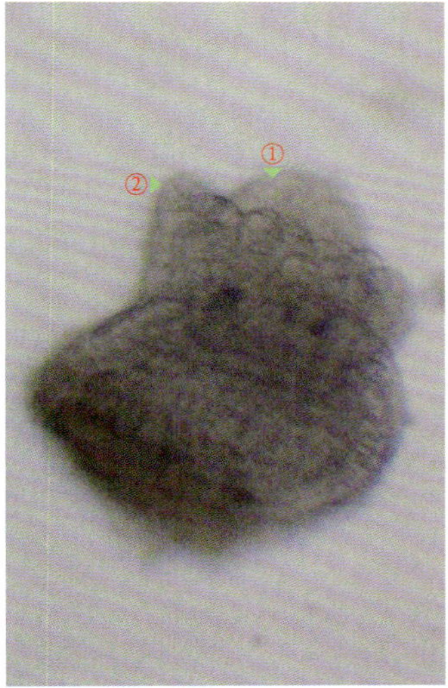

图 2-807　从胎座上分离出的胚珠（临时水装片）。珠被 1 层，尚未将珠心完全包裹（显微镜观察）

①珠心　②珠被

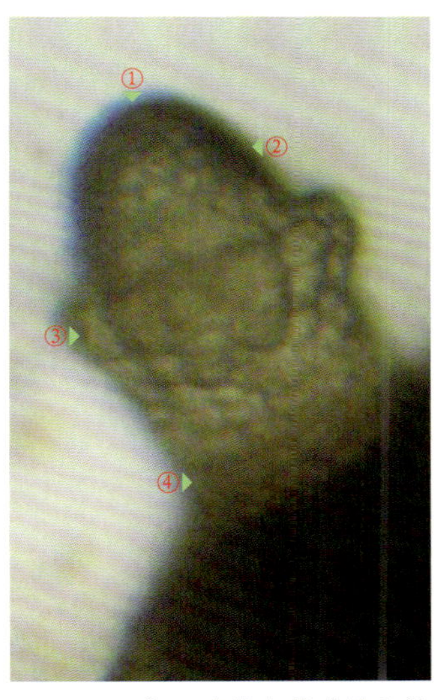

图 2-808　将胚珠粘在载玻片上的微小胶块上，然后滴水制成临时水装片。胚珠的珠心未被珠被（1 层）包裹（显微镜观察）

制片时，不能先滴水，否则胶块失去黏性，无法粘着胚珠。

①珠孔端　②珠心
③珠被　④珠柄

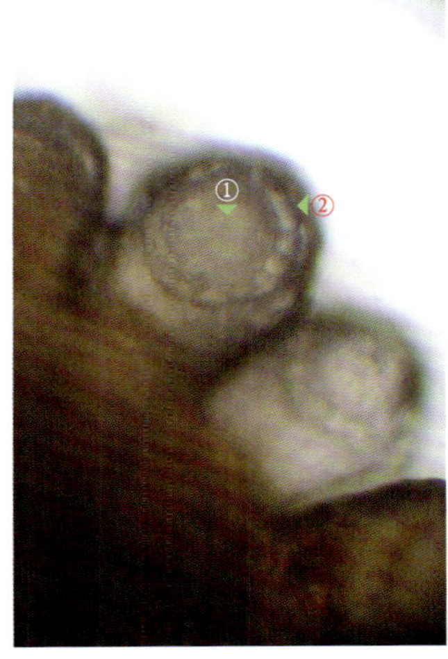

图 2-809　胚珠的上面观（显微镜观察）

①珠心　②珠被

(2)石榴成熟果实的观察

石榴果实(突尼斯软籽石榴)于2013年10月11日购自河南省洛阳市。果实的精细解剖和结构观察的结果如图2-810～图2-821所示。

图2-810　通常被称为“浆果”的果实(未使用解剖镜)

①宿萼　②果皮

图2-811　果实的侧面观(未使用解剖镜)

图2-812　除去宿萼和部分果皮后的果实(未使用解剖镜)

果实看起来是由下位子房和花托共同发育而成，属于假果。石榴的浆果兼有裂果的特征，种子的种皮分为2层，外层肉质(外种皮)，内层骨质(内种皮)。

①上轮果室间的隔膜　②果皮

图2-813　环割果皮的方法(未使用解剖镜)

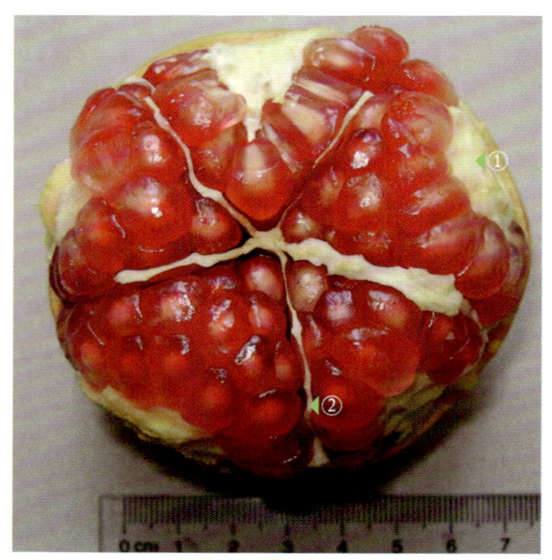

图2-814　将环割后的果皮剥离，示5个上轮心皮发育而成的5个上轮果室(未使用解剖镜)

“上轮果室间的隔膜”即花期时的上轮心皮的“子房室间隔膜”。果实成熟时，上轮果室内的“侧膜胎座”，向内与子房室的中轴相连，向外与果皮相连，非真正的侧膜胎座。

①侧膜胎座外侧　②上轮果室间的隔膜

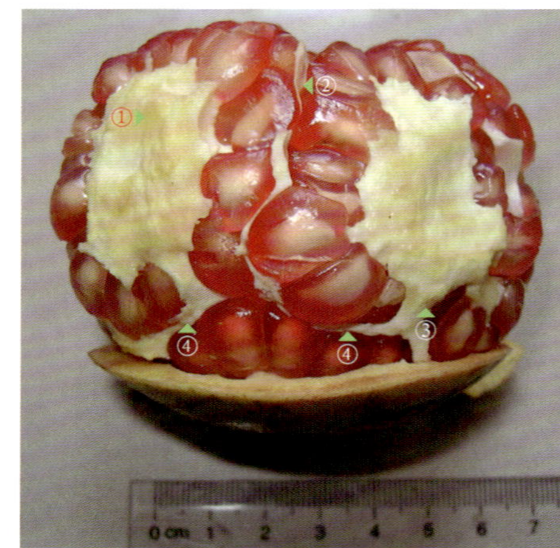

图2-815　图2-814果实的侧面观。“侧膜胎座与(果实)中轴相连的隔膜”即原“子房室内隔膜”(未使用解剖镜)

①侧膜胎座外侧
②上轮果室间的隔膜
③侧膜胎座与中轴相连的隔膜
④上、下轮果室间横隔膜

图 2-816 图 2-815 果实的不同角度观察，示上轮心皮 1 个果室内的侧膜胎座（外面观）（未使用解剖镜）

①上轮果室内的种子
②侧膜胎座与果皮相连的位置
③上轮果室间的隔膜
④原“子房室内隔膜”
⑤果皮

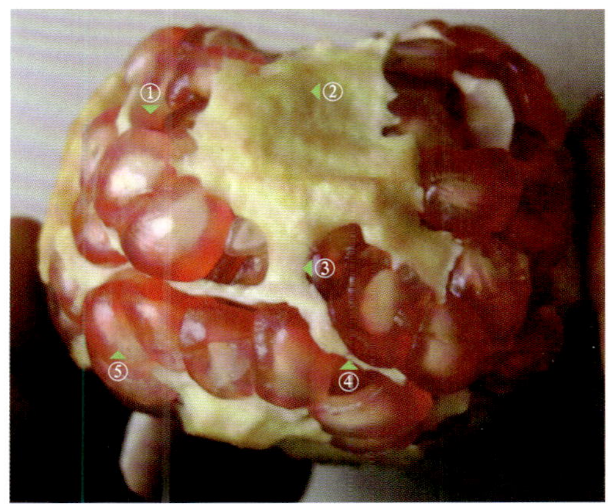

图 2-817 除去大部分果皮后，果实的侧面观（未使用解剖镜）

上、下轮果室间有一层较薄的横隔膜将两者分开。在花期时，上、下轮心皮之间的隔膜相对较厚。

①上轮果室内的种子
②侧膜胎座与果皮相连的位置
③原“子房室内隔膜”
④上、下轮果室间的隔膜
⑤下轮果室内的种子

图 2-818 除去果皮后，果实的下面观（未使用解剖镜）

2 个下轮果室内的胎座并非真正的“中轴胎座”，此胎座外与果皮相连（与果皮相连的部位是由原“子房室内隔膜”部位发育而成）。图中的“果室间的（纵）隔膜”即花期时的“子房室间隔膜”。

①上轮果室内的种子
②上、下轮果室间的横隔膜
③下轮果室间的隔膜
④中轴胎座与果皮相连的位置

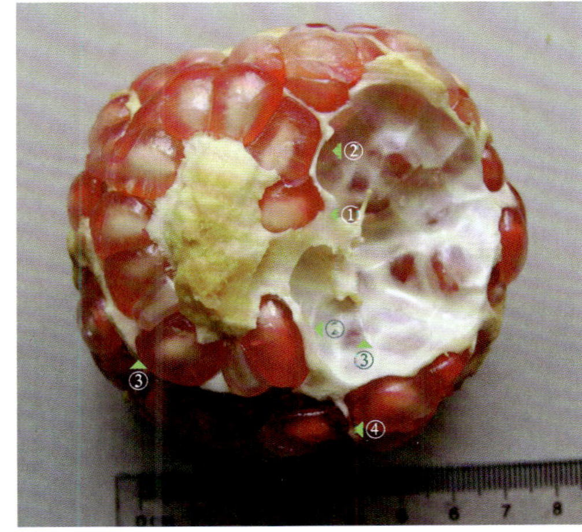

图 2-819 除去 1 个下轮果室内的种子和胎座后，果实的下面观（未使用解剖镜）

在果实下部，果室内的“中轴胎座”和果实上部果室内的“侧膜胎座”一样，外与果皮相连。内与子房室的中轴相连。上、下轮果室内的结构最终趋于一致，其发育具有自相似性特征。

①中轴胎座的中轴
②下轮果室间的隔膜
③上、下轮果室间的横隔膜
④上轮果室间的隔膜

图 2-820　除去 2 个下轮果室内的种子和胎座后，示上、下轮果室之间的横隔膜（果实的下面观，未使用解剖镜）

①中轴胎座的中轴位置
②下轮果室间的隔膜
③上、下轮果室间的横隔膜

图 2-821　将 1 个上轮心皮果室内的种子和胎座掰下，示上轮心皮形成的 5 个果室（上面观）。果室之间有纵隔膜（即“上轮果室间的隔膜”）将其相互分开（未使用解剖镜）

①1个上轮心皮形成的果实
②上轮果室间的隔膜
③侧膜胎座与果皮相连的位置

文献中对石榴的子房结构描述得并不详尽，现根据子房的精细解剖结果补充如下。

在《中国植物志》中，上轮心皮子房室中的胎座被称为“侧膜胎座”，但是它与真正的侧膜胎座不同，这是因为：①上轮心皮的子房多室，子房室间有隔膜和中轴，而真正的侧膜胎座虽然也是复雌蕊，但是子房 1 室，无子房室间隔膜和中轴。②在每个子房室的下部，有 1 个将侧膜胎座和子房室中轴相连的隔膜（不完全隔膜），在这里称为“子房室内隔膜”（自拟名）。此隔膜将每个子房室在下部一分为二，形成不完全的 2 室，即隔膜之上，子房 1 室，隔膜处，子房 2 室。

在《中国植物志》中，将下轮心皮形成的胎座称为“中轴胎座”，但是它与真正的中轴胎座（复雌蕊、子房多室、胚珠着生在中轴上）不同。因为在子房室下部，中轴胎座与背缝线之间有一个不完全的隔膜（即子房室内隔膜），将一个子房室分为不完全的 2 室，但此隔膜之上，子房室仍为 1 室。

上、下轮心皮（即外轮心皮、内轮心皮）所形成的胎座，虽然在花期差异较大，但是仍具有一些相似性。例如，它们都是子房多室，都在胎座上产生子房室内隔膜，将一个子房室分为不完全 2 室。在果实成熟

过程中，上、下轮果室（由花时的子房室发育而成）内的胎座差异越来越小。当果实成熟时，上、下轮心皮内的胎座在形态上已趋于相似，即胎座向内都与果室的中轴相连，向外都与果壁（即果皮，由花期时的子房壁和其外贴生的花托发育而成）相连。

《中国植物志》记载石榴科植物有 1 属 2 种，石榴属植物的子房下位或半下位，但未叙及石榴这个物种的子房位置。马炜梁先生在《植物的智慧》书中写了《奇特的果实结构》一文（P149），指出石榴果实是由下位子房发育而成，但是从图 2-795 和图 2-797 的石榴花蕾纵切片的形态上看，石榴的子房是半下位。因此，石榴的子房为子房下位或半下位。

十六、八角枫科（Alangiaceae）

八角枫 [*Alangium chinense*（Lour.）Harms]

八角枫属（*Alangium*）。乔木；单叶互生；聚伞花序，花有花梗和小苞片，花梗有关节；合萼，花萼顶端有 7 ~ 8 片齿状萼片；花瓣线形，镊合状排列，开花时反卷，数目与萼齿及雄蕊的数目相同；雄蕊线形，花药长于花丝；复雌蕊，由 2 个心皮合生而成，子房下位，2 室，每室具有 1 个倒生胚珠，顶生胎座；上位花盘，白色肉质；核果。

花材料于 2013 年 6 月 5 日采自河南省洛阳市内公园。采用胶块法对其精细解剖和结构观察的结果如图 2-822 ~图 2-854 所示。

图 2-822　花枝的一部分（未使用解剖镜）

图 2-823　图 2-822 聚伞花序的部分放大，示 1 个正在开放的花。花瓣反卷，花瓣在花蕾上呈镊合状排列（未使用解剖镜）

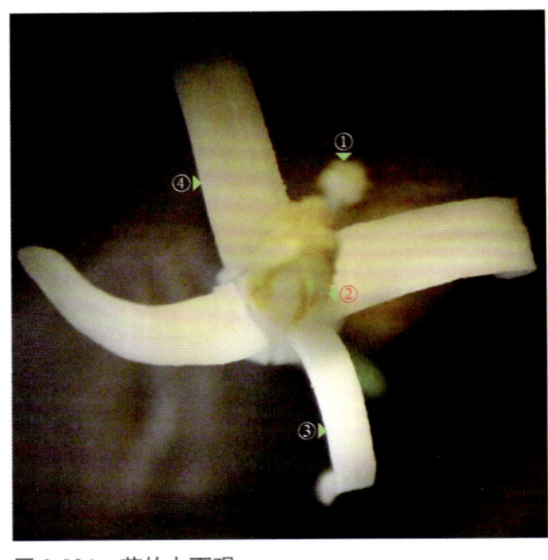

图 2-824　**花的上面观**

花瓣看起来为 4 片，实际上是 7 片，图中有 3 个花瓣均由 2 片尚未分开的花瓣（呈镊合状排列）组成。

①柱头　②花药　③1片花瓣
④两片尚未分开的花瓣

图 2-825　**另一朵花的上面观**

花瓣 7 片，右侧较宽的花瓣是由 2 片尚未分开的花瓣组成，其余的都是 1 片单独的花瓣。

①两片尚未分开的花瓣　②1片花瓣

图 2-826　**花的侧面观**

雄蕊的花药上端扭转，《中国植物志》称萼筒（花托）为“萼管”。

①柱头　②花柱　③花药
④花瓣　⑤小苞片　⑥萼筒
⑦花梗

图 2-827　**图 2-826 花下部的放大**

花梗分节，在花梗与萼筒间的节上生有细长的绿色小苞片（线状披针形）。

①小苞片　②节　③花梗

图 2-828　**另一朵除去花瓣和雄蕊后的花（侧面观）。小苞片已干枯**

文献中记载，八角枫科植物的小苞片早落。萼筒上方的白色肉质扁球状结构为（上位）花盘。

①(上位)花盘　②齿状萼片
③萼筒　④小苞片

图 2-829　除去花冠、雄蕊和大部分花柱后，花的侧面观。在花梗顶端的节上生有小苞片

①花柱　②花盘　③齿状萼片
④萼筒　⑤小苞片　⑥花梗

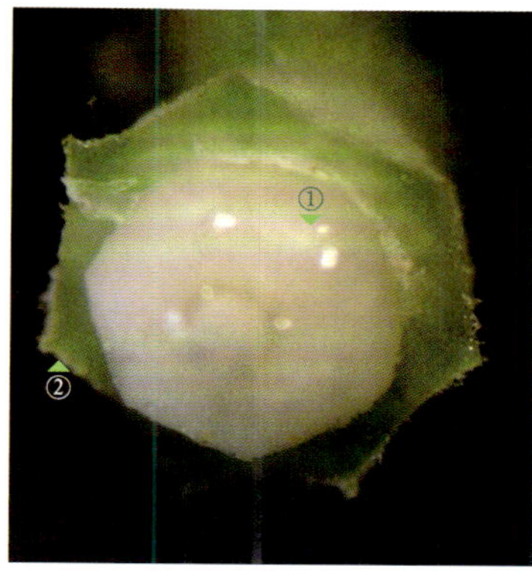

图 2-830　图 2-829 花的近上面观。花萼顶端 7 裂，每个裂片在《中国植物志》中被称为“齿状萼片”，花柱周围白色肉质的扁球状结构为上位花盘

①花盘
②齿状萼片

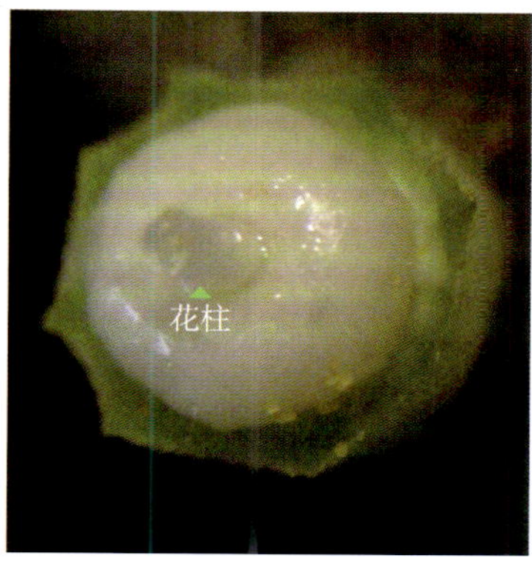

图 2-831　另一朵除去花瓣和雄蕊后的花。花萼顶端有 8 片齿状萼片。《中国植物志》记载，八角枫的花萼有 5 ~ 8 片齿状萼片

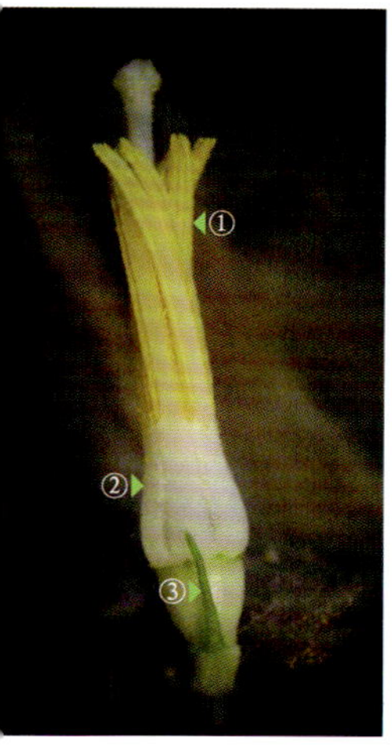

图 2-832　除去花冠后，花内雄蕊群的外面观

①花药
②花丝
③小苞片

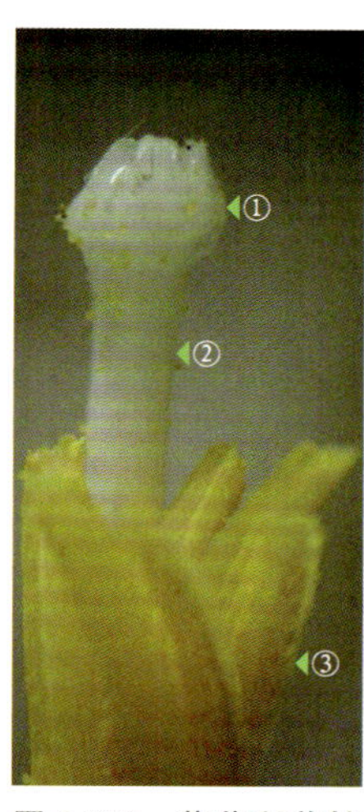

图 2-833　花药和花柱的上端及柱头的放大

①柱头　②花柱
③花药

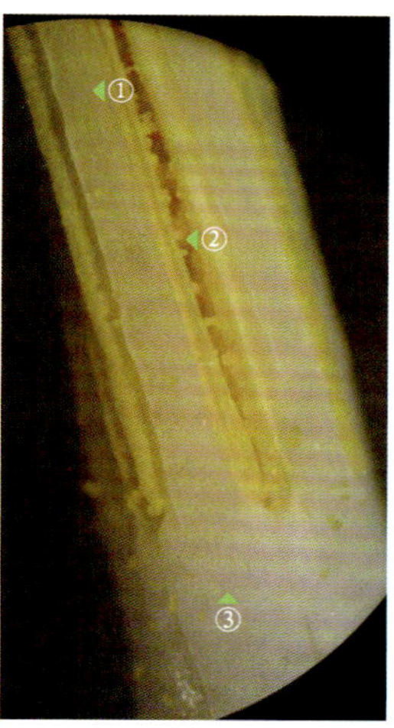

图 2-834　花药下端的放大，示镊合状排列的花药和花丝（外面观）。药隔两侧的花粉囊已开裂，花药纵裂

①药隔　②花粉囊
③花丝

图 2-835　花丝的放大（外面观）。镊合状排列的花丝缝隙间生有表皮毛

①表皮毛
②(齿状)萼片
③小苞片

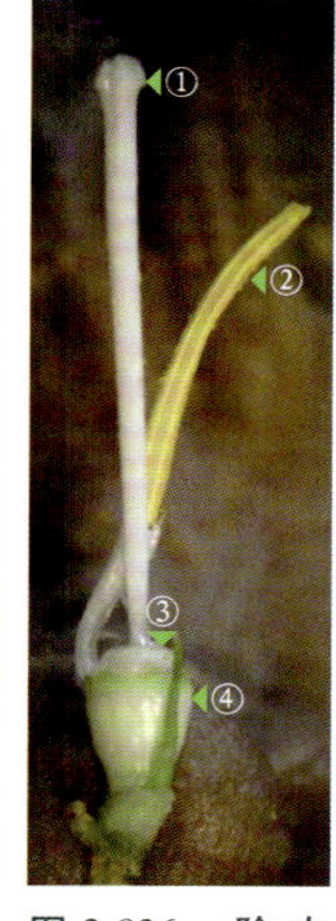

图 2-836　除去花冠、只留下 1 个雄蕊后，花的侧面观

①柱头
②雄蕊
③花盘
④萼筒

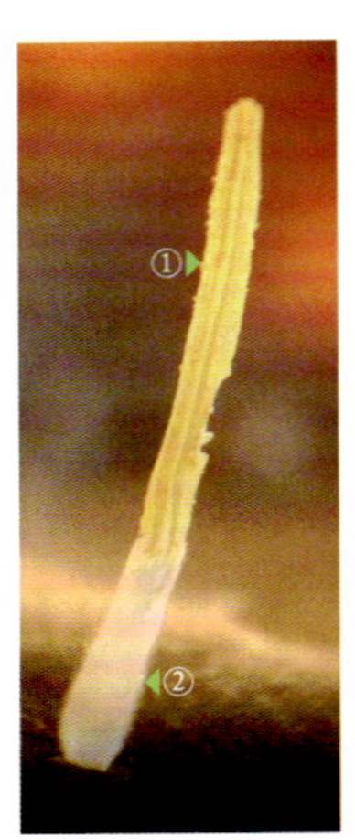

图 2-837　雄蕊的内面观（暗视野观察）。花药纵裂，内向药

①花药
②花丝

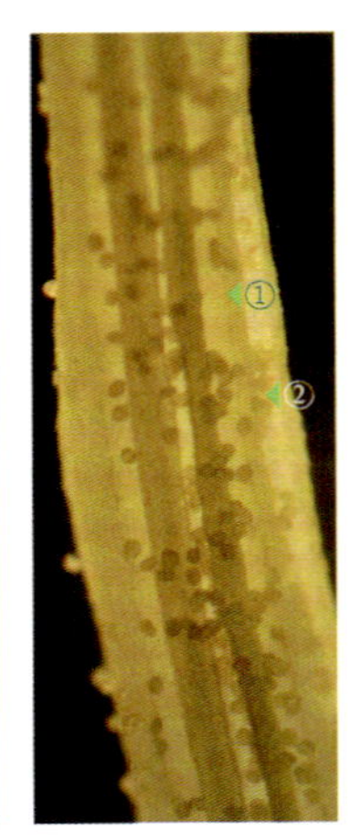

图 2-838　图 2- 837 花药的部分放大（暗视野观察）。花粉囊已开裂（花药纵裂）

①开裂的花粉囊
②花粉粒

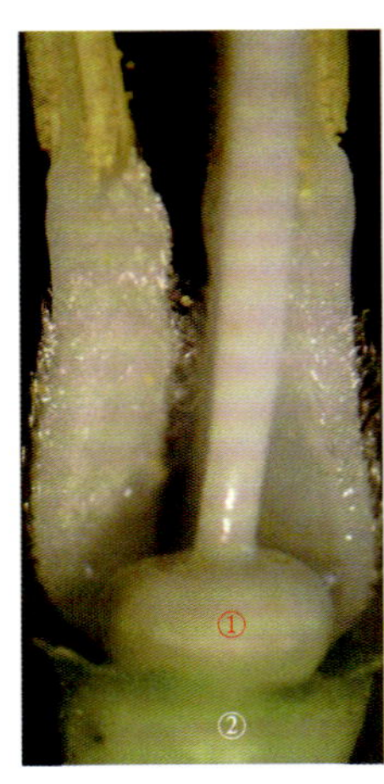

图 2-839　2 个雄蕊的花丝在花内的位置

花丝内面和侧缘生有柔毛。

①花盘
②萼筒

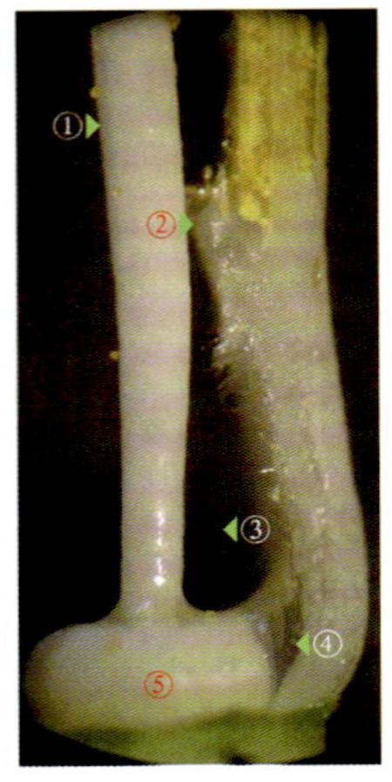

图 2-840　花丝的放大（侧面观）

花丝的上部内凸并生有表皮毛，使花柱与花丝间的缝隙缩小，可限制某些小动物进入花丝围成的空腔（花丝腔，自拟名）内活动。花丝基部与花盘缝隙间储有液体(在冰箱冷藏室存放时，可能形成了部分冷凝水)。

①花柱
②花丝内凸部位
③花丝腔
④液体
⑤花盘

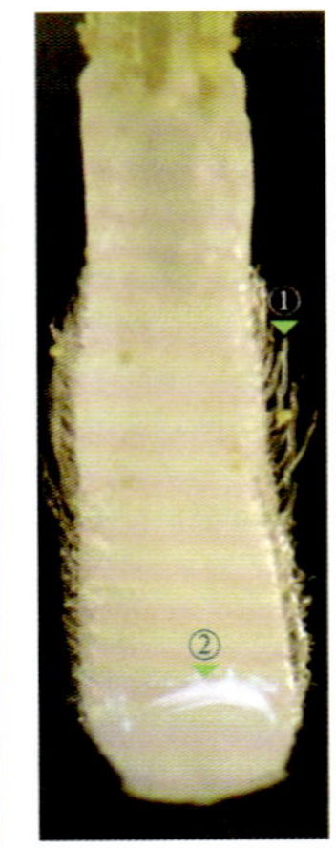

图 2-841　花丝的内面观（暗视野观察），示花丝基部的水液和缘毛的着生情况

①缘毛
②水液

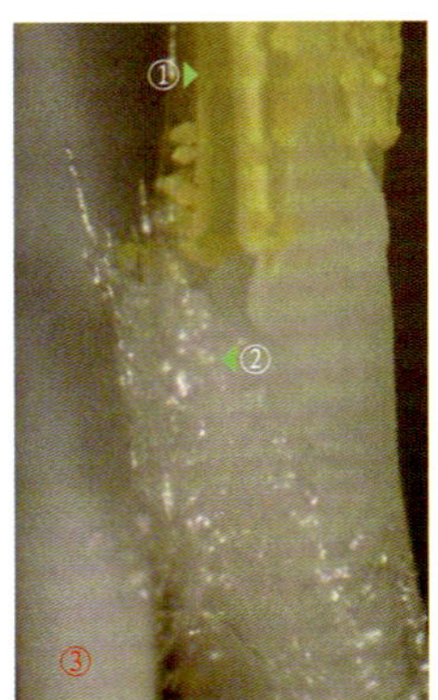

图 2-842　花丝内凸部位的近内面观，其上生有表皮毛

①花药
②花丝内凸部位
③花柱

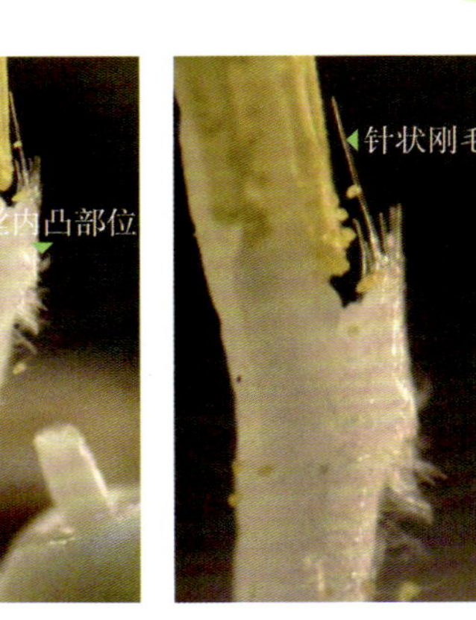

图 2-843　花丝内凸部位的侧面观，示表皮毛的着生情况

图 2-844　图 2-843 花丝内凸部位的放大，其上端有 1 根较长的针状刚毛

图 2-845　柱头的上面观。柱头多裂

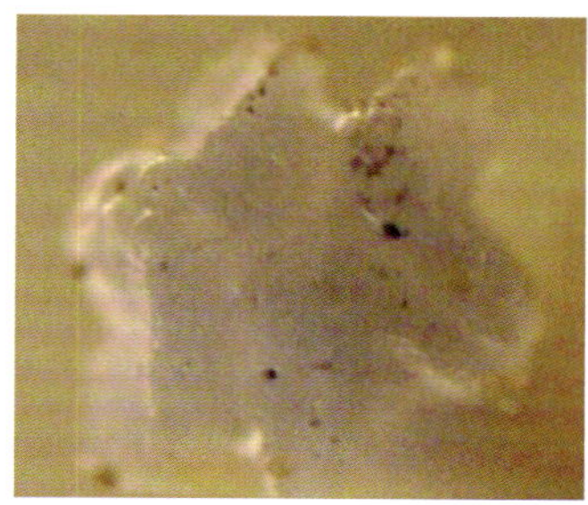

图 2-846　图 2-845 柱头的近似暗视野观察

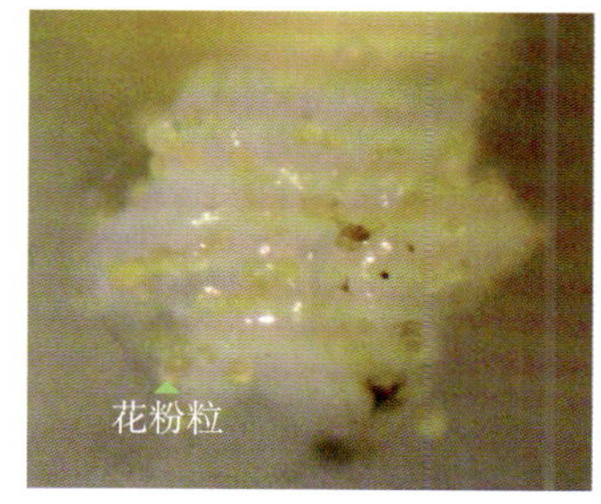

图 2-847　另一个雌蕊的柱头，其表面已粘上一些黄色花粉粒

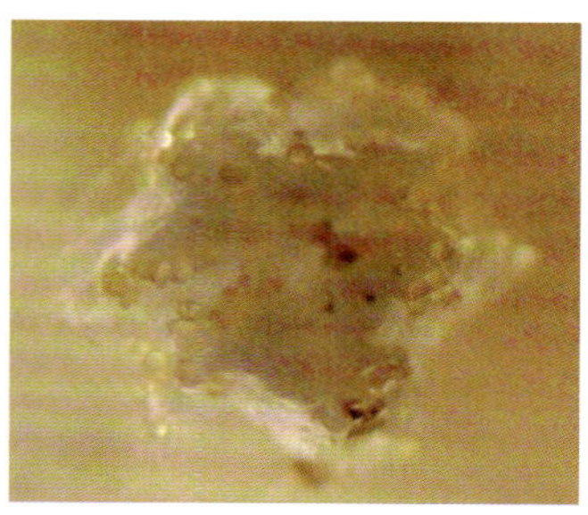

图 2-848　图 2-847 的暗视野观察

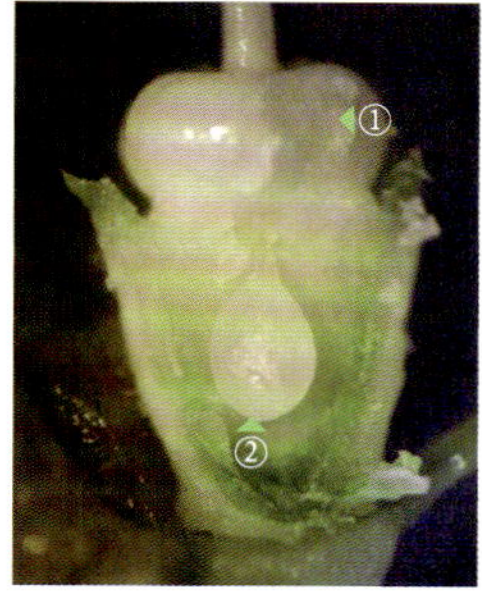

图 2-849　子房的纵剖面，示 1 个子房室内的 1 个胚珠（顶生胎座）

下位子房上方的扁球状白色肉质结构为（上位）花盘。

①(上位)花盘
②胚珠

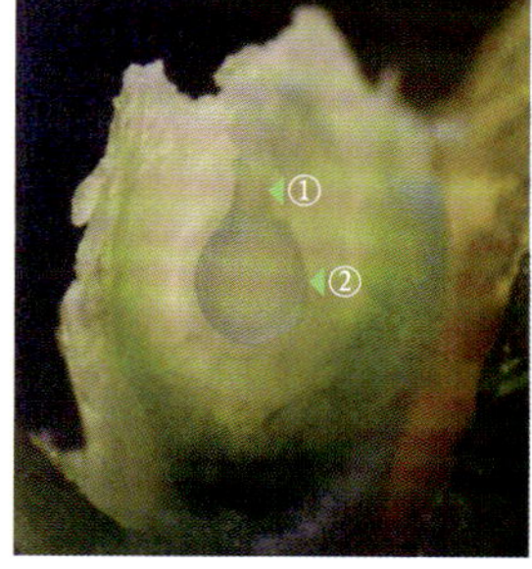

图 2-850　除去图 2-849 子房室后面的子房壁

相当于用解剖针纵剖出一个萼筒的纵切片，然后使用暗视野照明观察子房室内的胚珠。

①珠柄　②胚珠

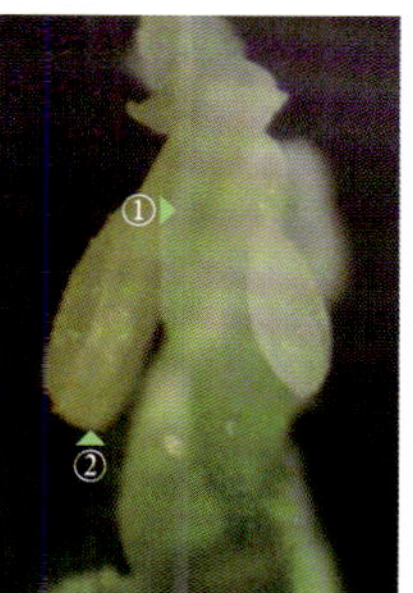

图 2-851　将图 2-850 2 个子房室内的胚珠外掀，可见在子房室的隔膜两侧各生有 1 个胚珠，2 个胚珠一大一小

①子房室间隔膜
②胚珠(大)

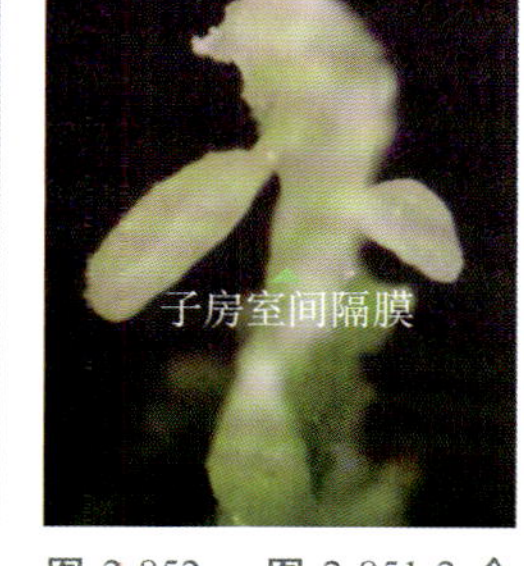

图 2-852　图 2-851 2 个子房室内的胚珠被进一步外拔，可见每个子房室的胎座为顶生胎座

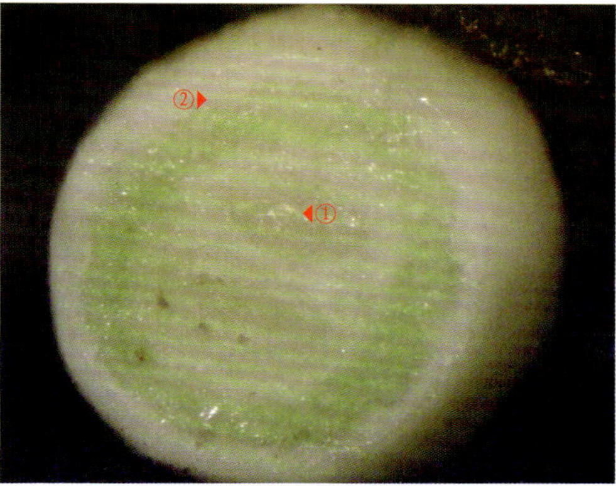

图 2-853　子房的横切片观察，可见下位子房有 2 室，每室中有 1 个胚珠（横切面）。萼筒（花托）和下位子房合生的壁可分为 3 层，中层淡绿色

①胚珠　②萼筒和子房的壁

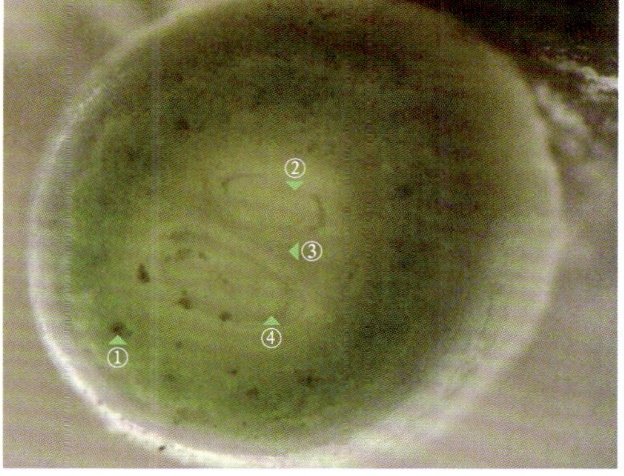

图 2-854　图 2-853 切片的暗视野观察。2 个子房室内的胚珠大小不一致

①维管束　②较小胚珠
③子房室间隔膜　④较大胚珠

十七、柳叶菜科（Onagraceae）

露珠草（*Circaea cordata* Royle）

露珠草属(*Circaea*)。草本；叶对生；总状花序，花 2 基数，有花梗，花梗基部生有刚毛状小苞片；花萼上部由 2 片离生的萼片组成，花萼下部与花冠下部合生成管状，称为花管；花冠上部由 2 片离生的花瓣组成，花瓣顶端凹缺，呈倒心形；雄蕊 2 个，与萼片对生，“丁”字形着药；复雌蕊，子房下位，2 室，每室生有 1 个倒生胚珠，中轴胎座，花柱单一，柱头 2 裂；蜜腺不明显；蒴果，但果皮不开裂。

花材料于 2013 年 8 月 4 日采自河南省新乡市辉县（郭亮村）。采用胶块法对其精细解剖和结构观察的结果如图 2-855 ～图 2-880 所示。

图 2-855 花期时的部分植株（未使用解剖镜）

图 2-856 植株的花序（未使用解剖镜）

照相时，数码相机前放置了放大镜。

图 2-857 花序下部的幼嫩果实

图 2-858 图 2-857 幼果的果梗基部放大，示刚毛状小苞片（按照“苞片”和“小苞片”的定义，应属于“苞片”）

图 2-859　花的侧面观。萼片下方和下位子房上方的部分即花管，下位子房外的花托表面着生顶端镰状外弯的曲毛

①柱头　②花柱　③花药　④花丝　⑤花瓣　⑥花管
⑦萼片　⑧下位子房外的花托　⑨花梗

图 2-860　图 2-859 制作黑色背景的方法：在胶块旁用黑纸板遮挡住部分由前上方照向花的照明光，使花下不被灯光照亮，这样就能在照片上形成黑色背景

①黑纸板　②暗视野观察硬胶块

图 2-861　图 2-859 花的暗视野观察

①柱头　②花药　③花柱
④花丝　⑤花梗

图 2-862　花的部分放大，示下位子房外花托表面的曲毛。《中国植物志》等文献中未对其进行描述

①萼片　②花管　③曲毛

图 2-863　2 基数花的上面观

①花柱　②花丝
③花瓣　④萼片

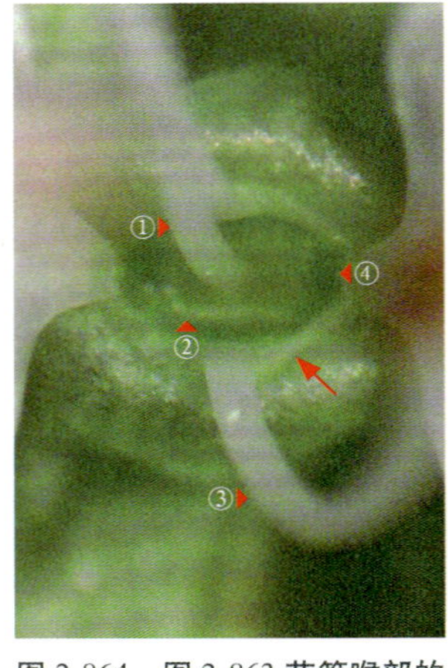

图 2-864　图 2-863 花管喉部的上面观。花柱周围的蜜腺不明显，萼片的基部有些增厚（红箭头处）

①花柱　②蜜腺
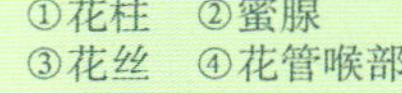
③花丝　④花管喉部

图 2-865　上图：花的下面观。萼片上着生有稀疏的长柔毛。下图：上图不同的聚焦面观，示下位子房外的曲毛

图 2-866　除去花瓣并将花管部分纵剖后，花的上面观

①柱头　②花柱
③雄蕊　④萼片

图 2-867　图 2-866 花的暗视野观察

①柱头　②花药　③花丝
④雄蕊(未在聚焦面上)

图 2-868　萼片的上面观

图 2-869　萼片下表面生有稀疏的柔毛

图 2-870　图 2-869 的暗视野观察

图 2-871　萼片基部与雄蕊贴生，雄蕊与萼片对生

①花药　②花丝
③花柱　④萼片

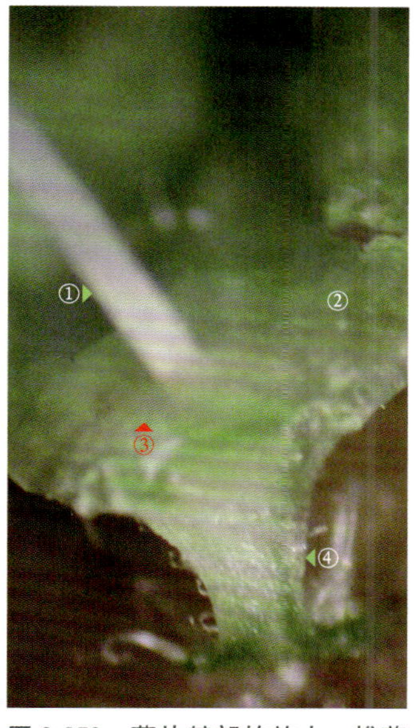

图 2-872　萼片基部的放大。雄蕊的花丝基部贴生于萼片的近基部

露珠草的花管是由花萼、花冠和雄蕊的花丝下部合生而成，类似于马炜梁先生的“被丝托”概念。图中的萼片基部有些肉质增厚，表面不光滑，可能是一种蜜腺。

①花丝　②萼片
③萼片基部增厚
④花管的壁

图 2-873　图 2-872 的暗视野观察

①萼片　②萼片基部增厚

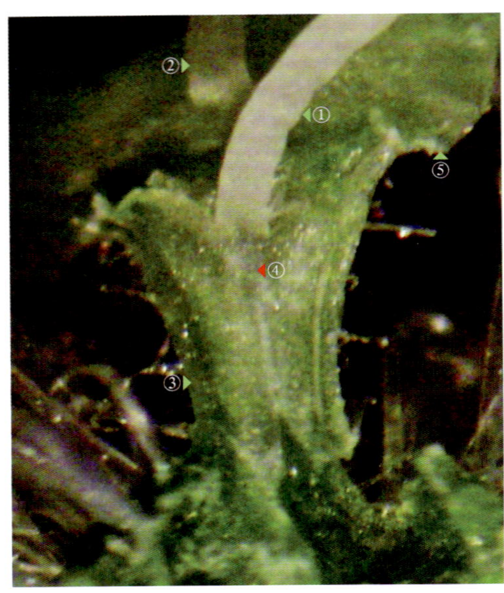

图 2-874　除去 1 片萼片并纵剖花管后，可见蜜腺不明显

①花柱　②花丝　③花管的壁
④蜜腺不明显　　⑤萼片

图 2-875　左图：柱头上面观（2 裂）　右图：柱头的近侧面观

图 2-876　图 2-875 的暗视野观察。柱头表面生有柱状乳突

图 2-877　将花管和子房壁纵剖并展开后，可见子房 2 室，每个子房室内生有 1 个胚珠，中轴胎座

①花柱　②花丝　③花管的壁　④子房室间隔膜　⑤胚珠　⑥珠孔端

图 2-878　子房室内胚珠的放大，示胎座的位置。横生胚珠的珠柄短，珠孔端朝下

①珠孔端　②胎座
③子房室间隔膜

图 2-879　冰箱冷藏室保存数天后绽开的花蕾，示花蕾花的花丝在圆盘状花药上的着生位置（"丁"字形着药，内向药）

①柱头　②花药　③花丝　④花瓣

图 2-880　图 2-879 花的上面观。花瓣顶端浅裂

十八、报春花科（Primulaceae）

泽珍珠菜（*Lysimachia candida* Lindl.）

珍珠菜属（*Lysimachia*）。草本；叶互生；总状花序，花有花梗和苞片；花萼和花冠均深裂至近基部，裂片均为 5 片；雄蕊 5 个，与花冠裂片同数且对生；子房上位，1 室，特立中央胎座，花柱单一，柱头头状、较小；蒴果。

花材料于 2015 年 5 月 19 日采自河南省洛阳市内公园。采用胶块法对其精细解剖和结构观察的结果如图 2-881 ～图 2-900 所示。

图 2-881　叶片的背面观（远轴面）

图 2-882　图 2-881 的暗视野观察

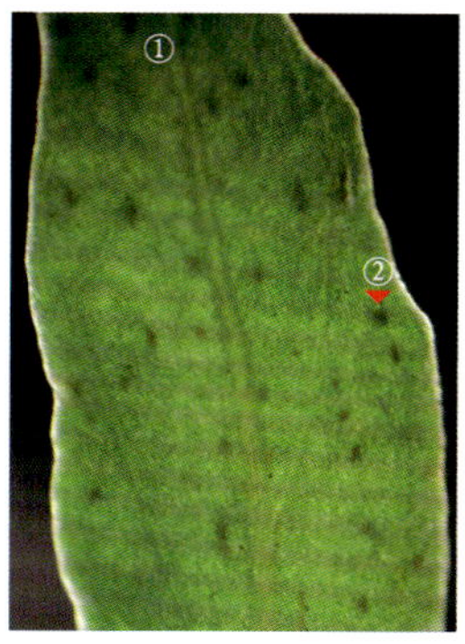

图 2-883　图 2-882 的放大，示叶片中的小腺点（暗视野观察）

①叶的背面
②小腺点

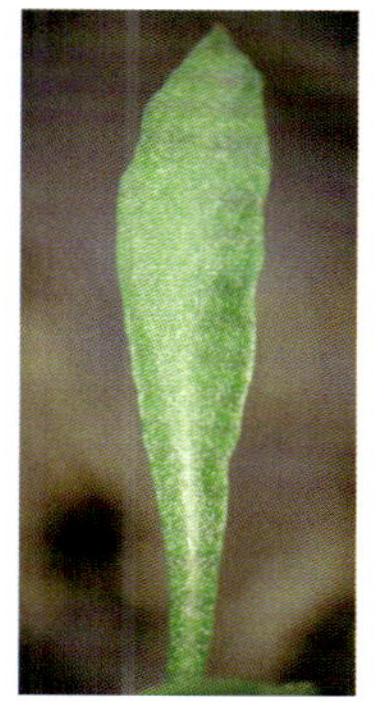

图 2-884　叶片的腹面观（近轴面）

图 2-885　图 2-884 的放大，示小腺点（暗视野观察）

①叶的腹面
②小腺点

图 2-886　植株的总状花序（未使用解剖镜）

图 2-887　花序的部分放大。花梗下端生有 1 个苞片

①苞片　②花梗

图 2-888　花的上面观

①柱头　②花药　③花冠裂片

图 2-889　花的侧面观

①花冠裂片　②萼裂片
③花梗　④苞片

图 2-890　图 2-889 的暗视野观察

①萼裂片　②苞片

图 2-891　分离出的 2 片花冠裂片。雄蕊的花丝贴生于花冠裂片下部，花药为“丁”字形着药

①花药　②花丝　③花冠裂片

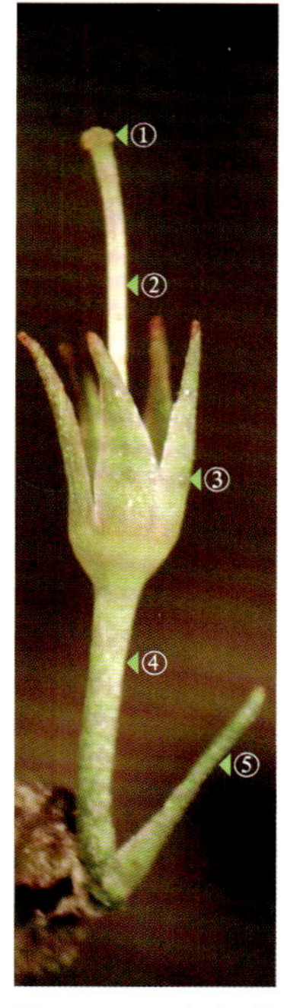

图 2-892　除去花冠后的花

①柱头
②花柱
③萼裂片
④花梗
⑤苞片

图 2-893　除去图 2-892 花的 1 个花萼裂片，示花内的雌蕊

①花柱　②子房　③萼裂片

图 2-894　分离出的雌蕊

①柱头
②花柱
③子房

图 2-895　除去一部分子房壁后，示子房室内的胚珠（特立中央胎座）

①花柱　②子房壁
③胚珠

图 2-896　图 2-895 子房室内胚珠的暗视野观察

遮光胶块的厚薄、透光性和胶块性质等能改变花照片的胶块背景颜色。由于子房下的胶块较薄，透射光照射后，背景颜色发红。

图 2-897　除去子房壁后，示子房室内的胚珠

图 2-898　子房室内胚珠的暗视野观察

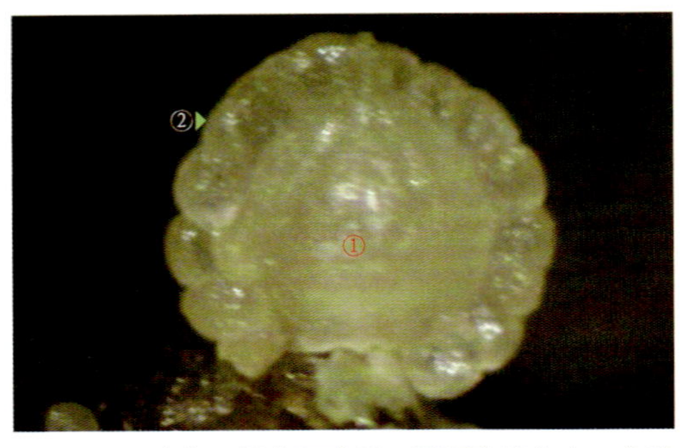

图 2-899　除去一部分胚珠后，示胚珠着生在一个球形的特立中央胎座上

①特立中央胎座　②胚珠

图 2-900　图 2-899 的暗视野观察，示胎座的形状

①特立中央胎座　②胚珠

十九、马鞭草科（Verbenaceae）

1. 柳叶马鞭草（*Verbena bonariensis* L.）

马鞭草属（*Verbena*）。引种花卉，原产于南美洲。草本；茎四棱形，叶对生；两性花，花小而多，花下生有苞片；花萼和花冠均 5 裂；雄蕊 4 个，生于花冠筒内中部，二强雄蕊；复雌蕊，子房上位，4 室，每室生有 1 个胚珠。

花材料于 2015 年 10 月 4 日采自河南省洛阳市郊花园。在《中国植物志》和《河南植物志》中，未记载此植物。采用胶块法对其精细解剖和结构观察的结果如图 2-901 ～图 2-932 所示。

图 2-901　植株的部分花序

图 2-902　从花序上摘下的小聚伞花序。花下生有绿色的苞片

图 2-903　从花序中摘下的一朵花。花的右侧下方生有 1 片苞片

①花冠裂片　②花冠筒
③萼筒　④苞片

图 2-904　将苞片稍微外掀，示苞片、花萼和花冠上着生的表皮毛

①萼筒　②苞片

图 2-905　苞片的外面观。苞片生有缘毛

图 2-906　苞片的内面观

图 2-907　除去苞片后的花

图 2-908　花的近上面观

图 2-909　花的上面观

①花冠裂片
②花冠筒
③萼筒

图 2-910　图 2-909 花不同聚焦面的观察。花冠喉部生有表皮毛

图 2-911　图 2-910 的暗视野观察

图 2-912　花萼的侧面观

①萼裂片　②萼筒

图 2-913　纵剖花萼时，花冠受触碰后易脱落

图 2-914　除去脱落的花冠后，在纵剖开的花萼内露出雌蕊

①柱头　②花柱　③子房

图 2-915　展开的花萼（外面观）

①萼裂片　②萼筒

图 2-916　展开花萼的内面观

图 2-917　图 2-916 的暗视野观察，示花萼在竖板状胶块（其下有胶块底座）上的展开方法

①萼裂片　②萼筒

图 2-918　花冠裂片的下面观

图 2-919　将花萼和花冠在硬胶块上纵剖并展开后，示花冠内的二强雄蕊和雌蕊，子房上位

①花冠裂片　②花冠筒
③长雄蕊　④短雄蕊
⑤子房

图 2-920　将展开花冠内的雌蕊除去

①短雄蕊　②长雄蕊
③花冠筒

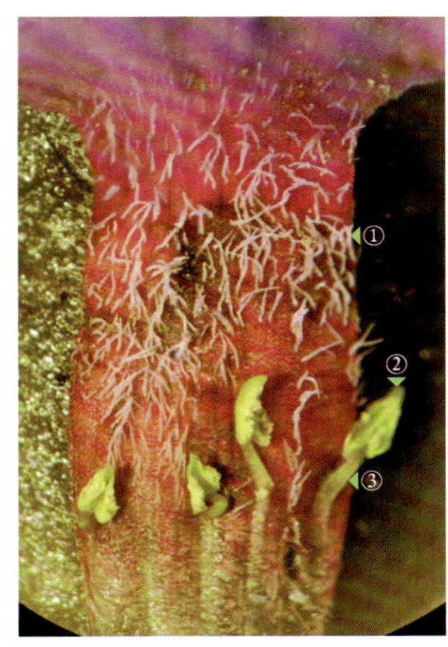

图 2-921　花冠筒内面着生的柔毛和二强雄蕊

①柔毛　②花药　③花丝

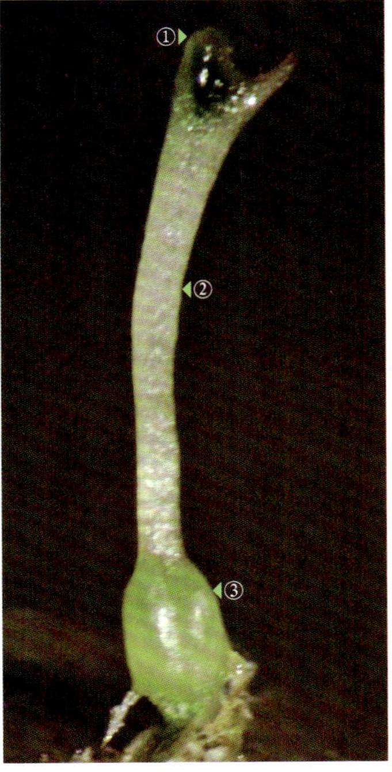

图 2-922　雌蕊的侧面观，柱头 2 裂

①柱头　②花柱　③子房

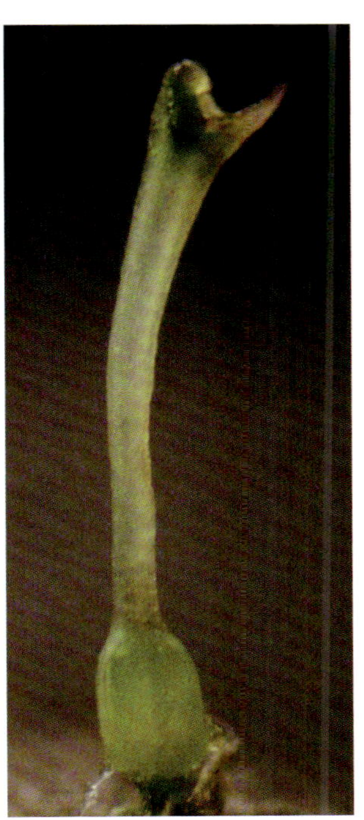

图 2-923　图 2-922 的暗视野观察

图 2-924　图 2-923 雌蕊不同角度的观察

图 2-925　除去部分子房壁后，从一个子房室内剖出的胚珠

①花柱　②胚珠　③子房

图 2-926　子房在胶块上的横切制片

制作子房横切片的临时水装片时，用合拢尖镊的镊尖吸水后，轻轻接触切片并张开镊尖，便能将微量水转移到切片表面及胶块上，也可用滴管直接在切片上滴上适量水。滴水的目的，一是防止切片干缩，二是便于用尖镊从胶块上分离、转移切片（胶块触水后，黏性消失）。然后，用尖镊将切片从胶块上转移到载玻片上的水液中即可完成制片。

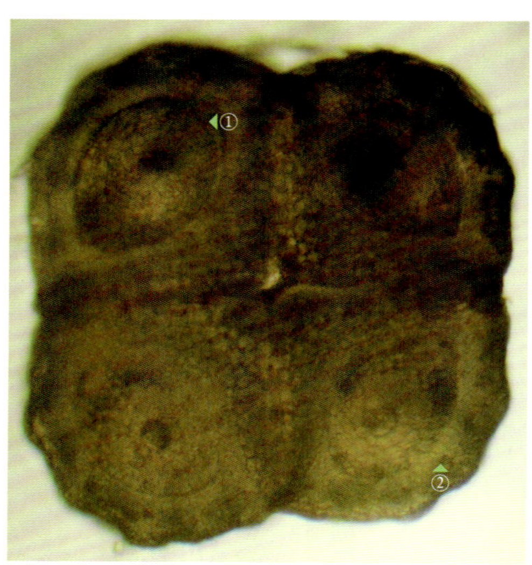

图 2-927　子房横切片的显微镜观察。子房 4 室，每室内有 1 个胚珠（横切面），隐约可见胚珠有 2 层珠被。图中 4 个子房的壁，只是贴合在一起，未完全愈合在一起

①胚珠　②子房壁

图 2-928　未成熟果实外的宿萼和苞片

①宿萼　②苞片

图 2-929　除去部分宿萼后，示未成熟的果实

①宿萼
②果实

图 2-930　分离出的幼嫩果实

①宿存的花柱　②果实

图 2-931　除去一部分果壁后，露出一个未成熟的种子

图 2-932　将 2-931 图的种子外掀，可见胎座为基生胎座

①胚珠　②胎座

2. 金叶莸（*Caryopteris* × *clandonensis*‘Worcester Gold’）

莸属（*Caryopteris*）。灌木；叶对生；聚伞花序；花萼 5 裂，宿存；花冠 5 裂，二唇形，下唇中裂片的边缘呈流苏状；雄蕊 4 个，离生；复雌蕊由 2 个心皮合生而成，子房上位，1 室，侧膜胎座；蒴果。

由于中国的植物志文献未记载本植物，这里依据百度百科“金叶莸”词条书写拉丁名。在百度百科里，还有一种称为“蓝花莸”（*Caryopteris* × *clandonensis*）的植物，“金叶”（Worcester Gold）是它的一个栽培品种。从拉丁名上看，金叶莸就是蓝花莸的金叶品种。

花材料于 2011 年 8 月 24 日采自河南省洛阳市内公园。采用胶块法对其精细解剖和结构观察的结果如图 2-933 ～图 2-965 所示。

图 2-933　对生叶腋内的花序（室外自然光照明，未使用解剖镜）

图 2-934　花的上面观（室外自然光照明，未使用解剖镜）

①花药　②花丝　③雌蕊　④下唇的中裂片

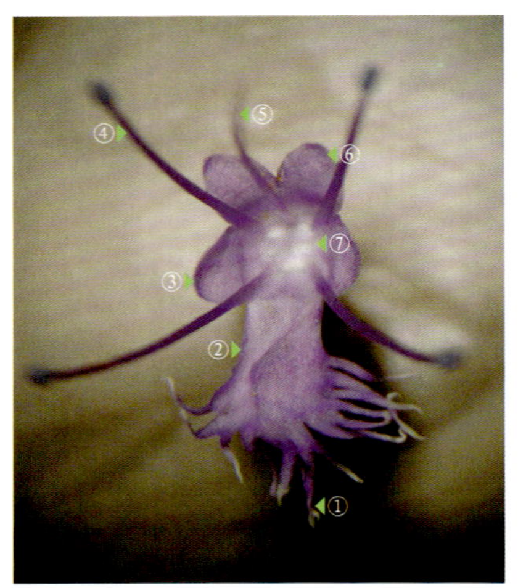

图 2-935 花的上面观。照片的色彩与图 2-934 存在差异，这主要是因为解剖镜的照明光与自然光存在差异

①流苏　②下唇的中裂片
③下唇的侧裂片　④雄蕊　⑤雌蕊
⑥上唇裂片　⑦毛环

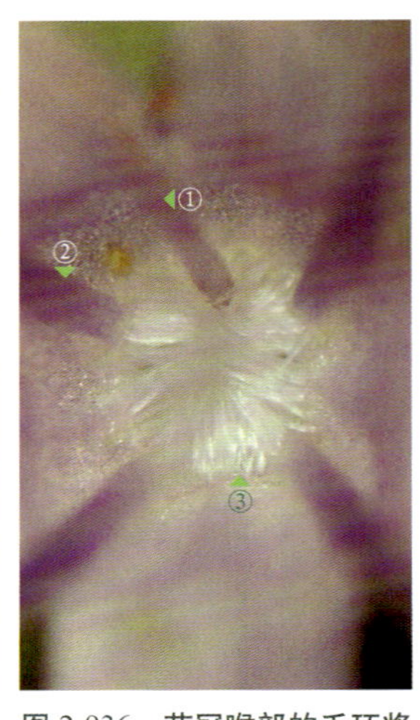

图 2-936 花冠喉部的毛环将花冠筒的入口堵住（混合光观察）

①花柱　②雄蕊
③毛环

图 2-937 花的侧面观

①雌蕊　②雄蕊
③花冠　④花萼

图 2-938 图 2-937 花不同角度的观察

①雌蕊　②雄蕊　③上唇裂片
④下唇的侧裂片　⑤下唇的中裂片

图 2-939 不同花的侧面观

①上唇裂片　②下唇的侧裂片
③下唇的中裂片　④花冠筒　⑤萼裂片
⑥萼筒　⑦花柄

图 2-940　图 2-939 的暗视野观察

①上唇裂片　②下唇的侧裂片
③下唇中裂片的流苏

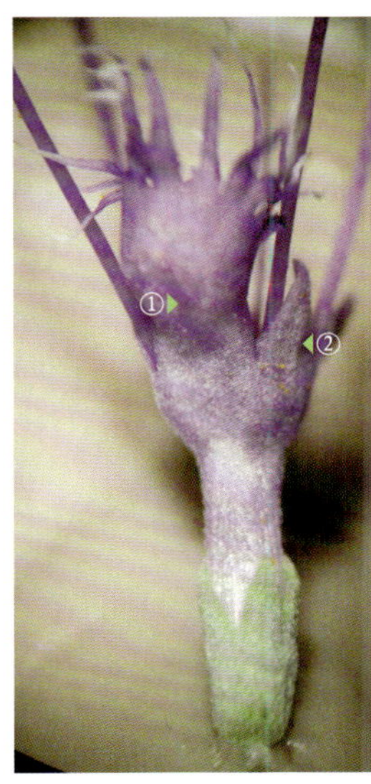

图 2-941　下唇中裂片上的流苏

①下唇的中裂片
②侧裂片

图 2-942　中裂片流苏的放大

①流苏　②下唇的中裂片

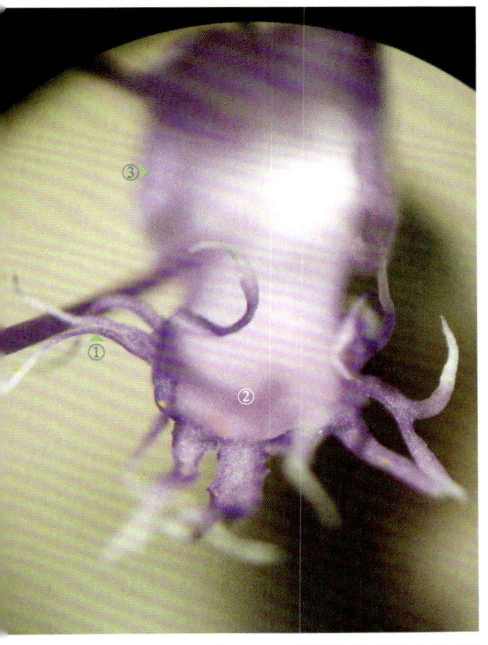

图 2-943　图 2-942 中裂片流苏的上面观

①流苏　②中裂片　③侧裂片

图 2-944　花的上唇裂片的外面观（暗视野观察）

①雌蕊　②雄蕊　③上唇裂片
④花冠筒　⑤萼裂片　⑥萼筒

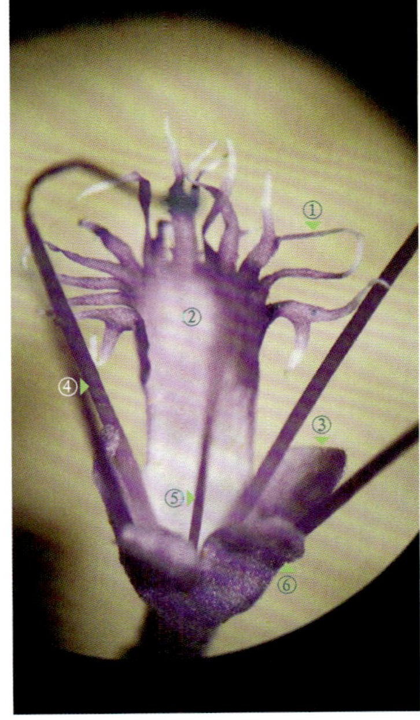

图 2-945　下唇中裂片的内面观

①流苏　②中裂片　③侧裂片
④花丝　⑤花柱　⑥上唇裂片

图 2-946　图 2-945 的暗视野观察

①中裂片　②侧裂片
③上唇裂片

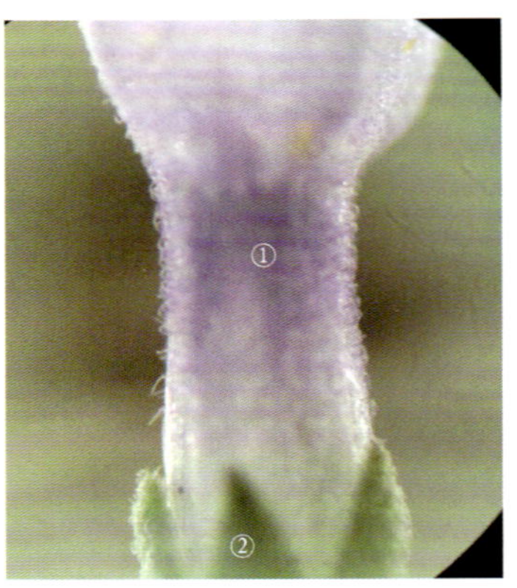

图 2-947　花冠筒的部分放大，示其上的表皮毛

①花冠筒　②萼裂片

图 2-948　花萼的纵剖、展开观察（内面观）

图 2-949　展开花萼的外面观

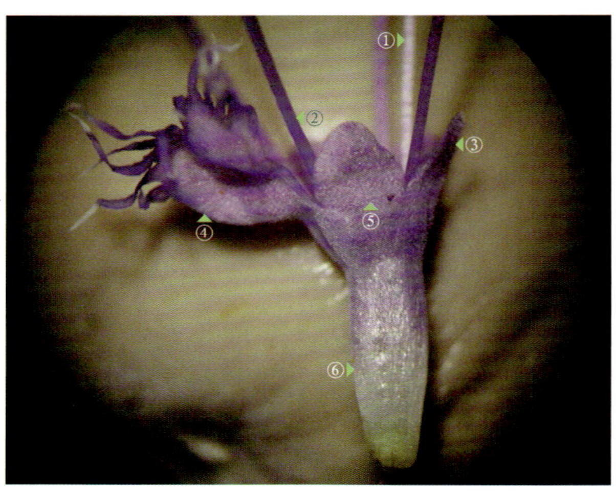

图 2-950　除去花萼后，花冠的侧面观

①花柱　②花丝　③上唇裂片
④中裂片　⑤侧裂片　⑥花冠筒

图 2-951　花冠的纵剖、展开观察

①花药　②花丝　③柱头　④花柱
⑤中裂片　⑥侧裂片　⑦上唇裂片　⑧毛环　⑨子房

图 2-952　图 2-951 花冠筒喉部毛环的放大

①花柱　②花丝　③毛环　④子房

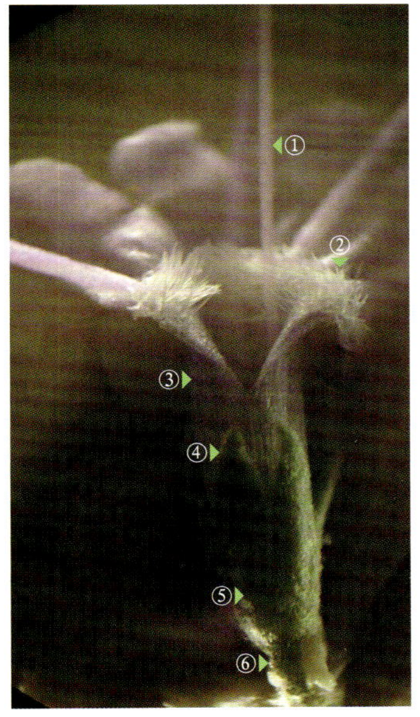

图 2-953　花冠筒部分纵剖后，示花冠喉的毛环（暗视野观察）

①花柱　②毛环　③花冠筒
④萼裂片　⑤萼筒　⑥花梗

图 2-954　图 2-953 毛环的放大

①花柱　②雄蕊　③毛环　④花冠筒

图 2-955　展开花冠的外面观

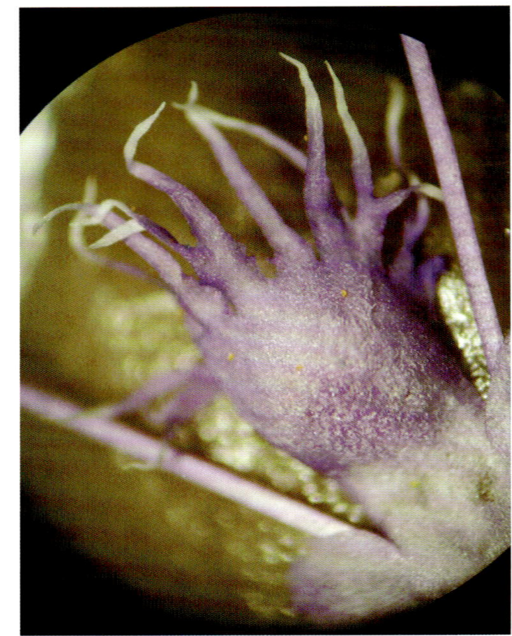

图 2-956　图 2-955 花冠下唇中裂片的放大（外面观）

①中裂片的流苏　②侧裂片　③上唇裂片

图 2-957　花药的放大

图 2-958　子房的放大

图 2-959　子房不同角度的观察

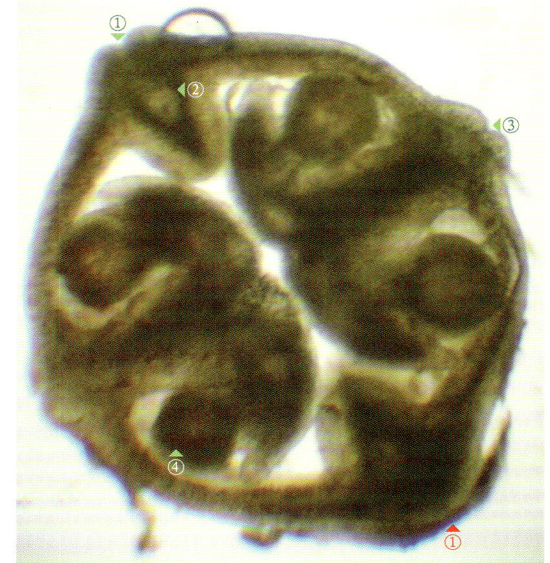

图 2-960　子房的横切片（显微镜观察）

可见复雌蕊由 2 个心皮组成，子房 1 室，侧膜胎座，内侵。这种子房结构与菘属的蒴果成熟后裂成 4 个果瓣不同。

①背缝线　②背束　③腹缝线　④胚珠

图 2-961　不同位置的子房横切片（显微镜观察）

此处仅切到 1 个侧膜胎座，腹缝线仍有棱槽，但背缝线处的棱槽消失，其位置需根据背束位置确定。

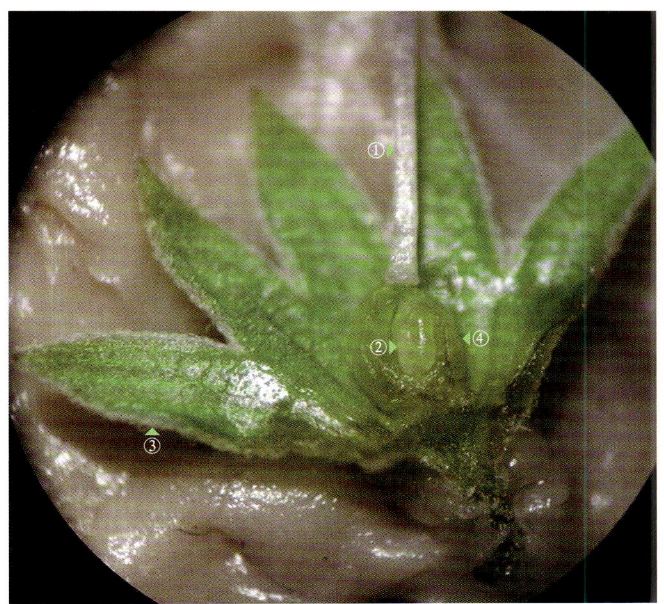

图 2-962　除去部分子房壁后，示子房室内的 1 个胚珠

①花柱　②胚珠　③萼裂片　④子房

图 2-963　图 2-962 子房室内胚珠的放大

①胚珠　②子房壁

图 2-964　从子房室内掀出的 1 个胚珠

图 2-965　从子房室内掀出的 2 个胚珠，胚珠形似具有 2 粒种子的落花生果实

二十、胡麻科（Pedaliaceae）

芝麻（*Sesamum indicum* L.）

胡麻属（*Sesamum*）。草本；两性花，生于叶腋；合萼，花萼深裂，裂片 5 片，披针形，被柔毛；花冠白色，筒状，表面密被柔毛，檐部裂片 5 片，略呈二唇形；雄蕊 4 个，二强雄蕊；复雌蕊由 2 个心皮合生而成；子房上位，上端 2 室，其下有由背缝线伸出的隔膜将子房分隔为 4 室，中轴胎座，柱头 2 裂，在子房的基部生有黄绿色的环状花盘；蒴果。

花材料于 2015 年 7 月 11 日采自河南省洛阳市。采用胶块法对其精细解剖和结构观察的结果如图 2-966 ～图 2-1005 所示。

图 2-966　花的近轴面观（暗视野观察）。花冠的檐部有些外卷，略呈二唇形，檐部裂片界限不清晰，为便于描述，这里以花冠上、下唇称之

①上唇　②下唇　③萼裂片

图 2-967　花的侧面观

①上唇　②下唇
③花冠筒　④萼裂片

图 2-968　花萼的近轴面观

①花冠筒　②萼裂片　③萼筒
④花柄

图 2-969　图 2-968 的暗视野观察。花表面生长柔毛

图 2-970　花冠脱落后，花的侧面观（暗视野观察）

①柱头　②花柱　③萼裂片　④子房　⑤花柄

图 2-971　花冠脱落后，花的上面观

①花柱　②子房　③萼裂片

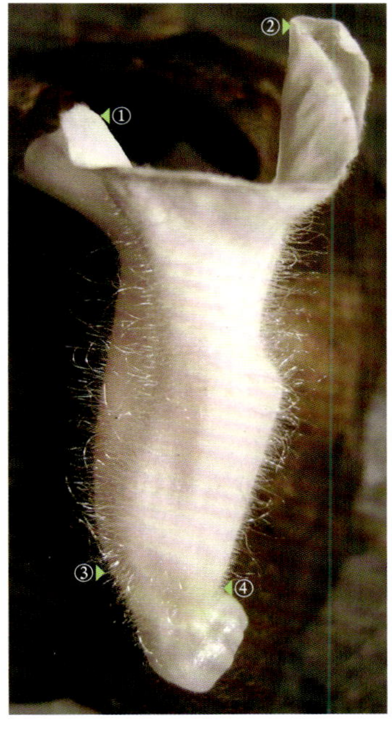

图 2-972　花冠的侧面观（左侧为近轴面，右侧为远轴面），其基部缢缩部位的内面生有毛环

①上唇
②下唇
③近轴面
④花冠基部缢缩部位

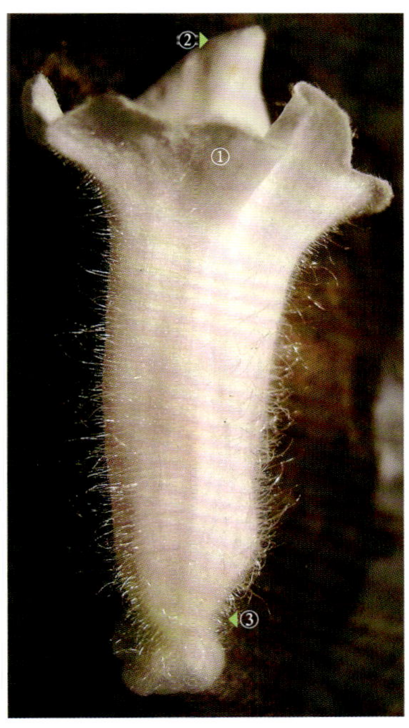

图 2-973　花冠的近轴面观

①上唇　②下唇
③花冠基部缢缩部位

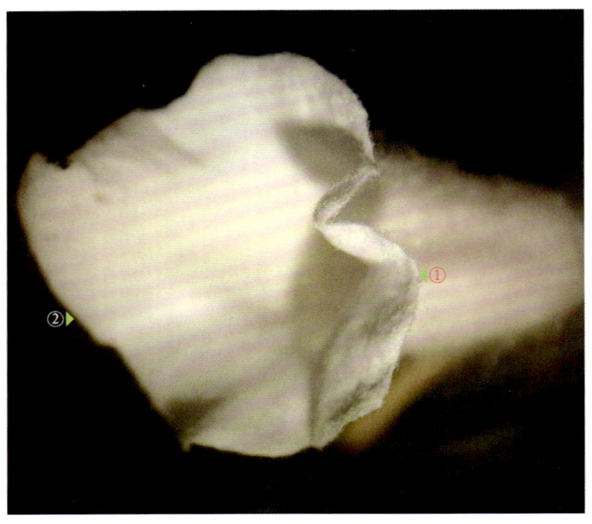

图 2-974　花冠的近上面观

①上唇　②下唇

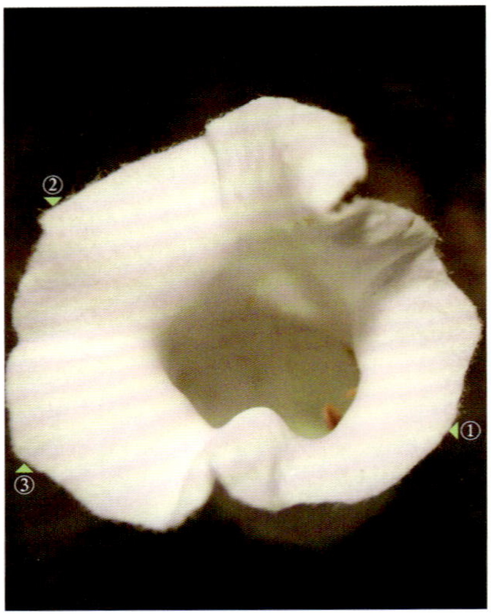

图 2-975　图 2-974 花冠的上面观。檐部 5 裂，裂片界限不很清晰

①上唇　②下唇的中裂片　③侧裂片

图 2-976　将花冠纵剖后展开，示花冠内的二强雄蕊

①短雄蕊　②毛环

图 2-977　图 2-976 花冠的下部，示雄蕊的基部和花冠缢缩部位的毛环

①花药　②长雄蕊　③花丝
④短雄蕊　⑤毛环

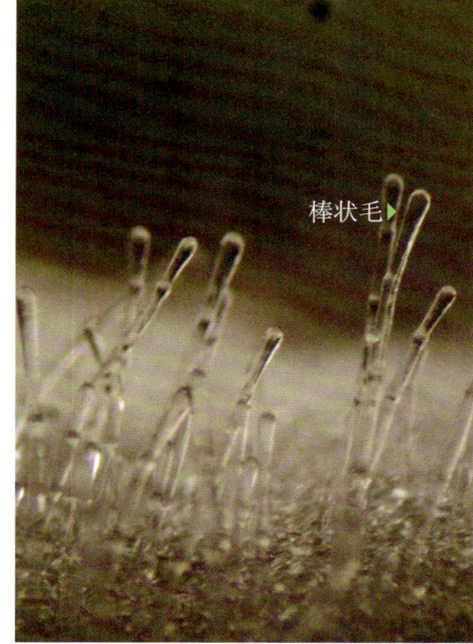

图 2-978　毛环部位的表皮毛为多节的棒状毛（暗视野观察）

图 2-979　箭头形花药的内面观。花药纵裂，个着药

①花丝　②花药

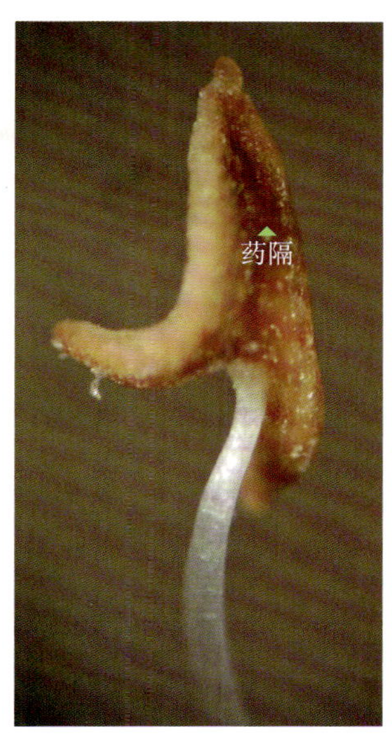

图 2-980　图 2-979 花药的近外面观

图 2-981　未开放的花冠，可见花冠顶端（檐部）5 裂，下唇的中裂片（远轴面）最大，其余 4 个近相等

①上唇　②上唇的1个裂片
③下唇的中裂片　④下唇的侧裂片

图 2-982　图 2-981 的暗视野观察

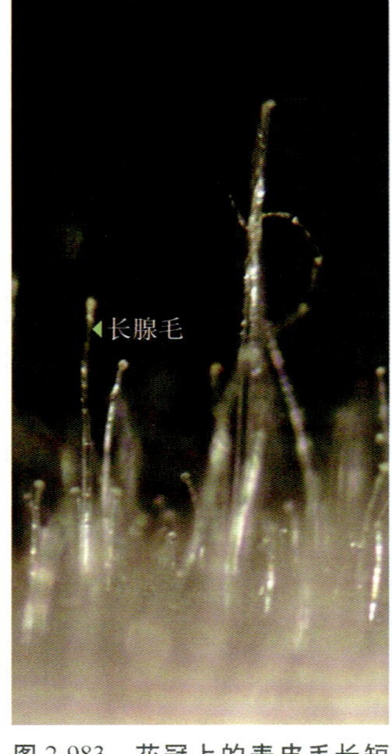

图 2-983　花冠上的表皮毛长短不一，是末端为小球形的长腺毛

图 2-984　将未开花的花冠下唇中裂片展开并固定后，花的近上面观

图 2-985　图 2-984 的暗视野观察。下唇中裂片的阴影处是中裂片下方在胶块上的固定位置

图 2-986　图 2-985 花在胶块上的固定方法。牙签的长短根据需要来折，牙签下是暗视野观察用的硬胶块

①胶块　②牙签

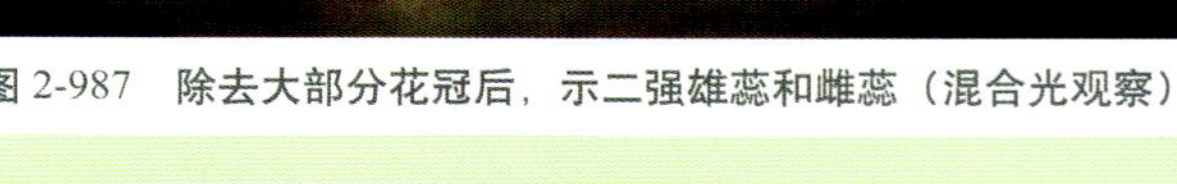

图 2-987　除去大部分花冠后，示二强雄蕊和雌蕊（混合光观察）

①柱头　②花柱　③长雄蕊　④短雄蕊
⑤残留的花冠　　⑥萼裂片

图 2-988　花冠的纵剖和展开，可见雄蕊和雌蕊伸向花冠上唇的下方（近轴面），上翘的花冠裂片为下唇的中裂片

①上唇　②下唇的中裂片　③花冠筒近轴面

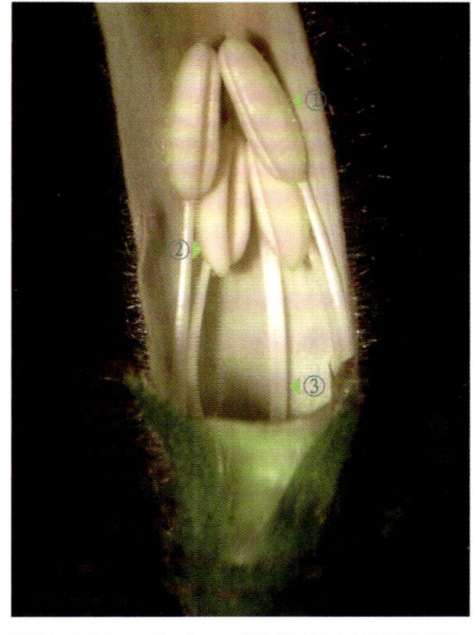

图 2-989　剪去一部分远轴面花冠，可见花冠内的雄蕊为二强雄蕊，雌蕊的花柱位于雄蕊的花丝间，而且比花丝稍粗

①长雄蕊　②短雄蕊
③花柱

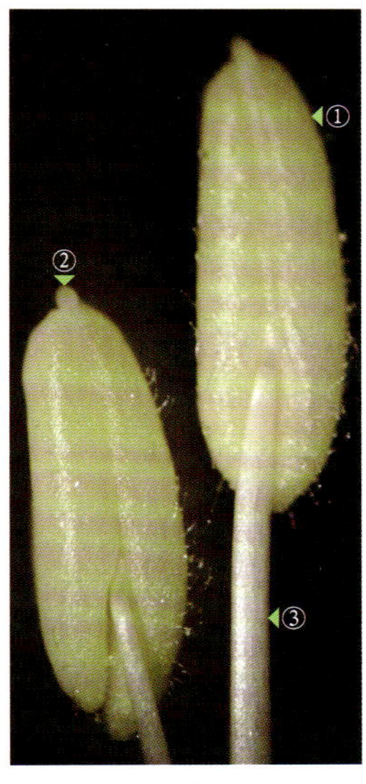

图 2-990　雄蕊花药的外面观。花药为个着药

①花药
②短雄蕊花药顶端的乳突
③长雄蕊的花丝

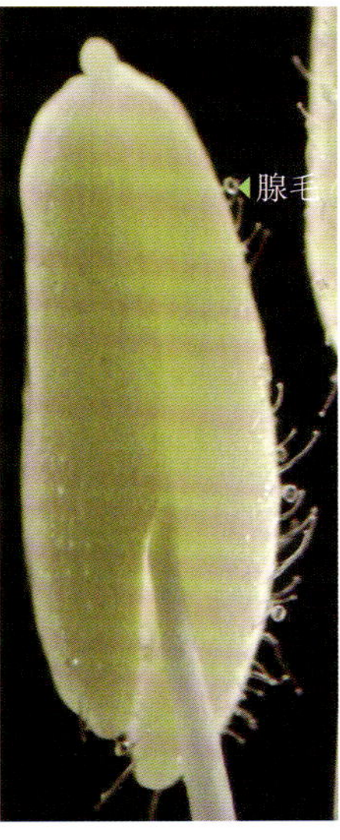

图 2-991　图 2-990 左侧花药的暗视野观察。花药的右侧缘可见长度较短、头部膨大的腺毛

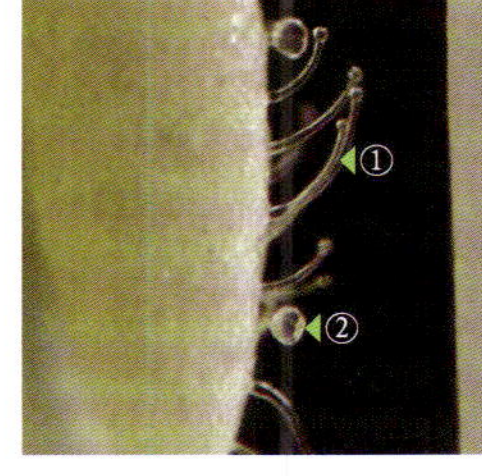

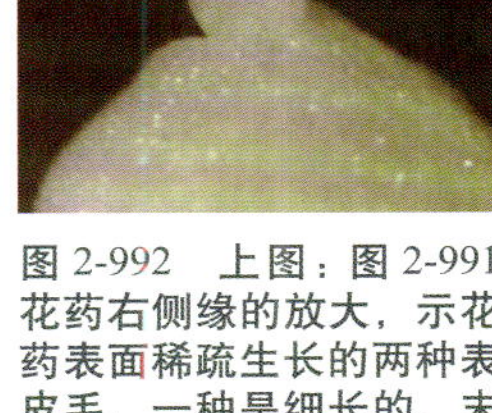

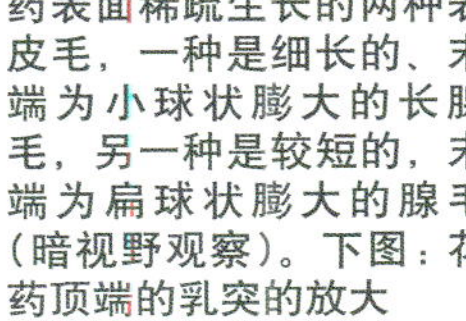

图 2-992　上图：图 2-991 花药右侧缘的放大，示花药表面稀疏生长的两种表皮毛，一种是细长的、末端为小球状膨大的长腺毛，另一种是较短的，末端为扁球状膨大的腺毛（暗视野观察）。下图：花药顶端的乳突的放大

①长腺毛
②腺毛
③乳突

图 2-993　分离出的雌蕊。在子房的基部，有环绕子房而生的黄绿色花盘

①柱头　②花柱
③子房　④花盘

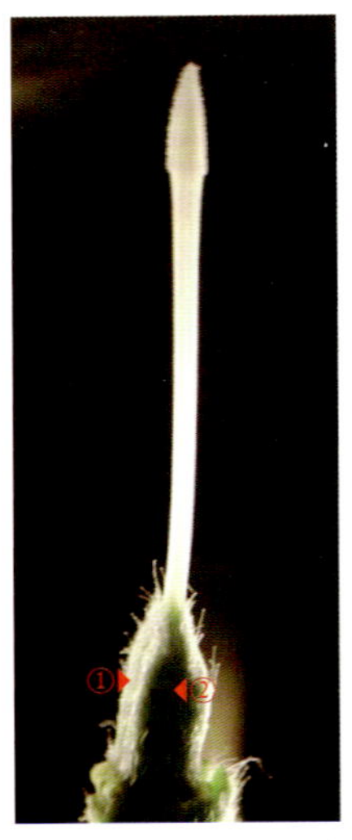

图 2-994 图 2-993 的暗视野观察。左侧子房壁的中央、黑色的纵行线为腹缝线

①腹缝线
②背缝线

图2-995 柱头。在两瓣裂的柱头上隐约可见 1 条纵行线，其与子房壁表面的背缝线相连

图 2-996 2 裂柱头不同角度的观察

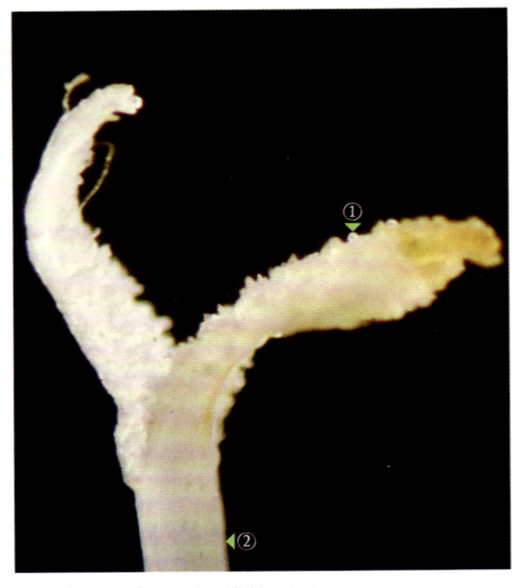

图 2-997 柱头 2 裂片的展开

①柱头内面的乳突 ②花柱

图 2-998 雌蕊下端的子房。子房基部生有黄绿色、环状的花盘

①子房
②花盘

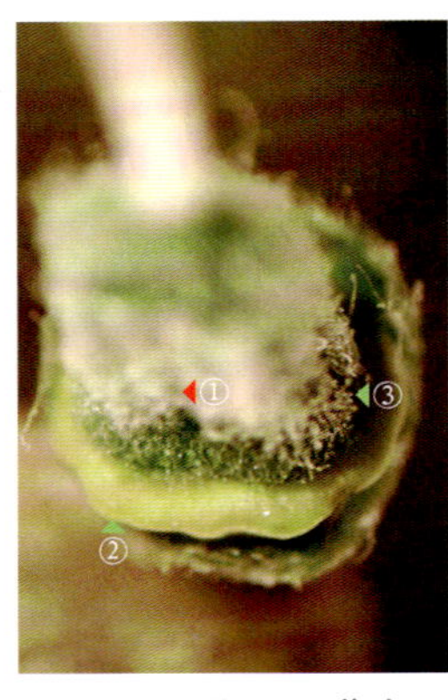

图 2-999 图 2-998 花盘不同角度的观察（混合光观察）

①腹缝线
②花盘
③背缝线

图 2-1000 将部分子房壁除去，可见 1 个被剖开的子房室。这个子房室的大部分被 1 个由背缝线生出的隔膜分为 2 室，但子房室上端的隔膜因未与中轴胎座相连（已随子房壁被除去，图中看不到），因而仍为 1 室

①上端1室
②腹缝线
③隔膜

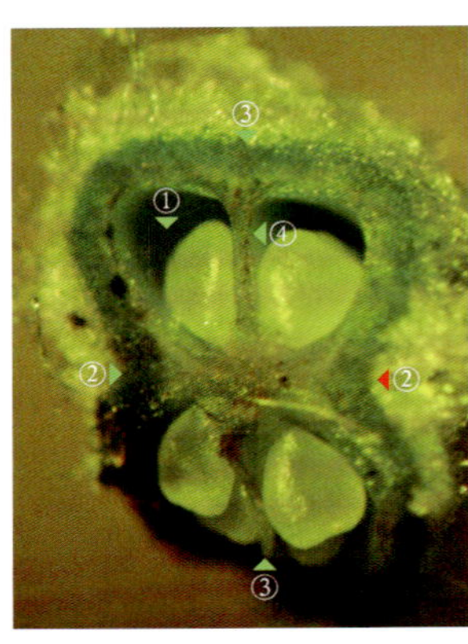

图 2-1001 图 2-1000 子房的横切面。子房室内有一个将背缝线和中轴胎座连接起来的隔膜，将每个子房室分隔成 2 个子房室

①子房室 ②腹缝线
③背缝线 ④隔膜

图 2-1002　分离出的 1 个胚珠

图 2-1003　用刀片在胶块上制作子房横切片的方法

图 2-1004　子房的横切片（显微镜观察），可见子房 4 室，胚珠排列成 4 列，中轴胎座

在背缝线处的子房壁内有 1 束维管束（背束），在腹缝线处的子房壁内有 2 束维管束（侧束，文献中称为“侧面心皮束”或“侧面束”）。在背束下方，有一个由背缝线处向内伸出、与子房室的中轴胎座相连的隔膜，此子房室内隔膜是一种不完全隔膜，它将 1 个子房室分隔为不完全的 2 室，但在子房上端背缝线处伸出的隔膜因未与中轴胎座相连，故子房仍为1室。

①子房室　②侧束　③腹缝线　④隔膜
⑤背束　　⑥背缝线

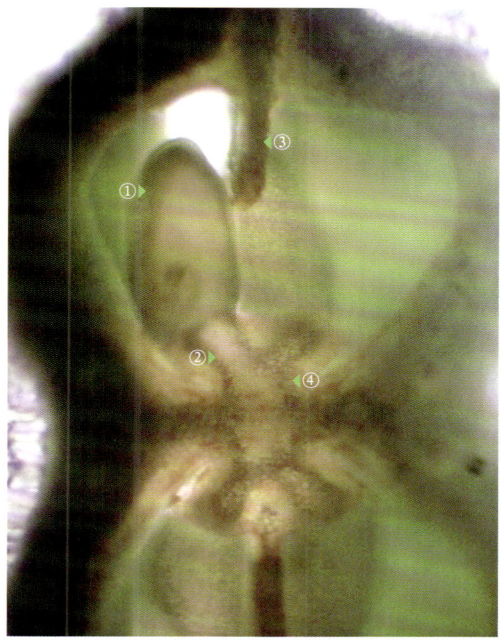

图 2-1005　子房上端的横切片。在子房室内，由背缝线伸向中轴胎座的隔膜尚未与中轴相连，因此子房上端仍为 1 室

①胚珠　②珠柄　③不完全的隔膜
④中轴胎座

二十一、苦苣苔科（Gesneriaceae）

旋蒴苣苔 [*Boea hygrometrica* (Bunge) R. Br.]

旋蒴苣苔属（*Boea*）。草本；叶基生，莲座状；聚伞花序，花有花梗，苞片小、不明显；合生萼，5 裂至近基部，宿存；合瓣花，5 裂，二唇形，上唇 2 裂，下唇 3 裂；正常的雄蕊 2 个，退化雄蕊 3 个，雄蕊与花冠裂片互生；复雌蕊由 2 个心皮合生而成，子房上位，1 室，胚珠多数，侧膜胎座；蒴果，长柱状，螺旋状扭转。

花材料于 2013 年 8 月 5 日采自河南省新乡市辉县（郭亮村）。采用胶块法对其精细解剖和结构观察的结果如图 2-1006 ～图 2-1061 所示。

图 2-1006　叶片上面着生的柔毛

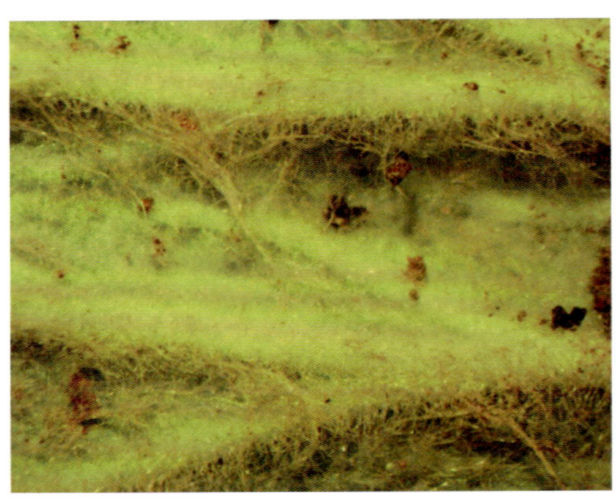

图 2-1007　叶片下面着生的长柔毛

图 2-1008　花期的植株（未使用解剖镜）

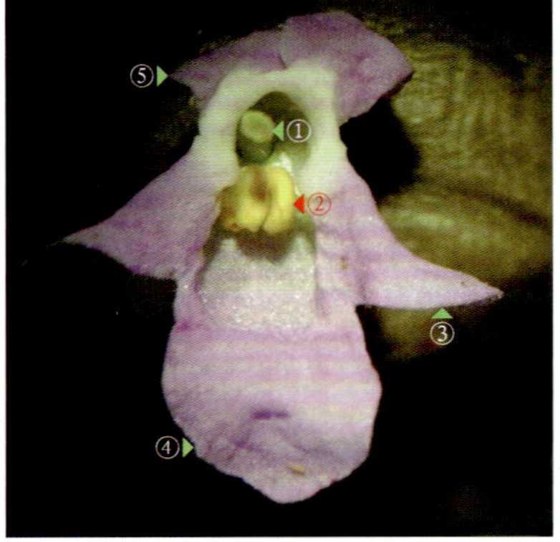

图 2-1009　固定在暗视野观察胶块上的花（上面观）。下唇内生有 2 个正常雄蕊

①柱头　②花药
③侧裂片　④下唇中裂片
⑤上唇裂片

图 2-1010　图 2-1009 的暗视野观察

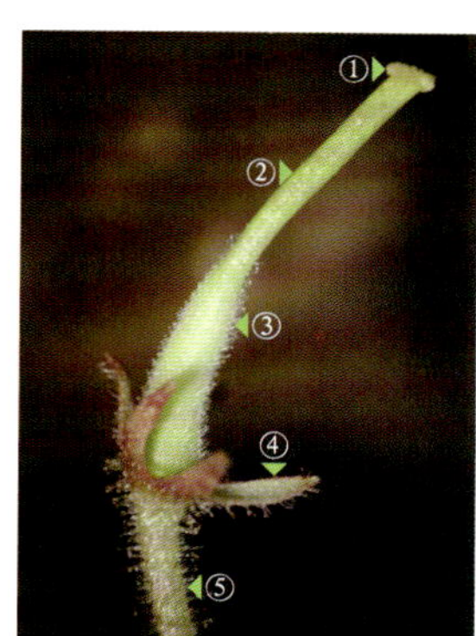

图 2-1011　花冠脱落后的花，子房上位

①柱头　②花柱
③子房　④萼裂片
⑤花梗

图 2-1012　图 2-1011 的暗视野观察。花梗、花萼和子房表面生有末端为小球形的腺毛（暗视野观察）

图 2-1013　花萼的上面观，可见花萼深裂至近基部。子房未在聚焦面上，因而图像模糊

①萼裂片　②子房

图 2-1014　花萼的下面观

①萼裂片　②花梗

图 2-1015　子房基部的放大（侧面观）。花无花盘

图 2-1016　图 2-1015 的不同角度观察，可见花萼裂片似离生（暗视野观察）

图 2-1017　子房和部分花柱的放大。子房表面生有腺毛

①花柱　②子房

图 2-1018　图 2-1017 的暗视野观察。子房表面生有腺毛

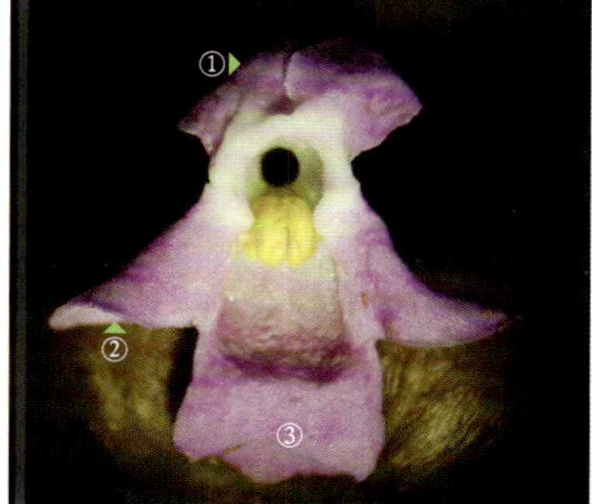

图 2-1019　脱落花冠的上面观。花冠筒的上唇 2 裂，下唇 3 裂

①上唇裂片　②侧裂片　③中裂片

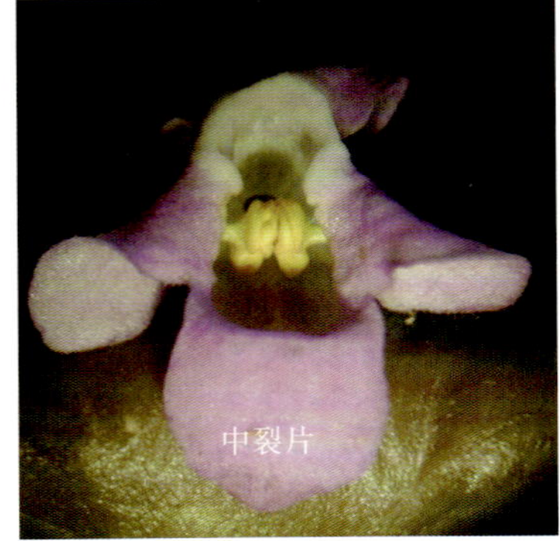

图 2-1020　图 2-1019 花冠不同角度的观察

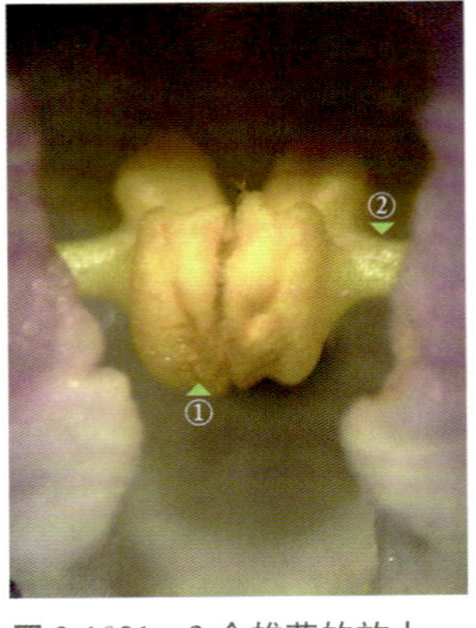

图 2-1021　2 个雄蕊的放大

①花药　②花丝

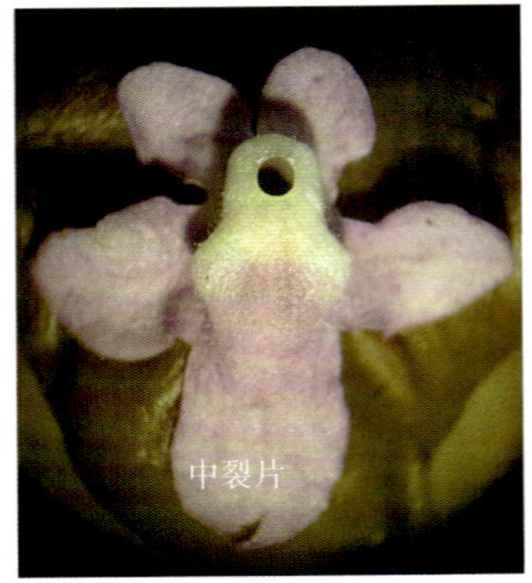

图 2-1022　花冠的下面观

图 2-1023　花冠背面着生的腺毛

图 2-1024　花在胶块上的展开

①花柱　②花药　③上唇裂片　④侧裂片
⑤中裂片

图 2-1025　图 2-1024 花在胶块上的展开方法（未使用解剖镜）

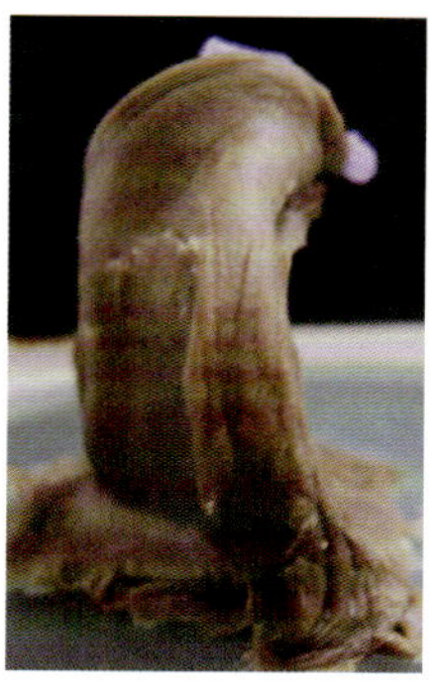

图 2-1026　从图 2-1025 左侧对固定花的硬胶块进行观察（未使用解剖镜）

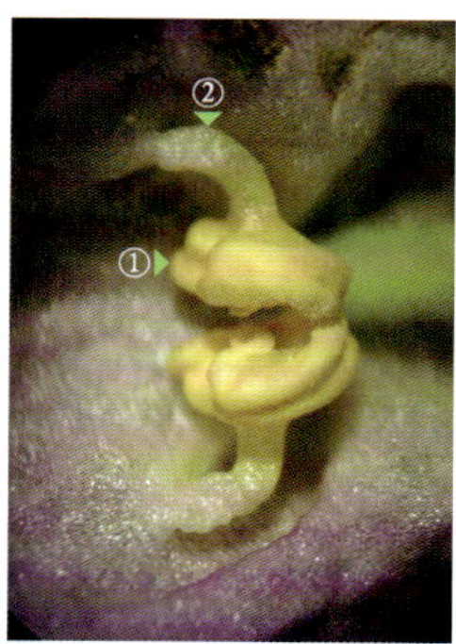

图 2-1027　将 2 个正常雄蕊的花药部分展开

①花药　②花丝

图 2-1028　图 2-1027 2 个雄蕊的花药进一步展开

图 2-1029　将 2 个雄蕊的花药展开后，2 个花药的接触面已破损

图 2-1030　展开花药的内面观

图 2-1031　图 2-1030 的暗视野观察

图 2-1032　2 个展开花药的外面观，每个花药有 4 个花粉囊（每侧 2 个）

图 2-1033　图 2-1032 的暗视野观察

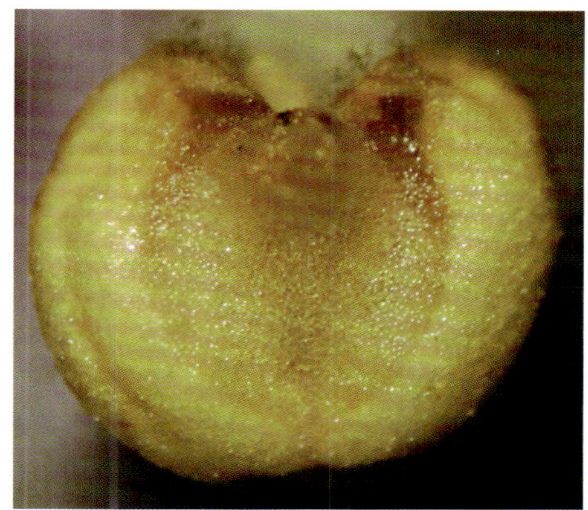

图 2-1034　除去花丝后的花药（外面观）。花药的基部被毛

图 2-1035　图 2-1034 的暗视野观察，示花药基部着生的短柔毛

图 2-1036　将花冠筒展开后，示子房两侧的 2 个退化雄蕊（退化雄蕊共 3 个，另一个被子房遮挡住）

图 2-1037　展开的花冠，示 2 个退化雄蕊。2 个退化雄蕊间的另一个退化雄蕊随子房除去时被除去

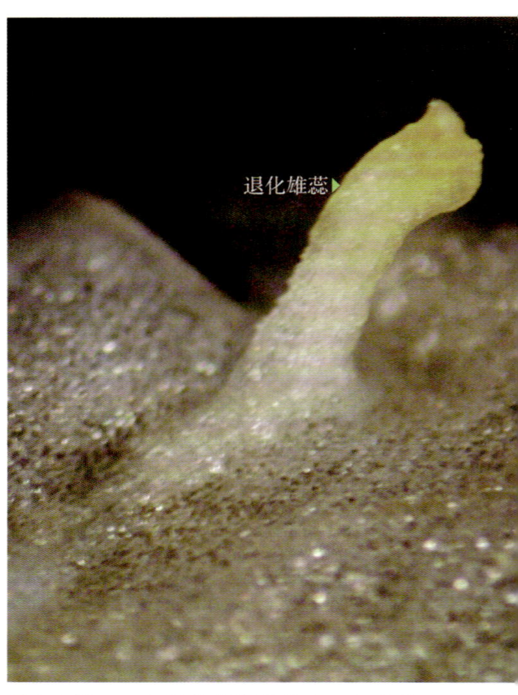

图 2-1038　一个退化雄蕊的放大，仅有花丝，无花药分化

①正常雄蕊　②退化雄蕊

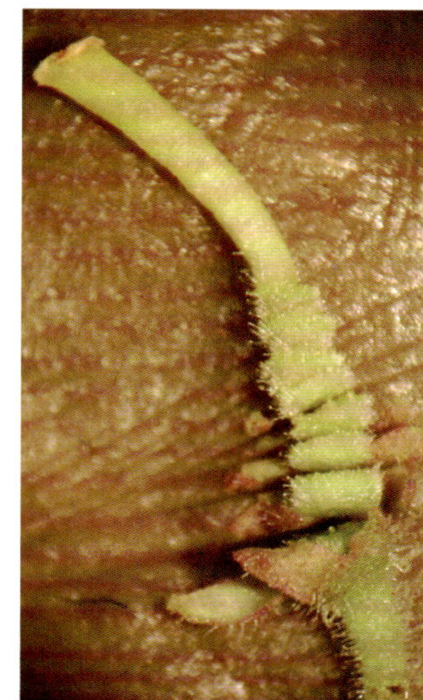

图 2-1039　在胶块上对子房进行横切，然后制成临时水装片

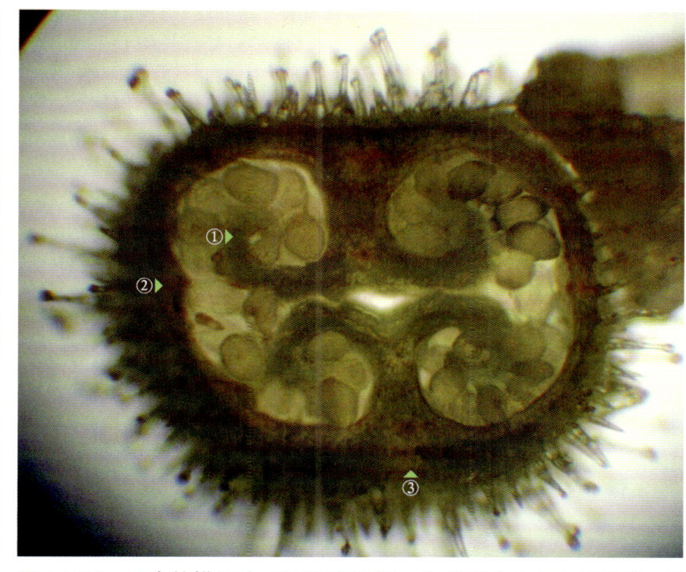

图 2-1040　子房的横切片（显微镜观察）。复雌蕊由 2 个心皮组成，子房 1 室，侧膜胎座，内侵，胚珠多数

①内侵的侧膜胎座　②背缝线　③腹缝线

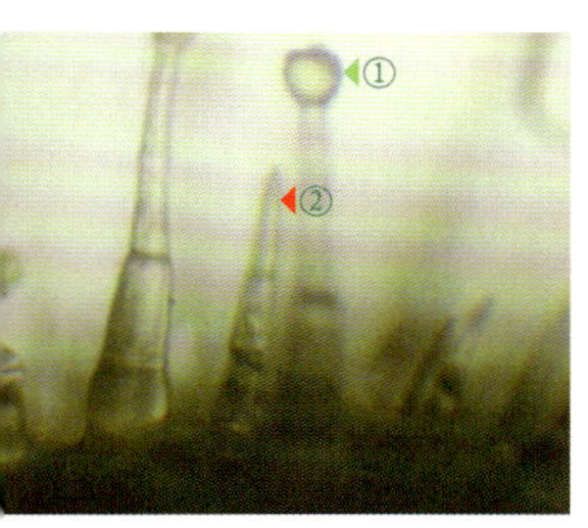

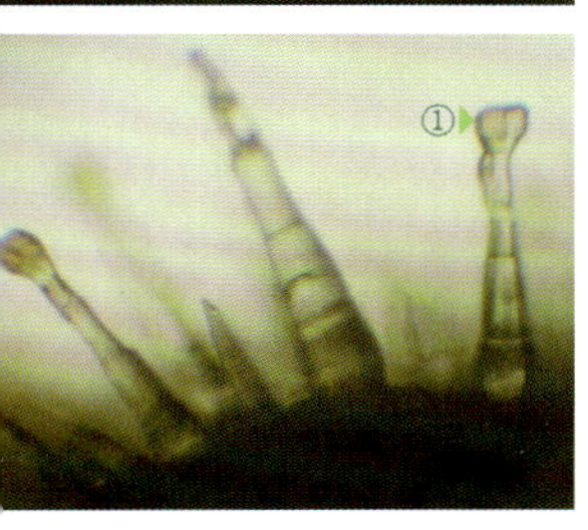

图 2-1041　上图：子房壁上生有 2 种表皮毛，一种是短柔毛，另一种是腺毛。下图：腺毛的头部由 2 个细胞组成（显微镜观察）

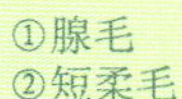

①腺毛
②短柔毛

图 2-1042　植株上的花和果实（未使用解剖镜）

图 2-1043　未成熟的果实（未使用解剖镜）

图 2-1044　未成熟果实的部分放大。花萼宿存，花萼和果壁上均生有腺毛

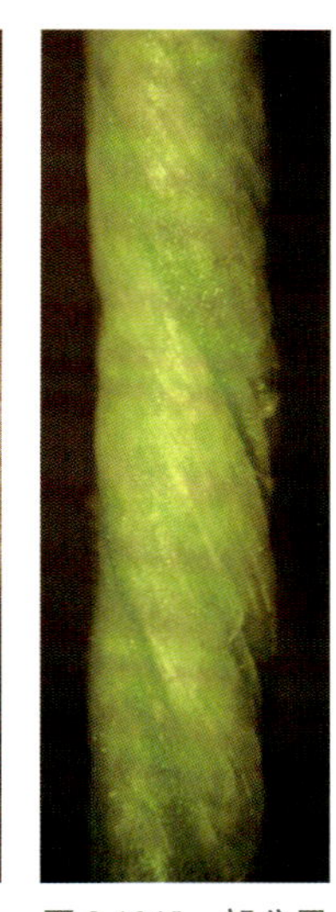

图 2-1045　部分果皮的放大，可见果皮螺旋状扭转

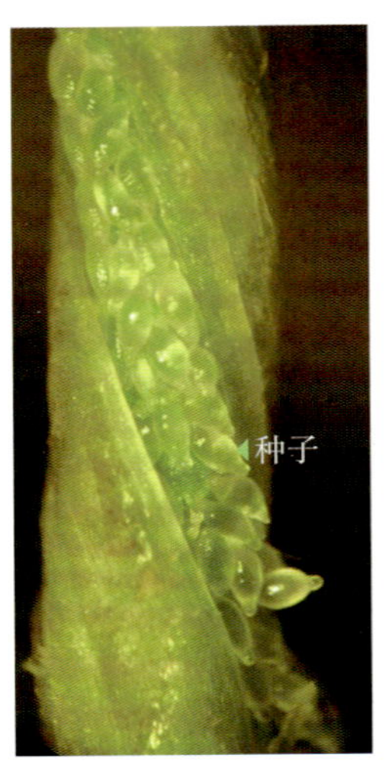

图 2-1046　部分果皮旋转状剥离后，可见果室内的幼嫩种子旋转状着生

图 2-1047　除去果皮后，示旋转状着生的幼嫩种子

图 2-1048　部分幼嫩种子的放大

图 2-1049　部分掀开的幼嫩种子的放大

图 2-1050　3 个幼嫩种子的显微镜观察

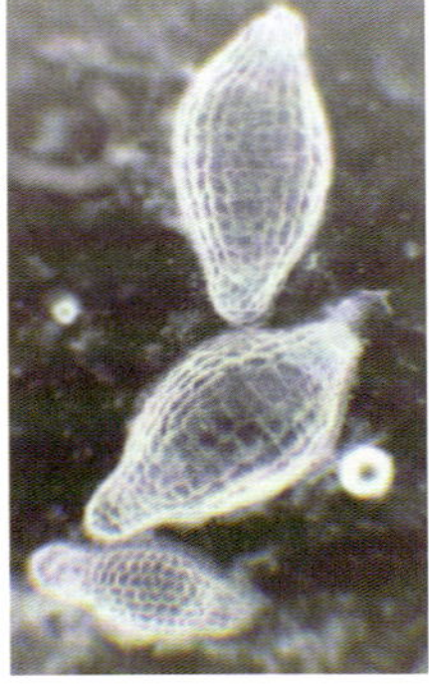

图 2-1051　图 2-1050 的光学信息解析处理结果

图 2-1052　已成熟并开裂的果实（蒴果），其果皮螺旋状扭转

图 2-1053　冷藏室内密封保存数日后开花的花蕾花

图 2-1054　上唇内面的花冠喉下方，隐约可见 3 个退化雄蕊

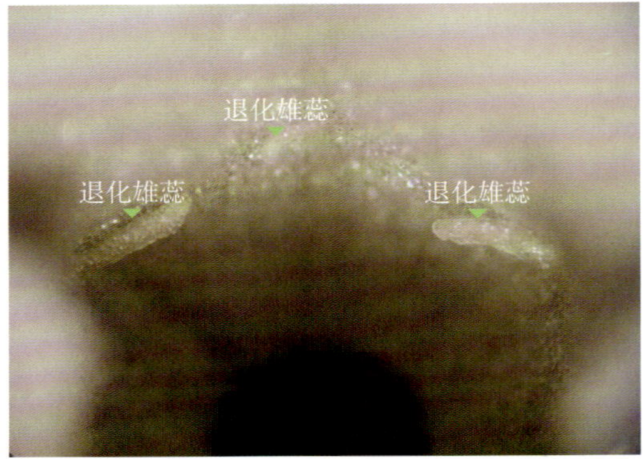

图 2-1055　图 2-1054 花蕾花退化雄蕊的放大。两侧的退化雄蕊较清晰，中间的退化雄蕊较小，形态不清晰

图 2-1056　图 2-1055 花蕾花 2 个雄蕊的放大

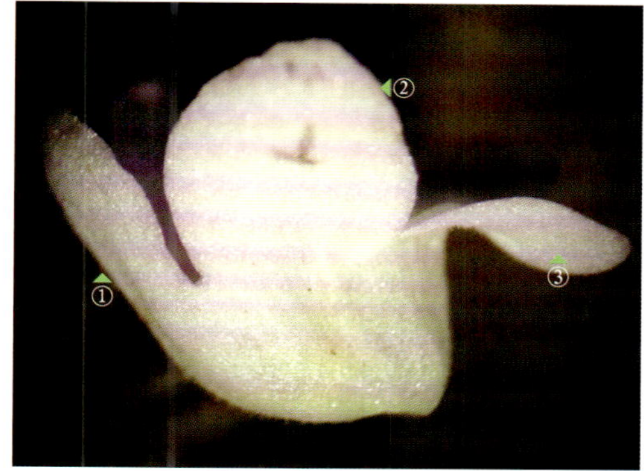

图 2-1057　图 2-1056 花冠的侧面观

①下唇的中裂片　②侧裂片　③上唇裂片

图 2-1058　沿着花蕾花下唇中裂片的中央，将花冠纵剖并展开（内面观），在花冠上唇的下方可见 3 个退化雄蕊（红圈内），其中左、右 2 个退化雄蕊比较清晰，但中间一个不太清晰

①上唇裂片　②侧裂片
③纵剖开的中裂片　④退化雄蕊的着生位置

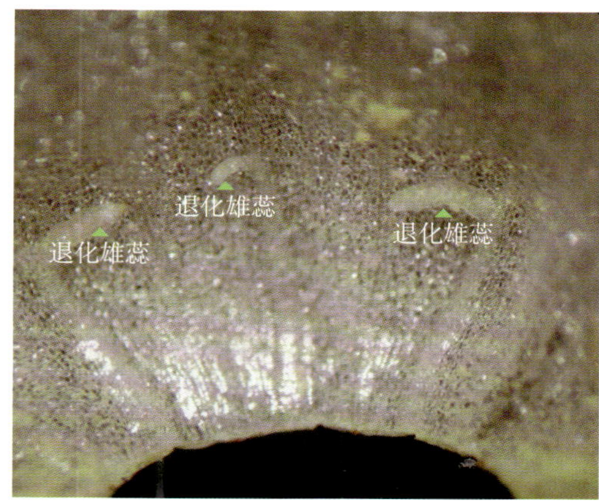

图 2-1059　图 2-1058（花蕾花）花冠筒内 3 个退化雄蕊的放大，可见花丝与花冠贴生在一起的痕迹

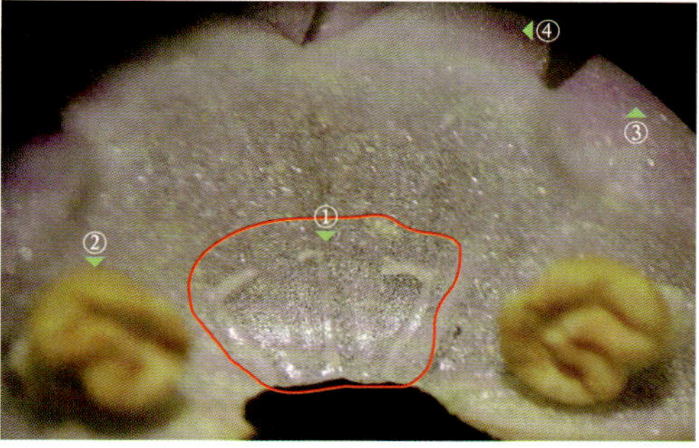

图 2-1060　花冠筒内的 3 个退化雄蕊，它们与花冠裂片互生

①3个退化雄蕊　②花药　③侧裂片
④上唇裂片

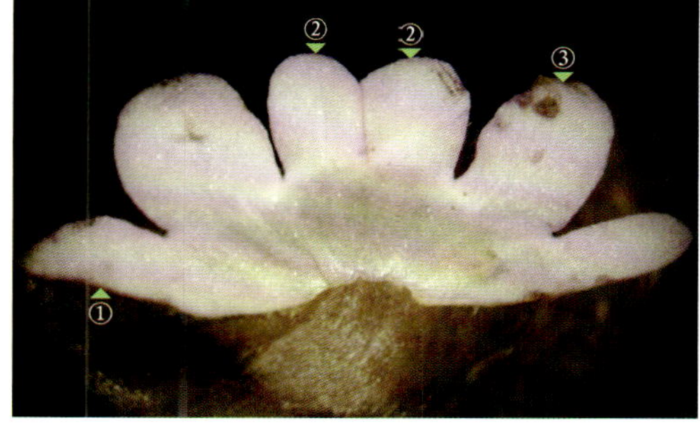

图 2-1061　图 2-1060 花冠的外面观

①纵剖开的中裂片　②上唇裂片　③侧裂片

二十二、透骨草科（Phrymaceae）

透骨草 [*Phryma leptostachya* L. subsp. *asiatica* (Hara) Kitamura]

透骨草属（*Phryma*）。草本；茎四棱形；单叶对生；总状花序（文献认为是“穗状花序”，若如此，花应该无花梗），花有花梗、苞片和小苞片；合生萼，宿存，顶端5裂，近轴面3个萼齿很长，钩状，远轴面2个萼齿很短；合瓣花，花冠的下部筒形，上部（檐部）二唇形，上唇在顶端的中央浅裂，形成2个裂片，每个裂片又在一侧浅裂成2个小裂片（上唇在3处浅裂，形成4个裂片），下唇有3个裂片；雄蕊4个，贴生于花冠筒内，二强雄蕊；子房上位，1室，1个胚珠，基生胎座；瘦果，花后果柄反折、贴向花序轴，果实外被宿存的花萼包被。

花材料于2013年8月4日采自河南省新乡市辉县（郭亮村）。采用胶块法对其精细解剖和结构观察的结果如图2-1062～图2-1105所示。

图 2-1062　花期的植株（未使用解剖镜）

图 2-1063　植株的总状花序（未使用解剖镜）

图 2-1064　花序的一部分

①近轴面　②花序轴
③花冠下唇　④果柄反折的果实

图 2-1065　花的侧面观（混合光观察）

①柱头　②上唇
③下唇　④近轴面
⑤萼筒

图 2-1066　部分花序轴

①柔毛　②花序轴

图 2-1067　图 2-1066 的暗视野观察

①花序轴　②花梗　③苞片
④小苞片

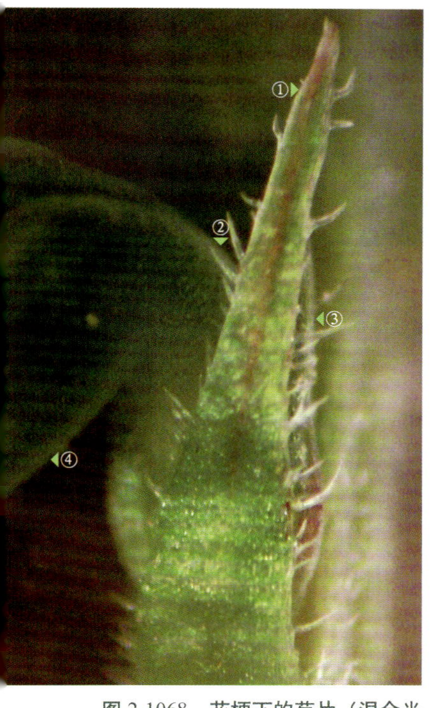

图 2-1068　花梗下的苞片（混合光观察）

①苞片　②花梗　③小苞片
④萼筒

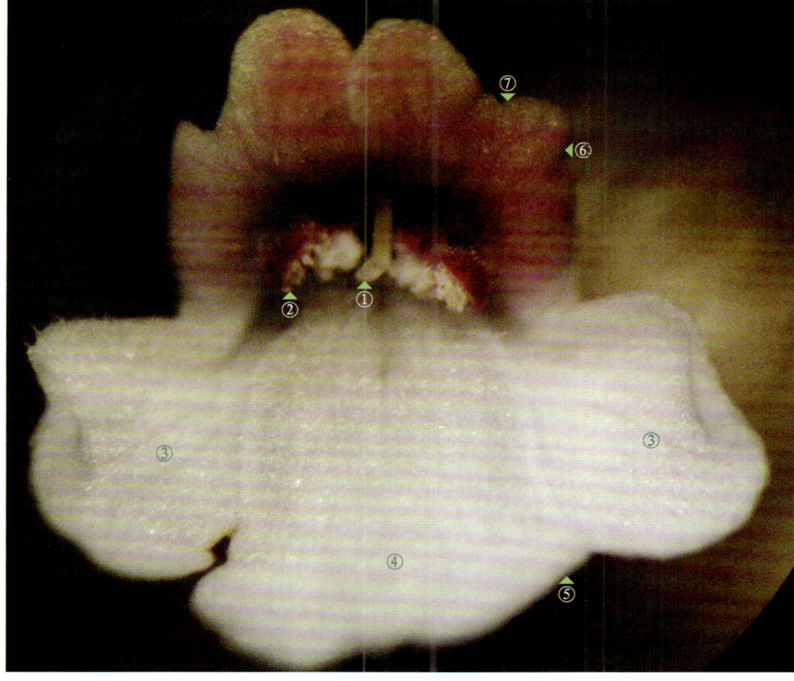

图 2-1069　花的前面观

花冠上唇的顶端中央有 1 个浅裂，其两侧又各有 1 个浅裂，上唇因此有 4 个裂片。花冠的下唇有 3 个裂片，分别为 1 个中裂片和 2 个侧裂片。在花冠筒的喉部可见雄蕊的花药和柱头。

①柱头　②花药　③侧裂片　④中裂片　⑤下唇　⑥上唇　⑦浅裂

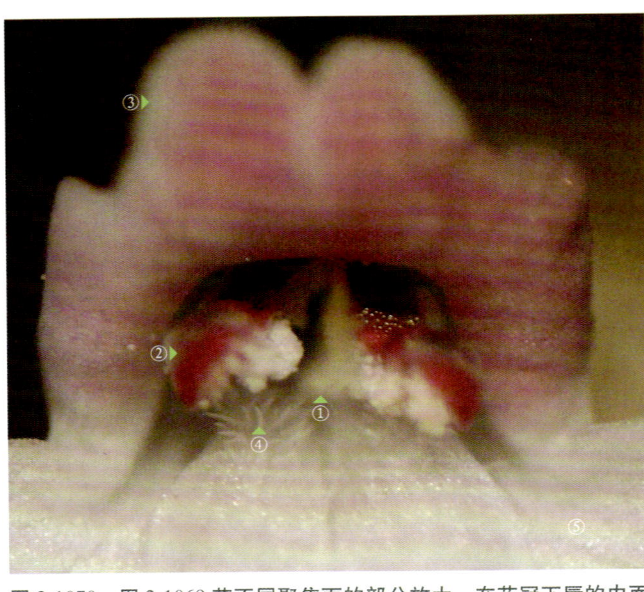

图 2-1070　图 2-1069 花不同聚焦面的部分放大。在花冠下唇的内面及其下方可见一些短柔毛

①柱头　②花药　③上唇　④短柔毛　⑤下唇

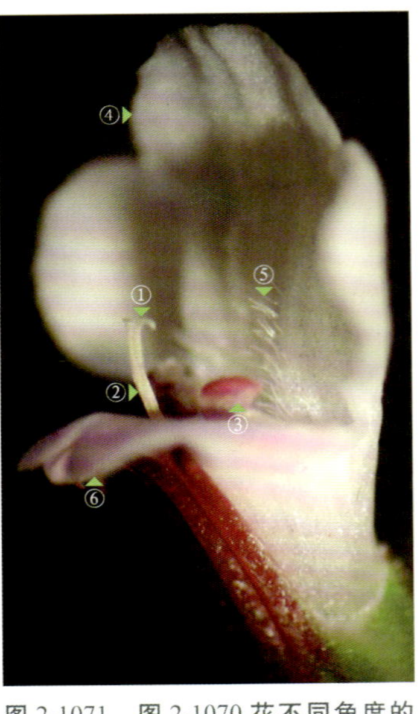

图 2-1071　图 2-1070 花不同角度的观察，示花冠下唇的内面着生的短柔毛，柱头 2 裂

①柱头　②花柱　③花药
④下唇　⑤短柔毛　⑥上唇

图 2-1072　花的近轴面观。花冠的远轴面有纵向内凸

①下唇　②中裂片
③侧裂片　④上唇
⑤花冠筒　⑥长萼齿
⑦萼筒

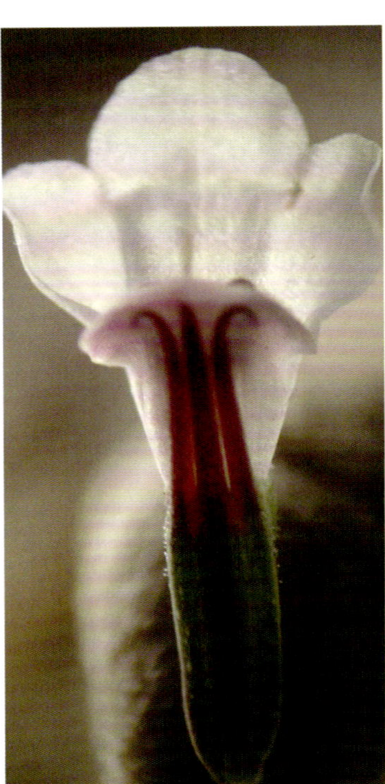

图 2-1073　花的暗视野观察

图 2-1074　花的侧面观

①中裂片　②侧裂片
③柱头　④花柱
⑤上唇　⑥长萼齿
⑦下唇　⑧花药
⑨短萼齿　⑩萼筒

图 2-1075　花的远轴面观。花冠在远轴面不平整，部分区域形成纵向内凹

①中裂片　②内凹
③下唇　④短萼齿
⑤萼筒

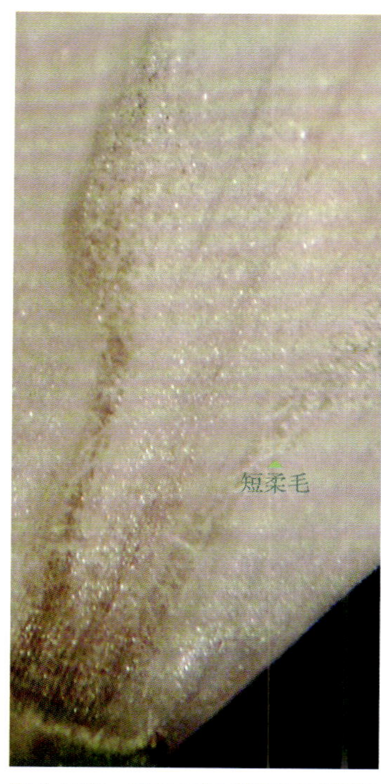

图 2-1076　图 2-1075 花冠远轴面的部分放大（外面观）。在花冠远轴面的内凹处生有短柔毛

图 2-1077　花的近轴面观（混合光观察），示花萼上端的 3 个长萼齿，花冠上唇下可见伸出的柱头

①下唇　②侧裂片
③柱头　④上唇
⑤长萼齿　⑥萼筒

图 2-1078　花萼的侧面观(暗视野观察)。长萼齿呈紫红色，花柱及柱头呈白色

①花柱　②长萼齿
③短萼齿　④萼筒
⑤花梗　⑥花序轴

图 2-1079　花萼在胶块上纵剖后，露出花冠筒的下部

图 2-1080　展开的花萼（内面观）。萼筒顶端有 5 个萼齿，其中 3 个萼齿特长，紫红色，顶端成钩状，2 个萼齿很短

①长萼齿　②短萼齿

图 2-1081　图 2-1080 的暗视野观察。右侧 3 个长萼齿为花萼的近轴面，左侧 2 个短小的萼齿为花萼的远轴面

图 2-1082　花萼的不同纵剖、展开方法（内面观）。远轴面的萼齿短而小

①短萼齿　②长萼齿　③萼筒

图 2-1083　图 2-1082 的外面观

图 2-1084　图 2-1083 的暗视野观察

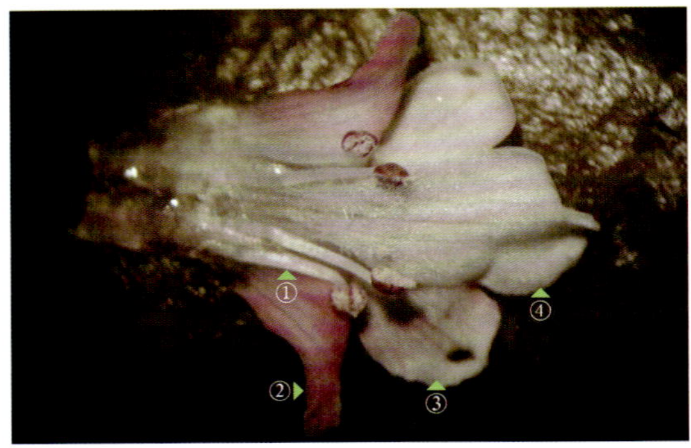

图 2-1085　沿花冠上唇顶端中央将花冠纵剖并展开，可见雄蕊为二强雄蕊

①短雄蕊　②剖开的上唇裂片　③侧裂片
④下唇的中裂片

图 2-1086　展开花冠的不同角度放大观察。花冠远轴面的内面着生有短柔毛

①短雄蕊　②长雄蕊　③短柔毛

图 2-1087　花冠内部分短柔毛的放大

图 2-1088　沿着花冠上、下唇之间将花冠纵剖、展开，可见 2 个较长的雄蕊着生在花冠筒内的远轴面上

①柱头　②花柱　③子房　④下唇
⑤中裂片　⑥侧裂片　⑦长雄蕊　⑧上唇

图 2-1089　图 2-1088 展开花冠的不同角度观察，示花冠内的雄蕊

①花药　②花丝

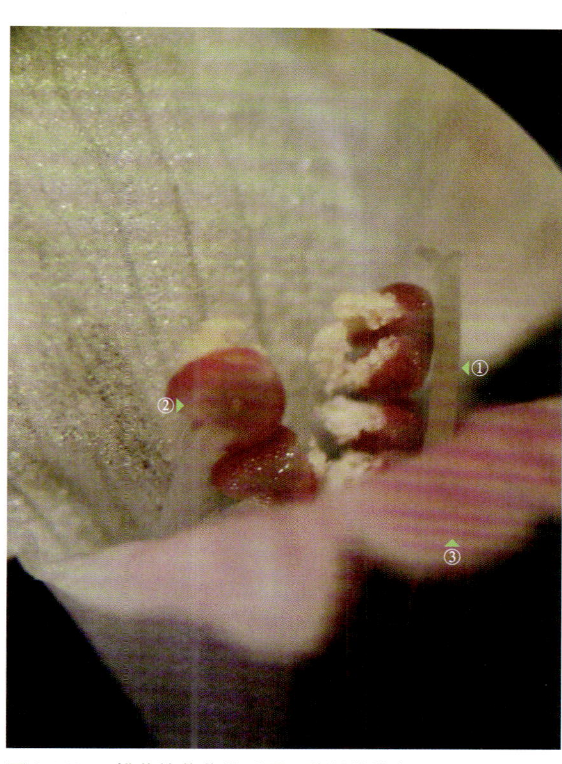

图 2-1090　雄蕊的花药纵裂后，花粉粒溢出

①花柱　②花药　③上唇

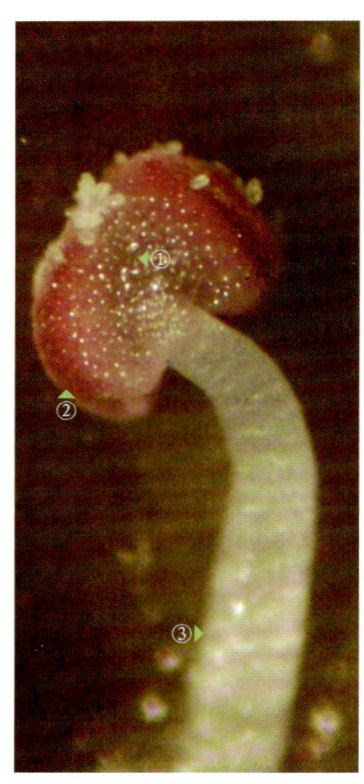

图 2-1091　花药和花丝的连接部位。花药为底着药（基着药）

①药隔　②花药　③花丝

图 2-1092　花内的柱头，形态上呈现 2 裂（暗视野观察）

①柱头　②花柱　③下唇的侧裂片　④花药　⑤上唇　⑥长萼齿

图 2-1093　分离出的雌蕊。雌蕊的子房、花柱和柱头三部分分化明显

图 2-1094　柱头和部分花柱的放大

①柱头　②花柱

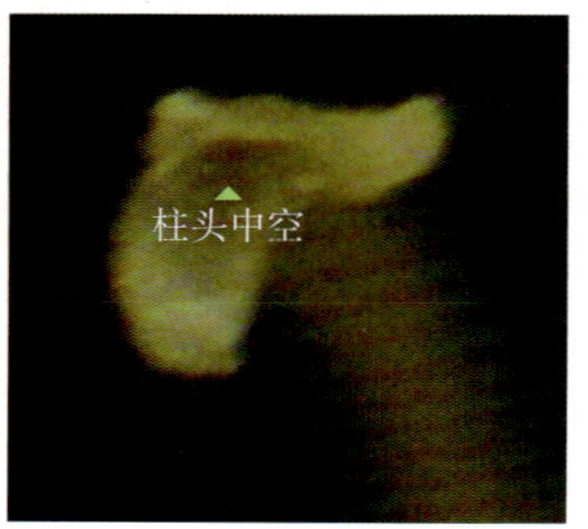

图 2-1095　上图：柱头的上面观，顶端 3 裂。下图：另一朵花的柱头（上面观），3 裂的柱头中空

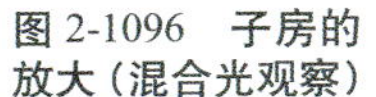

图 2-1096　子房的放大（混合光观察）

图 2-1097　图 2-1096 子房的暗视野观察

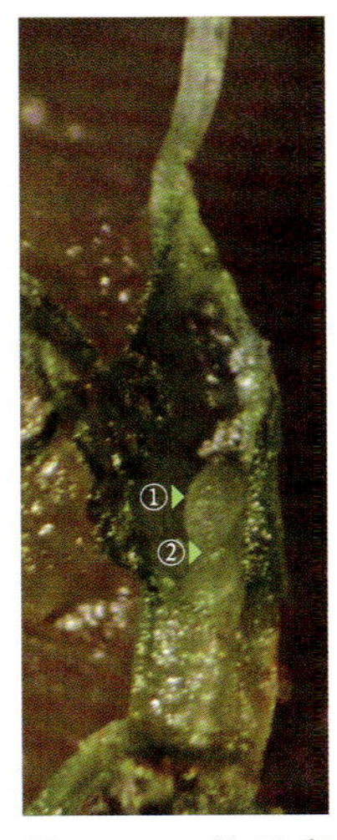

图 2-1098　将子房壁纵剖并展开后，示子房室内的 1 个胚珠。胚珠着生在子房室基部，为基生胎座

①胚珠
②胎座

图 2-1099　图 2-1098 胚珠的放大

图 2-1100　将子房室内的胚珠外掀，示胚珠的着生情况（混合光观察）

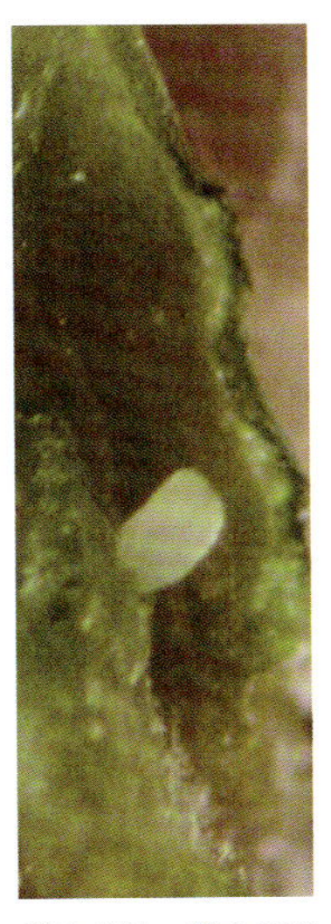

图 2-1101　图 2-1100 胚珠的放大

图 2-1102　花序下方 2 个反折朝下的未成熟果实，果实外有宿萼包被

①花序轴
②宿萼

图 2-1103　将宿萼纵剖、展开，可见其内的幼嫩果实（照片旋转 180°）

①宿萼
②果实

图 2-1104　将图 2-1103 幼嫩果实（瘦果）的果皮纵剖、展开后，示果皮内的未成熟种子

①种子
②果皮

图 2-1105　图 2-1104 未成熟种子的放大

二十三、茜草科（Rubiaceae）

薄皮木（*Leptodermis oblonga* Bunge）

野丁香属（*Leptodermis*）。灌木；叶对生；花顶生或腋生，无花梗；小苞片合生成管状，2 裂；合生萼，5 裂，裂片边缘具有缘毛，宿存；合瓣花，花冠 5 裂，偶见 6 裂（未对 6 基数的花进行解剖），花冠筒内面生有较长的柔毛；雄蕊 5，花丝短；复雌蕊，子房下位，5 室，每室生有 1 个基生胚珠，花柱单一，柱头 5，微伸出花冠（长柱花：花柱较长，雄蕊内藏）或内藏（短柱花：花柱较短，花药在花冠喉部露出）；蒴果。

花材料于 2013 年 8 月 4 日采自河南省新乡市辉县（郭亮村）。采用胶块法对其精细解剖和结构观察的结果如图 2-1106 ～图 2-1155 所示。

图 2-1106　叶片上表面的部分放大，示粗糙的叶表面及其上面疏生的短刺毛

图 2-1107　叶片的暗视野观察

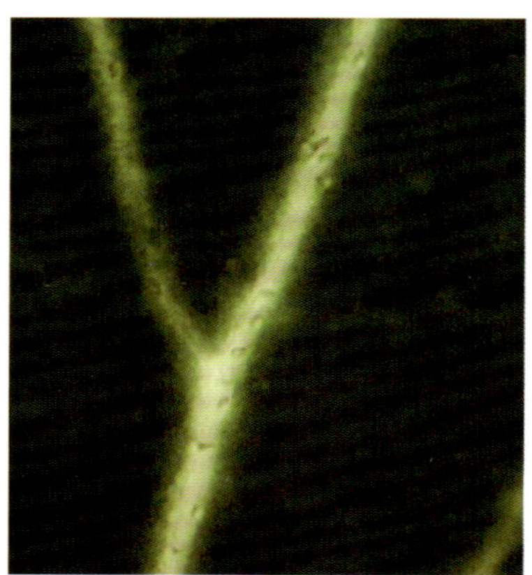

图 2-1108　叶片上表面部分中脉的放大（暗视野观察），示中脉表面疏生的短刺毛

图 2-1109　叶片的下表面

图 2-1110　图 2-1109 的暗视野观察，示中脉两侧的侧脉

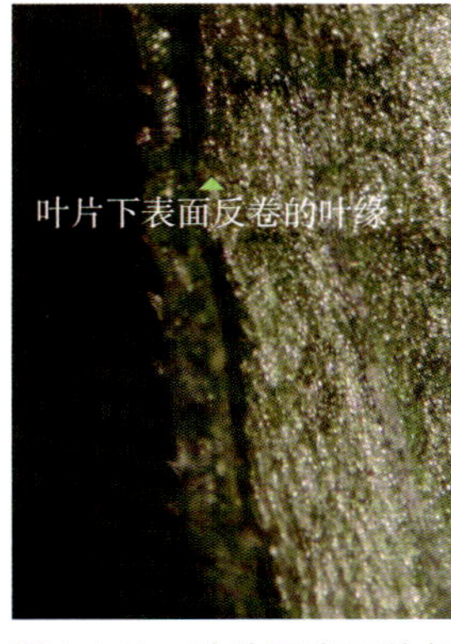

图 2-1111　叶片下表面的部分放大，示反卷的叶缘和其上的短刺毛

图 2-1112　植株的花（未使用解剖镜）

图 2-1113　花冠内雄蕊的花药微伸出，但柱头内藏，为短柱花（未使用解剖镜）

图 2-1114　簇生于枝端的花，示 1 个 6 基数的花(未解剖)，其花冠 6 裂（未使用解剖镜）

图 2-1115　5 基数花的上面观，其花冠裂片内折的边缘已展开，雄蕊的花药微伸出，但柱头未见（内藏），为短柱花（未使用解剖镜）

图 2-1116　一段花枝，可见顶生和腋生的花（未使用解剖镜）

图 2-1117　长柱花的上面观。花冠裂片的边缘展开呈波状（这种花冠裂片在花蕾时的排列方式为内向镊合状），花冠内的 5 个柱头伸出，但花药内藏

①花冠裂片　②柱头

图 2-1118　图 2-1117 的暗视野观察

图 2-1119 花冠裂片边缘未展开的长柱花

图 2-1120 图 2-1119 的暗视野观察

图 2-1121 柱头的放大

图 2-1122 部分柱头的放大，示柱头表面的乳突（暗视野观察）

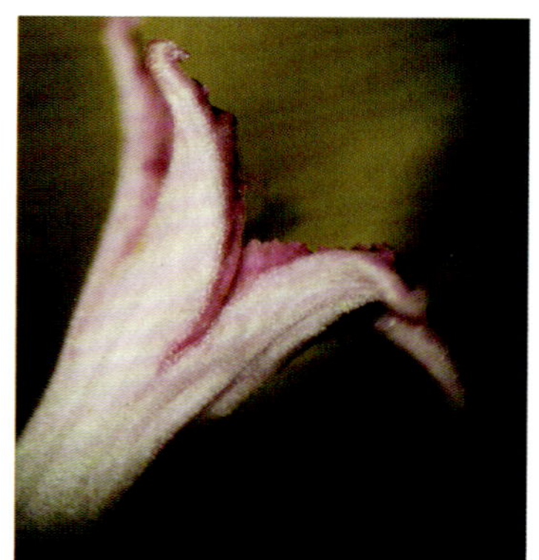
图 2-1123 花冠裂片的侧面观，可见花冠裂片的边缘内折

图 2-1124 图 2-1123 的暗视野观察。在花冠的顶端可见长柱花的部分柱头

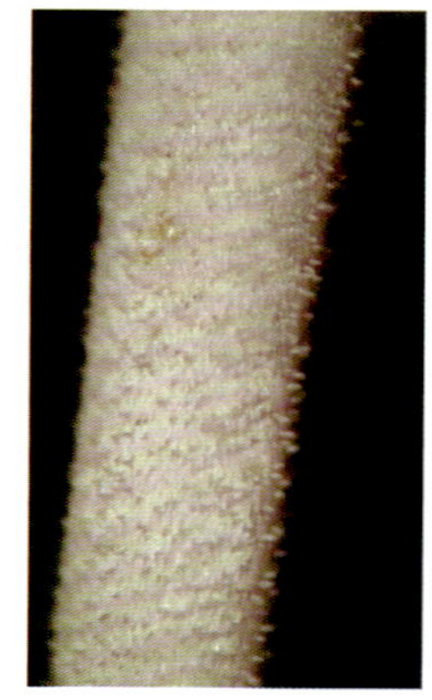
图 2-1125 花冠筒表面粗糙，生有微柔毛

图 2-1126　花的侧面观

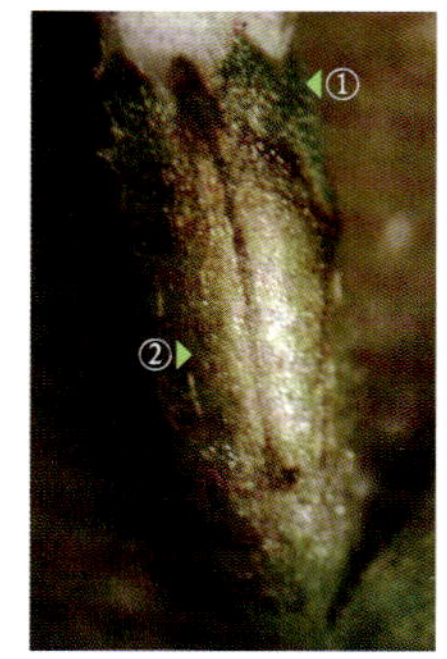

图 2-1127　花萼外有 2 个小苞片合生而成的管状结构，其与花萼近等长（侧面观）

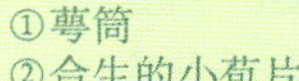

①萼筒
②合生的小苞片

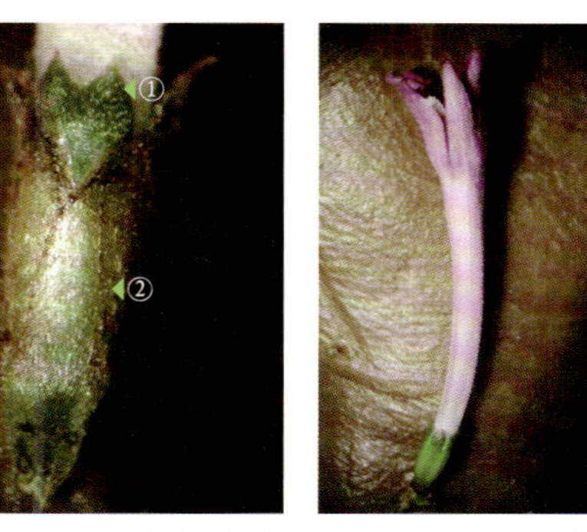

图 2-1128　管状小苞片在中部以上合生

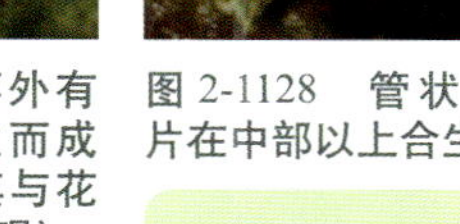

①萼裂片
②合生的小苞片

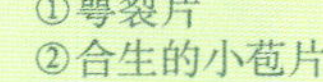

图 2-1129　除去小苞片后的花

图 2-1130　2 个合生成管状的小苞片的纵剖、剥离和展开（内面观）

图 2-1131　图 2-1130 右侧一个完整小苞片的外面观

图 2-1132　图 2-1131 的暗视野观察

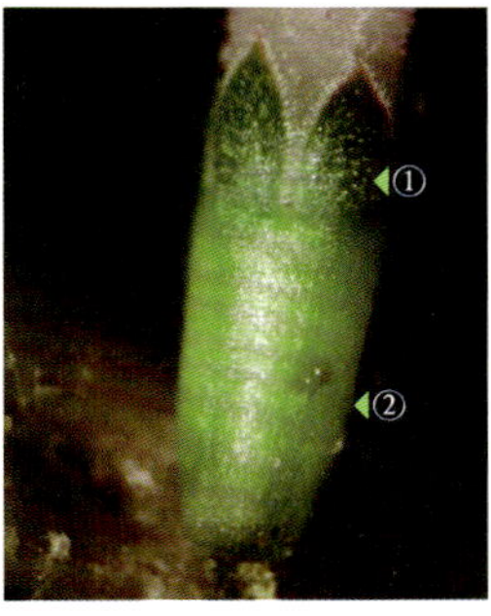

图 2-1133　除去 2 个合生小苞片后，可见花萼顶端 5 裂，裂片有缘毛。花萼裂片下为萼筒，其内壁与子房合生，子房下位

①萼裂片　②萼筒

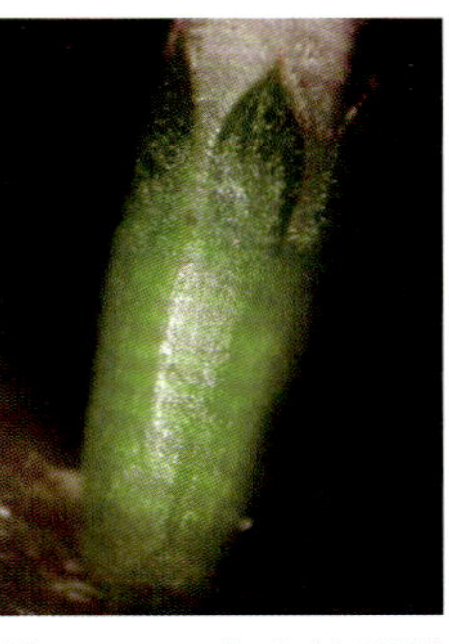

图 2-1134　花萼的不同角度观察

图 2-1135　花萼裂片的一种变异类型

图 2-1136　上图：萼筒和下位子房的横切制片。下图：上图切下的花萼裂片

图 2-1137 图 2-1136 花萼裂片的展开（混合光观察）

图 2-1138 花萼裂片的缘毛（暗视野观察）

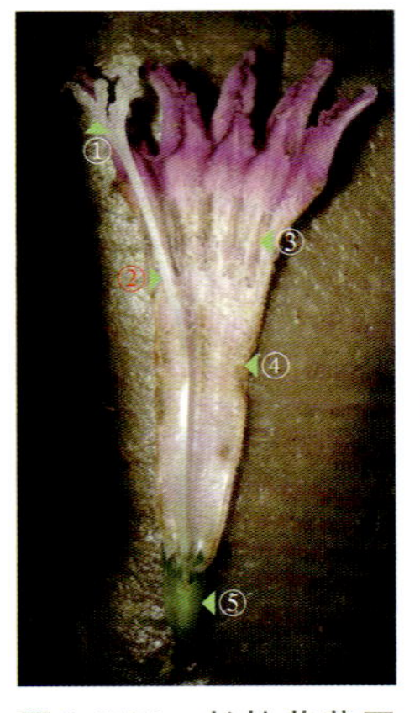

图 2-1139 长柱花花冠的纵剖和展开，其花柱较长，柱头在花冠顶端露出

①柱头 ②花柱
③花药 ④花冠筒
⑤萼筒

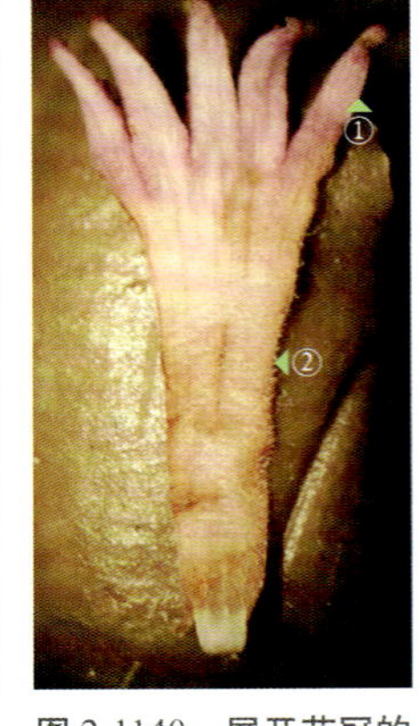

图 2-1140 展开花冠的外面观

①花冠裂片
②花冠筒

图 2-1141 展开花冠的部分放大（内面观），示 5 个内藏、未露出的雄蕊和在花冠顶端露出的 5 个柱头

①柱头 ②花柱 ③花药 ④花冠裂片

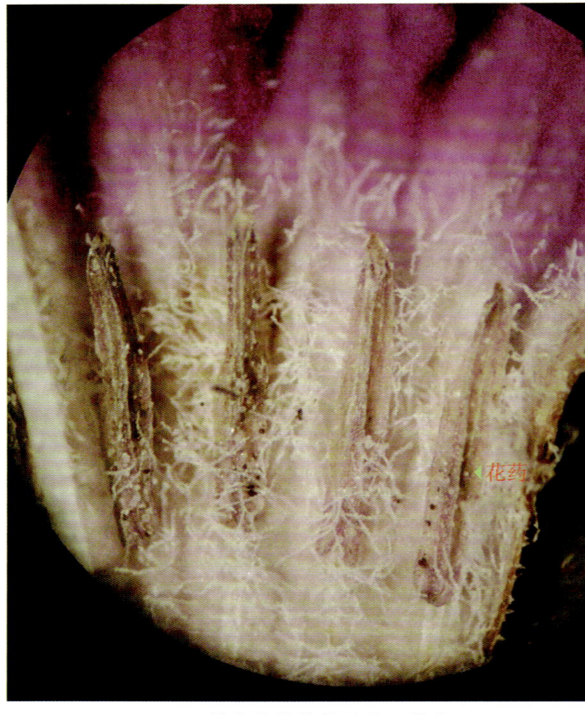

图 2-1142 图 2-1141 雄蕊花药处的放大。花药周围生有长柔毛

图 2-1143　花冠筒内面，花药的下方也生有长柔毛

①花柱　②长柔毛

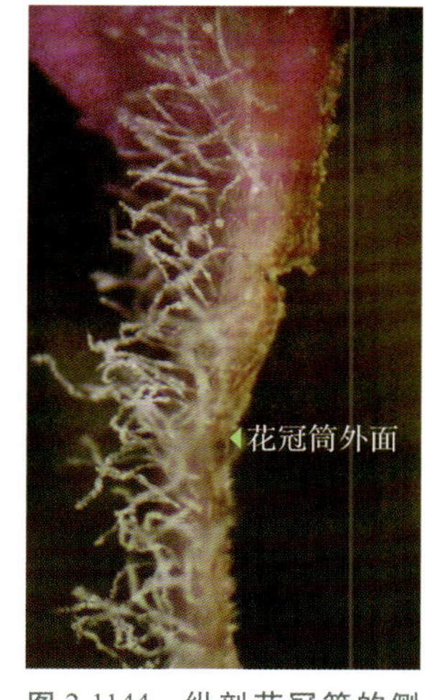

图 2-1144　纵剖花冠筒的侧面观，示花冠筒内面着生的长柔毛

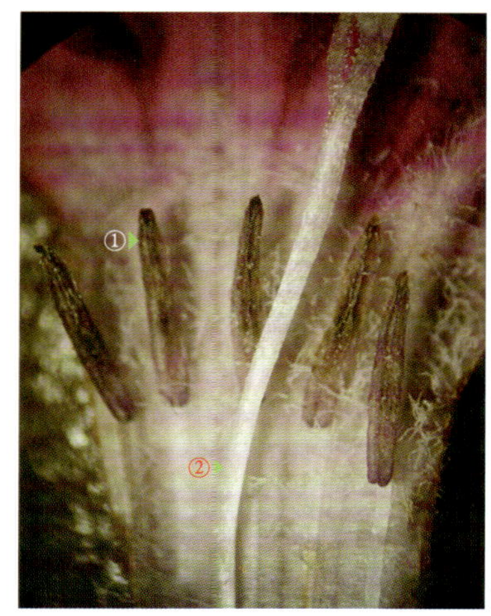

图 2-1145　花冠喉部 5 个内藏的雄蕊

①花药　②花柱

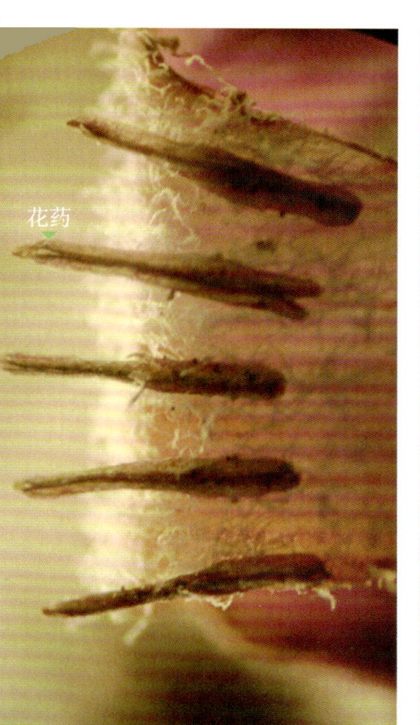

图 2-1146　花药的内面观（照片左转 90°，暗视野观察）

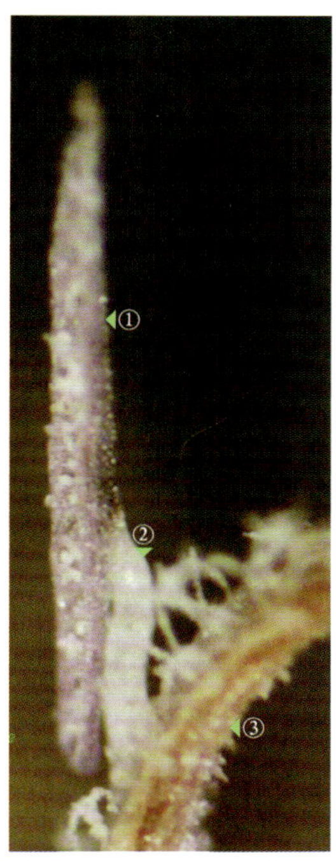

图 2-1147　雄蕊上部与花冠筒离生的部分（侧面观）。花药似“丁”字形着药，花丝短于花药

①花药　②花丝
③花冠筒

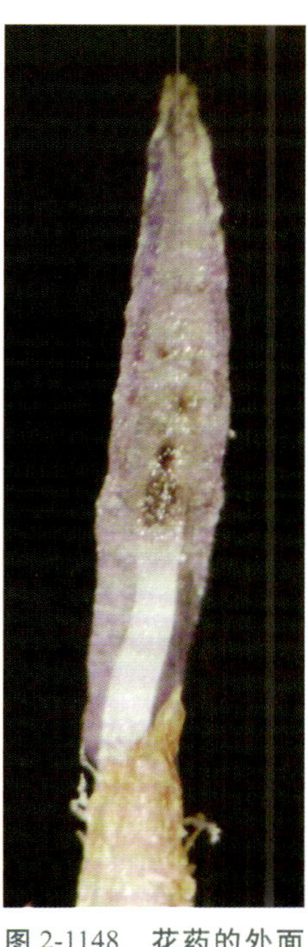

图 2-1148　花药的外面观，示花丝在花药上的着生位置

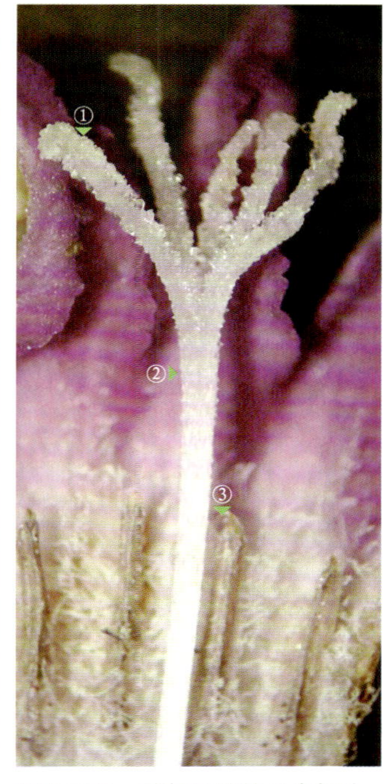

图 2-1149　花柱顶端的 5 个柱头

《中国植物志》[71(2)：136] 记载薄皮木柱头 4 ~ 5 个，由于解剖花的数量有限，未见 4 个柱头的花。

①柱头　②花柱　③花药

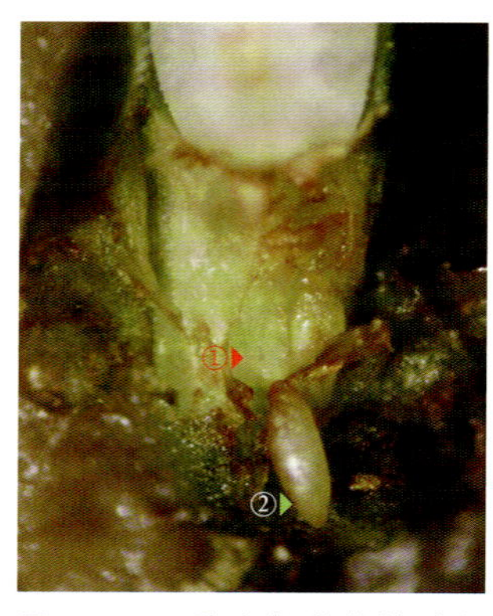

图 2-1150　除去部分萼筒壁和子房壁后，从一个（下位）子房室内掀出的 1 个胚珠（基生胎座），其右侧相邻子房室内的胚珠已部分暴露

①子房室　②胚珠

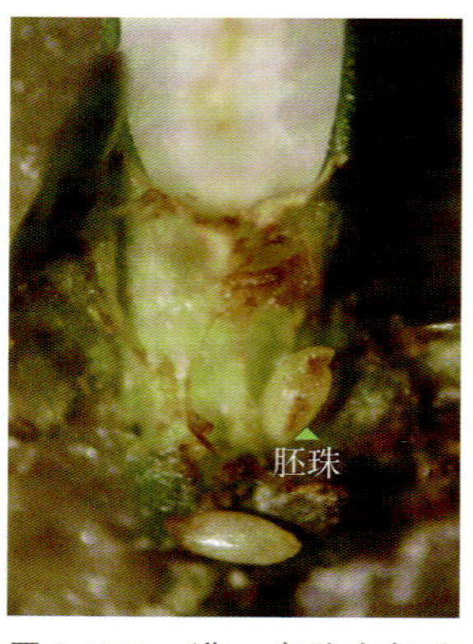

图 2-1151　进一步除去部分子房壁后，将图 2-1150 右侧子房室内的胚珠掀出

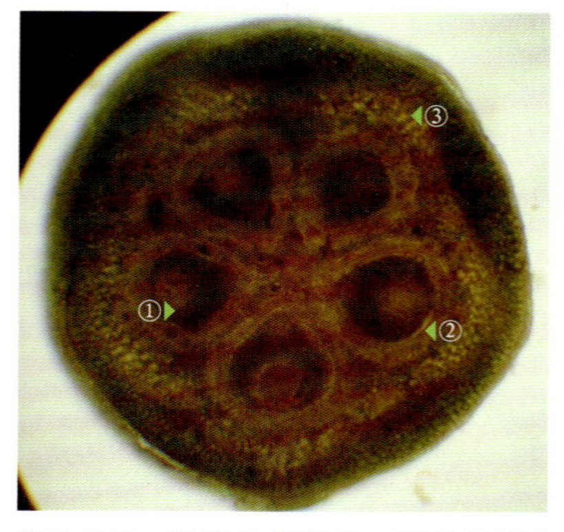

图 2-1152　子房的横切片，可见子房 5 室，每室内有 1 个胚珠（横切面）。根据颜色差异，图中的萼筒和子房合生的壁可分为 3 层

①胚珠　②子房室
③萼筒和子房合生的壁

图 2-1153　采后约 9 天（冰箱冷藏 4 天）的花蕾花（叶已失绿）

图 2-1154　图 2-1153 花的上面观。花冠裂片的边缘展开，花药在花冠喉（部）露出，尚未开裂（花药内向开裂，为内向药），该花的柱头内藏，未露出花冠，为短柱花

①花药　②花丝　③花冠裂片

图 2-1155　图 2-1154 的暗视野观察

二十四、忍冬科（Caprifoliaceae）

日本珊瑚树 [*Viburnum odoratissimum* Ker Gawl. var. *awabuki* (K. Koch) Zabel ex Rümpler]

荚蒾属（*Viburnum*）。常绿灌木或小乔木；单叶对生；圆锥花序，两性花，花小，白色，有苞片，花梗短；合(生)萼，萼筒顶端有 5 个萼齿；合瓣花，花冠 5 裂；雄蕊 5 个，离生，与花冠裂片互生；复雌蕊，子房

下位，1 室，1 个胚珠；核果。

日本珊瑚树拉丁名的写法在《中国植物志》、《Flora of China》和 iFlora 智能植物志中各不相同，本文的拉丁名采用 iFlora 智能植物志的写法。

花材料于 2013 年 5 月 31 日采自河南省洛阳市河南科技大学周山校区。采用胶块法对其精细解剖和结构观察的结果如图 2-1156 ～图 2-1193 所示。

图 2-1156　花序的一部分（未使用解剖镜）

图 2-1157　花序的部分放大

①花冠裂片　②花萼　③柱头　④花丝　⑤花药

图 2-1158　图 2-1157 的暗视野观察

图 2-1159　图 2-1158 花序的下面观。花下面生有苞片

①花冠裂片　②萼齿　③花冠筒　④萼筒
⑤苞片

图 2-1160　花的上面观。雄蕊与花冠裂片互生

图 2-1161　花的下面观

图 2-1162　花的侧面观（暗视野观察）

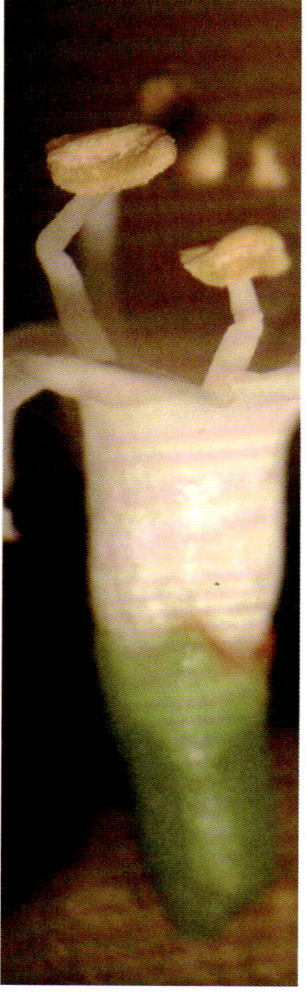

图 2-1163　花药的不同侧面观察。花药纵裂

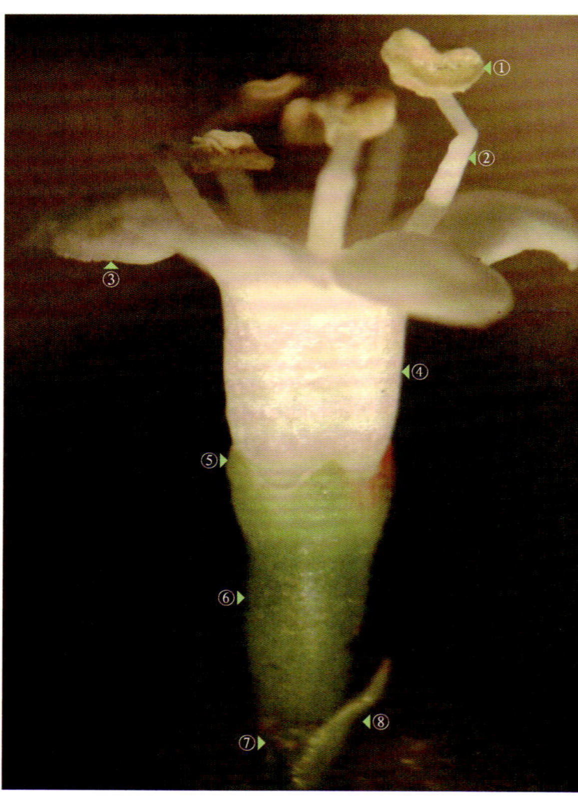

图 2-1164　花的侧面观。在萼筒下的花梗基部生有苞片，花梗短

①花药　②花丝　③花冠裂片
④花冠筒　⑤萼齿　⑥萼筒
⑦花梗　⑧苞片

图 2-1165　苞片的侧面观

①苞片　②花梗

图 2-1166　图 2-1165 苞片的外面观

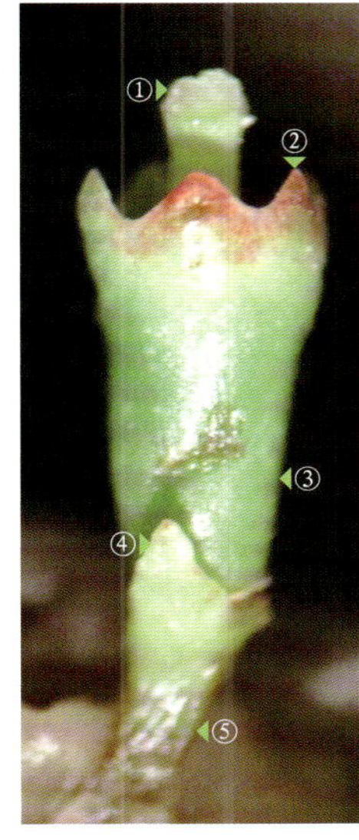

图 2-1167　除去花冠后，花的侧面观。

根据《中国植物志》记载，珊瑚树（原变种）的柱头不高出萼齿，而日本珊瑚树（珊瑚树的变种）的柱头高出萼齿。

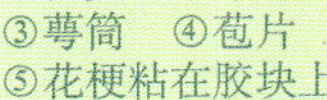

①柱头　②萼齿
③萼筒　④苞片
⑤花梗粘在胶块上

图 2-1168　图 2-1167 的混合光观察，示苞片的侧面观

①柱头　②花柱
③萼筒

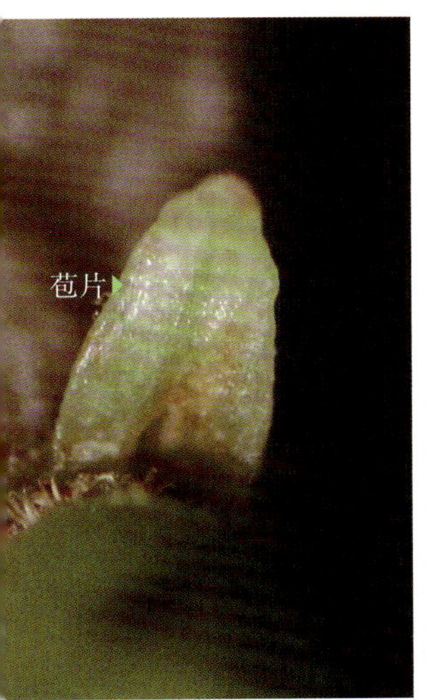

图 2-1169　展开苞片的内面观

图 2-1170　花萼的上面观，萼齿 5 个

①柱头　②萼齿

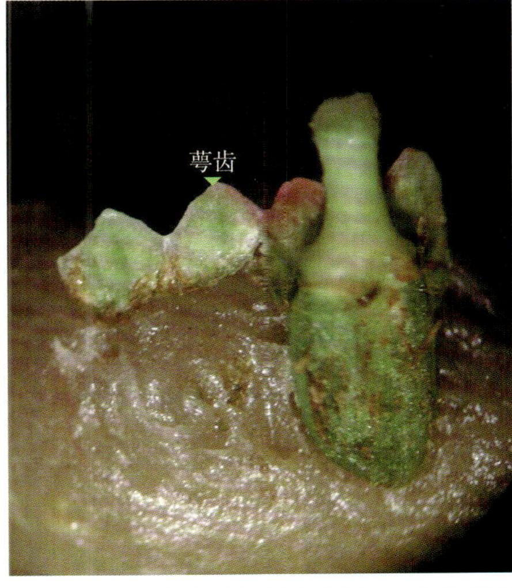

图 2-1171　花萼上部纵剖后的展开，示萼齿和下位子房，萼筒（花托）和子房壁合生

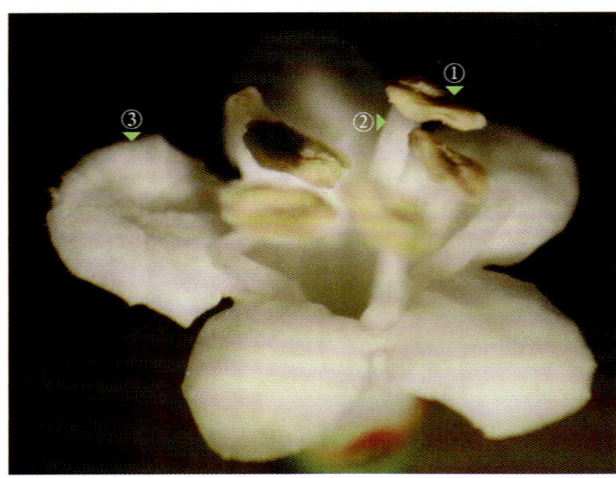

图 2-1172 花冠的近上面观

①花药 ②花丝 ③花冠裂片

图 2-1173 图 2-1172 的暗视野观察

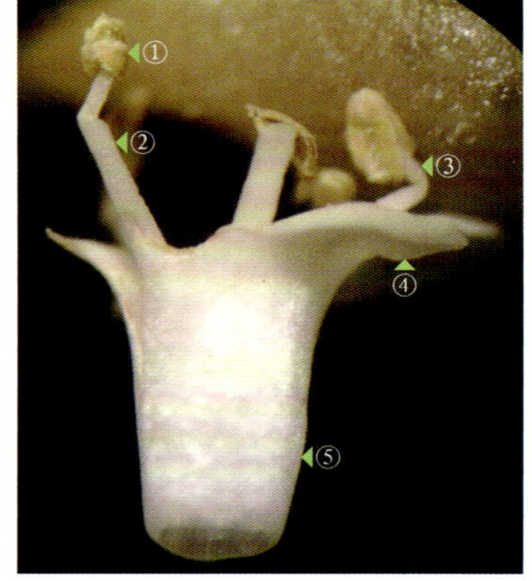

图 2-1174 摘下的花冠筒

①花药 ②花丝 ③雄蕊
④花冠裂片 ⑤花冠筒

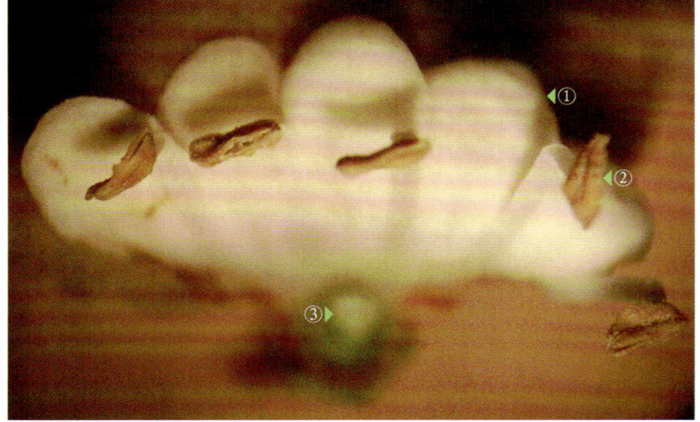

图 2-1175 花冠的纵剖和展开。花冠裂片和雄蕊互生

①花冠裂片 ②雄蕊 ③柱头

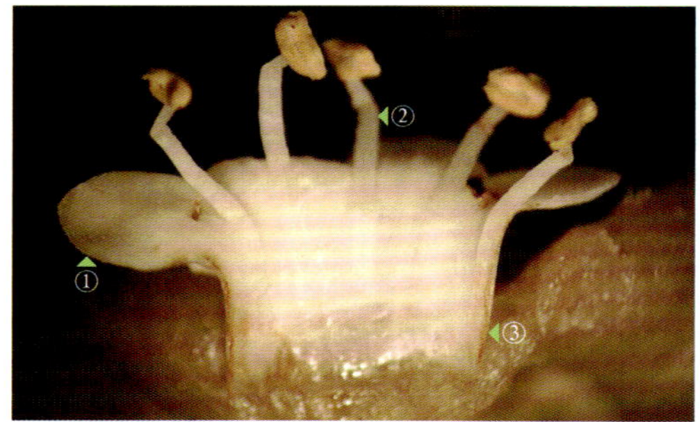

图 2-1176 花冠的纵剖和展开（内面观）

①花冠裂片 ②雄蕊 ③花冠筒

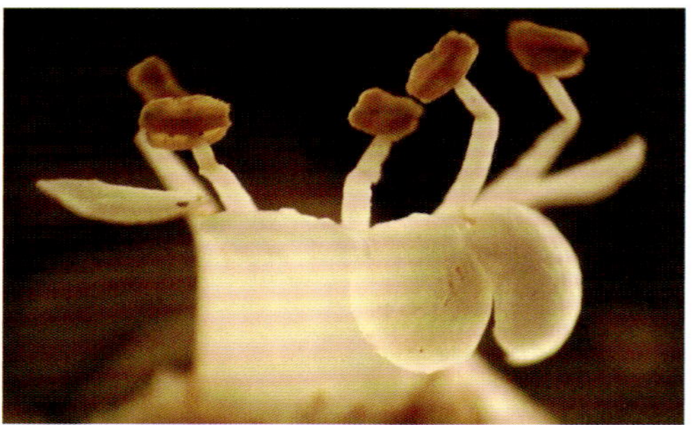

图 2-1177 图 2-1176 花冠的外面观（暗视野观察）

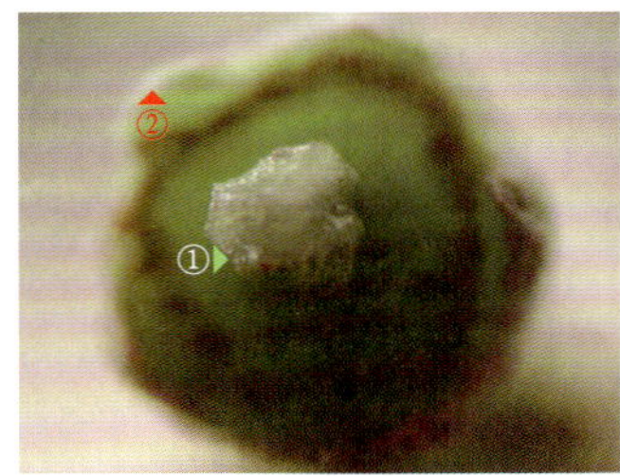

图 2-1178　柱头的上面观。柱头表面不光滑

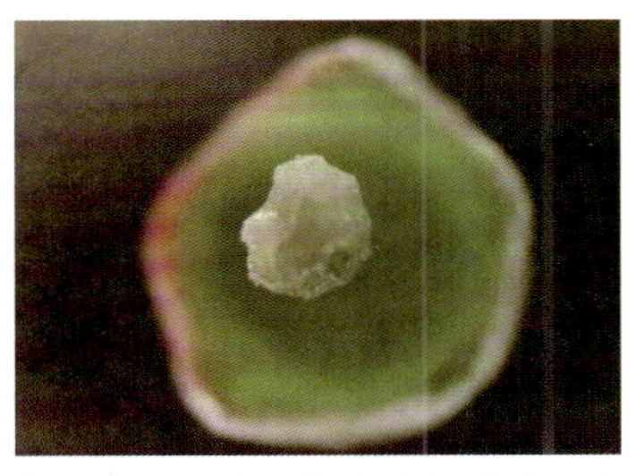

图 2-1179　不同柱头的上面观（暗视野观察）

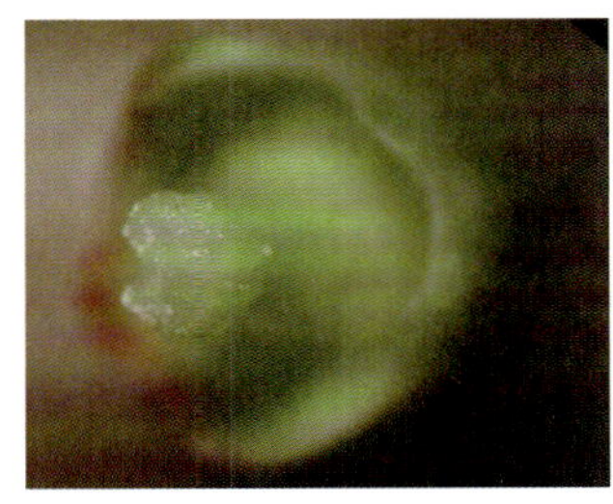

图 2-1180　图 2-1179 柱头不同角度的观察

①柱头　②萼齿

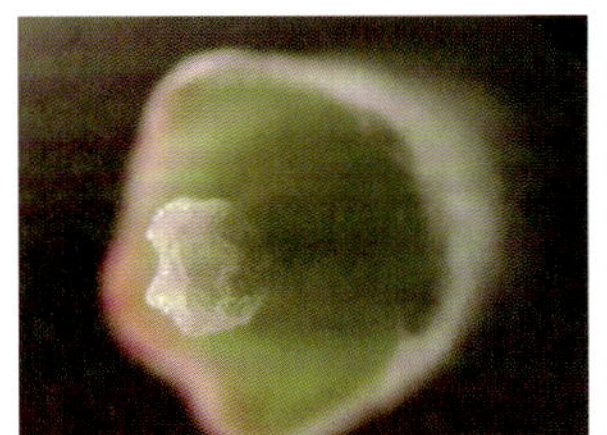

图 2-1181　图 2-1180 的暗视野观察

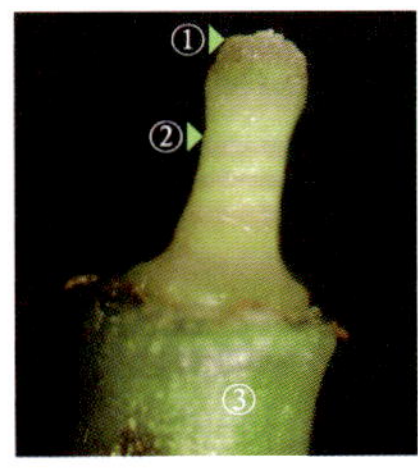

图 2-1182　除去花冠和萼齿后，花的侧面观。子房下位

①柱头　②花柱
③萼筒

图 2-1183　图 2-1182 的暗视野观察。子房上端似有上位花盘

图 2-1184　下位子房上端的近上面观。子房上端似有环状的上位花盘（与雌蕊的色彩近一致）

《中国植物志》未记载其花内有花盘。

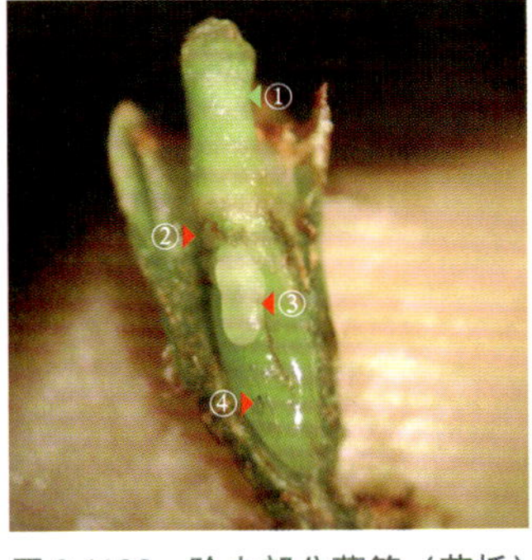

图 2-1185　除去部分萼筒（花托）和子房的壁后，示（下位）子房室内的 1 个胚珠（顶生胎座）。在胚珠的内侧有一个绿色光滑的似胚珠状结构，它是花托和子房合生的壁从一侧凸入子房室内形成的结构

①花柱
②子房上端与萼筒合生处
③胚珠　④似胚珠状结构

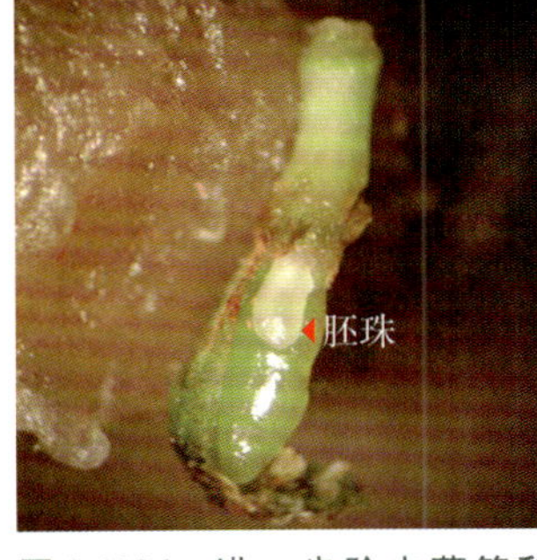

图 2-1186　进一步除去萼筒和子房的壁后，示子房室内的胚珠（外面观）

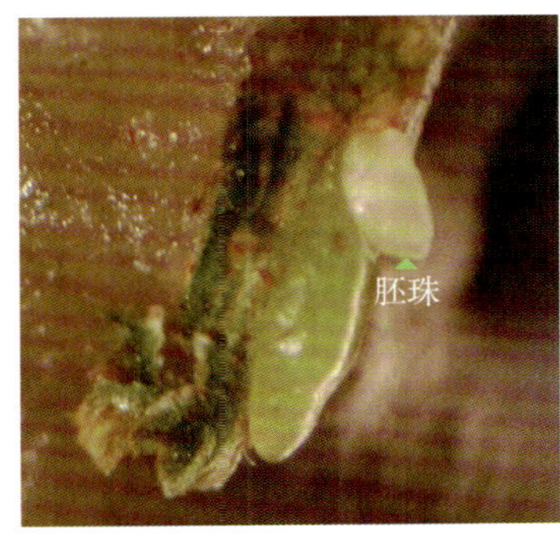

图 2-1187　从子房室内向外拨出的胚珠，示顶生胎座

图 2-1188　子房上部的横切片。子房 1 室，在子房室内有 1 个胚珠（横切面）

①似胚珠状结构　②胚珠横切面

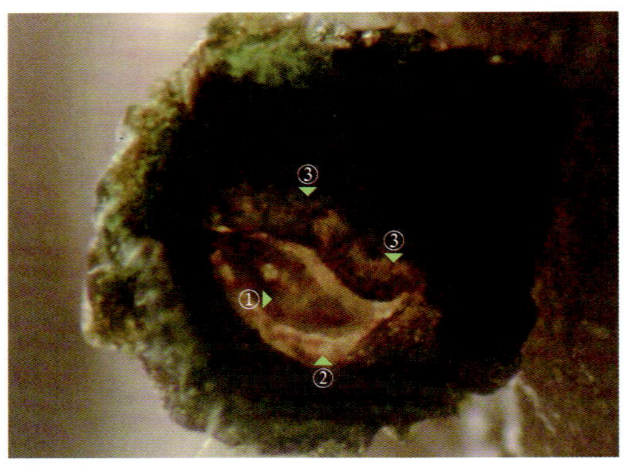

图 2-1189　干缩后的子房横切片

先将子房的横切片放置一会，待切片及胚珠稍脱水后，便可清楚地观察到子房室内的胚珠，其上方透明部分为子房室内的似胚珠状结构。

①胚珠横切面　②子房室　③似胚珠状结构

图 2-1190　在胶块上放置一会后的子房切片

将子房切片在胶块上放置一会，使其稍脱水，这样可使子房室产生空隙，有助于观察子房的结构。

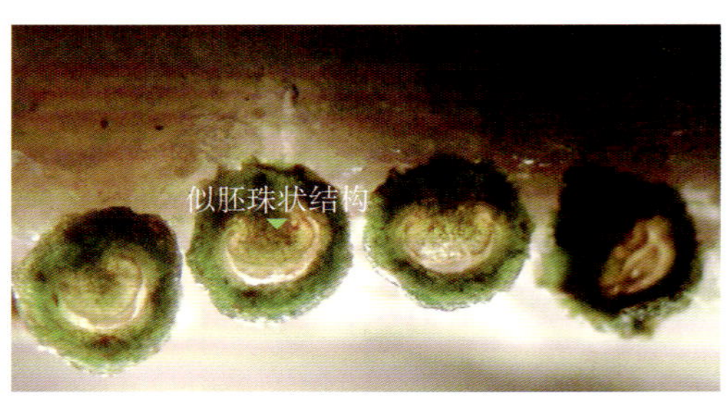

图 2-1191　从左至右为 4 个干缩的子房连续切片（从下至上）。右侧切片即图 2-1189

图 2-1192　稍干缩的子房下部切片

虽未见胚珠，但萼筒和子房合生的壁从一侧侵入子房室内，形成一个似胚珠状结构。此结构在《中国植物志》中无记载，需进一步研究。

①似胚珠状结构　②子房室
③萼筒和子房合生的壁

图 2-1193　图 2-1192 子房切片下方的稍干缩切片。子房室内的似胚珠状结构变小

二十五、桔梗科（Campanulaceae）

半边莲（*Lobelia chinensis* Lour.）

半边莲属（*Lobelia*）。草本；枝、叶折断后有乳汁，具有匍匐茎（节上生不定根），叶互生；花单生于叶腋，两侧对称，有花梗；合萼，萼筒倒圆锥状，萼裂片5片；花冠裂片5片，向一侧展开；雄蕊5个，生于花冠基部并与花冠裂片互生，花丝的下部离生，花丝的上部形成的管状结构称为“花丝筒”，花药形成的管状结构称为“花药管”；复雌蕊，子房下位，2室，中轴胎座，胚珠多数，花柱不分枝（花柱和柱头外被雄蕊包绕），柱头2裂；蒴果。

花材料于2014年6月13日采自河南省洛阳市隋唐城遗址植物园水塘边。采用胶块法对其精细解剖和结构观察的结果如图2-1194～图2-1232所示。

根据《中国植物志》记载，半边莲分布于长江中下游以南区域，《河南植物志》记载半边莲分布于伏牛山以南区域。在洛阳市内采到自然生长的半边莲，可能是由于人们的活动偶然引入，但这种引入并不成功，在其后的2年里未再见到自然生长的半边莲。

图2-1194　植株的1个花枝（未使用解剖镜）

图2-1195　花在胶块上的放置方法（未使用解剖镜）

将草帽状暗视野观察所用胶块的帽头捏成竖板状，然后将花粘在竖板状胶块的顶端或边缘（面向操作者）。

图 2-1196　花的上面观。花冠裂片 5 片，向一侧展开

《中国植物志》采用“2 侧裂片”和“中间 3 枚裂片”来描述 5 个花冠裂片，这里未采用这种描述方法。在下唇中裂片的基部两侧，有绿色的纵向凸起（角状凸起），此凸起在《中国植物志》和《河南植物志》中无记载。

①花药管　②髯毛
③角状凸起　④上唇裂片
⑤下唇侧裂片　⑥下唇中裂片

图 2-1197　图 2-1196 的暗视野观察

图 2-1198　图 2-1197 花不同角度的观察。在花冠下唇喉部内面及其下方生有较密的柔毛

①花药管　②柔毛

图 2-1199　花不同角度的观察

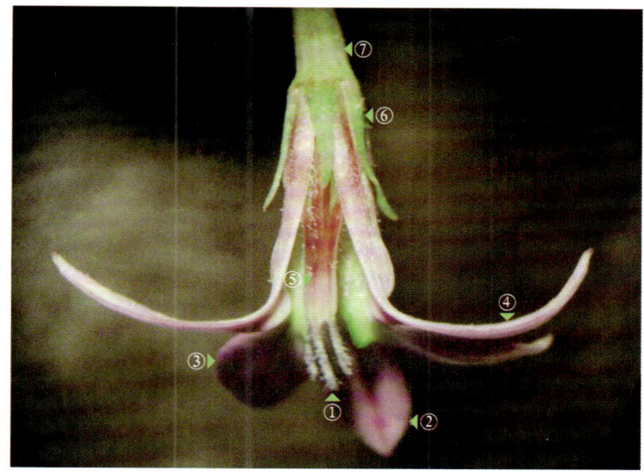

图 2-1200　图 2-1199 花不同角度的观察

①花药管　②中裂片　③侧裂片　④上唇裂片　⑤花丝筒
⑥萼裂片　⑦萼筒(下位子房)

图 2-1201　花不同角度的观察（背面观）

①花药管　②花丝筒
③上唇裂片　④侧裂片
⑤离生的花丝　⑥萼裂片
⑦萼筒

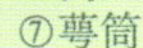

图 2-1202　花不同角度的观察。萼筒（花托）的下部渐细，在外表上与花梗无明显分界线

①上唇裂片　②侧裂片
③花梗

图 2-1203　花不同角度的观察

①上唇裂片　②侧裂片　③中裂片

图 2-1204　花不同角度的观察

①中裂片　②侧裂片　③上唇裂片　④萼裂片
⑤萼筒

图 2-1205　花冠裂片的下面观

①中裂片　②侧裂片　③上唇裂片

图 2-1206　图 2-1205 的暗视野观察

若依序旋转状改变花在胶块上的位置，就能获得花的一系列连续变换观察角度的照片，这些数码照片将来可用于花的三维重建。

图 2-1207　花冠的纵剖、展开。照片中央的雄蕊花丝（正对花冠的纵剖处）已在基部被截断

①花药管　②花丝筒
③上唇裂片　④离生花丝
⑤花柱　⑥乳汁(受创后)
⑦萼筒

图 2-1208　花冠筒的内面观

花冠筒内面有 5 个雄蕊，位于上唇裂片间、花冠纵剖处的 1 个雄蕊已除去。在 5 个雄蕊中，下唇中裂片两侧的 2 个雄蕊的离生花丝上密生柔毛，其余雄蕊离生花丝上的柔毛较稀疏。《中国植物志》描述“未连合部分的花丝侧面生柔毛”。

①中裂片两侧的花丝
②上唇两侧的花丝

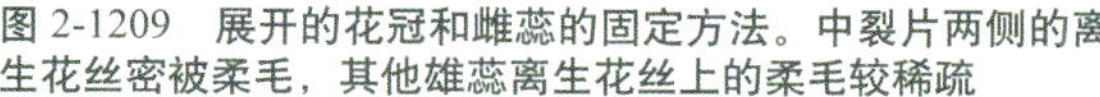

图 2-1209　展开的花冠和雌蕊的固定方法。中裂片两侧的离生花丝密被柔毛，其他雄蕊离生花丝上的柔毛较稀疏

①花丝筒　②花柱　③萼筒　④上唇两侧的花丝
⑤中裂片两侧的花丝　⑥花冠下唇喉部下方的柔毛

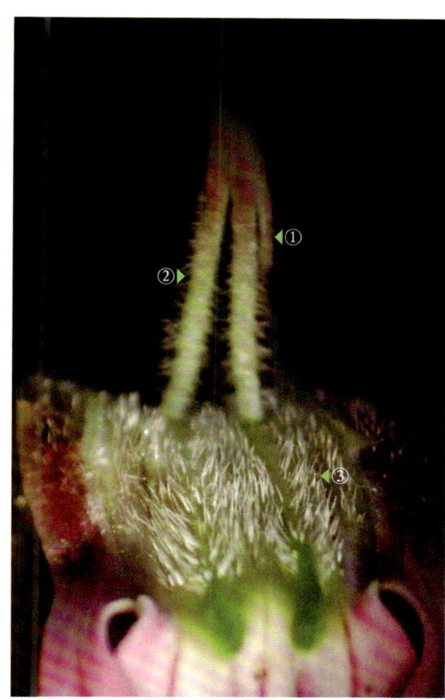

图 2-1210　展开花冠的不同角度观察，示中裂片两侧的离生花丝

①上唇两侧的花丝
②中裂片两侧的花丝
③花冠下唇喉部下方密被的柔毛

图 2-1211　展开花冠的不同角度观察

①中裂片两侧的花丝
②花冠下唇喉部下方密被的柔毛

图 2-1212　图 2-1211 花不同角度的观察，示 4 个雄蕊在花冠上的位置（1 个已除去）。花冠筒上 2 个被截断的花丝与其在花丝管上相连的部分清晰可见

①花丝管　②被截成2段的花丝
③中裂片两侧的花丝

图 2-1213　花冠喉部、中裂片基部两侧的角状凸起，其下方的花冠内面生有较密的柔毛

图 2-1214　图 2-1213 花冠展开后，雄蕊群的侧面观

①花药管的髯毛　②刺状毛(自拟名)　③花丝筒
④上唇裂片间的花丝　⑤中裂片两侧的花丝
⑥上唇两侧的花丝　⑦花柱

图 2-1215　花药管的侧面观

药隔表面生较密髯毛，《中国植物志》[73(2):146] 记载半边莲属花药管顶端或仅下方 2 枚顶端生髯毛。

①刺状毛　②花药管　③药隔位置　④纵裂的花粉囊　⑤花丝筒

图 2-1216　花药管的暗视野观察。花丝筒表面着生个别柔毛

①花药管　②花丝筒

图 2-1217　花药管的背面观。花药管的药隔表面密生髯毛

①药隔　②药隔旁的花粉囊

图 2-1218　图 2-1217 花药管的暗视野观察

①髯毛　②花药管

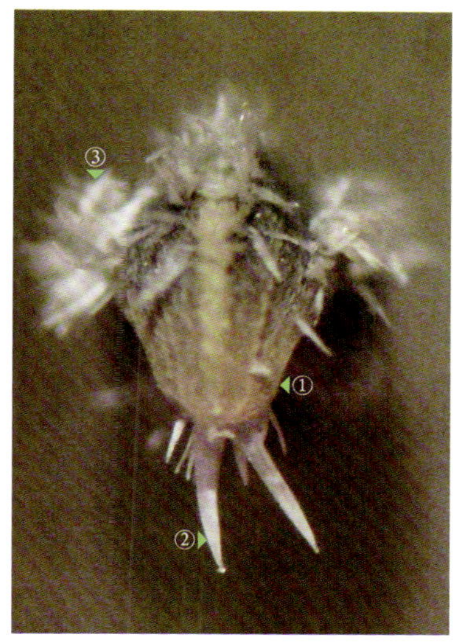

图 2-1219　花药管的前面观，示花药管的 2 个刺状毛

①花药管　②刺状毛　③髯毛

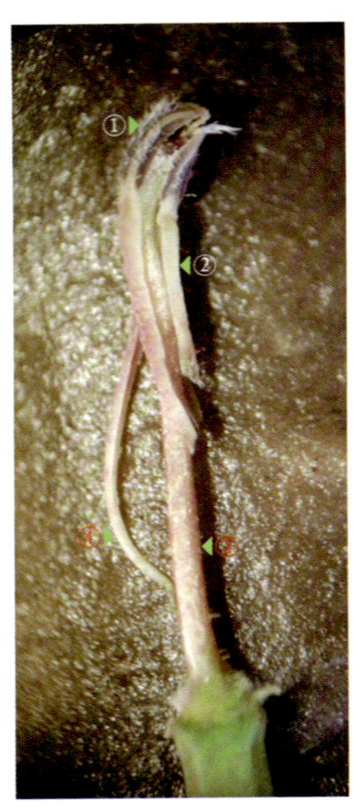

图 2-1220 将花丝筒和花药管纵剖，露出包裹在其中的花柱和柱头

①花药管
②花丝筒
③花柱
④上唇裂片间的花丝

图 2-1221 将柱头从纵剖开的花药管中移出

①花药管 ②刺状毛 ③柱头
④花柱

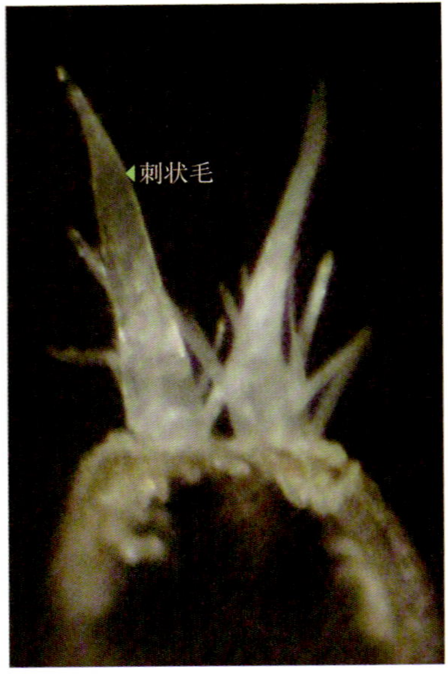

图 2-1222 花药管的展开，示花药管顶端的 2 个刺状毛

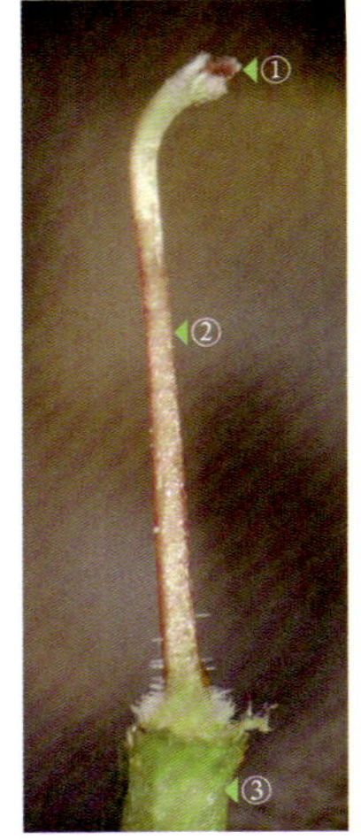

图 2-1223 分离出的雌蕊

①柱头
②花柱
③萼筒

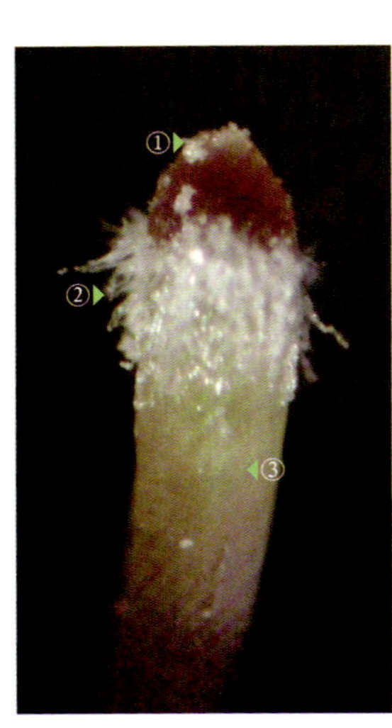

图 2-1224 柱头的放大

①柱头 ②柔毛
③花柱

图 2-1225 柱头 2 裂，下部生密柔毛（暗视野观察）

《中国植物志》记载该属柱头"授粉面上生柔毛"。

①柱头下部 ②花柱

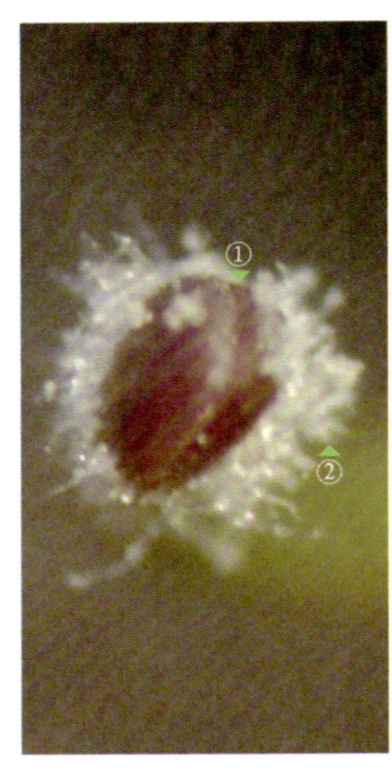

图 2-1226 柱头的上面观，柱头 2 裂

①柱头 ②柔毛

图 2-1227　萼筒（花托）的放大。萼筒内有下位子房，两者合生

图 2-1228　图 2-1227 的暗视野观察。花柱基部膨大，生有较密的表皮毛

图 2-1229　图 2-1228 花柱基部的放大（照片左转 90°，暗视野）。花柱基部膨大处为上位花盘，花盘表面生较密的刺毛

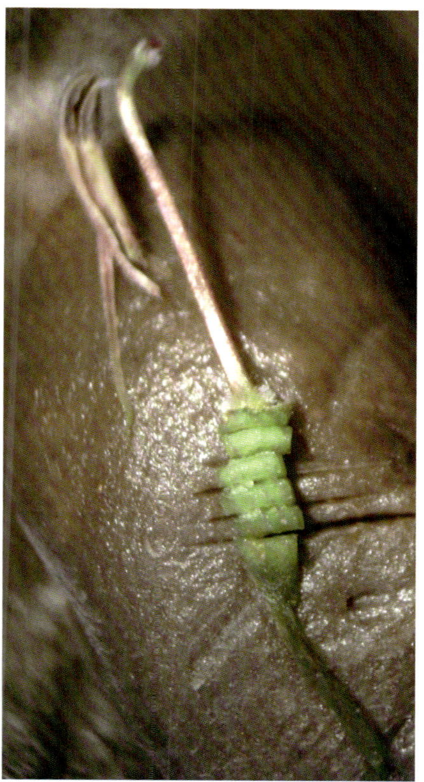

图 2-1230　子房的横切制片

图 2-1231　图 2-1230（下位）子房下端的横切面。子房 2 室，在此切面上已无胚珠生长

①子房2室　②中轴胎座
③萼筒和子房合生的壁

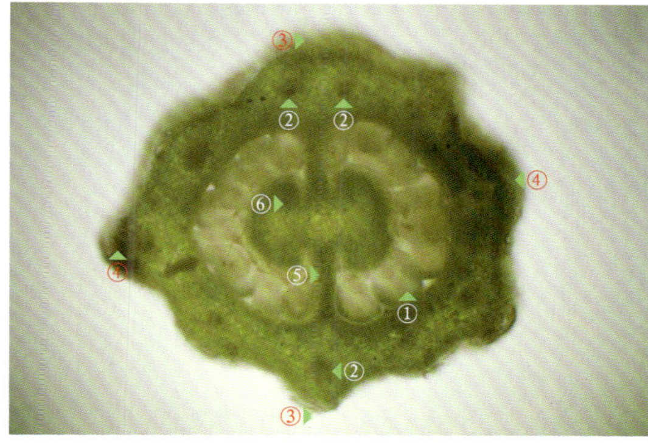

图 2-1232　子房的 1 个横切片，可见子房 2 室，中轴胎座，内侵，每个子房室内有多数胚珠

萼筒表面正对子房室间隔膜的纵棱处为腹缝线，在图上部的腹缝线处，萼筒和子房合生的壁内有 2 束维管束，但图下方腹缝线处的壁内只有 1 束维管束（2 个维管束并合而成）。在图中，萼筒左右两侧近中央位置的纵棱处为背缝线。

①胚珠　②维管束　③腹缝线　④背缝线
⑤子房室间隔膜　⑥胎座(约为半球状)

二十六、菊科 [Compositae (Asteraceae)]

1. 黄花蒿 (*Artemisia annua* L.)

蒿属(*Artemisia*)。草本；植株的上部叶和苞片叶为一或二回羽状深裂；头状花序；总苞片膜质透明，具绿色中肋，2～3层；花黄色，分为雌花和两性花两种，花冠外生有腺毛；雌花较两性花细，花冠筒狭管状，檐部具2裂齿，花柱伸出花冠外，柱头2裂，每个柱头顶端有凹缺；两性花的花冠筒较粗，花药上端的附属物尖，基部有短尖头，柱头2裂，顶端近截形。

花材料于2015年9月13日采自河南省洛阳市。采用胶块法对其精细解剖和结构观察的结果如图2-1233～图2-1257所示。

图2-1233 植株的上部花枝（未使用解剖镜）

图2-1234 花枝的部分放大

图2-1235 图2-1234的叶在水中浸泡后，在载玻片上展开并部分放大

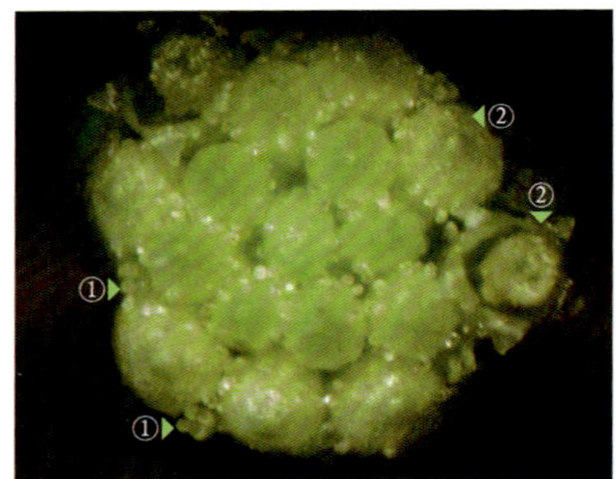

图2-1236 头状花序的上面观。花序中的两性花（管状花）较大，花冠外有腺毛，雌花较小，位于头状花序外围

①雌花 ②两性花

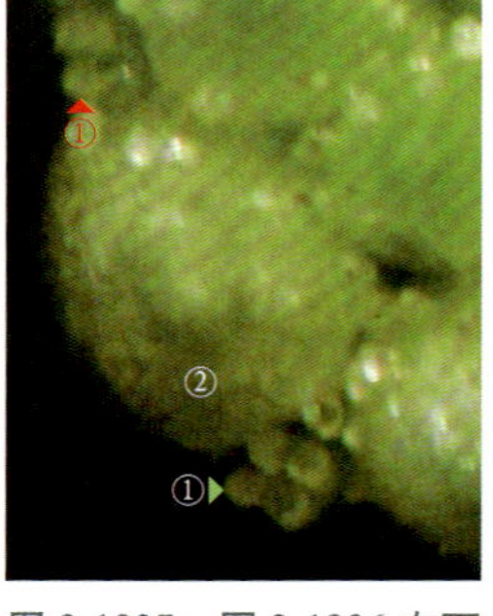

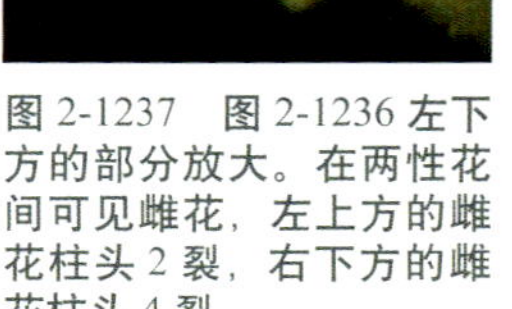

图2-1237 图2-1236左下方的部分放大。在两性花间可见雌花，左上方的雌花柱头2裂，右下方的雌花柱头4裂

①雌花 ②两性花

图2-1238 头状花序外的总苞（混合光观察）

图 2-1239 头状花序下方的一个总苞片的展开（混合光观察）

图 2-1240 内层总苞片的外面观（混合光观察）

图 2-1241 图 2-1240 的暗视野观察

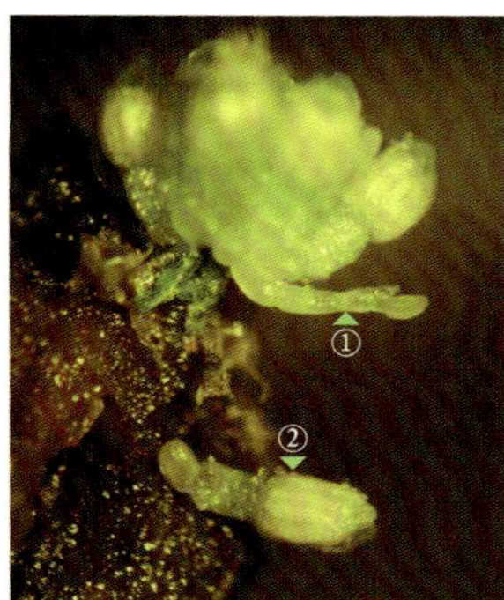

图 2-1242 头状花序的部分展开，在粗壮的两性花间有 1 朵较细的雌花

①雌花 ②两性花

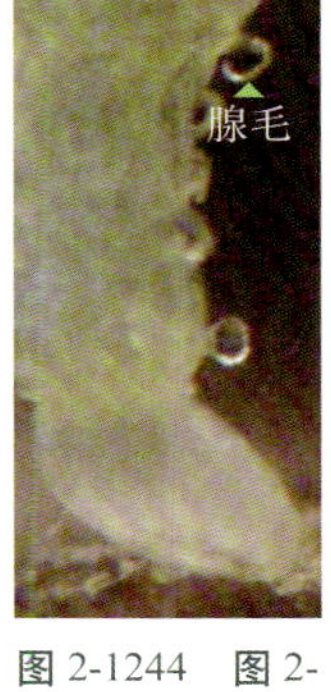

图 2-1243 两性花的放大（侧面观）

①花冠
②腺毛

腺毛

图 2-1244 图 2-1243 花的部分放大（暗视野观察）。花冠右侧可见透明的腺毛

图 2-1245 两性花的上面观。花冠顶端 5 裂（显微镜观察照片）

①柱头(外围有花药的附属物)
②(花冠的)齿裂 ③腺毛

图 2-1246 将两性花的花冠筒和花药筒纵剖、展开后，掀出花柱，可见花冠顶端 5 齿裂，二叉状的柱头顶端平截

①柱头 ②花柱 ③(花冠的)齿裂 ④花药
⑤花冠筒 ⑥下位子房外的萼筒

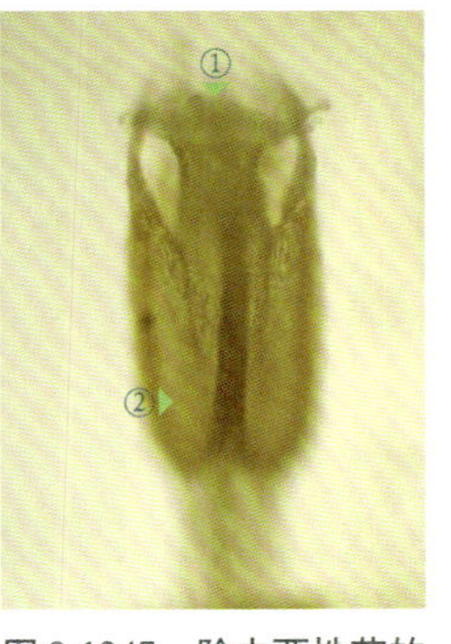

图 2-1247 除去两性花的花冠，并将花药筒纵剖后，示花药和其中的花柱及柱头（显微镜观察）

①柱头 ②花药

图 2-1248 除去花柱及柱头后，示聚药雄蕊的上部（显微镜观察）

①附属物
②花丝

图 2-1249 花药筒纵剖、展开后的临时水装片观察。花药上端有长三角形的附属物（显微镜观察）

①花药合生成筒状 ②附属物 ③短尖头
④花丝离生

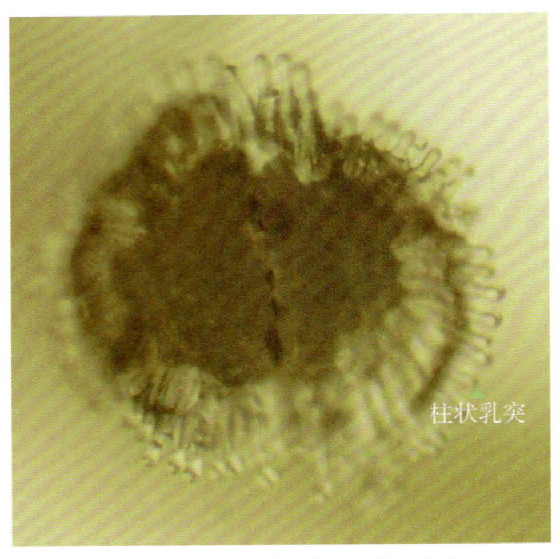

图 2-1250 两性花柱头的放大（显微镜观察）

柱头 2 裂，侧面观截形，上面观如盘状，柱头边缘生有柱状乳突，在《中国植物志》中称其为"短睫毛"[76（2）: 63]。

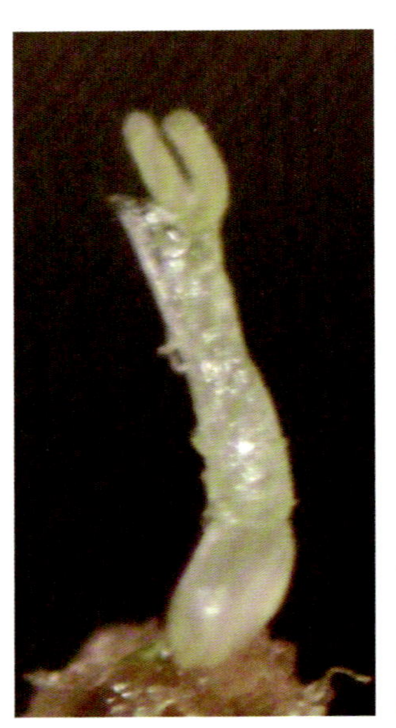

图 2-1251 分离出的雌花（混合光观察），柱头 2 个，二叉状

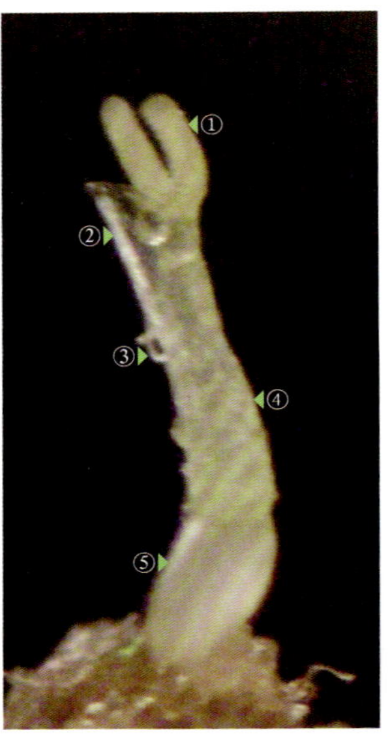

图 2-1252 图 2-1251 的暗视野观察。在花冠外有少数腺毛（《中国植物志》称"腺点"）

①柱头 ②檐部
③腺毛 ④花冠筒
⑤萼筒

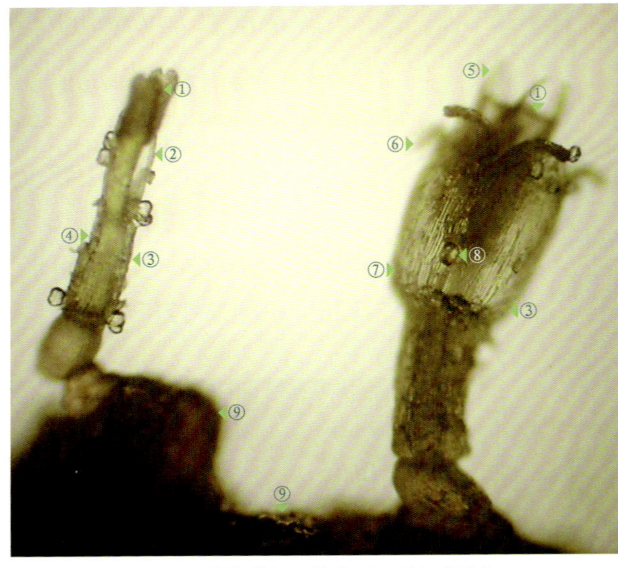

图 2-1253 小胶块上的雌花与两性花（显微镜观察）

制片时，先在载玻片上粘上微小胶块，再在胶块边缘水平地粘上雌花和两性花，为防止花材料干枯，可滴水覆盖后用显微镜观察。图中，雌花花冠外的腺毛较两性花明显，2 个柱头的顶端各有 1 个凹缺，柱头的上面观为 4 裂。

①柱头 ②檐部 ③花冠筒 ④雌花 ⑤附属物
⑥(花冠的)齿裂 ⑦两性花 ⑧腺毛
⑨载玻片上的微小胶块

图 2-1254　显微镜低倍镜下观察到的雌花。花冠表面的腺毛稀疏，柱头 2，二叉状（显微镜观察）

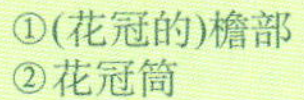

图 2-1255　图 2-1254 雌花不同角度观察。每个柱头表面有纵向凹陷，顶端浅裂，呈 2 裂（显微镜观察）

图 2-1256　雌花的 1 个柱头的外面观，顶端 2 裂，表面生有乳突（显微镜观察）

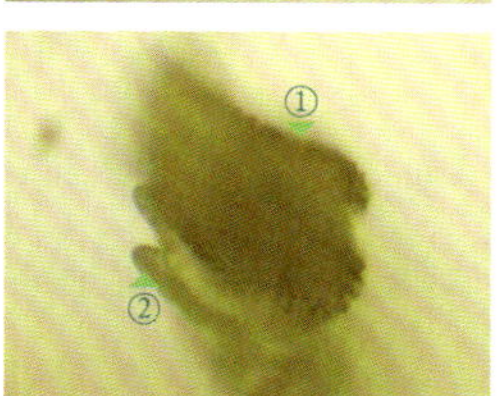

图 2-1257　上图：雌花的 2 个柱头的近上面观，柱头 4 裂。下图：雌花的近上面观，花冠的檐部顶端有 2 个裂齿（显微镜观察）

①柱头
②檐部顶端的裂齿

2. 菊苣 (*Cichorium intybus* L.)

菊苣属（*Cichorium*）。草本；头状花序仅由舌状花组成，无管状花；总苞片生有腺毛和单毛；舌状花的花冠先端 5 齿裂；萼片鳞片状；聚药雄蕊；子房下位，柱头二叉状。

花材料于 2015 年 6 月 30 日采自河南省洛阳市河南科技大学周山校区动物牧场。采用胶块法对其精细解剖和结构观察的结果如图 2-1258 ～图 2-1287 所示。

图 2-1258　头状花序的上面观

图 2-1259　图 2-1258 的暗视野观察

图 2-1260　头状花序的侧面观，示 2 轮总苞片，舌状花的花冠顶端 5 裂

①顶端5裂　②舌状花
③外层总苞片　④花序轴

图 2-1261　图 2-1260 总苞片的放大（混合光观察）

①内层总苞片　②外层总苞片

图 2-1262　内层总苞片先端的放大（侧面观，暗视野观察）。总苞片背面生有 2 种表皮毛

①长单毛　②长腺毛　③内层总苞片的背面

图 2-1263　图 2-1262 的部分放大（照片右转 90°，暗视野观察）

①长单毛　②长腺毛

图 2-1264　头状花序的下面观。外层总苞片的边缘和背面稀疏生有长腺毛和长单毛

①外层总苞片背面的毛　②缘毛

图 2-1265　图 2-1264 的暗视野观察

①外层总苞片　②缘毛

图 2-1266　图 2-1265 外层总苞片的缘毛。与其背面的毛一样，外层总苞片的缘毛也有 2 种

①长单毛　②长腺毛　③外层总苞片背面的长腺毛

图 2-1267　分离出的外层总苞片（内面观，暗视野观察）

图 2-1268　头状花序的内层总苞片（暗视野观察）

图 2-1269　内层总苞片的外面观（混合光观察）

图 2-1270　内层总苞片的内面观（混合光观察）

图 2-1271　图 1270 的暗视野观察

图 2-1272　外层总苞片的侧面观

图 2-1273　图 2-1272 的暗视野观察，示 2 种表皮毛

图 2-1274　除去大部分总苞片后，示花序托上面的舌状花

①舌状花
②内层总苞片
③花序托

图 2-1275　分离出的 1 朵舌状花。聚药雄蕊，子房下位，柱头 2 裂

①舌状花冠　②花药筒
③下位子房外的萼筒

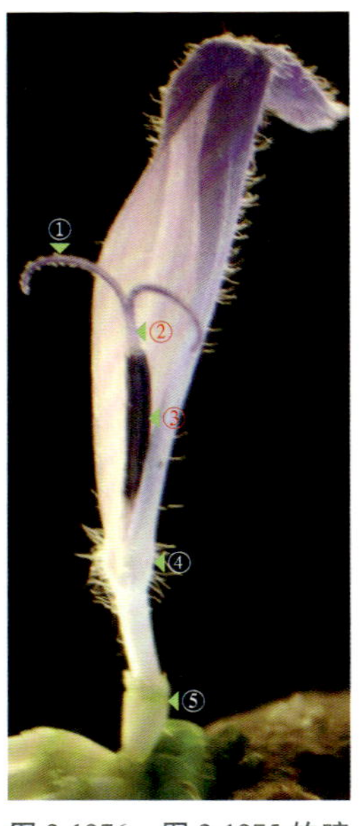

图 2-1276　图 2-1275 的暗视野观察。花冠喉外面及周围生有较密柔毛

①柱头　②花柱
③花药筒　④花冠喉
⑤萼筒

图 2-1277　图 2-1275 花的不同角度放大观察

图 2-1278　图 2- 1277 花的暗视野观察

图 2-1279　聚药雄蕊上端的放大（外面观）。花药筒下部的花丝离生

图 2-1280　舌状花的部分放大（暗视野观察）

①花丝　②舌状瓣片　③花冠喉　④花冠筒　⑤萼片　⑥萼筒

图 2-1281　在萼筒（花托）上部生有鳞片状的萼片

①萼片　②萼筒

图 2-1282　萼片的上面观

图 2-1283　除去萼筒后的花冠（暗视野观察）

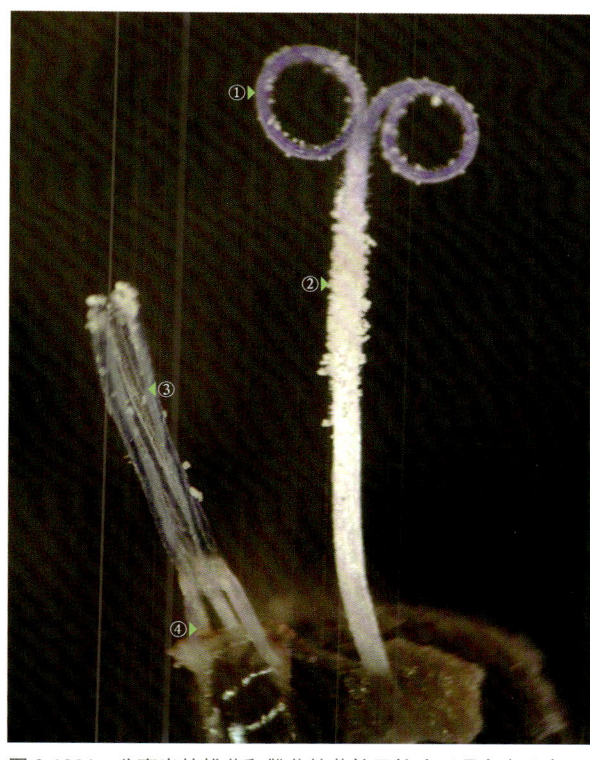

图 2-1284　分离出的雄蕊和雌蕊的花柱及柱头（混合光观察）

花柱的上端、被花药筒围绕处生有短柔毛，并附着有自身花药开裂后所释放出的花粉粒，不知此处的花粉粒能否萌发而形成花粉管？

①柱头　②花药筒内的花柱　③花药筒　④花丝

图 2-1285　花药筒内花柱的放大

图 2-1286　花药筒的纵剖和展开

图中，花药筒上端被粘在撑开的缝纫机线上的胶块上，而花丝被粘在另一端的胶块上（混合光观察）。

图 2-1287　花药在撑开的、包裹着胶块的缝纫机线上展开

二十七、泽泻科（Alismataceae）

东方泽泻 [*Alisma orientale* (Samuel.) Juz.]

泽泻属（*Alisma*）。水生或沼生草本；叶基生，叶柄长；花序高大，但花小；花被片6片，排列成2轮，文献中称为“外轮花被片”和“内轮花被片”（由于2轮花被片分化明显，这里使用“萼片”和“花瓣”描述之）；萼片3片，绿色；花瓣3片，白色；雄蕊6个，离生，与花瓣互生；离生雌蕊(由多个单心皮的雌蕊组成)，子房上位，子房1室，胚珠1个。

花材料于2015年7月14日采自河南省洛阳市内某住宅小区。采用胶块法对其精细解剖和结构观察的结果如图2-1288～图2-1317所示。

图 2-1288　生于水边的花期植株（未使用解剖镜）

图 2-1289　花的上面观。花为3基数，萼片3片，花瓣3片，雄蕊6个，雌蕊群由很多单心皮雌蕊组成

①萼片　②花瓣

图 2-1290　图 2-1289 花的暗视野观察（上面观）。6 个离生雄蕊生于花瓣基部两侧，即雄蕊与花被片互生

①离生雌蕊　②雄蕊　③花瓣　④萼片

图 2-1291　花的下面观

①花梗　②萼片　③花瓣

图 2-1292　图 2-1291 的暗视野观察

图 2-1293　图 2-1292 花不同角度的观察（混合光观察）

图 2-1294　图 2-1293 花的暗视野观察

图 2-1295　图 2-1294 花在胶块上的放置方法：将花粘在一段牙签顶端的胶块上，牙签下部插入硬胶块中（未使用解剖镜）

图 2-1296　花的侧面观。图中花萼未在聚焦面上，因此图像模糊

①雄蕊　②离生雌蕊　③花萼　④花瓣

图 2-1297　除去萼片和花瓣后，可见雄蕊 6 个，离生，雌蕊为离生雌蕊（上面观，暗视野观察）

①花药　②花丝
③离生雌蕊　④雄蕊

图 2-1298　除去萼片、花瓣和部分雄蕊后，离生雌蕊的侧面观

①离生雌蕊　②雄蕊　③花梗

图 2-1299　图 2-1298 的暗视野观察。离生雌蕊子房上端的花柱透明，离生雌蕊的周围可见雄蕊

①雌蕊的花柱　②雄蕊

图 2-1300　图 2-1299 花蕊不同角度的观察（暗视野观察）

①雄蕊　②离生雌蕊

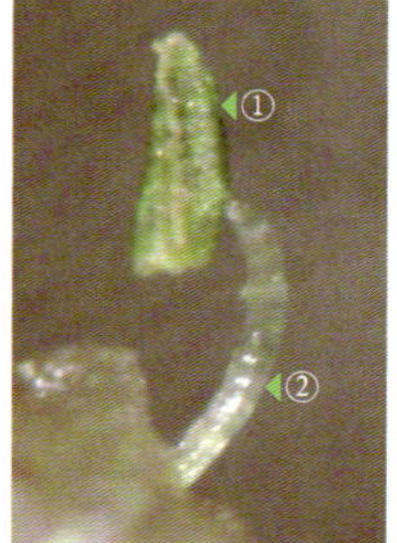

图 2-1301　分离出的一个雄蕊，花药绿色，“丁”字形着药

①花药
②花丝

图 2-1302　花纵切片临时水装片上的一个雄蕊（显微镜观察照片）

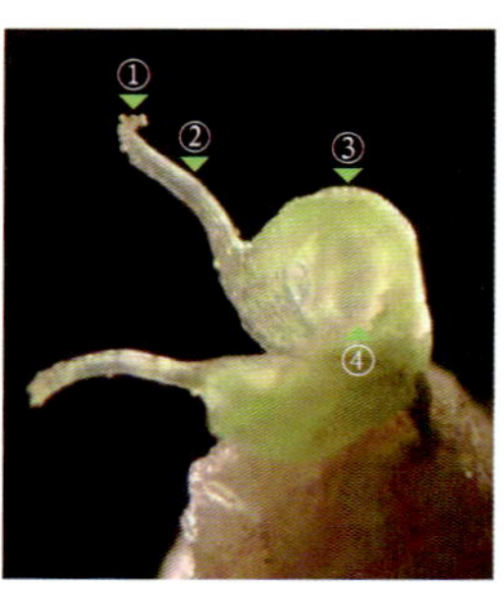

图 2-1303　从离生雌蕊中分离出的 2 个单雌蕊（暗视野观察），花柱侧生，柱头上附着有花粉粒

①柱头　②花柱
③子房　④胚珠

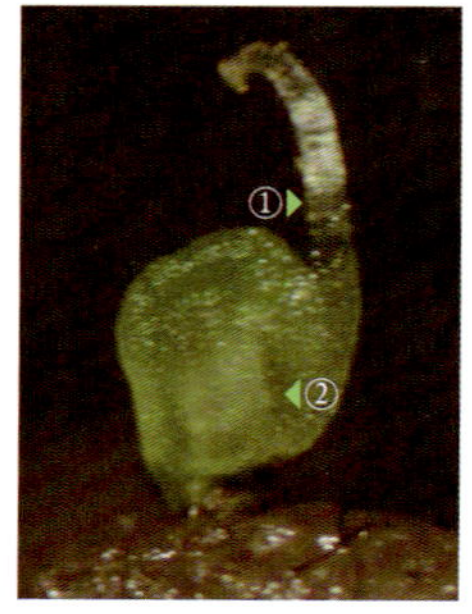

图 2-1304　不同形态的雌蕊，花柱侧生

①侧生花柱
②子房

图 2-1305　不同形态的雌蕊（暗视野观察）

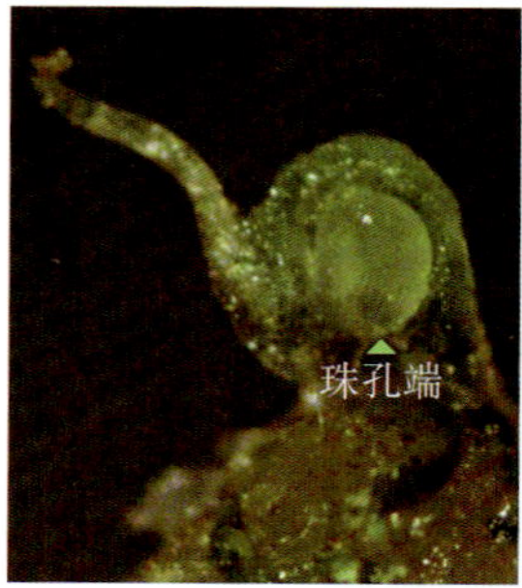

图 2-1306　除去子房的一侧子房壁后，示子房室内的一个胚珠

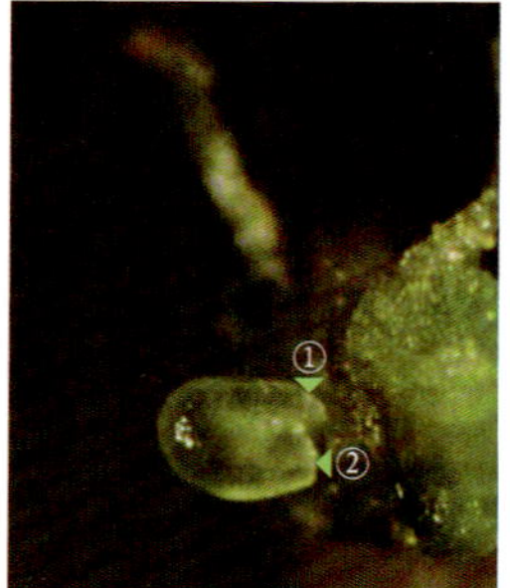

图 2-1307　从子房室中分离出的一个倒生胚珠，珠孔端靠近胚珠的珠柄基部

①珠柄　②珠孔端

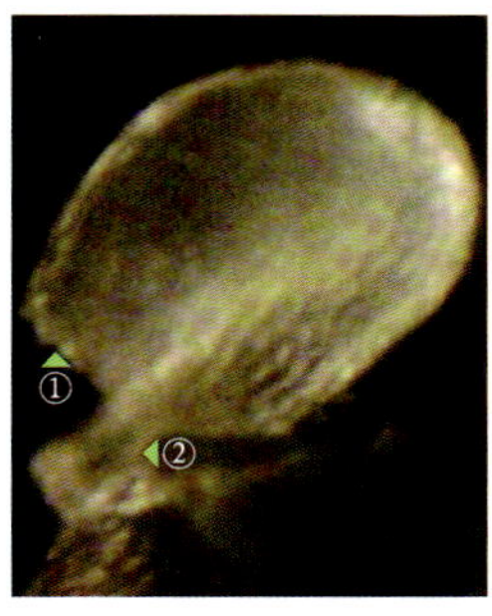

图 2-1308 分离出的一个倒生胚珠（暗视野观察）

①珠孔端 ②珠柄

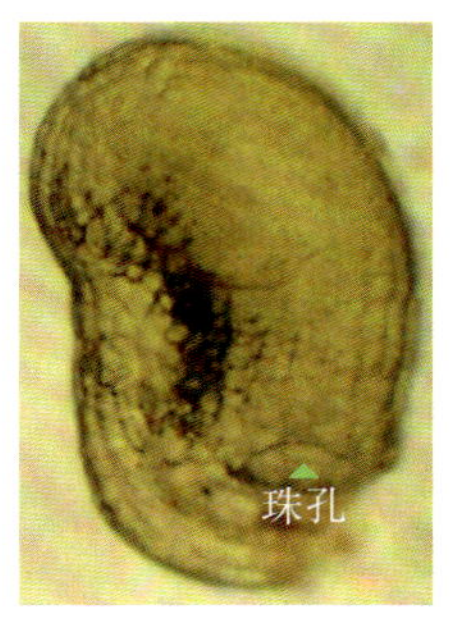

图 2-1309 胚珠的显微镜观察。图右下方的珠孔开口很大（显微镜观察）

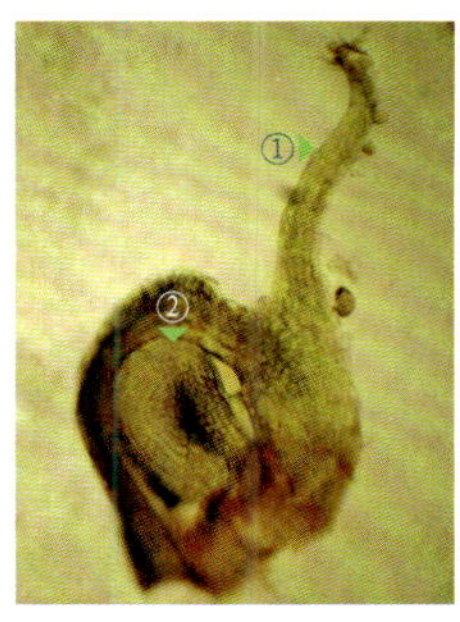

图 2-1310 离生雌蕊中分离出的一个单雌蕊，示倒生胚珠在子房室内的着生位置，花柱未着生在子房顶端的中央位置（侧生，显微镜观察）

①花柱 ②胚珠

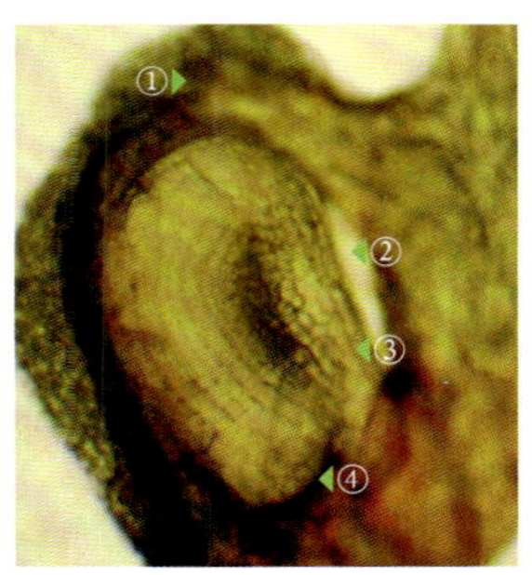

图 2-1311 图 2-1310 子房室内胚珠的放大（显微镜观察）

①子房壁 ②子房室
③珠柄 ④珠孔

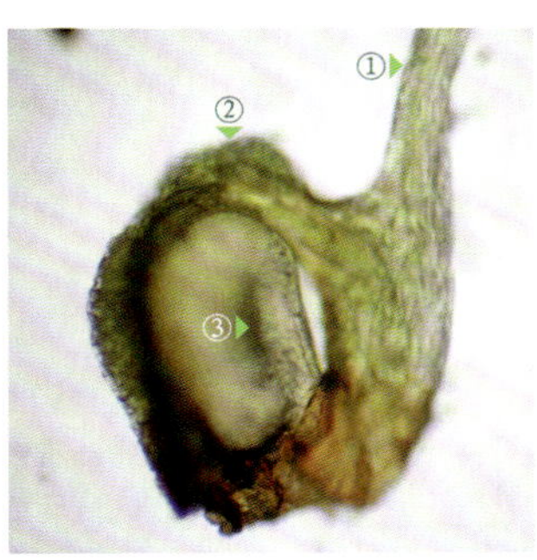

图 2-1312 图 2-1311 胚珠的不同聚焦面观察。珠柄与胚珠间有纵向凹陷（显微镜观察）

可利用不同聚焦面的系列图像（或照片）对胚珠等构建高清晰图像。

①花柱 ②子房 ③凹陷

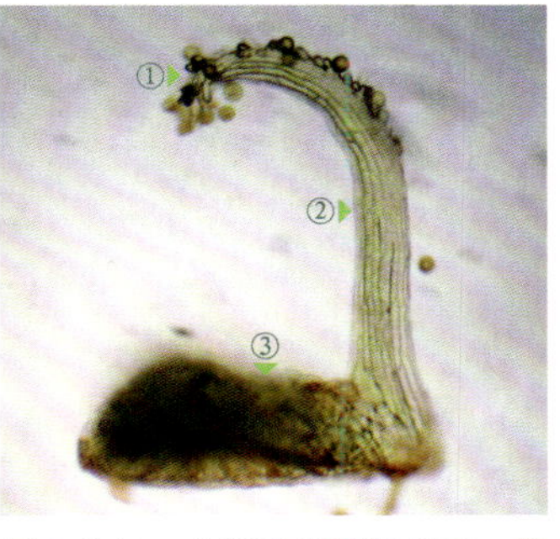

图 2-1313 在做子房横切片时，获得的一个子房上部材料，柱头上附着有一些花粉粒（显微镜观察）

①柱头 ②花柱 ③子房

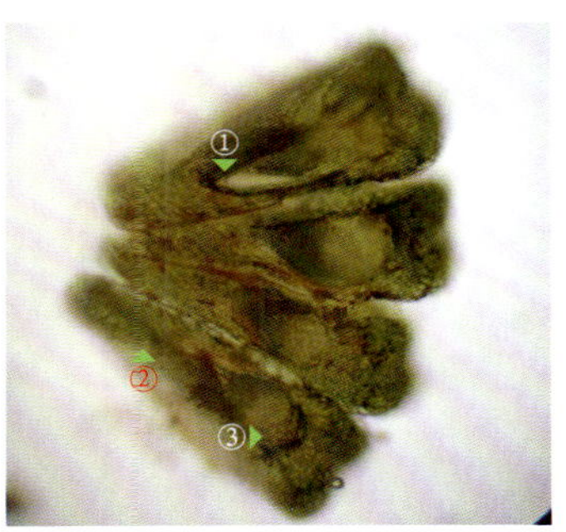

图 2-1314 对离生雌蕊进行横切制片时，雌蕊群切片易散成数段，示 4 个未散开雌蕊的子房横切片（显微镜观察）

①子房室 ②子房壁 ③胚珠

图 2-1315 离生雌蕊的完整切片（显微镜观察）

为防止雌蕊群的子房横切片散开，在对子房下部制作横切片时，要切得稍厚一些，尽可能连带部分花托一同切下。

①雌蕊群中的一个单雌蕊 ②花托

图 2-1316 纵剖花时，花的固定方法

预先在硬胶块上捅出小洞，然后将花梗插入小洞中并对花进行固定。用单面刀片（或小号裁纸刀）对花进行纵切制片后，合拢尖镊用镊尖转移少量水至纵切片间（或在切片上滴 1 至 2 滴水），再用尖镊将切片由胶块依次转移到滴有水液的载玻片上，不盖盖玻片即可用于显微镜观察（依次使用 4× 和 10× 低倍物镜观察）、照相。

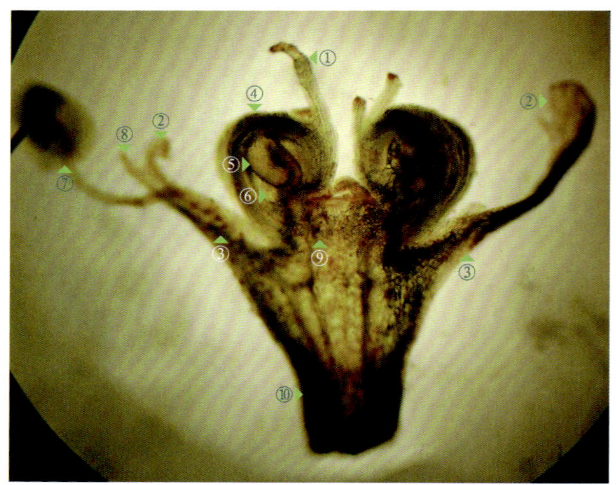

图 2-1317 花纵切片的显微镜观察结果，可见离生雌蕊的子房着生在凸出的花托上，子房上位，1 室，室内生有 1 个倒生胚珠，花柱侧生。萼片、花瓣和雄蕊着生在碟状花托（或称“被丝托”）顶端。

①花柱 ②花瓣 ③被丝托(花托)
④子房 ⑤胚珠 ⑥子房室
⑦雄蕊 ⑧萼片 ⑨花托
⑩花柄

二十八、禾本科 [(Gramineae (Poaceae)]

1. 臭草（*Melica scabrosa* Trin.）

臭草属（*Melica*）。草本；圆锥花序，狭窄，小穗排列较密集；每个小穗含有 3 朵孕性小花（《中国植物志》记载 2 ~ 6 朵），小穗顶端有由数个不育外稃组成的小球形结构，两颖的顶端尖，外颖(第 1 颖)较宽大，浆片 1 个，半盘状。

花材料于 2015 年 5 月 27 日采自河南省洛阳市。采用胶块法对其精细解剖和结构观察的结果如图 2-1318 ~图 2-1351 所示。

图 2-1318　叶舌的侧面观

图 2-1319　叶舌的外面观（混合光观察）

图 2-1320　叶舌的内面观（混合光观察）

图 2-1321　植株的圆锥花序（未使用解剖镜）

图 2-1322　小穗，含有 3 朵可育小花，其中第 1、2 小花的花期已过，第 3 小花正在开花（内、外稃已张开，露出雄蕊）。图中右侧的颖片为外颖（第 1 颖），左侧的颖片为内颖（第 2 颖）

①第1小花　②第2小花　③第3小花　④内颖　⑤外颖

图 2-1323　图 2-1322 的暗视野观察

①内颖　②外颖　③小穗柄

图 2-1324　外颖的外面观（5 条脉）

图 2-1325　内颖的外面观

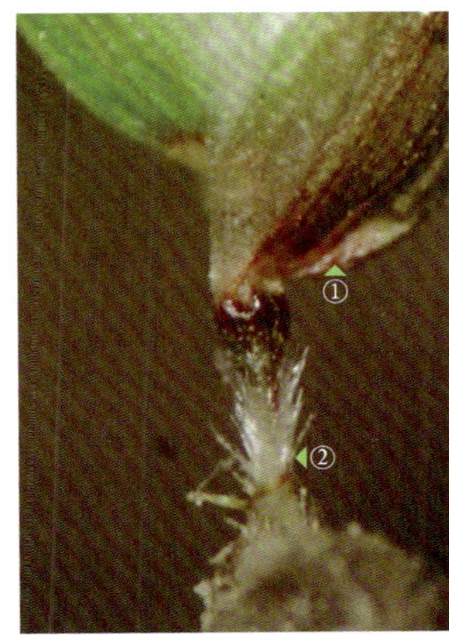

图 2-1326　小穗柄上被毛

①外颖　②小穗柄上的毛

图 2-1327　外颖的展开

图 2-1328　除去外颖后的小穗（暗视野观察）

①第1小花
②第2小花
③小球形结构
④内颖

图 2-1329　除去颖片后的小穗。小穗含有 3 朵正常发育的小花，第 3 小花左侧有由数个小花的不育外稃组成的小球形结构

①第1小花
②第2小花
③第3小花
④小球形结构
⑤小穗轴

图 2-1330　图 2-1329 的暗视野观察。红箭头指不育外稃组成的小球形结构

①第1小花　②第2小花　③第3小花

图 2-1331　图 2-1330 第 1 小花内稃的外面观

①外稃　②内稃

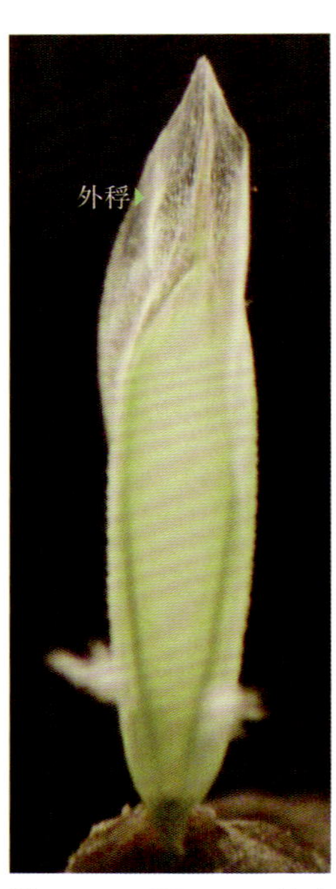

图 2-1332　图 2-1331 的暗视野观察

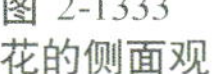

图 2-1333 图 2-1332 小花的侧面观

图 2-1334 图 2-1333 的暗视野观察

图 2-1335 图 2-1334 小花第 1 外稃的外面观

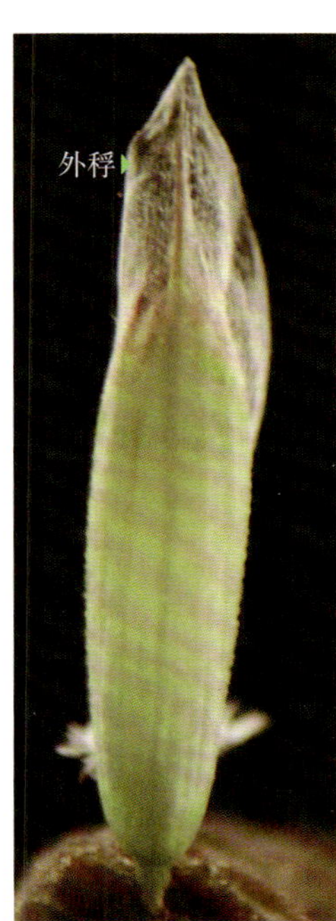

图 2-1336 图 2-1335 的暗视野观察

图 2-1337 将第 1 小花的外稃纵剖、展开，示内稃（内面观，暗视野观察）

①内稃 ②纵剖后的外稃

图 2-1338 图 2-1337 内稃顶端的放大（混合光观察）。在内稃侧缘的脊上生有纤毛

①纤毛 ②内稃

图 2-1339　除去第 1 小花后的小穗。第 3 小花的雄蕊露出，其右侧是数个（小花）不育外稃组成的小球形结构（混合光观察）

①小球形结构　②第2小花
③第3小花

图 2-1340　不育外稃组成的小球形结构，其右侧为第 3 小花

①小球形结构
②第3小花

图 2-1341　第 3 小花的展开．内稃的左侧为不育外稃组成的小球形结构

①第3小花的外稃　②雄蕊　③雌蕊
④小穗轴　⑤内稃　⑥小球形结构

图 2-1342　图 2-1341 雌蕊的子房和浆片的放大

①花柱　②子房　③浆片　④雄蕊

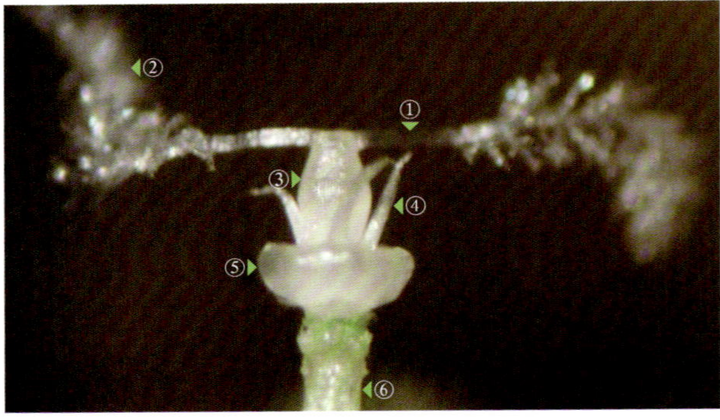

图 2-1343　分离出的花蕊和浆片

①花柱　②柱头　③子房　④花丝　⑤浆片　⑥小穗轴

图 2-1344　第 3 小花的花蕊、浆片和数个不育外稃组成的小球形结构

①小球形结构　②小穗轴

图 2-1345　图 2-1344 浆片和子房的放大

①花丝　②子房
③浆片

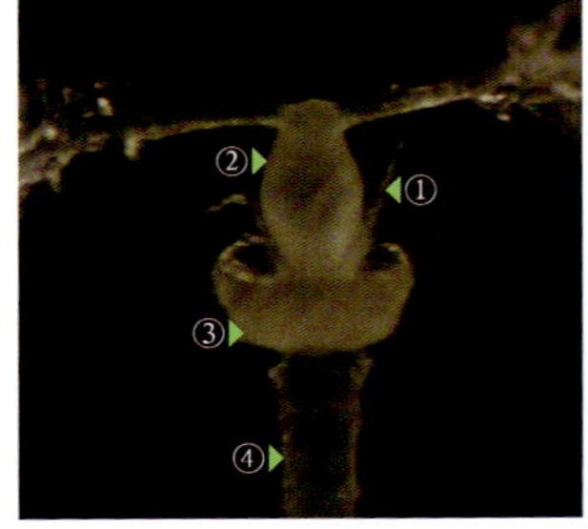

图 2-1346　浆片的外稃面观（暗视野观察）

①花丝　②子房　③浆片
④小穗轴

图 2-1347　浆片的内稃面观

①子房　②浆片

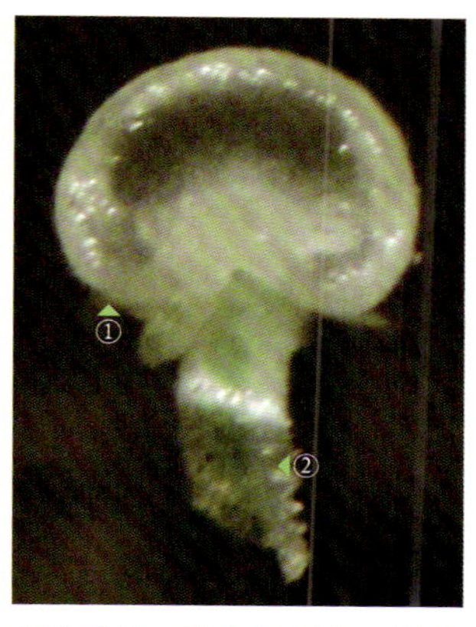

图 2-1348　除去子房后，浆片的上面观

①浆片　②小穗轴

图 2-1349　将第 3 小花的外稃纵剖、展开，并除去一部分后，示小花的组成

①内稃　②外稃　③浆片
④雄蕊　⑤花丝　⑥花药

图 2-1350　第 3 小花的不同展开方法：外稃展开，未纵剖（暗视野观察）

①内稃　②外稃　③雄蕊

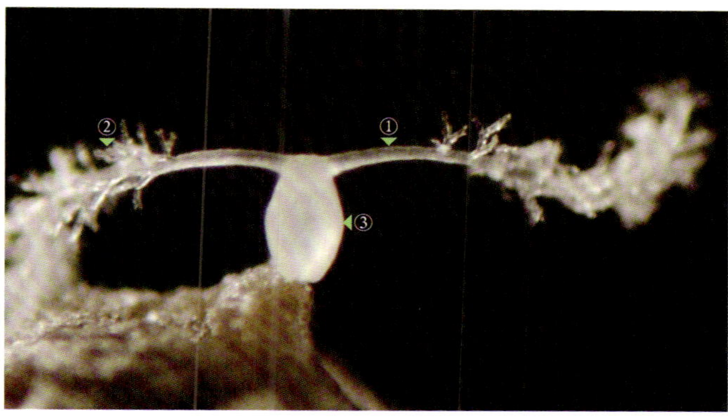

图 2-1351　分离出的雌蕊（暗视野观察）

①花柱　②柱头　③子房

2. 节节麦（*Aegilops tauschii* Coss.）

山羊草属（*Aegilops*）。草本；叶片和叶鞘边缘及叶耳具纤毛，叶舌膜质；复穗状花序，柱状，穗轴凹陷，小穗镶嵌其中；小穗由 3 ～ 5 朵小花组成，颖革质，顶端近截平且有微齿，第 1 外稃的芒很短，第 2 外稃的芒渐长，第 3、第 4 外稃芒长，内稃与外稃等长。

花材料于 2015 年 4 月 26 日采自河南省洛阳市周山。采用胶块法对其精细解剖和结构观察的结果如图 2-1352 ～图 2-1394 所示。

图 2-1352　叶片边缘的纤毛（暗视野观察）

图 2-1353　叶鞘边缘的纤毛（混合光观察）

①叶片
②叶耳
③叶鞘

图 2-1354　叶片与叶鞘间的叶舌的上面观（暗视野观察）

①叶舌
②叶片
③叶鞘

图 2-1355　除去秆后，示叶片与叶鞘间的膜质叶舌（暗视野观察）

①叶耳　②叶舌

图 2-1356　秆顶端的复穗状花序（未使用解剖镜）

图 2-1357　复穗状花序的部分放大

①小穗　②穗轴

图 2-1358　2 个小穗在穗轴上的着生情况（混合光观察）。下方的小穗已外掀离开穗轴（花序轴）

①小穗　②穗轴

图 2-1359　一个小穗的近轴面观

图 2-1360　具有 5 朵小花的小穗（暗视野观察）。第 2 小花芒粗短，第 3 和第 4 小花的芒长，第 5 小花芒短而细（小花较小，不育）

①第2小花
②第3小花的芒
③第4小花的芒
④外颖
⑤内颖

图 2-1361　图 2-1360 小穗的展开放大（5 朵小花分别标注 1 ~ 5，下同）

①第1小花
②第2小花
③第3小花
④第4小花
⑤第5小花
⑥内颖
⑦外颖

图 2-1362　由 3 朵小花组成的正在开花的小穗。第 1 小花的外稃有芒

①第1小花　②第2小花
③第3小花　④外颖
⑤内颖

图 2-1363　由 4 朵小花组成的小穗（远轴面观，混合光观察）。第 1 小花的外稃无明显的芒，第 2 小花外稃顶端出现了较短的芒，第 3 小花外稃顶端的芒粗而长，第 4 小花的芒较细

①第1小花　②第2小花
③第3小花　④第4小花
⑤外颖　⑥内颖

图 2-1364　小穗内颖的外面观

①内颖
②第2小花

图 2-1365　图 2-1364 的暗视野观察。在内颖顶端的右侧出现一个微齿，第 2 外稃的芒明显

①芒　②微齿
③内颖

图 2-1366　图 2-1365 内颖的内面观（暗视野观察）

图 2-1367　除去内颖后的小穗（暗视野观察）

①外颖　②第2外稃　③第2内稃

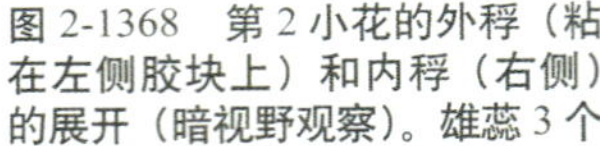

图 2-1368　第 2 小花的外稃（粘在左侧胶块上）和内稃（右侧）的展开（暗视野观察）。雄蕊 3 个

①雄蕊　②雌蕊
③第2外稃　④第2内稃

图 2-1369　摘除花蕊和浆片后的第 2 小花

①第2外稃　②第2内稃

图 2-1370　从图 2-1369 分离出的花蕊和浆片

①花药　②花丝　③浆片

图 2-1371　从图 2-1370 分离出的 2 个浆片（外面观）

图 2-1372　图 2-1371 的暗视野观察

图 2-1373　图 2-1371 浆片的内面观

图 2-1374　图 2-1373 的混合光观察

图 2-1375　浆片的侧面观

图 2-1376　雄蕊的花药纵裂

图 2-1377　分离出的雌蕊

①柱头　②子房

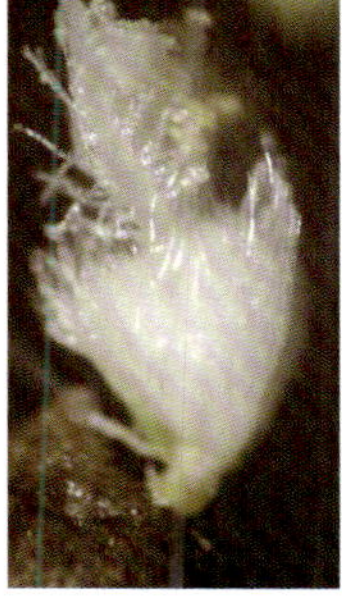

图 2-1378　雌蕊的侧面观

图 2-1379　子房不同角度的观察

图 2-1380　将子房壁纵剖，示子房室内的一个胚珠

图 2-1381　从子房室内分离出的胚珠

花期的胚珠尚未与子房内壁合生在一起，这和果皮与种皮合生的果实不同。

图 2-1382　小穗的部分花（侧面观）。第 2 小花仅剩外稃（被粘在左下方）未被摘除。从上至下，可见小穗的外颖、第 1 小花、第 3 小花和第 4 小花，其中第 3 小花和第 4 小花在体积上逐渐变小，并且外稃有芒

①第1小花　②第3小花　③第4小花　④外颖
⑤第2外稃　⑥小穗轴

图 2-1383　一节穗轴的外面观（暗视野观察）

①穗轴　②小穗

图 2-1384　除去小穗后，图 2-1383 穗轴的外面观（暗视野观察）

①节　②穗轴

图 2-1385　穗轴的侧面观（暗视野观察）

图 2-1386　穗轴的内面观。上部有一个白色似花药的图案（红箭头处）

图 2-1387　穗轴内面的暗视野观察。白色花药图案变得不明显了

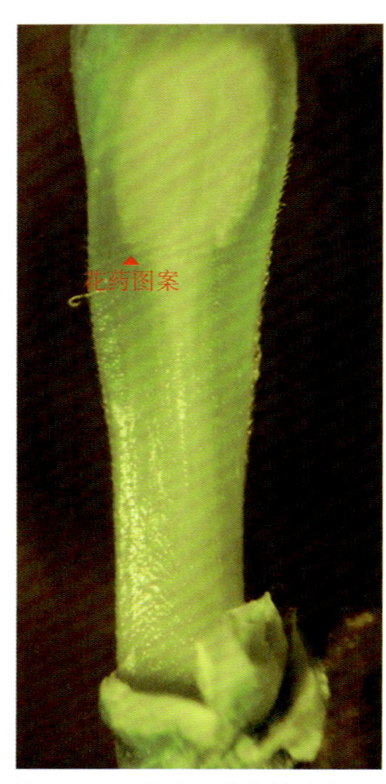

图 2-1388　将上端的穗轴除去后，穗轴内面的不同角度观察

图 2-1389　图 2-1384 穗轴节处的断面

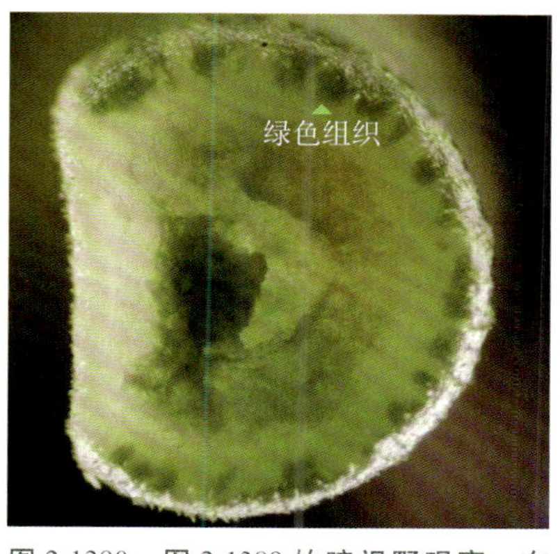

图 2-1390　图 2-1389 的暗视野观察。在穗轴外侧有绿色束状的绿色组织[③]

图 2-1391　在节处切去部分穗轴后，剩余穗轴的内面观

图 2-1392　图 2-1391 穗轴节间的横切面。中央有髓腔，髓腔周围有白色的薄壁组织包绕

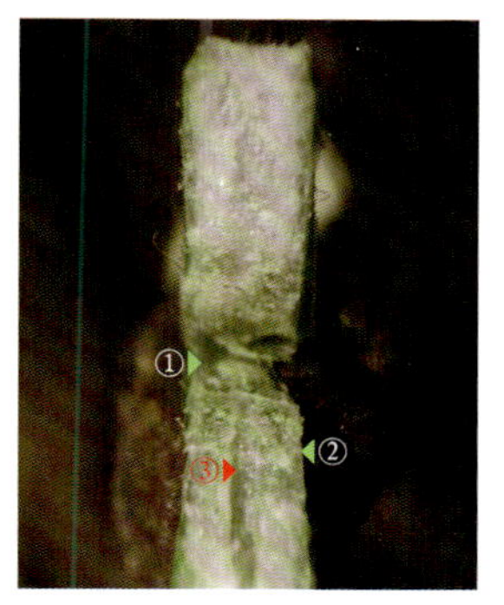

图 2-1393　将图 2-1392 穗轴纵向剖开并展开，可见穗轴的节间内部有中空的髓腔

图 2-1394　图 2-1393 纵剖穗轴节间内面的暗视野观察。白色花药图案变模糊

①节　②节间　③髓腔

二十九、天南星科（Araceae）

虎掌（*Pinellia pedatisecta* Schott）

半夏属（*Pinellia*）。草本；有块茎；叶片鸟足状分裂；肉穗花序，花序外生有 1 片包裹花序的佛焰苞，单性花，无花被；雄花序位于雌花序的上部，黄色、柱状，与佛焰苞离生；雌花序位于肉穗花序下部，一侧与佛焰苞贴生；在雄花序之上、肉穗花序的上部延伸成一个较长的细柱

③ 在植物组织类型中，无“绿色组织”一词，但在描述小麦茎的结构时却常使用此词，这可能是根据颜色称之，是“绿色的组织”简称，也有书认为“同化组织”又称为“绿色组织”。小麦茎中的绿色组织是由同化组织构成，因而也有书称其为“同化组织”。其他植物的绿色组织是由同化组织还是由厚角组织构成，或两者兼有，需依据实验（或文献）确认。

状结构（附属器），附属器有些弯曲，从佛焰苞内伸出；雄花仅由 2 个雄蕊组成，花丝短；雌花仅由雌蕊构成，无花被和雄蕊，子房上位，1 室，1 个胚珠，花柱短，柱头稍膨大成盘状；浆果。

花材料于 2013 年 6 月 1 日采自河南省洛阳市内公园。采用胶块法对其精细解剖和结构观察的结果如图 2-1395 ～图 2-1410 所示。

图 2-1395　虎掌的肉穗花序和花序外的佛焰苞（未使用解剖镜）。肉穗花序上部的细柱状结构为附属器

①佛焰苞
②附属器

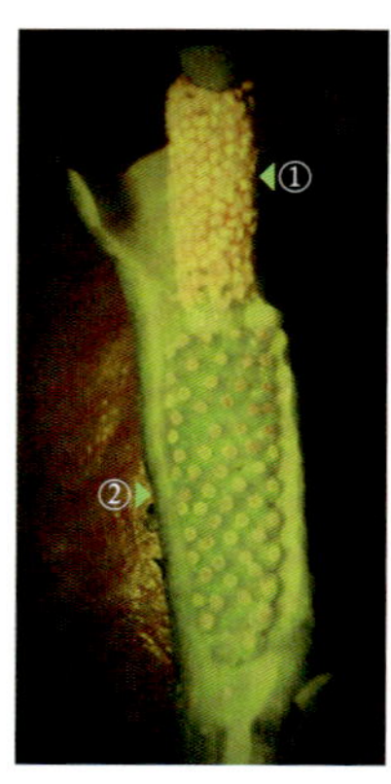

图 2-1396　除去佛焰苞后，示虎掌的肉穗花序。上端黄色部分是雄花序，下端黄绿色部分是雌花序

①雄花序
②雌花序

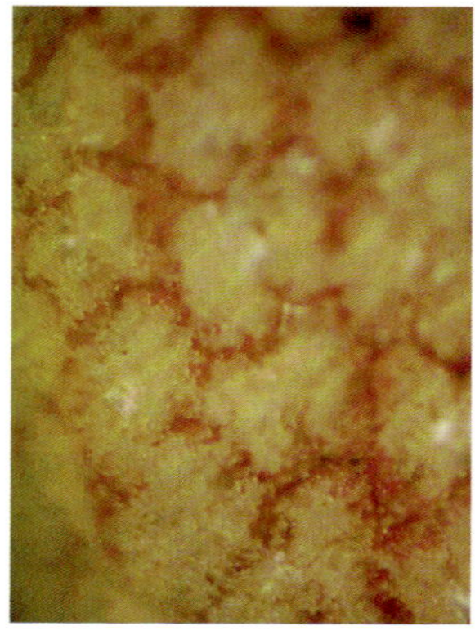

图 2-1397　部分雄花序的放大。花药已开裂

图 2-1398　从雄花序上摘下的 2 个雄花

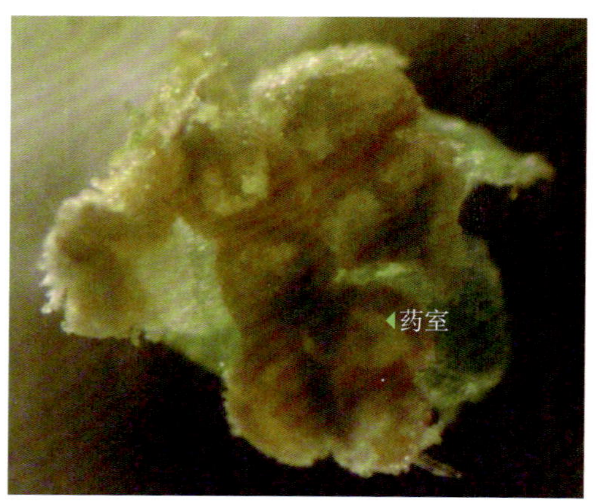

图 2-1399　图 2-1398 的暗视野观察

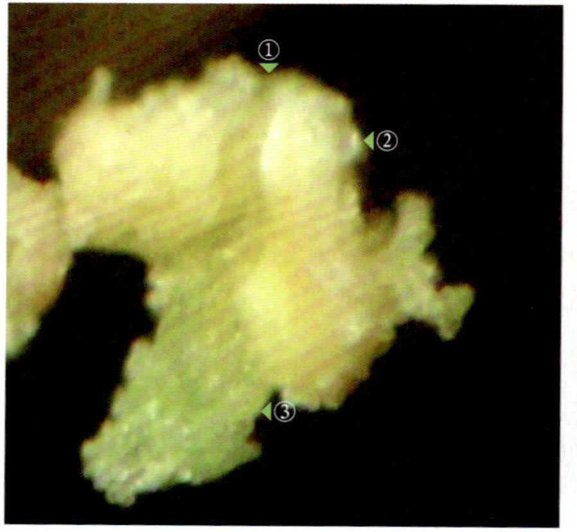

图 2-1400　摘下的一个雄蕊，花丝较短，花丝上端的药隔与其两侧的花粉囊颜色不同

①药隔　②花粉囊　③花丝

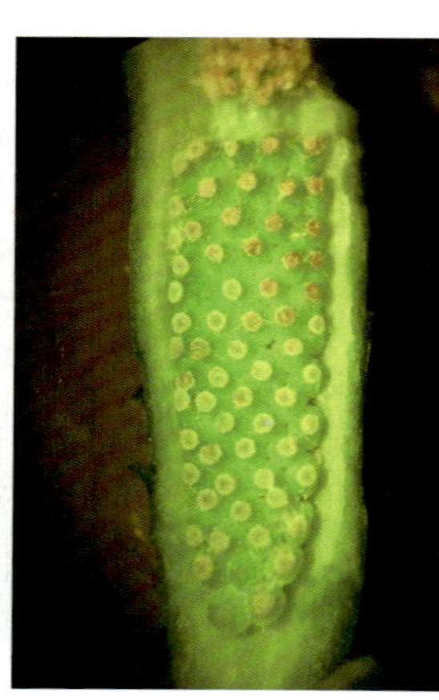

图 2-1401　除去部分佛焰苞后的雌花序

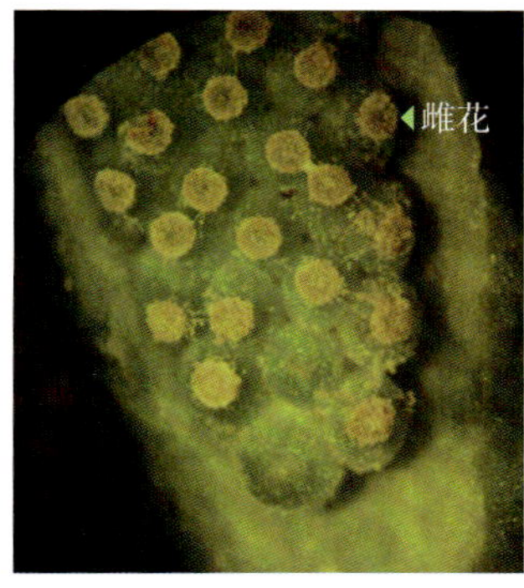

图 2-1402 雌花序下端的放大。左下角的雌花柱头已脱落。雌花序着生在花序轴的一侧，花序轴的另一侧与佛焰苞合生在一起

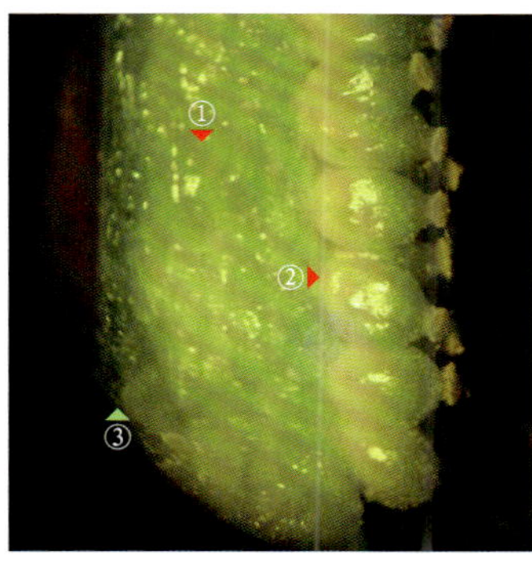

图 2-1403 图 2-1402 雌花序的侧面观。雌花无花被，最下方一个雌花的柱头已脱落

①此侧的花序轴与佛焰苞贴生
②雌花 ③佛焰苞

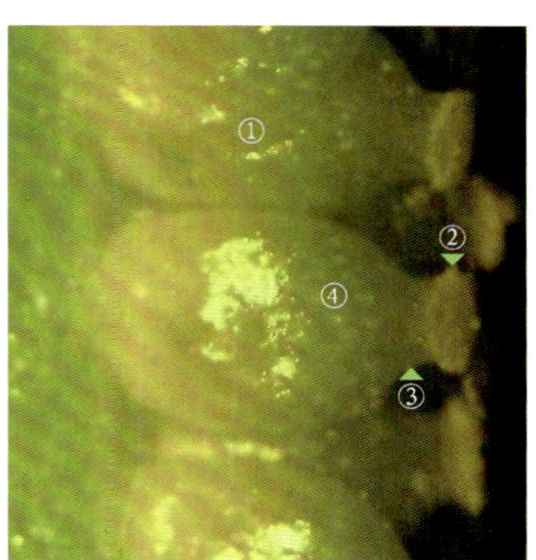

图 2-1404 图 2-1403 部分雌花的放大

①雌花 ②柱头 ③花柱
④子房

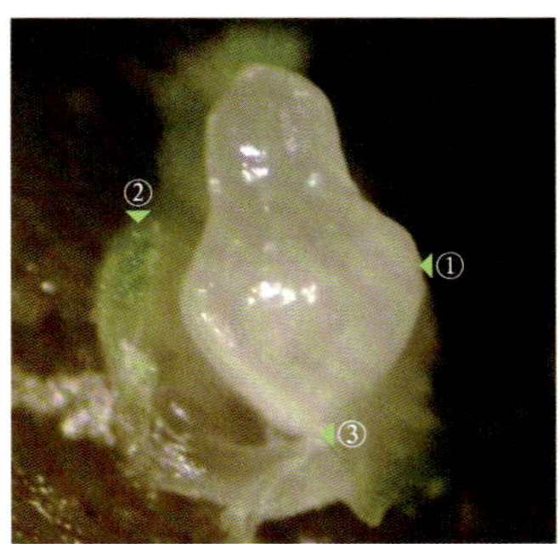

图 2-1405 将雌花的子房壁纵剖后，可见子房 1 室，内生 1 个近葫芦形的直生胚珠，基生胎座

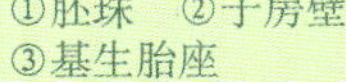

①胚珠 ②子房壁
③基生胎座

图 2-1406 从子房室内分离出的胚珠，胚珠上端有一些“小白斑”（细胞内可能含有针晶）

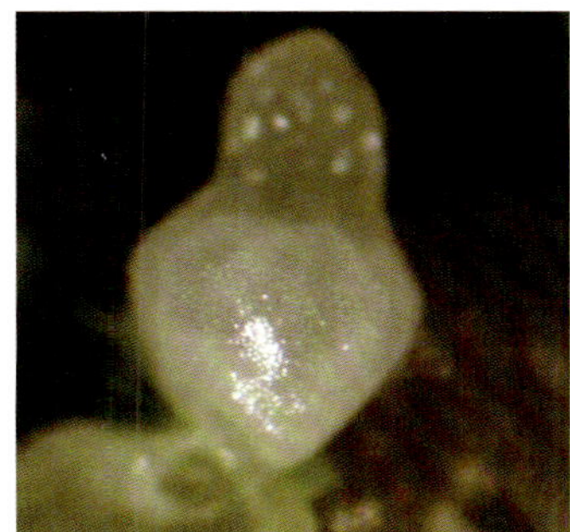

图 2-1407 图 2-1406 不同聚焦面的观察

图 2-1408 图 2-1407 的混合光观察。胚珠上端的“小白斑”存在于胚珠上部的一些凹陷处

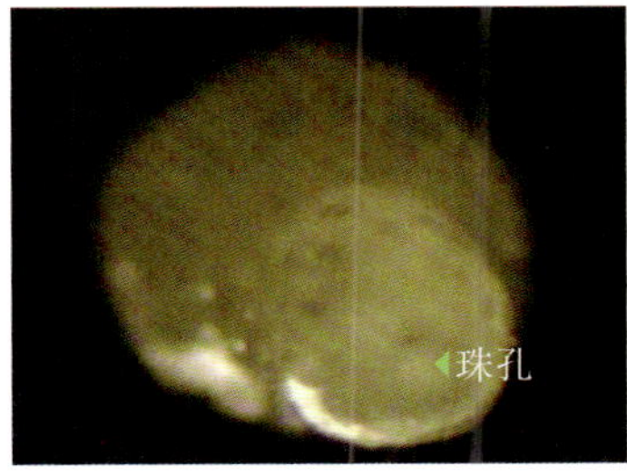

图 2-1409 胚珠的近上面观。胚珠的顶端可见珠孔

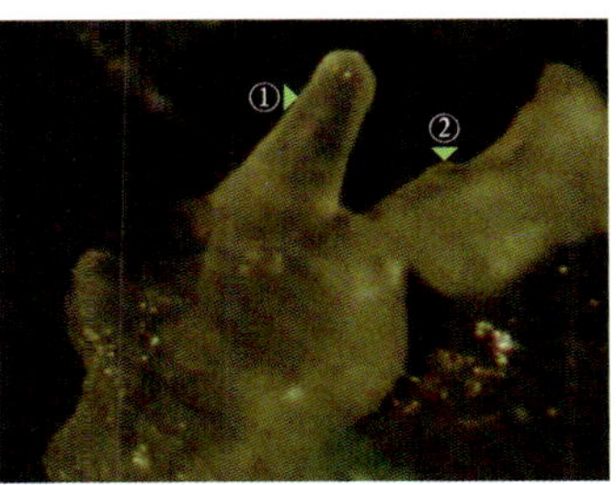

图 2-1410 从纵剖胚珠的珠被中分离出的微小结构

①从珠被中分离出的微小结构
②珠被

三十、鸭跖草科（Commelinaceae）

紫竹梅 (*Setcreasea purpurea* Boom.)

紫竹梅属（*Setcreasea*），引种花卉。草本；叶片紫色，长圆状披针形；花簇生于总苞内；萼片和花瓣均为 3 片；雄蕊 6 个，花丝上生有念珠状毛；复雌蕊由 3 个心皮合生而成，中轴胎座，子房上位，3 室，每室有 2 个胚珠。

花材料于 2013 年 10 月 12 日采自河南省洛阳市内。《中国植物志》未记载本植物。采用胶块法对其精细解剖和结构观察的结果如图 2-1411 ～图 2-1437 所示。

图 2-1411　将花固定在胶块上（未使用解剖镜）

图 2-1412　总苞内簇生的花，一朵花正在开放，其右侧有一些干枯、开过的花

①花药　②花丝
③干枯的花

图 2-1413　分离出的部分花（暗视野观察）。花上生有长柔毛

①长柔毛　②干枯的花

图 2-1414　花的近上面观（暗视野观察）

①柱头　②雄蕊
③花瓣

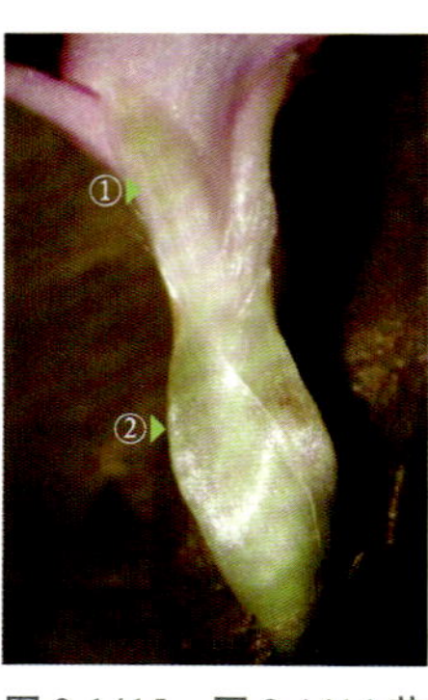

图 2-1415　图 2-1414 花的下部。花梗外有苞片包裹

①萼片　②苞片

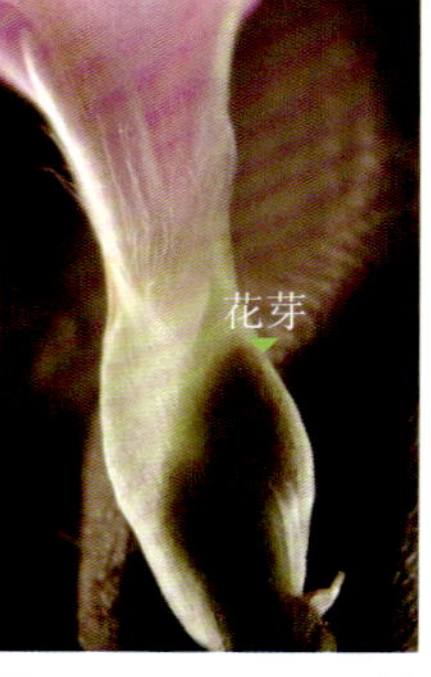

图 2-1416　图 2-1415 的暗视野观察，可见右侧苞片内有花芽的阴影

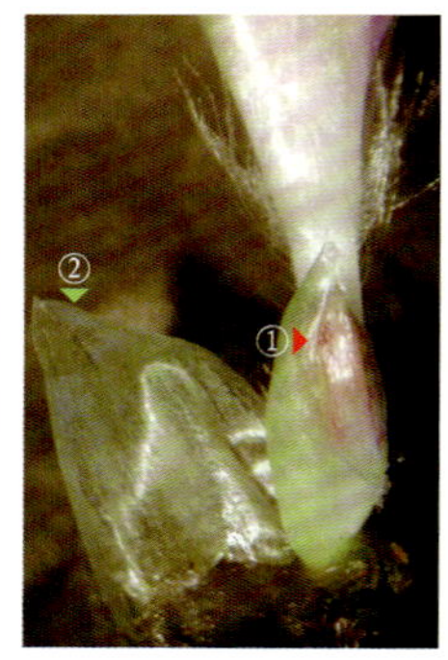

图 2-1417　花芽外苞片的展开

①花芽　②苞片

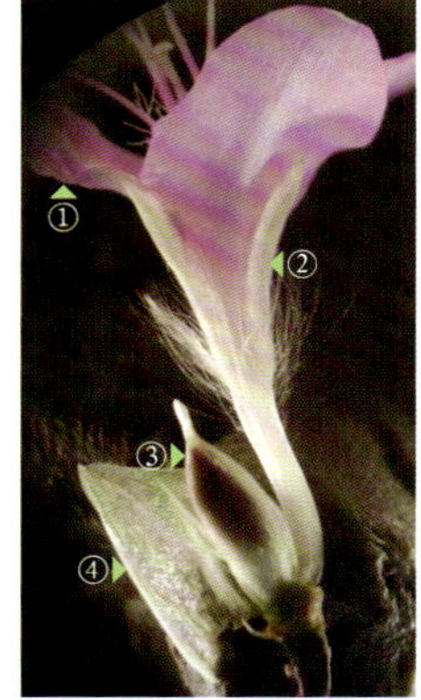

图 2-1418　花外苞片的展开，示苞片内的花芽（暗视野观察）

①花瓣　②萼片
③花芽　④苞片

图 2-1419　分离出来的花，其花瓣外有 3 片淡绿色的萼片，其下生有长柔毛

图 2-1420　花的不同角度观察（暗视野观察）

①雄蕊　②雌蕊
③花瓣　④萼片

图 2-1421　花萼基部和花梗上部生出的长柔毛（暗视野观察）

图 2-1422　花瓣展开后的花。花瓣 3 片，雄蕊 6 个，子房上位，花柱短于雄蕊

①柱头　②花柱　③花药
④花丝　⑤念珠状毛　⑥花瓣
⑦子房

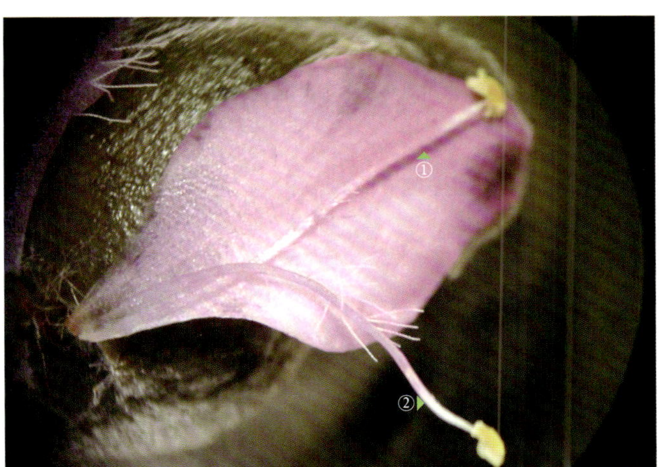

图 2-1423　分离出的 1 个花瓣和 2 个雄蕊（混合光观察）。一个雄蕊与花瓣对生，另一个与花瓣互生

①与花瓣互生的雄蕊
②与花瓣对生的雄蕊

图 2-1424　雄蕊群的部分花丝，花丝的中部生有多节的念珠状毛

①花丝　②念珠状毛

图 2-1425　念珠状毛的放大（暗视野观察）。不同细胞之间存在一些色彩差异

①念珠状毛　②花丝

图 2-1426　雄蕊的花药和部分花丝的放大。花药为基着药，纵裂

①花药　②花丝

图 2-1427　除去花瓣和雄蕊后，将一片萼片展开，可见子房上位，花柱长

①花柱　②子房　③萼片

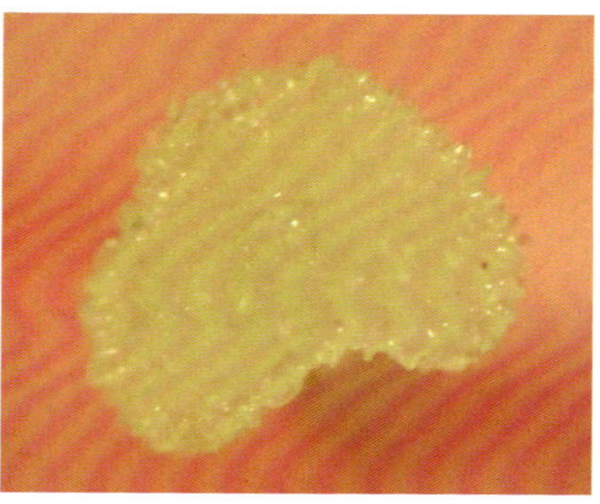

图 2-1428　左图：柱头（上面观）　右图：不同花的柱头（近上面观）

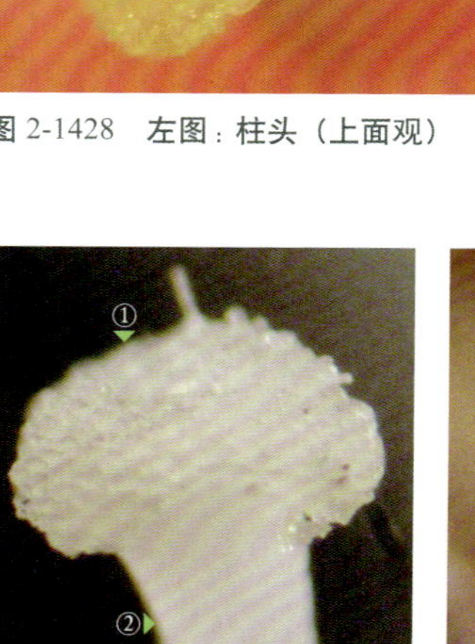

图 2-1429　柱头的侧面观（暗视野观察），柱头表面生有乳突

①柱头　②花柱

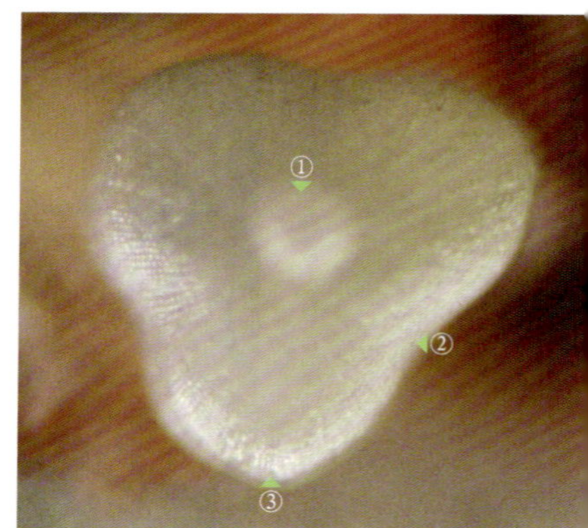

图 2-1430　除去大部分花柱后，子房的上面观（暗视野观察）

①花柱位置　②腹缝线
③背缝线的大致位置

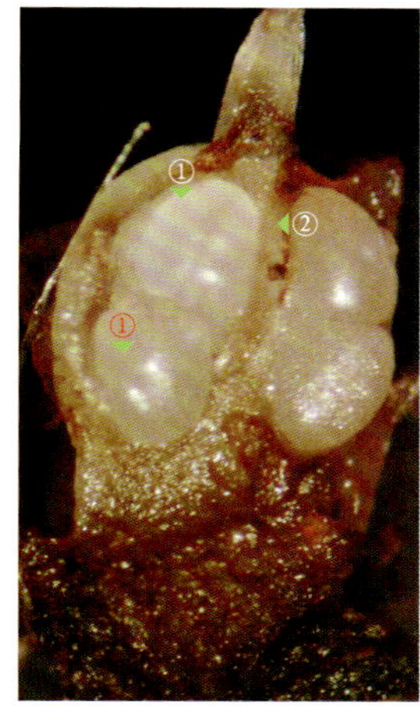

图 2-1431　除去部分子房壁后，示子房室内叠生的 2 个胚珠

①子房室内的2个胚珠
②子房室间隔膜

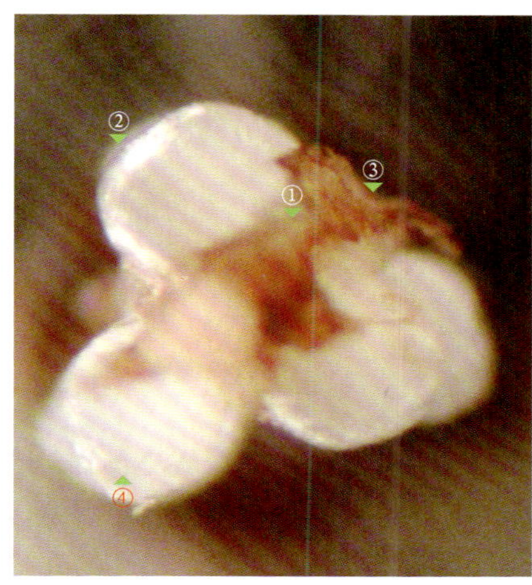

图 2-1432　除去子房壁后，子房室内胚珠的上面观，可见子房 3 室，中轴胎座，每室有 2 个叠生的胚珠

①子房室间隔膜　②背缝线的大致位置
③腹缝线　④胚珠的珠孔端

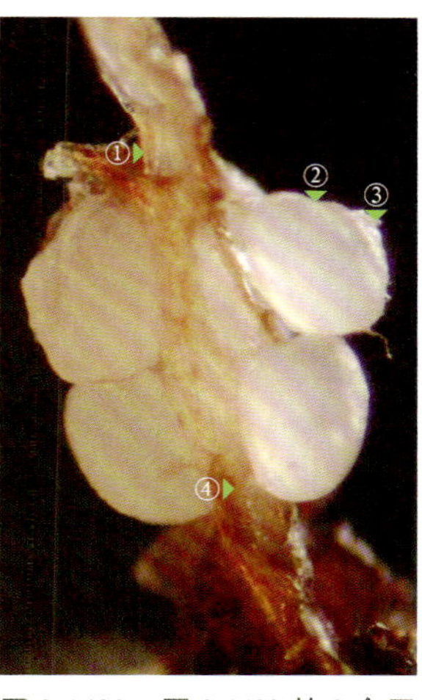

图 2-1433　图 2-1432 的 2 个子房室内胚珠的侧面观（暗视野观察）。图中，胚珠的珠心顶端在珠孔端露出珠被外，似乳头，合点端的珠柄不明显（似无珠柄），胚珠为直生胚珠

①花柱　②直生胚珠
③珠孔端　④隔膜

图 2-1434　图 2-1433 右上方胚珠的放大（暗视野观察）

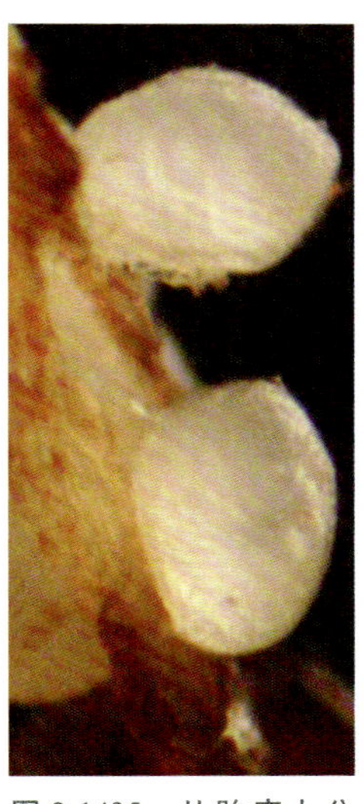

图 2-1435　从胎座上分离出的一个胚珠。直生胚珠无明显的珠柄，胚珠上有自上而下的纵纹

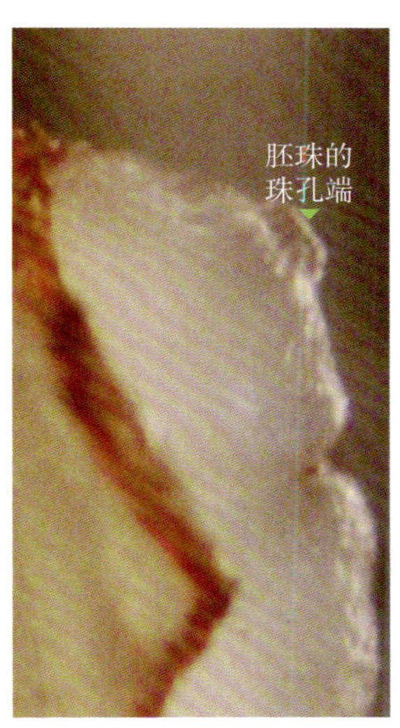

图 2-1436　另一个胚珠的侧面观。胚珠的珠孔端呈乳头状凸起

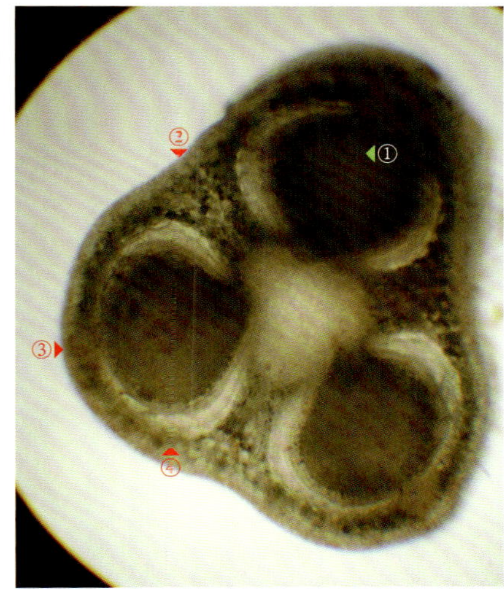

图 2-1437　子房的横切片（显微镜观察照片），可见子房 3 室，每室仅有 1 个胚珠（横切面）

结合子房精细解剖结果，可知每个子房室内有 2 个上下叠生的胚珠，中轴胎座，直生胚珠。因此，仅靠子房横切片还不能了解子房室内的真实情况。

①胚珠　②腹缝线　③背缝线
④子房壁

三十一、百合科（Liliaceae）

1. 知母（*Anemarrhena asphodeloides* Bunge）

知母属（*Anemarrhena*）。草本，叶基生，禾叶状；花莛[④]较长，花序由一些簇生花排成总状花序，苞片小；花被片条形，6 片，排列成 2 轮，每轮 3 片；可育雄蕊 3 个，与内花被片对生，退化雄蕊 3 个（植物志中无记载），与外花被片对生；复雌蕊，由 3 个心皮合生而成，子房上位，3 室，每室生有 2 个胚珠；蒴果；种子黑色，有纵向狭翅。

花、果材料于 2015 年 6 月 27 日采自河南省洛阳市内公园。采用胶块法对其精细解剖和结构观察的结果如图 2-1438 ～图 2-1518 所示。

(1)花的观察

①第 1 朵花

图 2-1438　花序较长，采后将其折成数段。花序下端的无叶花序梗为花莛（未使用解剖镜）

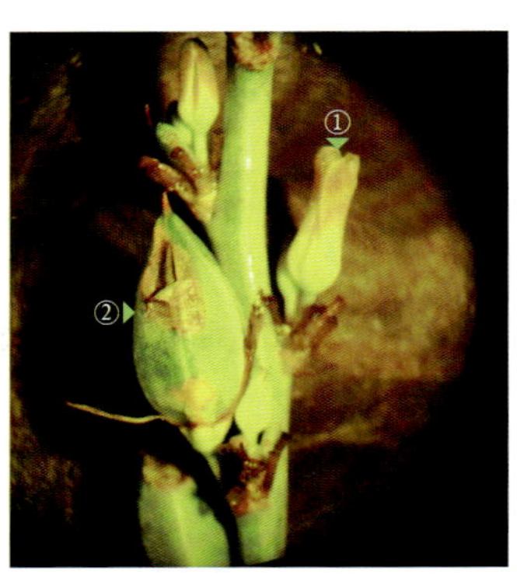

图 2-1439　花序的一部分。在花序轴的每个节上，可见数朵花簇生（可能属于单歧聚伞花序），在花序上可见部分花已结果，即花、果同时存在

①花　②果实

图 2-1440　花的上面观。外花被片内面的顶端中央位置生有丛生腺毛

①花药　②丛生腺毛
③外花被片　④内花被片

④以前植物学书籍中出现的“花葶”，《现代汉语词典》(第 6 版) 已改为“花莛”。按照《中国高等植物科属检索表》的定义，花莛是指由地下长出的、无叶的总花轴或总花梗。一般认为花莛无分枝。总花梗是指花序的柄，现在被称为“花序梗”。

图 2-1441　图 2-1440 的不同聚焦面观察，示 2 轮花被片和 3 个可育雄蕊的花药（上面观）

图 2-1442　花的下面观

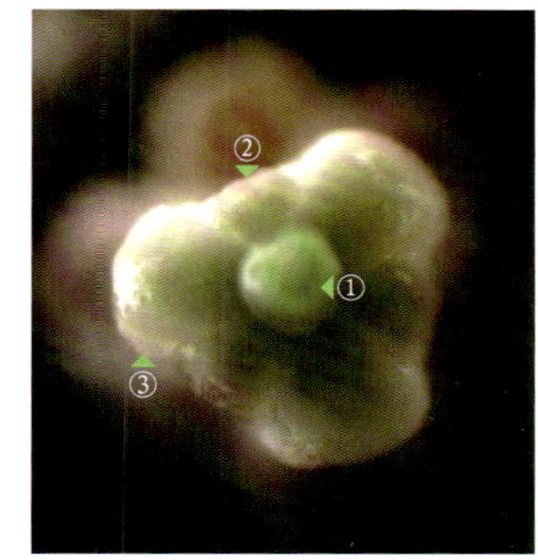

图 2-1443　图 2-1442 不同聚焦面观察（暗视野观察）

①花梗　②内花被片　③外花被片

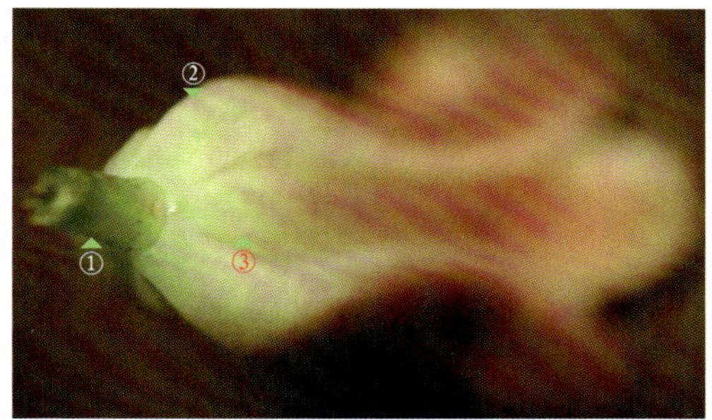

图 2-1444　花的近下面观

①花梗　②外花被片　③内花被片

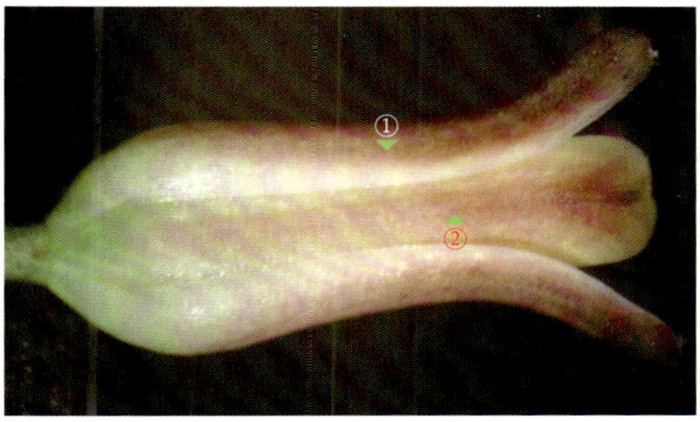

图 2-1445　花的侧面观

①外花被片　②内花被片

图 2-1446　图 2-1445 花不同角度的观察

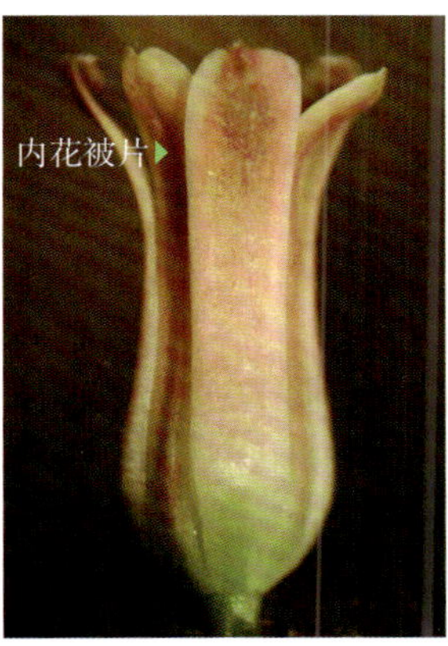

图 2-1447　另一朵花的侧面观

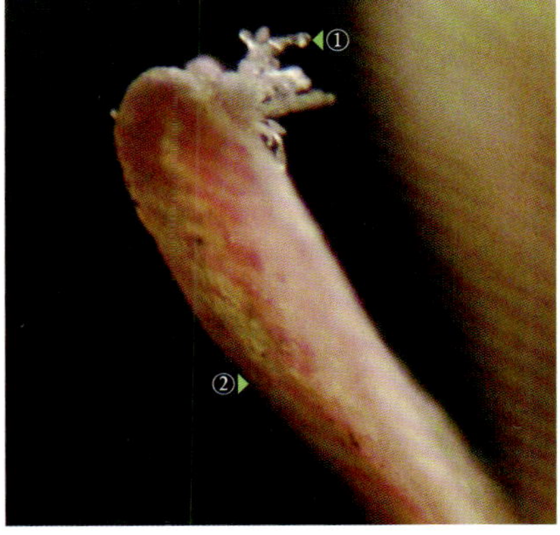

图 2-1448　外花被片内面的顶端中央生有丛生的腺毛（暗视野观察）

①丛生腺毛　②外花被片

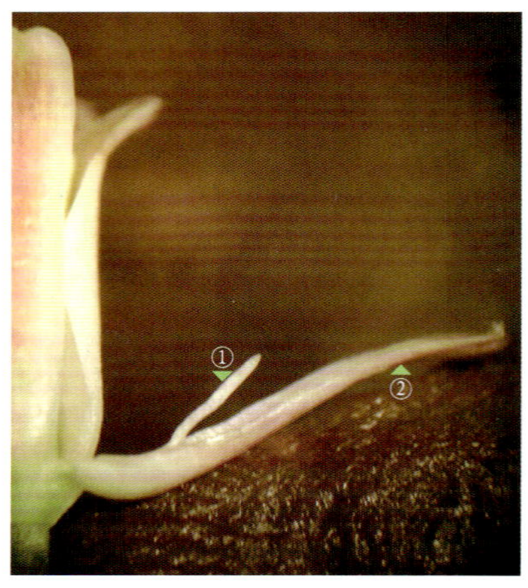

图 2-1449　外花被片的展开，其下部着生针状、无花药的退化雄蕊

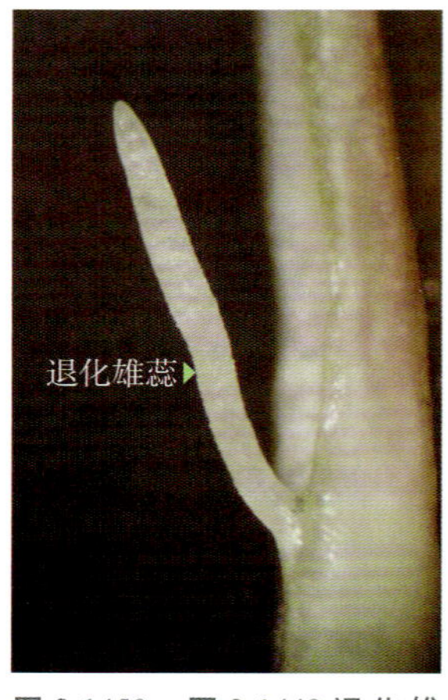

图 2-1450　图 2-1449 退化雄蕊的放大

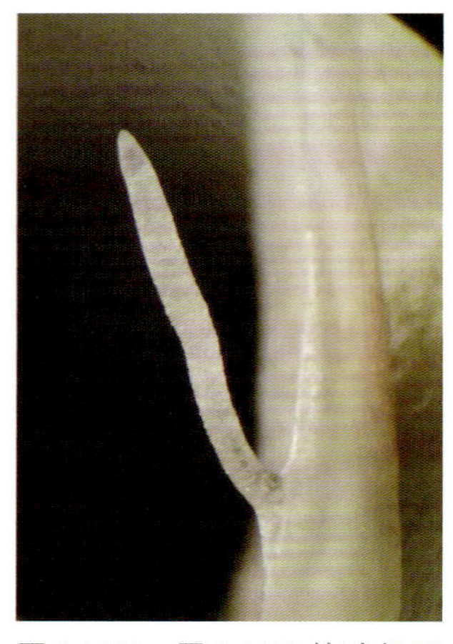

图 2-1451　图 2-1450 的暗视野观察。退化雄蕊表面不光滑

①退化雄蕊　②外花被片

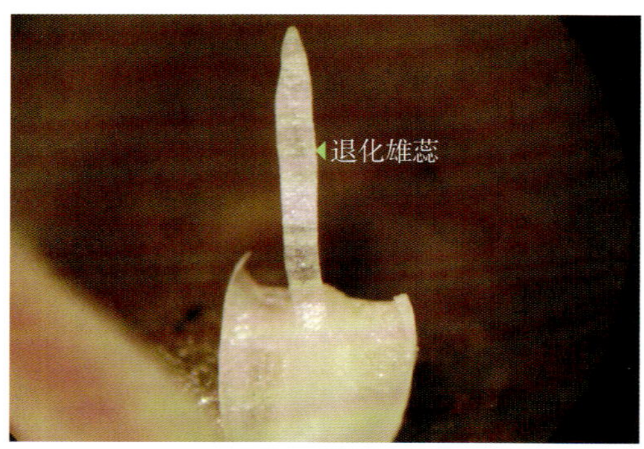

图 2-1452　除去部分外花被片后，退化雄蕊的内面观

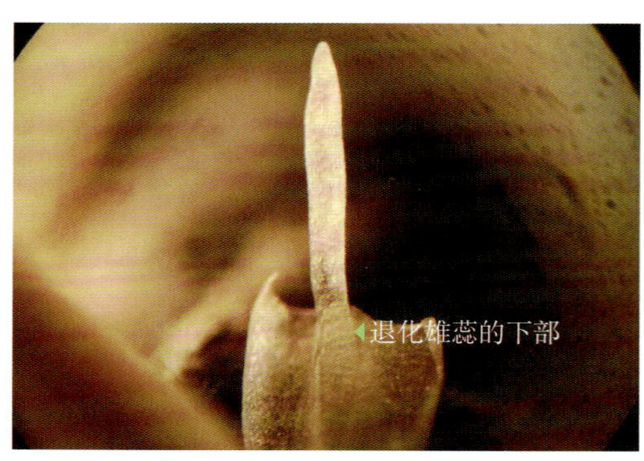

图 2-1453　图 2-1452 的暗视野观察，可见退化雄蕊的下部与外花被片的内面贴生在一起

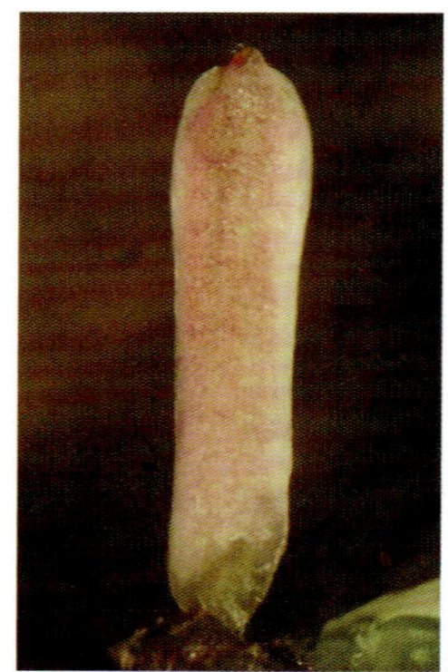

图 2-1454　外花被片的外面观

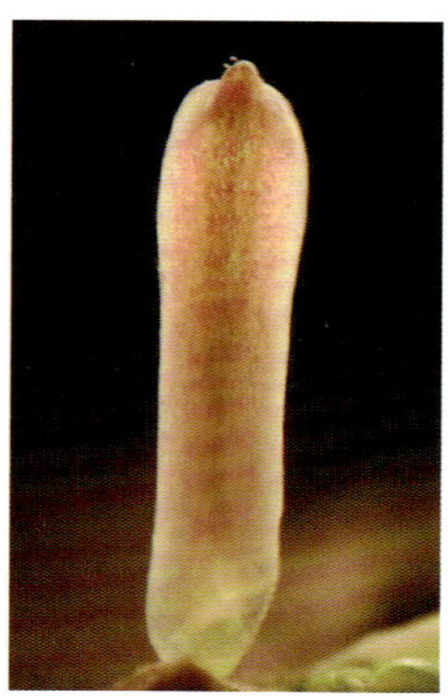

图 2-1455　图 2-1454 的暗视野观察

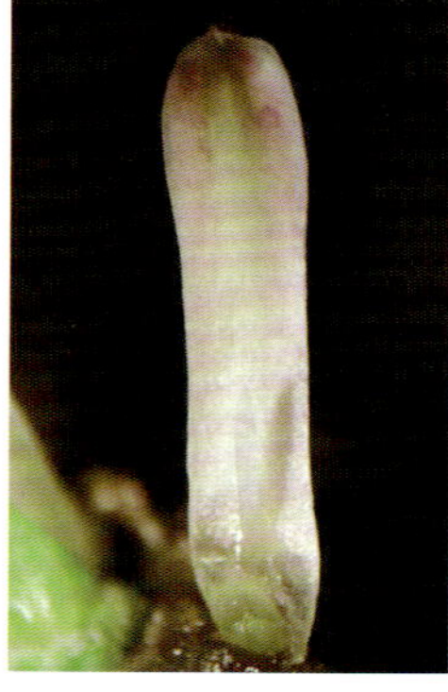

图 2-1456　外花被片的内面观。由于退化雄蕊与外花被片内面的反差小，所以其形态有些不清楚

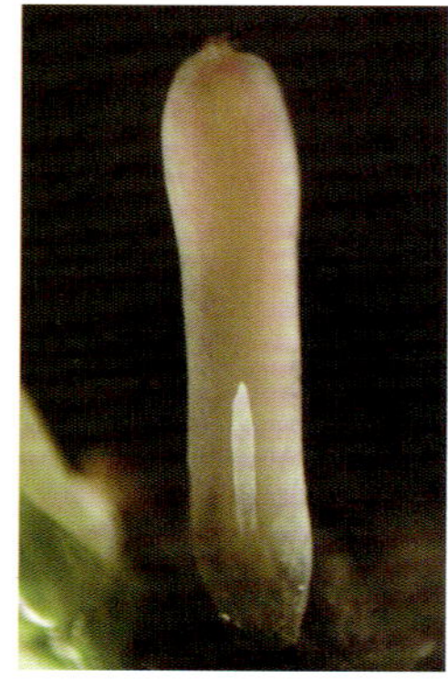

图 2-1457　图 2-1456 的暗视野观察。退化雄蕊较清晰

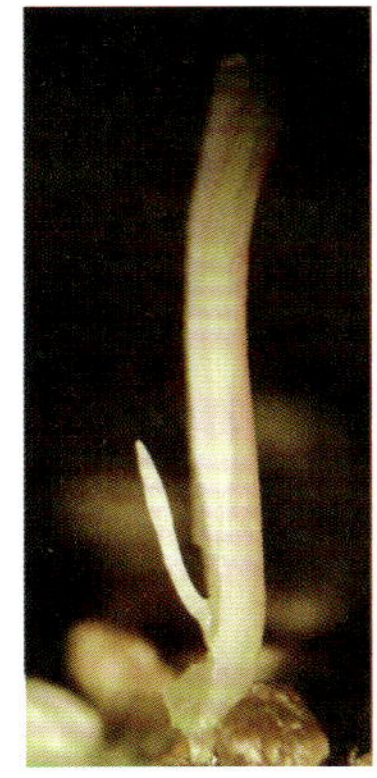

图 2-1458　外花被片的侧面观

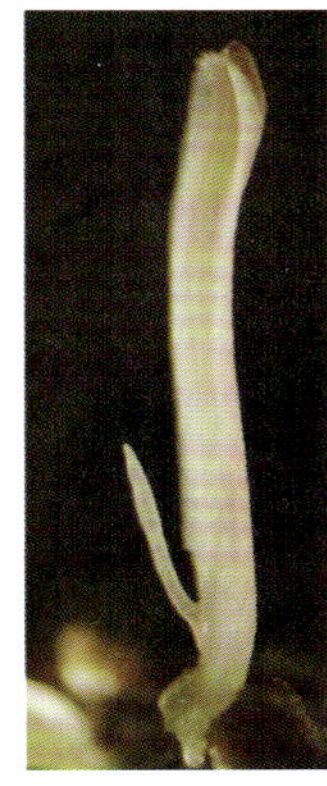

图 2-1459　图 2-1458 的暗视野观察，示退化雄蕊的着生位置

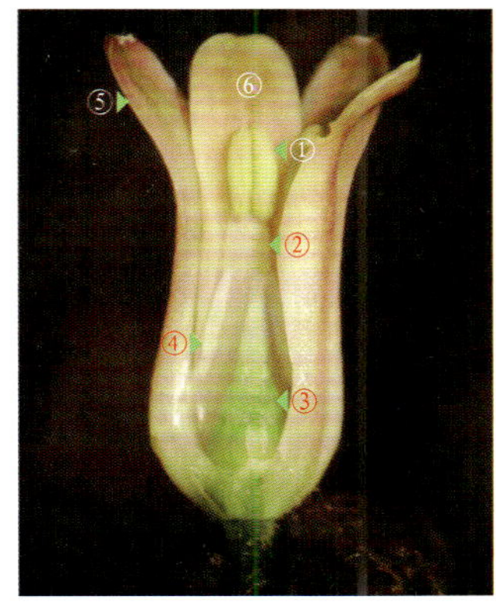

图 2-1460　除去 1 片外花被片和 1 片内花被片后，示花内的花蕊。图中左侧，外花被片的退化雄蕊伸入内花被片间，贴近花柱及柱头

①花药　②花丝
③雌蕊　④退化雄蕊
⑤外花被片　⑥内花被片

图 2-1461　图 2-1460 的暗视野观察

①柱头　②花柱　③子房

图 2-1462　图 2-1461 右侧内花被片被纵向除去一部分后，可见 2 个正常可育雄蕊和 2 个退化雄蕊的着生情况，子房上位

①内花被片　②外花被片
③退化雄蕊

图 2-1463　图 2-1462 的暗视野观察

①雄蕊　②退化雄蕊　③子房

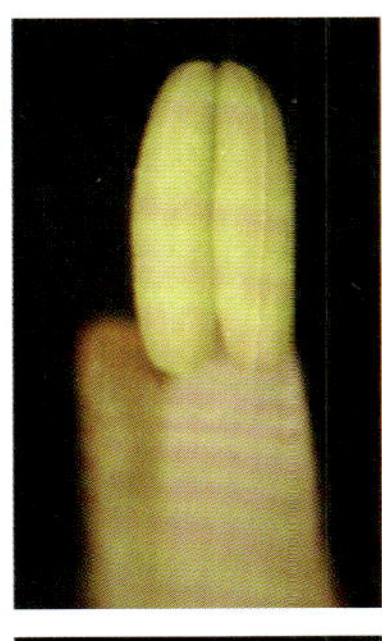

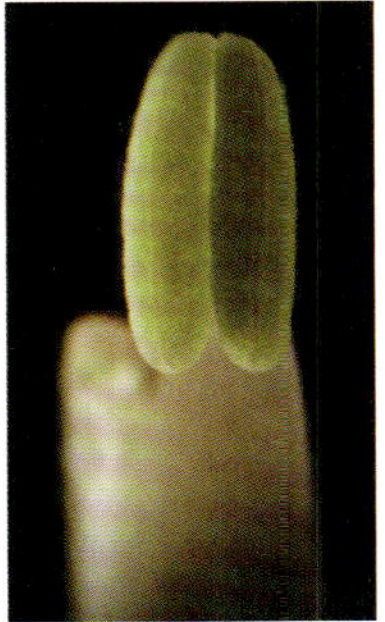

图 2-1464　上图：可育雄蕊花药的内面观。下图：上图的暗视野观察

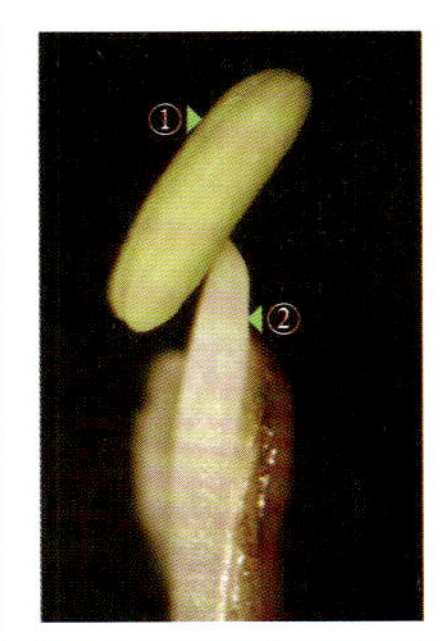

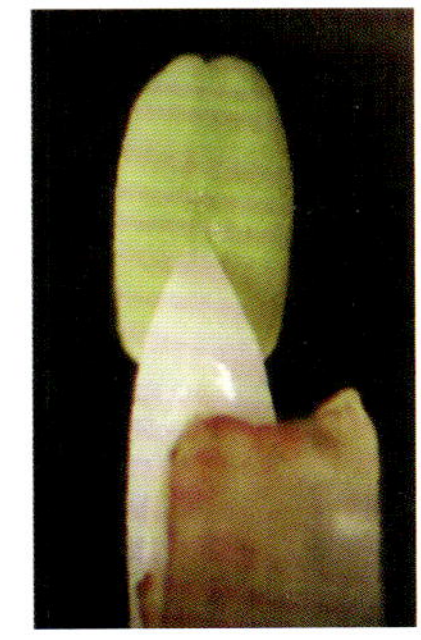

图 2-1465　上图：花药（“丁”字形着药）的侧面观。下图：花药的外面观（混合光观察）

①花药
②花丝

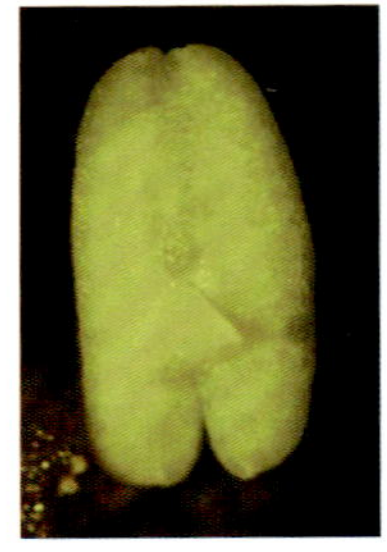

图 2-1466　上图：从花丝上摘下的花药（外面观）。下图：上图的暗视野观察

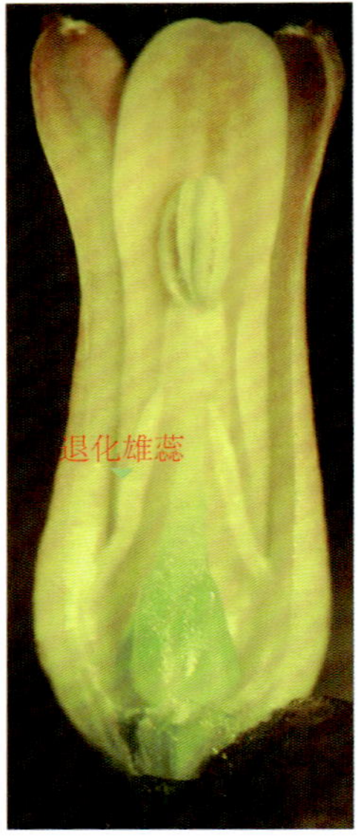

图 2-1467　除去 1 片外花被片和 2 片内花被片的花，示雌蕊周围的 2 个退化雄蕊和 1 个可育雄蕊，可育雄蕊的花药为内向药，纵裂

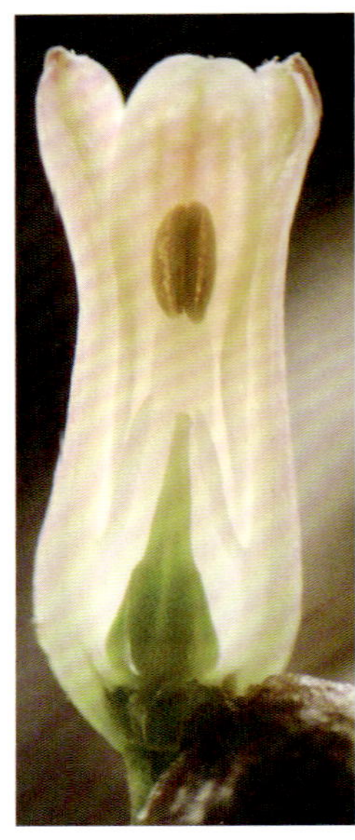

图 2-1468　图 2-1467 的暗视野观察

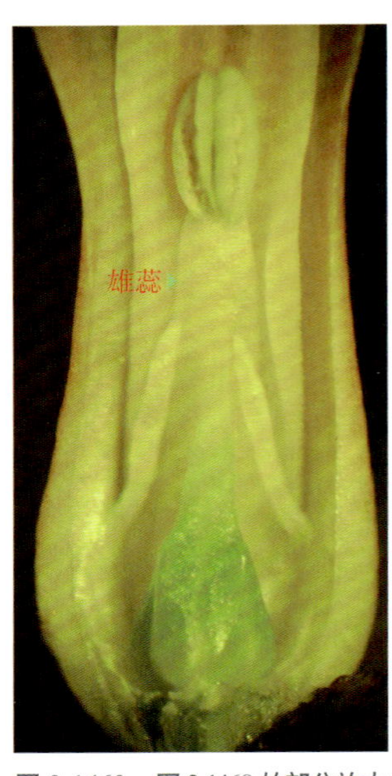

图 2-1469　图 2-1468 的部分放大

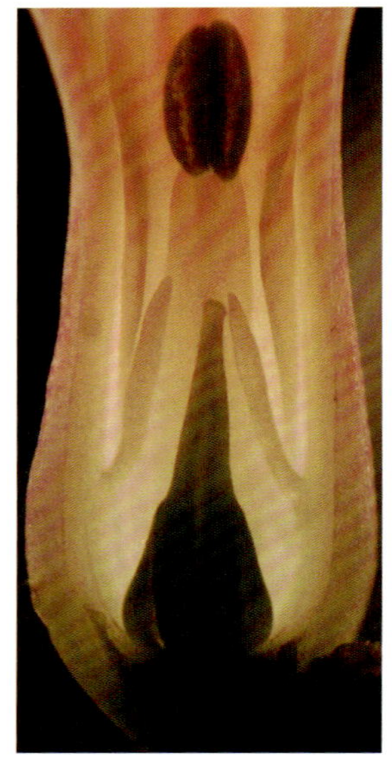

图 2-1470　图 2-1469 的暗视野观察，示 2 个退化雄蕊和 1 个可育雄蕊与雌蕊的位置关系

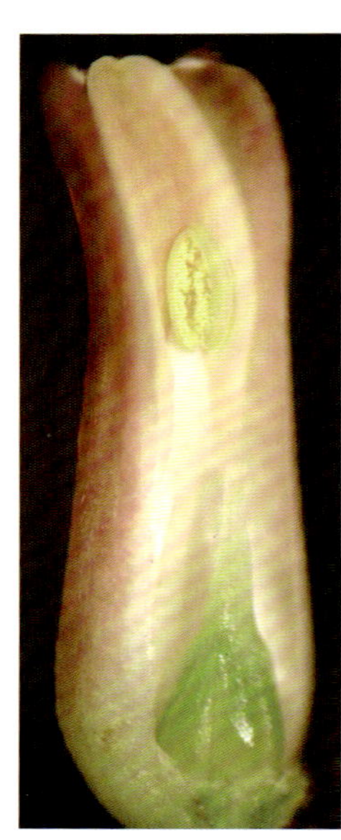

图 2-1471　图 2-1470 花的不同角度观察

图 2-1472　图 2-1471 的混合光观察

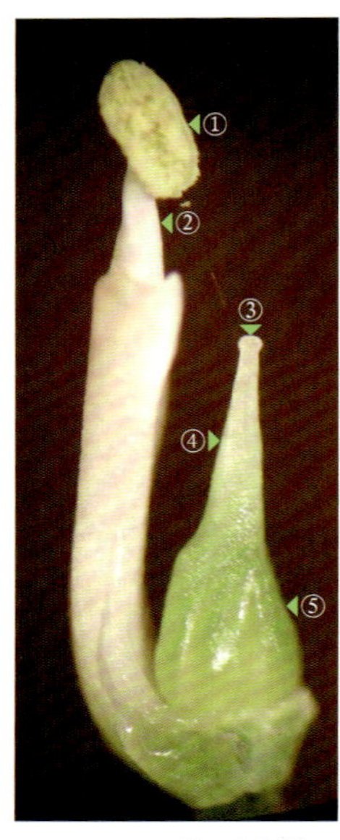

图 2-1473　将剩余的 1 个内花被片的上部剪去，示纵裂的花药和雌蕊

①花药　②花丝
③柱头　④花柱
⑤子房

图 2-1474　图 2-1473 的暗视野观察

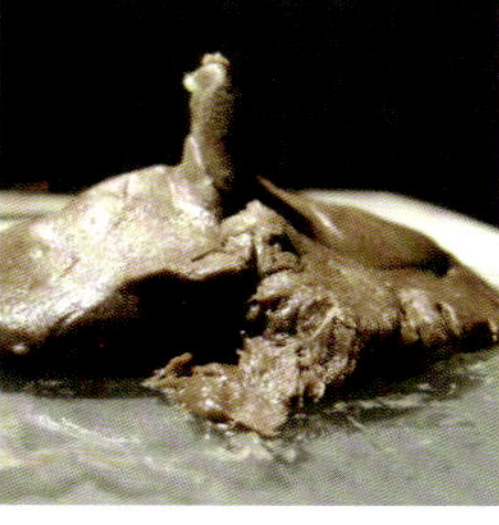

图 2-1475　上图：花在胶块上的固定方法。下图：从上图左侧角度观察胶块和花材料，示胶块的形状（未使用解剖镜）

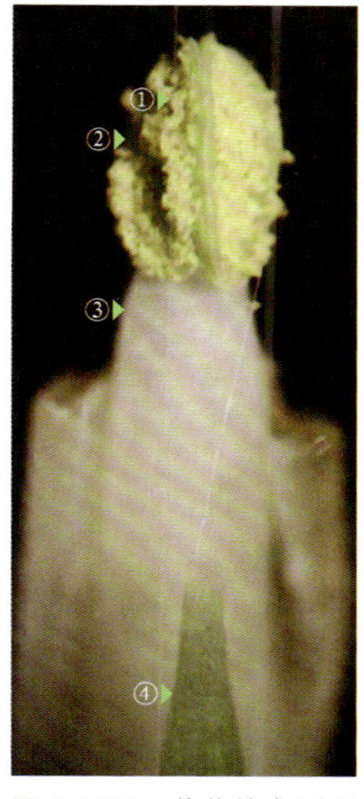

图 2-1476　花药的内面观

①花粉粒　②花药
③花丝　④花柱

图 2-1477　花药的外面观

①花药　②花丝
③内花被片的外面

图 2-1478　雌蕊的侧面观

①柱头　②花柱　③子房

图 2-1479　图 2-1478 雌蕊的暗视野观察

图 2-1480　图 2-1479 雌蕊不同角度的观察

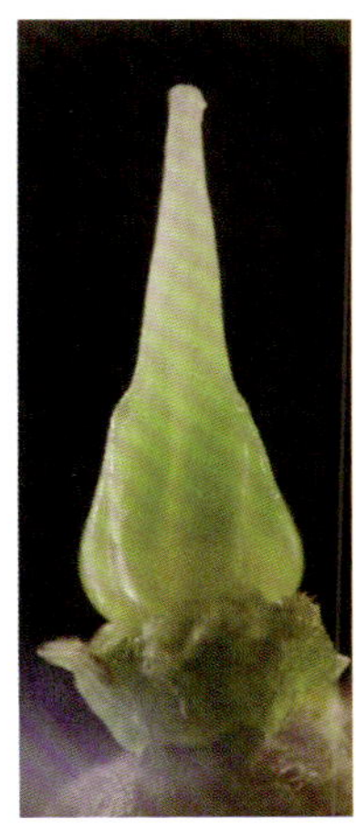

图 2-1481　图 2- 1480 雌蕊的暗视野观察

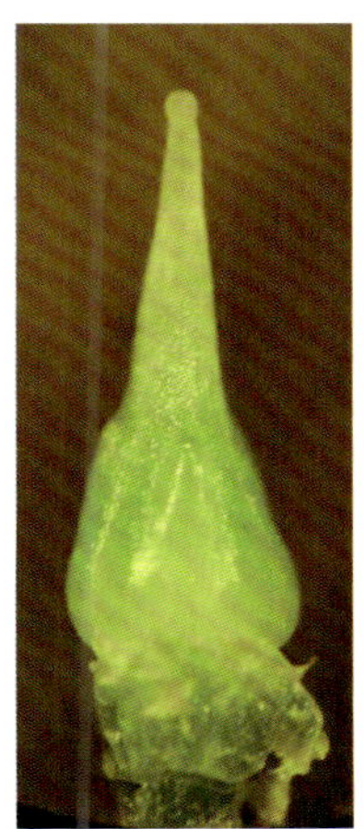

图 2-1482　图 2-1479 雌蕊不同角度的观察

图 2-1483　图 2-1482 雌蕊的暗视野观察

图 2-1484 除去雌蕊的部分子房壁后，示 1 个子房室内的 2 个胚珠

图 2-1485 从 1 个子房室内掀出的 2 个胚珠

图 2-1486 子房室内的 1 个胚珠

图 2-1487 图 2-1486 胚珠的放大，珠孔端位于胚珠的下方并且凸出

剥去子房壁后，由于胚珠在空气中暴露和观察的时间稍长，引起胚珠外层部分失水干缩，使表皮细胞外的角质层产生微褶皱。

②第 2 朵花

图 2-1488 花序的一部分（混合光观察）

簇生花中，一朵花正在开放，另一朵花已结果。《中国植物志》记载，知母的花被片宿存，但此果实外的花被片已枯萎（雨天采集，花被片已浸水）。

①果实 ②花

图 2-1489 图 2-1488 花不同角度的放大观察。内花被片内侧的顶端中央也生有少量丛生腺毛

①外花被片 ②内花被片

图 2-1490　花的上面观。花药为内向药

图 2-1491　图 2-1490 的暗视野观察

①花药　②内花被片　③外花被片

图 2-1492　花的侧面观。左侧的外花被片被折断，其内面生有退化雄蕊

图 2-1493　图 2-1492 的暗视野观察

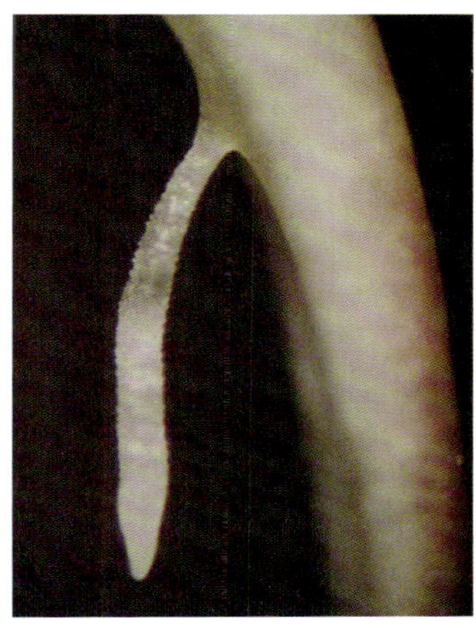

图 2-1494　外花被片上退化雄蕊的放大（侧面观），其表面不光滑，有微乳突

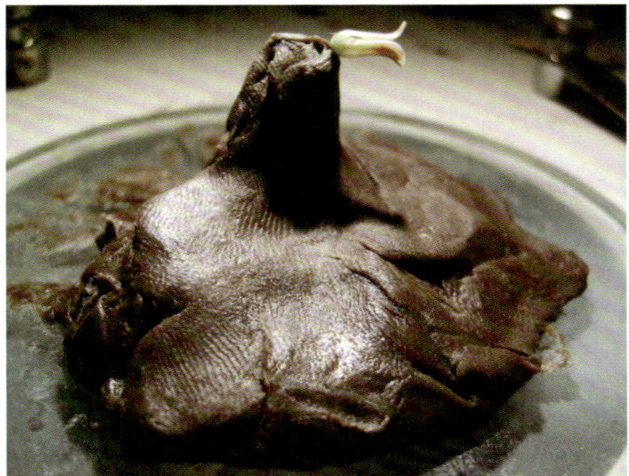

图 2-1495　左图：花在胶块上的固定方法。右图：从左图的左侧观察胶块（未使用解剖镜）

图 2-1496　图 2-1495 的近上面观（未使用解剖镜）

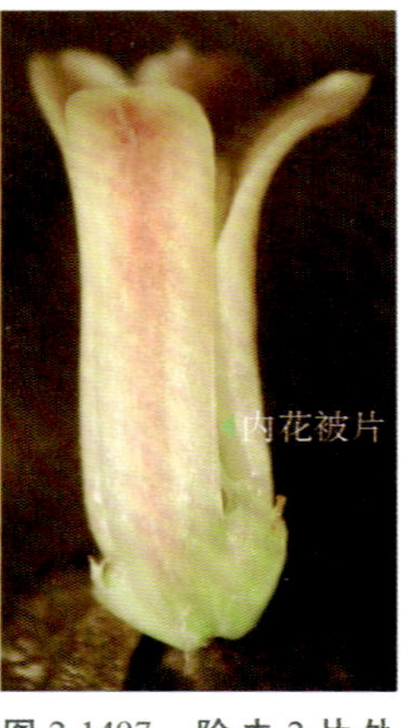

图 2-1497　除去 2 片外花被片后，花的侧面观

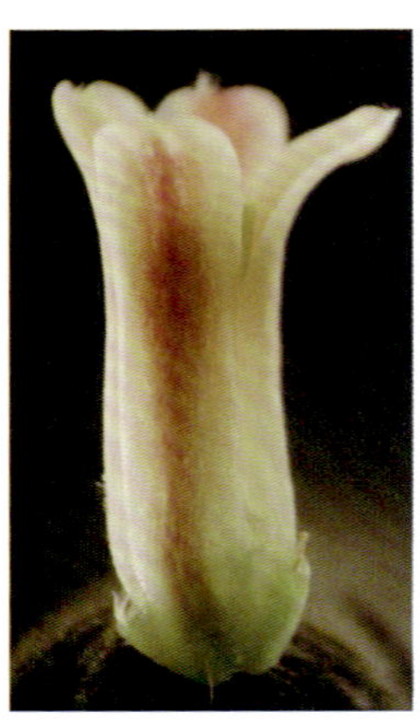
图 2-1498　图 2-1497 的暗视野观察

图 2-1499　内花被片和外花被片内面的顶端中央位置均生有丛生的腺毛（混合光观察）

①内花被片　②外花被片

图 2-1500　除去外花被片后，花的上面观

①花药　②内花被片

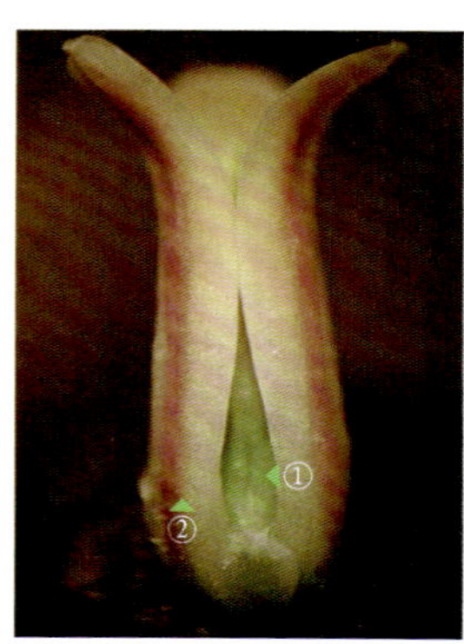

图 2-1501　图 2-1500 花的侧面观

①子房　②内花被片

图 2-1502　图 2-1501 的暗视野观察

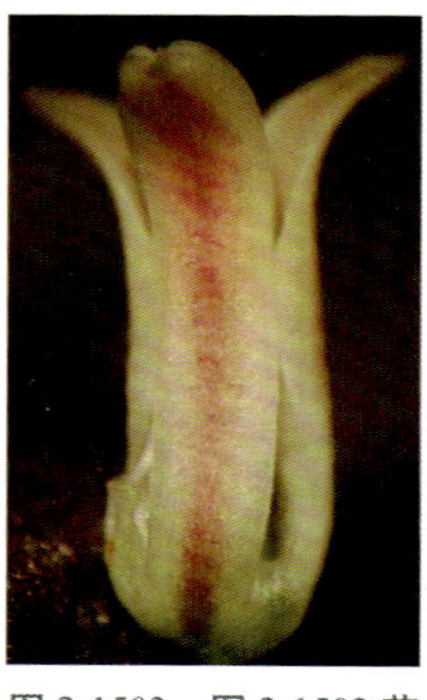
图 2-1503　图 2-1502 花不同角度的观察

图 2-1504　图 2-1503 花的部分放大（暗视野观察）。内花被片内面的顶端中央，丛生腺毛呈短尖状

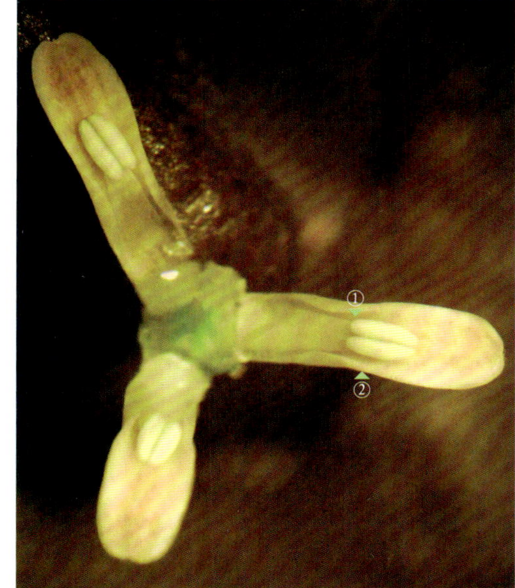

图 2-1505　图 2-1504 花的内花被片在胶块上的展开。雄蕊与内花被片对生

①雄蕊　②内花被片

图 2-1506　图 2-1505 的暗视野观察，示花在胶块上的固定方法

①花柱　②暗视野观察使用的胶块

图 2-1507　图 2-1506 雌蕊的上面观

图 2-1508　除去内花被片后，示由 3 心皮组成的复雌蕊。子房表面的背缝线和腹缝线易于辨认（暗视野观察）

①腹缝线　②背缝线

图 2-1509　将雌蕊粘在胶块上后，对子房进行横切制片

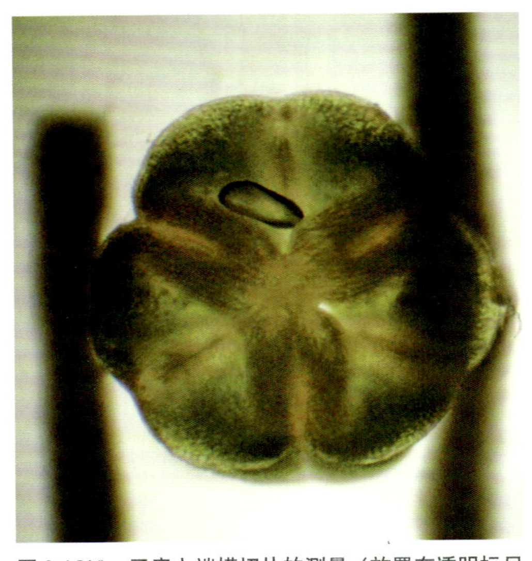

图 2-1510 子房上端横切片的测量（放置在透明标尺上），透明标尺两线间的长度为 1 mm。图中，子房横切片左、右两侧的刻度线发生了不同程度的弯曲（解剖镜观察）

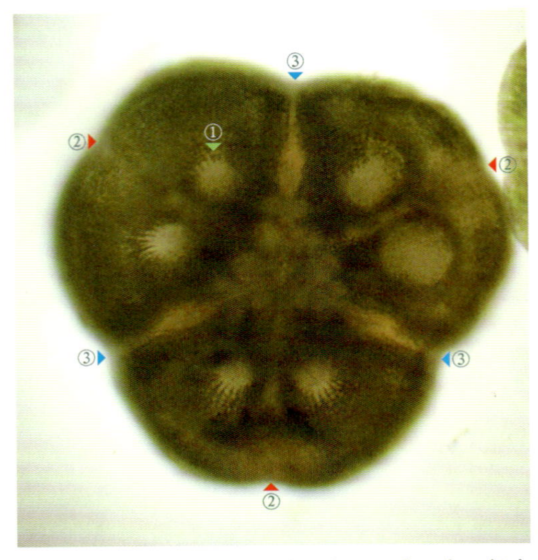

图 2-1511 图 2-1510 切片的观察。子房 3 室，每室有 2 个胚珠。蓝箭头指腹缝线处，红箭头指背缝线处

①胚珠 ②背缝线 ③腹缝线

(2)近成熟果实的观察

图 2-1512 果实顶端有枯萎、宿存的花柱及柱头形成的短喙

图 2-1513 图 2-1512 的混合光观察

①枯萎的花柱
②果实
③枯萎的花被片
④果梗

图 2-1514 果实的上面观

图 2-1515 从果皮内分离出的 1 个种子

①种子 ②果皮

图 2-1516　果实的横切片（混合光观察）。除 1 个果室内生有 2 个种子之外，其余 2 个果室内仅生 1 个种子

①果皮　②种子
③子房室间隔膜

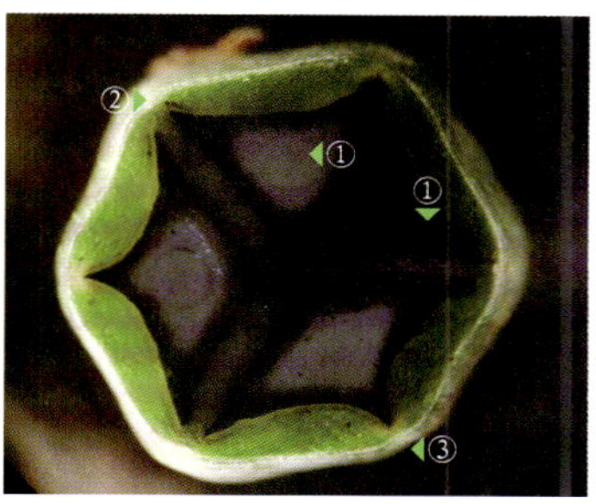

图 2-1517　图 2-1516 的暗视野观察

①一个果室内的2个种子
②腹缝线　③背缝线

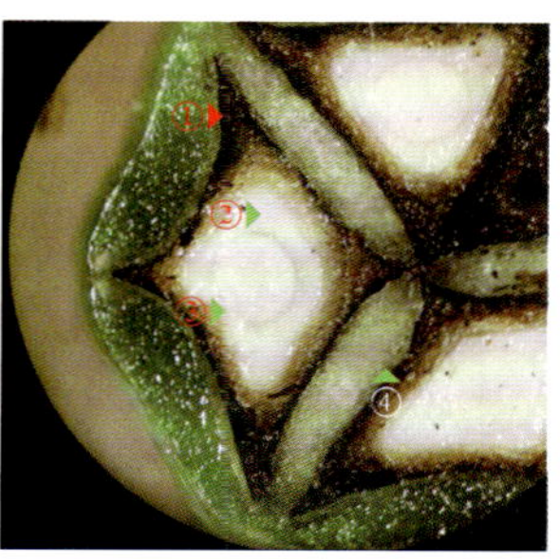

图 2-1518　图 2-1517 左侧果室的放大。从种子的横切片上看，黑色种皮与扁圆形的胚之间有乳白色的胚乳，由此可知知母的种子属于有胚乳的种子

①种皮　②胚乳
③胚　　④子房室间隔膜

2. 薤（xiè）[⑤]白（*Allium macrostemon* Bunge）

葱属（*Allium*）。草本；鳞茎近球状；伞形花序，有花莛（无叶的花序梗），两性花，花梗较长，在伞形花序上生有较多珠芽；花被片 6 片，排列成 2 轮，每轮 3 片，外轮花被片与内轮花被片互生；雄蕊 6 个，排列成 2 轮，花丝在基部合生，并在其下与花被片贴生；复雌蕊，子房上位，3 室，每室有 2 个胚珠；蒴果。

花材料于 2013 年 6 月 1 日采自河南省洛阳市内公园。采用胶块法对其精细解剖和结构观察的结果如图 2-1519 ~ 图 2-1554 所示。

图 2-1519　花期时的植株（未使用解剖镜）

①伞形花序　②花莛

图 2-1520　花期的植株。花序下可见花莛，叶 2 片（未使用解剖镜）

①伞形花序　②花莛　③叶

⑤不少植物的中文名由于使用了冷僻字，使得读、写和电脑输入变得比较困难。在此，建议植物分类学家在为植物定中文名时，尽可能使用常用字，并在难字及多音字后注上汉语拼音。

图 2-1521　植株的鳞茎

①鳞茎　②不定根

图 2-1522　薤白的伞形花序，可见 2 朵正常发育的花

①伞形花序的1朵花　②花柄　③总苞　④花莛

图 2-1523　花莛顶端的总苞内，有（2 个）花柄、珠芽和（2 个）退化的花（仅有短而细的花柄）

①花柄　②退化的花　③珠芽
④总苞　⑤花莛

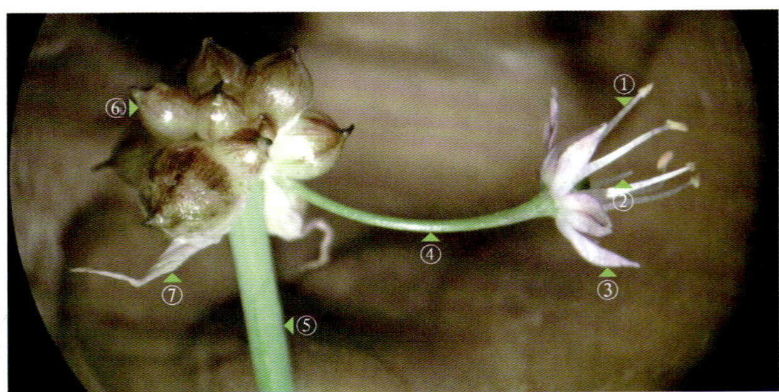

图 2-1524　另一植株的花莛顶端。总苞 2 裂，花序上生 1 朵花和数个珠芽

①雄蕊　②雌蕊　③花被片
④花柄(《中国植物志》中称“小花梗”)　⑤花莛　⑥珠芽
⑦总苞(2裂)

图 2-1525　图 2-1524 花莛顶端的暗视野观察

①珠芽　②总苞　③花柄　④花莛

图 2-1526　花的上面观。花被片排列成 2 轮，每轮 3 片

①花丝　②花药　③子房
④内轮花被片　⑤外轮花被片

图 2-1527　图 2-1526 花的暗视野观察

图 2-1528　花的近上面观。雌蕊的花柱稍短

①柱头　②花柱　③花药　④花丝　⑤雄蕊
⑥外轮花被片　⑦内轮花被片　⑧子房

图 2-1529　另一朵花的近上面观

①外轮花被片　②内轮花被片

图 2-1530　图 2-1529 不同的聚焦面照片。雌蕊的花柱较长

图 2-1531　图 2-1530 的暗视野观察。花内有 6 个雄蕊

①外轮花被片　②内轮花被片　③花柄

图 2-1532　花的侧面观。雄蕊的长度不一致，花柱长度介于长花柱和短花柱之间

①柱头　②花柱　③花药　④花丝　⑤子房
⑥外轮花被片　⑦内轮花被片

图 2-1533 花的侧面观。花内的花柱较长

①柱头 ②花柱 ③花药 ④花丝
⑤外轮花被片 ⑥内轮花被片

图 2-1534 花的近下面观

①内轮花被片 ②花柄

图 2-1535 花的下面观，可见外轮花被片比内轮花被片宽阔一些，其背面中脉的色带较内轮花被片色带稍窄

①外轮花被片 ②内轮花被片

图 2-1536 花的上面观（混合光观察）。花内 6 个雄蕊的花丝在基部合生，与内轮花被片对生的雄蕊花丝基部要比与外轮花被片对生的雄蕊花丝基部宽阔

①花柱 ②与外轮花被片对生的花丝
③内轮花被片 ④与内轮花被片对生的花丝
⑤外轮花被片

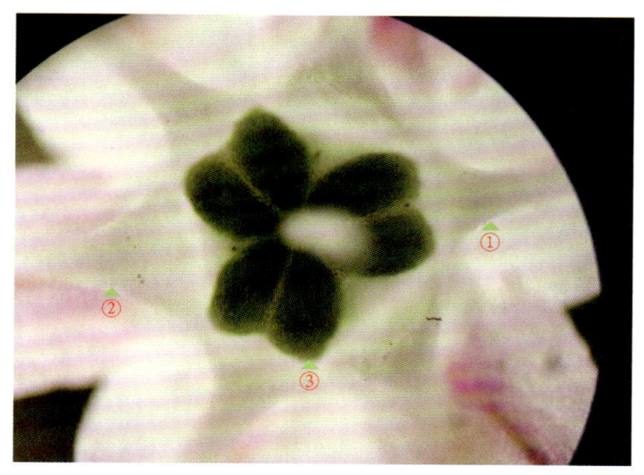

图 2-1537 花蕊的放大（暗视野观察）。与内、外轮花被片对生的花丝基部宽窄不同

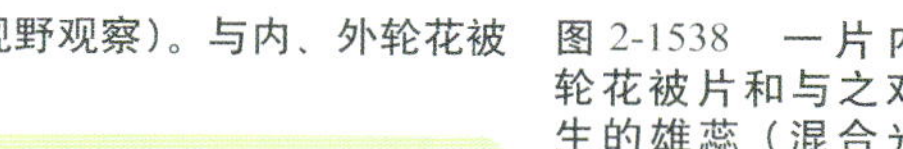

①与外轮花被片对生的花丝
②与内轮花被片对生的花丝 ③子房

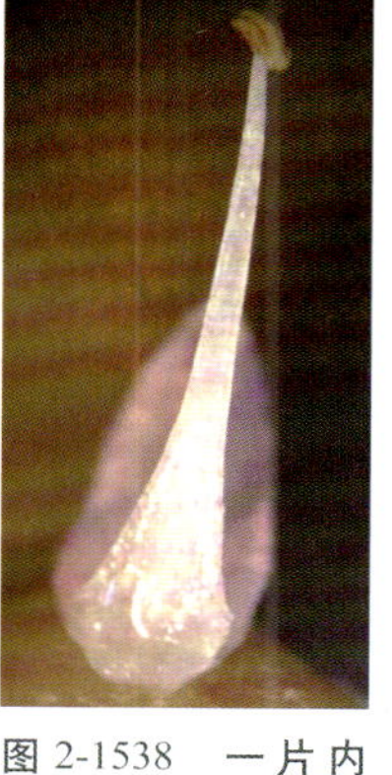

图 2-1538 一片内轮花被片和与之对生的雄蕊（混合光观察）

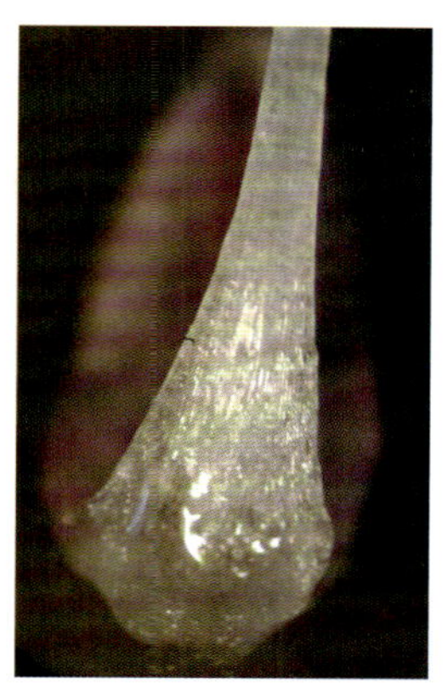

图 2-1539 图 2-1538 花丝基部的放大

图 2-1540 除去花被片后的花

①与内轮花被片对生的雄蕊
②与外轮花被片对生的雄蕊 ③花柄

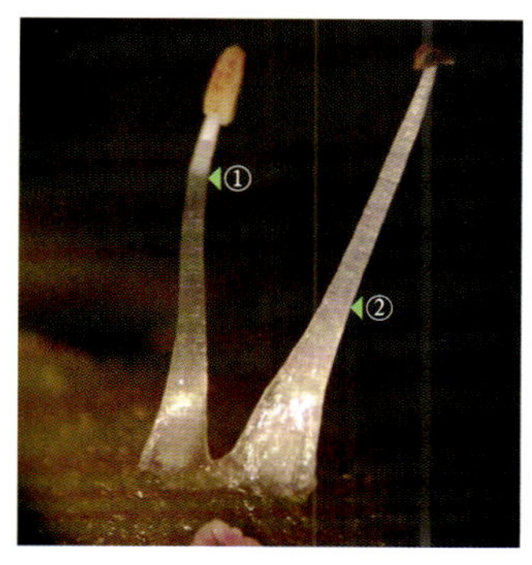

图 2-1541 分离出的 2 个雄蕊，两者在基部合生

①与外轮花被片对生的雄蕊
②与内轮花被片对生的雄蕊

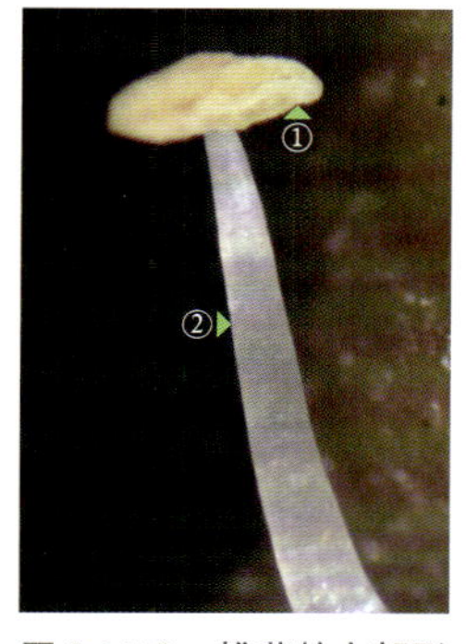

图 2-1542 雄蕊的上部形态（暗视野观察）。花药“丁”字形着药，纵裂

①花药 ②花丝

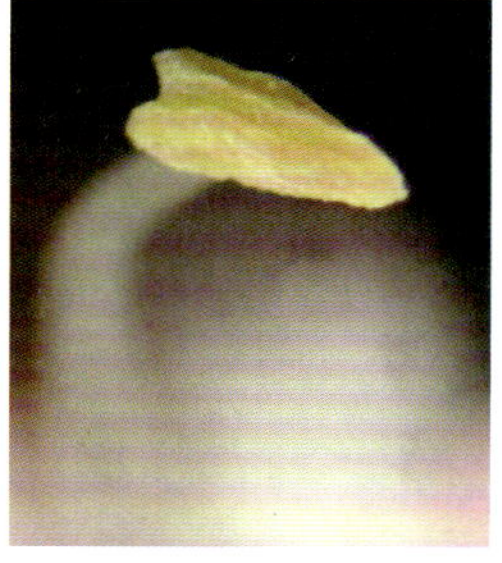

图 2-1543 花药不同角度的观察

图 2-1544 展开花的侧面观

①柱头 ②花柱 ③子房

图 2-1545 花内雌蕊的近侧面观

①花丝 ②子房

图 2-1546　将子房壁纵剖并除去一部分后，露出一个子房室内的 2 个倒生胚珠

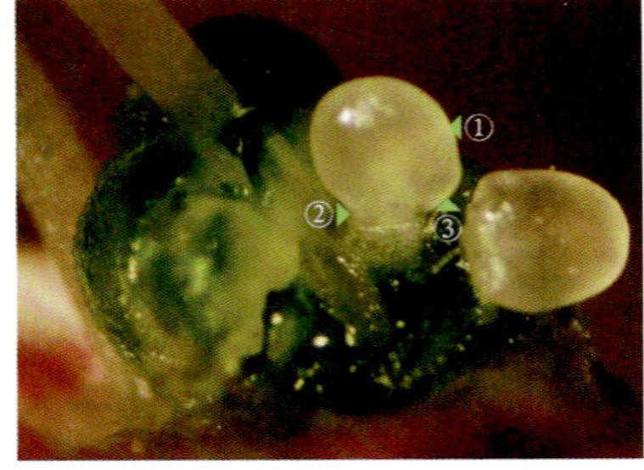

图 2-1547 从子房室内分离出胚珠

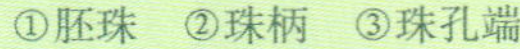
①胚珠　②珠柄　③珠孔端

图 2-1548　一个子房室内剩余的 1 个胚珠

图 2-1549　图 2-1548 胚珠的放大

从胚珠的着生情况看，子房室内的胎座非中轴胎座，而是基生胎座。

①花柱
②子房室间隔膜
③珠孔端

图 2-1550　子房上部的横切片，示 3 个子房室内的 6 个胚珠（每室 2 个）。在子房横切片的中央有 1 个孔洞，这是花柱伸出的部位（此处的花柱与子房未愈合）

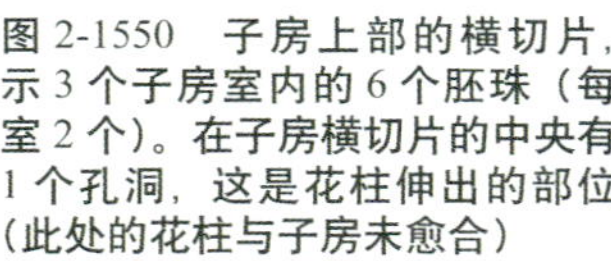
①1个子房室内的2个胚珠
②花柱的位置
③子房壁

图 2-1551　子房横切片的暗视野观察

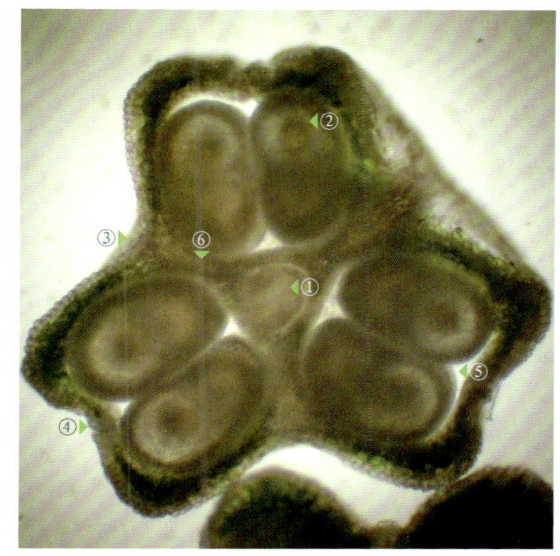

图 2-1552　子房横切片的显微镜观察。3 个子房室内有 6 个胚珠（横切面）。在子房室的中轴内，花柱的近圆形横切面未与其周围的子房壁完全愈合（仅在左侧合生），两者之间的未愈合处存在间隙

①花柱　②胚珠　③腹缝线　④背缝线
⑤子房室　⑥子房室间隔膜

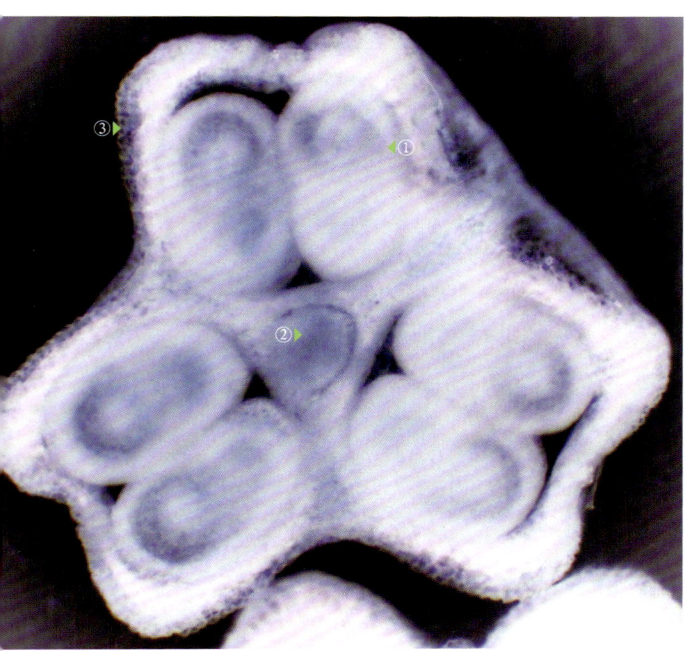

图 2-1553　图 2-1552 数码照片的光学信息解析处理结果。此切片的花柱仅与子房部分合生

①胚珠　②花柱　③子房壁

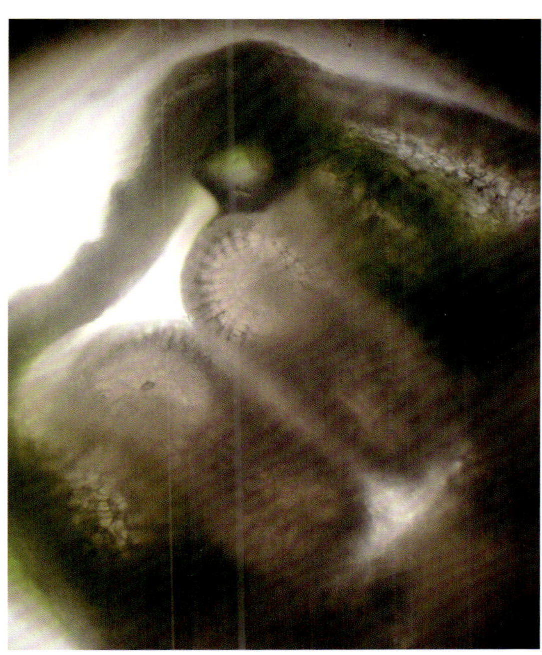

图 2-1554　一个子房室内的 2 个胚珠横切面的放大。胚珠外层的横切面上有辐射状条纹

三十二、石蒜科（Amaryllidaceae）

石蒜 [*Lycoris radiata*（L'Hér.）Herb.]

石蒜属（*Lycoris*）。草本；有鳞茎，花期无叶；伞形花序，两性花，花梗较长；花被裂片 6 片，狭倒披针形，反卷并且边缘皱缩；雄蕊 6 个，较长，离生；复雌蕊，由 3 个心皮合生而成，子房下位（百合科的花与石蒜科相似，但是子房上位），3 室，每室有 4 个胚珠，中轴胎座，花柱细长，柱头很小；蒴果。

花材料于 2015 年 9 月 8 日采自河南省洛阳市内花园。采用胶块法对其精细解剖和结构观察的结果如图 2-1555 ～图 2-1572 所示。

图 2-1555　花期时的植株（未使用解剖镜）

图 2-1556　花茎(《中国植物志》未将其称为“花莛”)顶端由 5 朵花柄较长的花组成伞形花序。花后，花被裂片和花被筒（被丝托）枯萎，但下位子房外的花托（也有文献称“花被筒”）绿色（未使用解剖镜）

①花柄　②下位子房外的花托　③花茎

图 2-1557　花的侧面观（未使用解剖镜）

①雄蕊　②花被裂片
③花被筒　④下位子房外的花托
⑤花柄

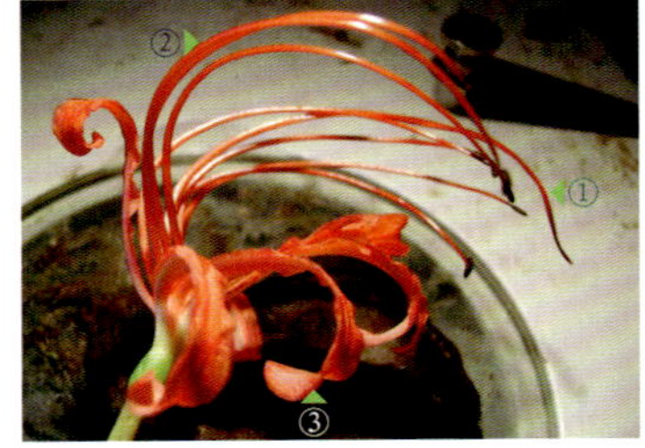

图 2-1558　花的侧面观。花蕊中仅有一根为雌蕊（花柱和柱头部分），其余为雄蕊。图中雄蕊的数目为 7，比文献记载的石蒜花的雄蕊数多 1 个（未使用解剖镜）

①雌蕊　②雄蕊　③花被裂片

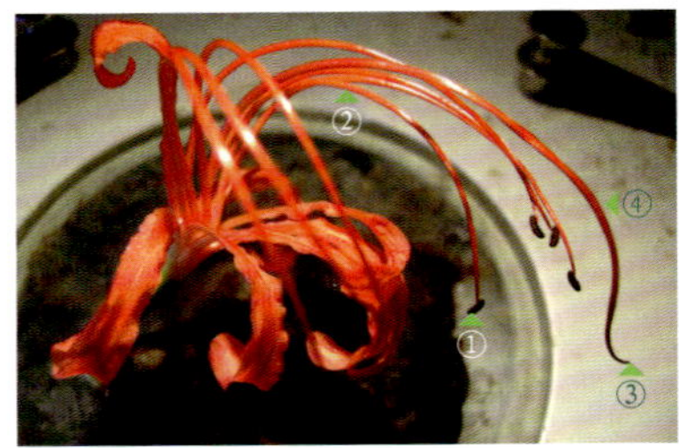

图 2-1559　图 2-1558 花的不同角度观察，示雌、雄蕊的形态差异（未使用解剖镜）

①花药　②花丝　③柱头　④花柱

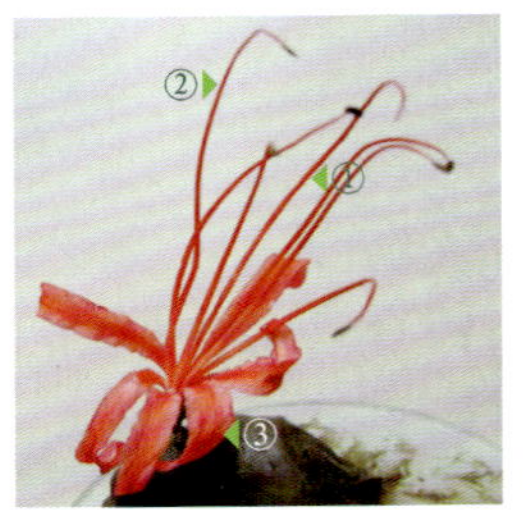

图 2-1560　另一朵花，花被裂片和雄蕊的数目均为 6（未使用解剖镜）

①雌蕊　②雄蕊
③花被裂片

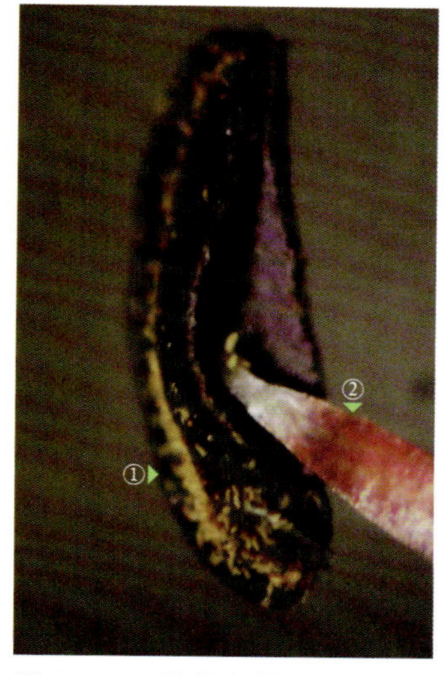

图 2-1561　花丝在花药上的着生位置。花药为“丁”字形着药

《中国植物志》记载石蒜科植物的花药背着或基着。

①花药　②花丝

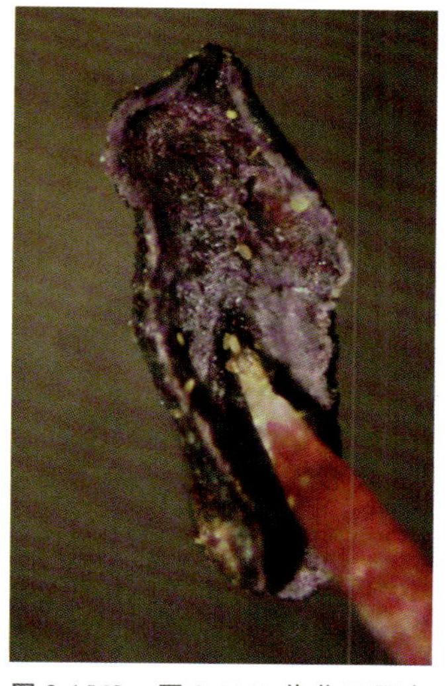

图 2-1562　图 2-1561 花药不同角度的观察

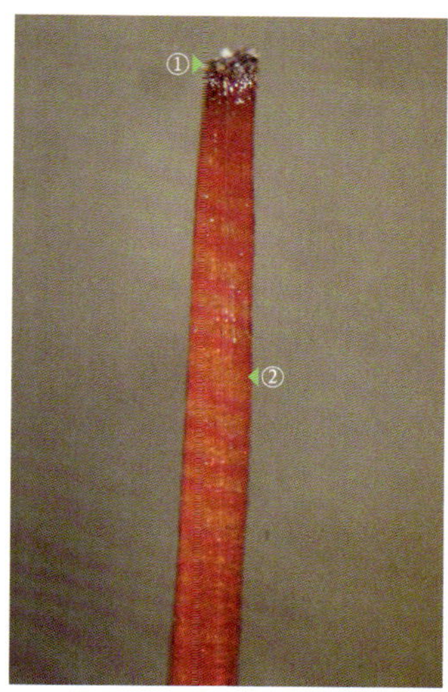

图 2-1563　花柱的上端和顶端的柱头

①柱头　②花柱

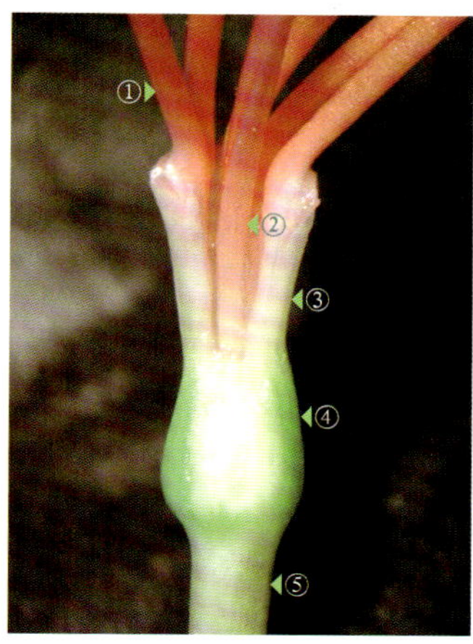

图 2-1564　花被筒和花托部分纵剖后的花

除去花被裂片后，将花被筒、花托和子房合生的壁纵剖并除去一部分，可见雄蕊的花丝贴生在花被筒内面，花被筒中央的细长柱状物为雌蕊的花柱，花柱下的子房与其外的花托合生在一起，即子房下位。

①花丝　②花柱　③花被筒
④花托　⑤花柄

图 2-1565　图 2-1564 的暗视野观察

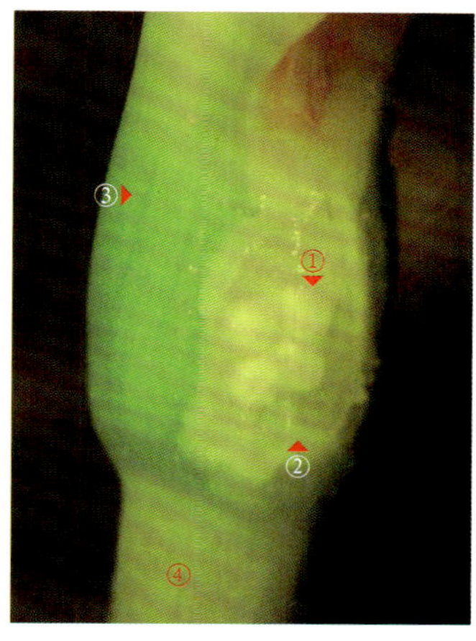

图 2-1566　除去一部分花托与子房合生的壁后，可见 1 个子房室膜质透明的子房内壁，子房室内有 4 个胚珠

①胚珠　②子房内壁
③花托　④花柄

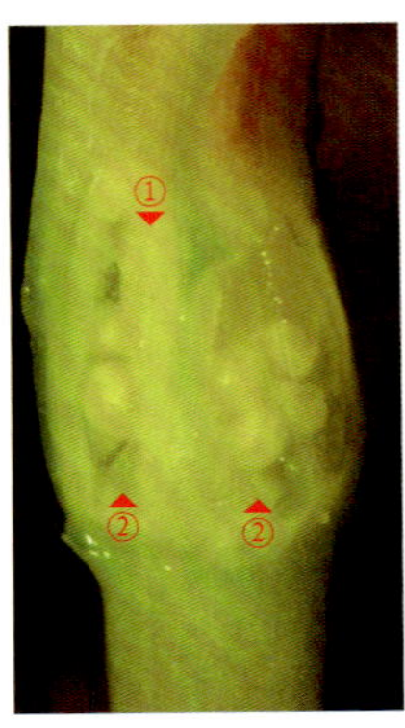

图 2-1567　除去相邻左侧子房室的一部分花托和子房合生的壁后，露出这个子房室内的部分胚珠

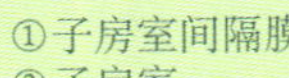

①子房室间隔膜
②子房室

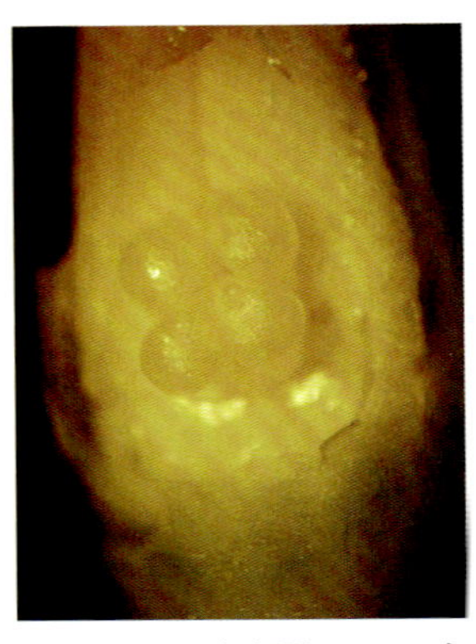

图 2-1568　除去图 2-1567 右侧子房室的膜质内壁后，示 1 个子房室内的 4 个胚珠（中轴胎座）

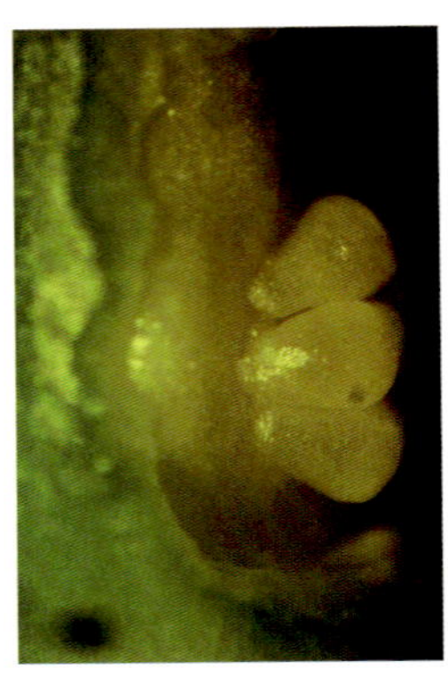

图 2-1569　子房室内胚珠的侧面观

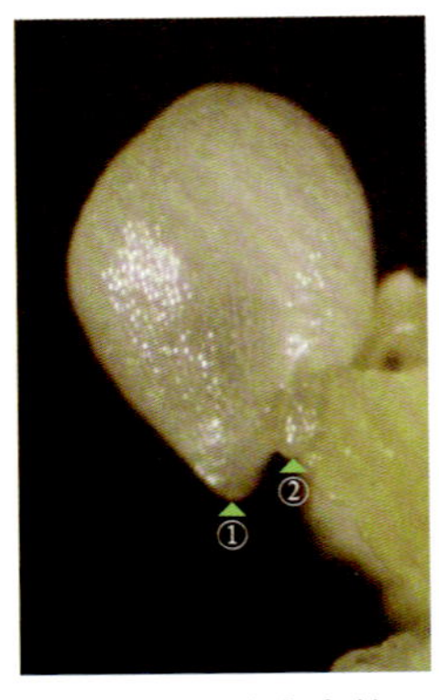

图 2-1570　分离出的一个胚珠，胚珠在形态上似倒生或弯生胚珠

①珠孔端　②珠柄

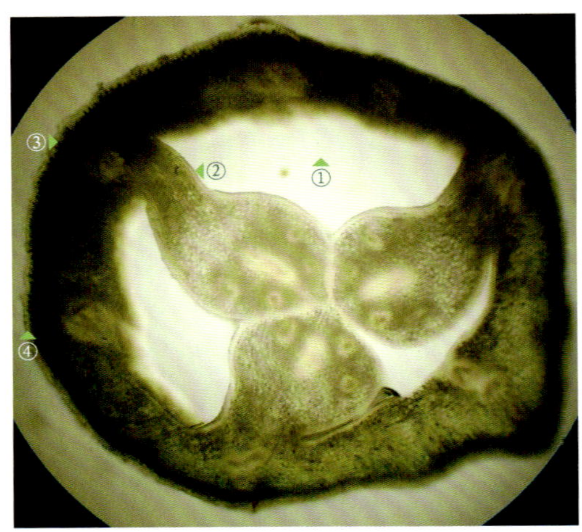

图 2-1571　子房的横切片。子房 3 室，在此切片位置上未见胚珠

①子房室　②子房室间隔膜　③腹缝线
④背缝线

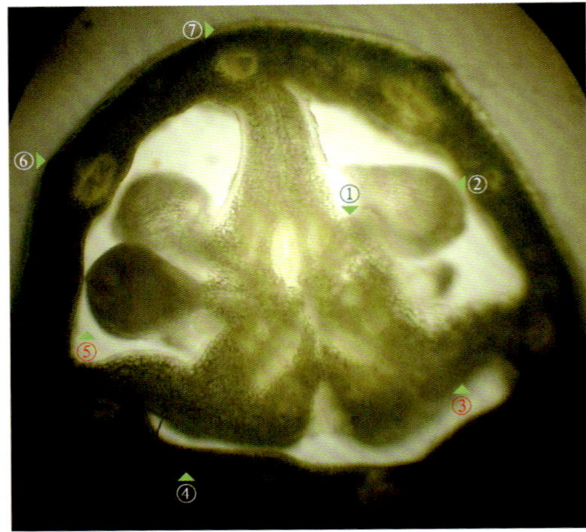

图 2-1572　不同位置的子房横切片，中轴胎座

图中，左侧子房室内有 2 个胚珠（横切面），右侧子房室内有 1 个胚珠和 1 个（胚珠）珠柄的部分切面，图下方的子房室内不仅未见胚珠，而且子房室的空间由于受到相邻两个子房室的挤压而变扁。

①珠柄　②胚珠　③子房室间隔膜
④花托和子房合生的壁　⑤子房室　⑥背缝线
⑦腹缝线

主要参考文献

丁宝章，王遂义，高增义 . 河南植物志 (第 1~4 册). 郑州 : 河南科学技术出版社 , 1988—1998.

董源 . 毛白杨胚胎学观察 II: 胚珠、胚囊的构造、受精作用和胚的发育 . 北京林学院学报 , 1984, 6(1): 83-94.

洪亚平，段春燕 . 解剖镜下观察花、果和种子的技巧 . 安徽农学通报 , 2007, 13(14): 51, 13.

洪亚平 . 光镜下新鲜植物花粉的简易制片、观察和摄像方法 . 生物学通报 , 2007, 42(1): 56-57.

洪亚平，侯小改 . 低成本制作光学显微镜 (正立、倒置)/ 解剖镜的实时观察与记录系统 . 生物学通报 , 2007, 42(4): 51.

洪亚平，朱喜荣，胡亚琼 . 在解剖镜下利用胶块观察植物花形态的方法 . 安徽农业科学 , 2008, 36(22): 9482-9483, 9539.

洪亚平，张亚冰 . 利用改进的整体染色与透明技术观察垂柳的幼胚 . 安徽农业科学 , 2009, 37(22): 10400-10402.

洪亚平，张亚冰，吴国锋，等 . 一种新的非酶法分离荠幼胚的方法 . 安徽农业科学 , 2009, 37(23): 10852-10853.

洪亚平，张亚冰 . 提高解剖镜放大倍数的一条新途径 . 安徽农业科学 , 2009, 37(26): 12384-12385.

洪亚平，李友军，仝克勤，等 . 一种新整体透明技术的研究 . 安徽农业科学 , 2010, 38(8): 4035-4038.

洪亚平，张亚冰 . 一种新的非酶法分离毛白杨珠心的方法 . 林业科学 , 2010, 46(10): 183-185, 图版 I.

洪亚平 . 一种不使用切片机的石蜡制片及其数码照片的光学信息解析 . 安徽农业科学 , 2010, 38(32): 17996-17998.

洪亚平 . 植物花形态观察新方法 . 郑州 : 河南科技出版社 , 2010.

洪亚平 . 一种小扁豆内皮层及凯氏带的观察方法 . 中国农学通报 , 2012, 28(35): 307-310.

洪亚平 . 牡丹胚珠的结构观察与珠心的非酶法分离 . 中国农学通报 , 2013, 29(1): 118-121.

洪亚平，李友军，仝克勤，等 . 整体透明方法 . 国家发明专利 (专利号 :

ZL200910308396. 5), 2009.

洪亚平，张亚冰．一种分离毛白杨胚珠及珠心的方法．国家发明专利（专利号：ZL201010300490. 9), 2010.

洪亚平．一种松树针叶的制片观察方法．国家发明专利（专利号：ZL201010300706. 1), 2010.

洪亚平．一种夹竹桃叶的气孔窝叶表皮的制片方法．国家发明专利（专利号：ZL201210178496. 2), 2012.

洪亚平．一种观察植物花形态的方法．国家发明专利（专利号：ZL201210331998. 4), 2012.

胡适宜．被子植物生殖生物学．北京：高等教育出版社，2005.

马炜梁．植物的智慧．上海：上海科学普及出版社，2013.

马炜梁．植物学（第 2 版）. 北京：高等教育出版社，2015.

叶创兴，朱念德，廖文波，等．植物学（第 2 版）. 北京：高等教育出版社，2014.

中国科学院植物研究所．中国高等植物科属检索表．北京：科学出版社，1983.

中国科学院昆明植物研究所 (http: //www.kib.ac.cn). iFlora 智能植物志 (http: ifora.cn).

中国科学院植物研究所 (http: //www.ibcas.ac.cn). 中国植物图像库 (http: //plantphoto.cn).

中国科学院植物研究所．中国数字植物标本馆：资源检索 [中国（地方）植物志] (http: //www.cvh.ac.cn/frps/Ginkgo biloba).

中国科学院植物研究所．Flora of China(http: //foc.eflora.cn).

Hong Ya-ping, Li You-jun, Tong Ke-qin, et al. A new technique for whole clearing. Agricultural Science & Technology, 2010, 11(2): 15-18, 60.

Hong Ya-ping. A paraffin sectioning method without using the microtome and an analysis method for optical information of the plant anatomical digital photographs. Agricultural Science & Technology, 2010, 11(6): 28-31.

附　录

水绵（*Spirogyra* sp.）的细胞分裂

水绵是常见的淡水绿藻，藻体是由单列细胞构成的丝状体，细胞呈圆柱形，在细胞内有 1 至多条螺旋状盘绕在细胞质中的带状载色体，在载色体上有一些大的颗粒，称“蛋白核”。

水绵丝状体的细胞是如何进行细胞分裂的？此问题在各类植物学教科书都未叙及。笔者于 2006 年在河南省洛阳市洛浦公园内的洛河中采集了一些水绵，将它们放入烧杯内水培。在一次观察时，偶然发现了水绵丝状体的一个细胞正在进行细胞分裂，于是立即用数码相机对着显微镜的目镜视野进行了照相。由于细胞分裂的过程较快，前后只照了约 4 ～ 5 张照片。由于笔者当时的兴趣在植物花粉上，所以照相之后，未去整理这些照片，只是将它们拷入 40G 的移动硬盘内保存。后来由于硬盘损坏，这些照片和相关数据就丢失了。2016 年，偶然发现在自己的植物学课件里，竟然保存了数张照片。同年，又从洛阳市隋唐城遗址植物园采集了一些水绵进行水培，由于时间和精力有限，未能再次观察到水绵的细胞分裂。这里，根据保存下来的照片整理出水绵的细胞分裂图片（图 1 ～图 6），供爱好者进一步追踪研究。

图 1　生活在洛河岸边的水绵

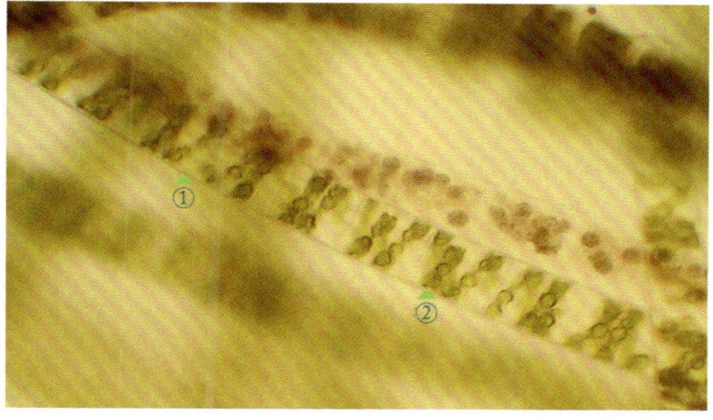

图 2　水绵的丝状体，其圆柱形的细胞内有 1 条螺旋状盘绕的载色体，载色体上有一些较大的颗粒（蛋白核）

①丝状体　②载色体

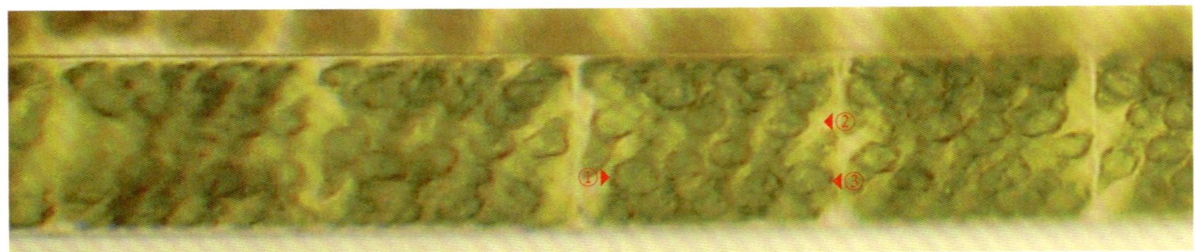

图 3 另一种水绵的丝状体。细胞内的载色体数目不止 1 条

①蛋白核 ②1个细胞 ③1个细胞内的载色体

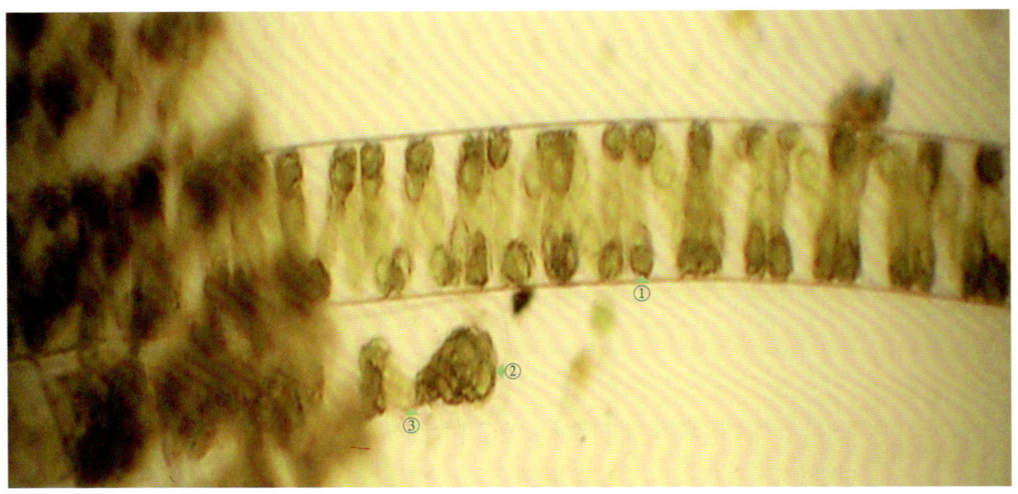

图 4 在水绵丝状体内的一个细胞中出现一大一小、彼此相连的 2 个原生质团（自拟名），此细胞正在进行细胞分裂

水绵的细胞在分裂时，原生质体先凝成细胞核状的原生质团（体积大于细胞核），然后在近中部缢缩，成为一个两头粗、中部渐细的原生质团结构，在缢缩的原生质团表面可见一些核状结构，似载色体的蛋白核。在细胞进行分裂时，蛋白核可能仅部分被破坏，体积变小。

①载色体上的蛋白核
②一侧的原生质团
③原生质团缢缩处

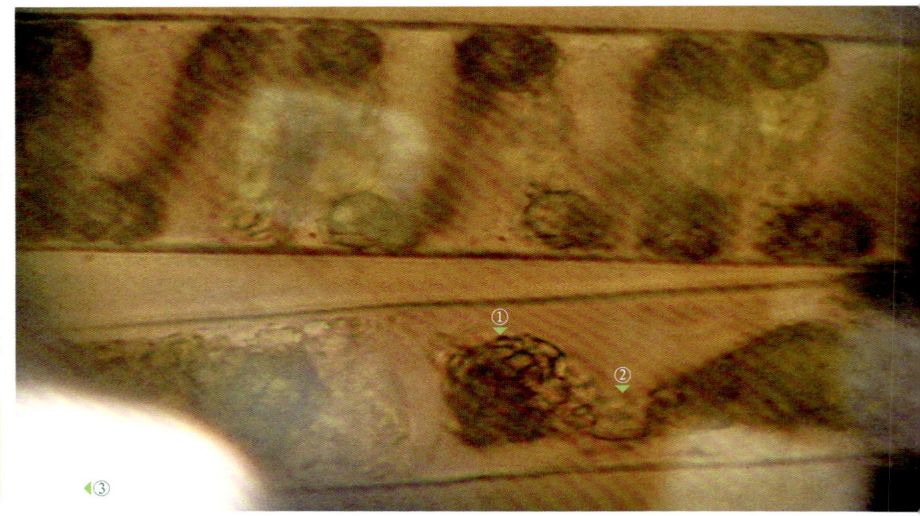

图 5 图下方丝状体的右侧细胞内，细胞正在进行分裂，原生质团已缢缩成一个两头粗，中部渐细的结构

当时，笔者已初步掌握了用数码相机（SONY 卡片式数码相机）对显微镜视野中的观察结果进行照相的技术，但是由于操作还不熟练和在匆忙中照相，照片中可见目镜反射闪光而产生的白色亮斑。

①原生质团表面的蛋白核
②原生质团缢缩处
③白色亮斑

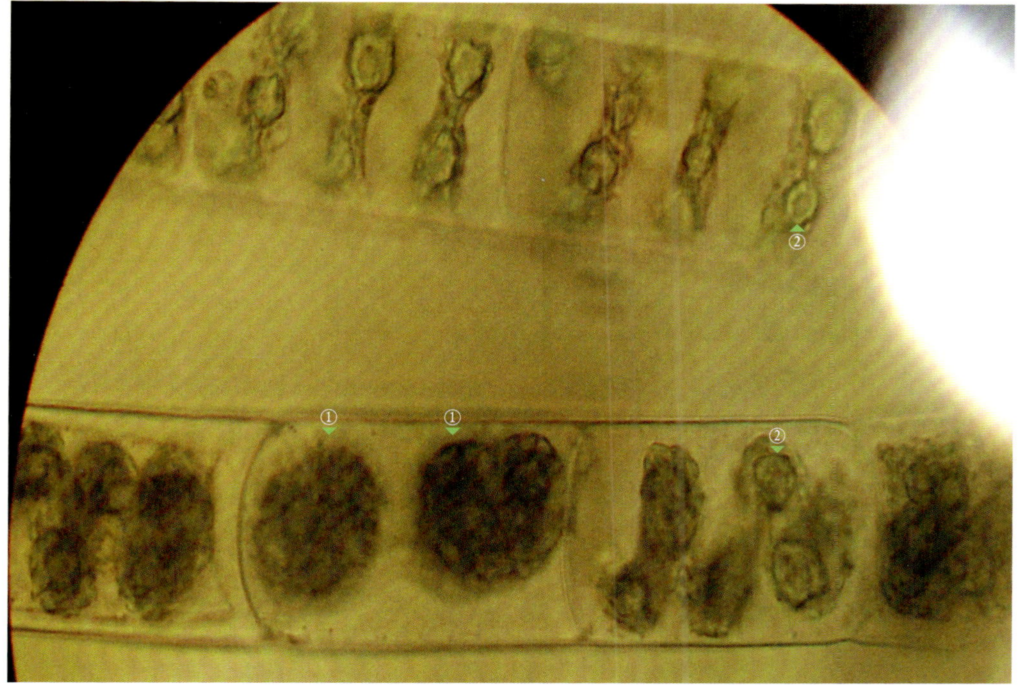

图 6　细胞完成了原生质团分裂后，细胞内的原生质体被一分为二，形成了 2 个子原生质体，在 2 个子原生质体外，隐约可见 1 层颜色较淡的壁状结构，右侧的子原生质体表面隐约出现了盘绕约 1 圈、未展开的载色体

①子原生质体外的壁状结构
②载色体上的蛋白核

子原生质体形成后，未对其后 2 个子细胞间、细胞壁的形成过程进行跟踪照相。水绵丝状体细胞在进行细胞分裂时，原生质团的缢缩、分裂过程进行得很快，当时只照了数张照片。图中右上角的白色亮斑是由目镜反射闪光灯的闪光引起。

从分裂的主要过程看，水绵的细胞分裂与传统意义上的无丝分裂既相似，又不同。前者是原生质团缢缩为 2 个，是一种细胞内原生质体的各部分同时参与的分裂，不知其细胞核在细胞分裂时有何变化？根据教科书等文献，无丝分裂是细胞核先缢缩为 2 个子细胞核，然后在两个子细胞核间产生新的细胞壁，形成两个子细胞。因此，水绵的细胞分裂和传统意义上的无丝分裂不同。